TUJIE CAISE DIANSHIJI
GUZHANG JIANXIU YIBENTONG

图解彩色电视机故障检修一本通

贺学金　编著

化学工业出版社
·北京·

本书以指导初学者快速入门、步步提高、逐渐精通为目的，详细介绍了彩色电视机的整机结构、各部分电路的结构和组成、工作过程、关键元器件的检测、电路关键检测点、常见故障检修思路和方法。

本书最大的特点是：以“实物图＋电路图＋示意图”的方式进行图解，紧扣要点，易读适用；在介绍电路结构、工作过程时从整体着眼，对各类机芯的相同电路部分进行重点介绍，同时也对一些机芯的特色电路作简介，使读者举一反三，快速掌握；在介绍彩电维修技术时则从细微和精确角度入手，既介绍了彩电典型故障与通病的维修方法，也介绍了某些机芯特殊故障的维修方法，使读者快速入门，逐步精通，掌握维修诀窍。

本书适合彩电维修初学者、家电维修人员、电子爱好者阅读，也可作为中等职业技术学校及家电维修培训班的教材。

图书在版编目（CIP）数据

图解彩色电视机故障检修一本通/贺学金编著. —北京：化学工业出版社，2018.6
ISBN 978-7-122-31946-3

Ⅰ.①图… Ⅱ.①贺… Ⅲ.①彩色电视机-故障检测②彩色电视机-故障修复 Ⅳ.①TN949.12

中国版本图书馆 CIP 数据核字（2018）第 073895 号

责任编辑：要利娜　李军亮　　文字编辑：徐卿华
责任校对：吴　静　　装帧设计：王晓宇

出版发行：化学工业出版社（北京市东城区青年湖南街 13 号　邮政编码 100011）
印　　装：北京市白帆印务有限公司
787mm×1092mm　1/16　印张 16¼　字数 421 千字　2018 年 8 月北京第 1 版第 1 次印刷

购书咨询：010-64518888(传真：010-64519686)　售后服务：010-64518899
网　　址：http://www.cip.com.cn
凡购买本书，如有缺损质量问题，本社销售中心负责调换。

定　　价：58.00 元

前言
FOREWORDS

彩色电视机（简称彩电）是使用最为广泛的家用电器之一。虽然近几年平板彩电发展迅速，但不容否定的是，传统 CRT 彩电在使用量和维修量方面仍然保持第一位。CRT 彩电的维修技术是家电维修人员的必修课。对于初学者来说，CRT 彩电的维修是从业者迈入家电维修行业的第一步，是过渡到平板彩电维修的必经之路，也是电子爱好者动手修理的最好对象。

本书共分 9 章。第 1 章介绍了彩色电视机的结构和基本组成、彩电的机芯等基础知识；第 2 章介绍了彩色电视机维修基本方法；第 3～9 章不仅介绍了彩色电视机的各单元电路（包括电源电路、扫描电路、公共通道、伴音通道、解码电路、彩色显像管及附属电路、遥控电路）的结构和组成、工作过程，还将彩色电视机维修知识进行了系统的归纳总结，总结了彩色电视机关键元器件、易损元器件的检测方法、各单元电路的检测方法、常见故障的检修思路和方法。

本书特点如下。

① 图解丰富，一目了然。采用实物图解、故障现象图解、维修方法示意图、维修操作照片以及故障检修流程图等多种形式，直观形象地介绍各部分电路的结构、故障检修方法和技巧，“手把手”地教您测量电路、修理故障。

② 易学适用，突出维修技术。充分考虑到初学者的知识现状和快速入门的要求，在处理电视机“原理”与“维修”两者的关系时，精简理论内容，突出维修内容。不再去介绍与维修无关的纯理论内容，而只对维修中不可缺少的理论进行精讲，不追求深，降低了学习的难度。详细介绍维修技术，涉及的内容包括易损元器件好坏的检测方法、单元电路的检查要点、常见故障的检修思路和方法。

③ 内容全面。充分考虑到各类机芯的共性和个性，介绍单元电路工作过程时，对电路类型进行归类介绍；介绍维修技术时，既有各类机芯“通用”的维修方法介绍，也有针对某些机芯电路特点而采用的“特别”维修方法介绍。因此，对于维修各类机芯彩电的故障都具有较强的指导作用。

本书由贺学金编著，参与资料整理工作的还有贺炜（第 1～6 章）、刘映辉、金一哲、金坚东、缪丽敏、缪文君、章程、罗敏、黄丹凝、陈文毅、周汝波、张文霞、曾翠玉、潘勇军、陈迁章、林昌奎等。

由于编者水平有限，书中难免有不妥之处，恳请读者批评指正。

编者

目录
CONTENTS

Chapter 1

第 1 章 彩色电视机的基础知识

1.1 彩色电视机的结构和组成

彩色电视机是接收电视节目的设备，它的主要作用是将接收到的彩色电视信号经过加工处理，经显像管还原成图像，经扬声器还原成声音。

1.1.1 彩色电视机的整机结构

图 1-1 所示为一台典型彩色电视机的内部结构，它主要由外壳、显像管组件、电路板（机板）及扬声器等部分组成。

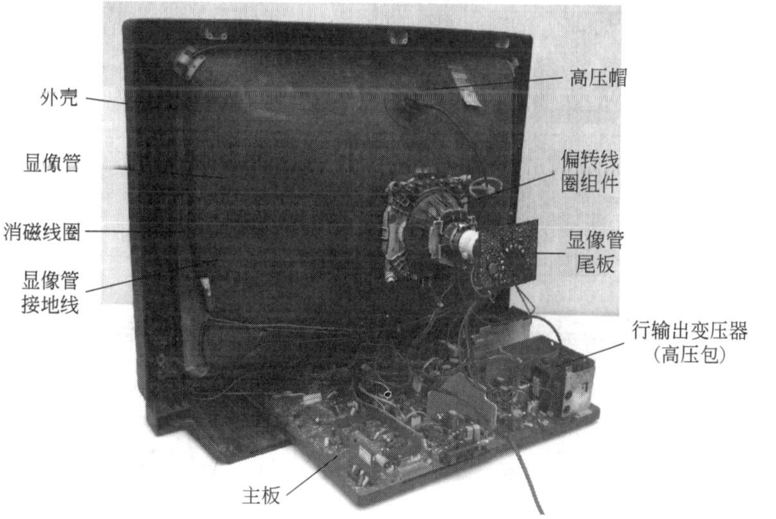

外壳
显像管
消磁线圈
显像管
接地线
高压帽
偏转线
圈组件
显像管
尾板
行输出变压器
（高压包）
主板

图 1-1 彩色电视机的内部结构

显像管是彩色电视机的心脏，用来显示彩色图像的器件，它安装在前框上。显像管上方有高压帽，高压帽下面是显像管的高压嘴（高压输入端），行输出变压器（高压包）产生的阳极高压通过绝缘良好的引线送到显像管的高压嘴，为显像管提供 20kV 以上的高压。显像管管颈末端部分是显像管的电子枪，向电子枪的各电极提供规定的电压，它能够发射出很细的电子束，以很高的速度去轰击屏幕内壁上的荧光粉，激发荧光粉发出相应颜色的光。

在显像管的锥形部分安装有偏转线圈。它由两组线圈构成，一组是行偏转线圈，另一组是场偏转线圈。向行偏转线圈提供 15625Hz 的行频锯齿波电流，使电子束受到水平方向磁场力的作用，每秒沿水平方向扫描 15625 次；向场偏转线圈提供 50Hz 的场频锯齿波电流，使电子束受到垂直方向磁场力的作用，每秒沿垂直方向扫描 50 次（以我国采用的 PAL-D/K 制彩色电视机为例，下同）。这样电子束以很高的速度周而复始地进行上下、左右扫描运动，使荧光屏上能形成光栅。

另外，在显像管的四周还绕有消磁线圈，其内部由多股线圈构成。由于彩色电视机显像管内外的铁质部件容易被磁化而带有磁性，会使电子束的运动轨迹发生偏移，从而导致显示的图像出现局部色斑。为了防止这种现象的出现，在每次开机瞬间，向消磁线圈输入一个由大逐渐变小的交变电流，产生一个交变的由大逐渐变小的磁场，达到消磁的目的。

电路板是用来处理各种信号的部件。不同型号的彩色电视机，电路板的数量不等，少则两三块，多则五六块，各电路板之间通过线缆相连。电视机的电路和大部分电路元件，如高频头、高压包、主要的集成电路等都安装在一块较大的主电路板上，称为主机板（简称主板），由于它处于电视机的中心位置，因此人们也将它称为机芯。安装在显像管颈部的那块电路板，称为显像管尾板（或显像管底板，或视放板）。有些机器将开关电源部分单独做成一块电路板，称为电源板；有些机器将微处理器、本机操作按钮、遥控器接收头等单独做成一块电路板，称为遥控板或电脑板。有些机器将音/视频输入、输出电路单独做成一块电路板，称为音/视频板。图 1-2 为单板结构的主板，除了显像管电路外，主机所有元件都安装在一块印制板上，机内连线极少，整机结构紧凑，也方便维修。

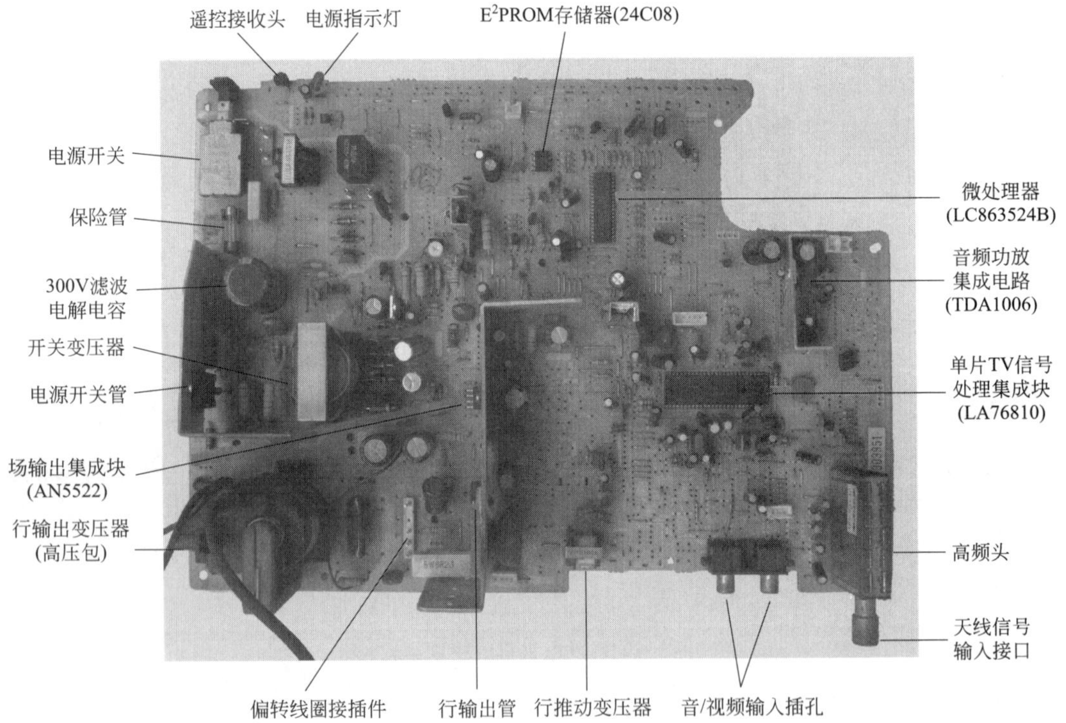
遥控接收头
电源指示灯
E²PROM存储器(24C08)
电源开关
保险管
300V滤波
电解电容
开关变压器
电源开关管
场输出集成块
(AN5522)
行输出变压器
(高压包)
微处理器
(LC863524B)
音频功放
集成电路
(TDA1006)
单片TV信号
处理集成块
(LA76810)
高频头
天线信号
输入接口
偏转线圈接插件
行输出管
行推动变压器
音/视频输入插孔

图 1-2 主板主要元器件（单片机）

扬声器是用来再现伴音的器件，有的机型装在电视机前壳的左、右两侧，有的机型装在前壳的左下角和右下角，也有的装在后壳上。

1.1.2 彩色电视机的电路组成

彩色电视机的电路按照它们的功能大致可以分为公共通道（包括高频调谐器、中频通道）、解码电路、末级视放电路、伴音通道、扫描电路、电源电路和遥控电路七大部分。

图 1-3是彩色电视机的电路组成方框图。

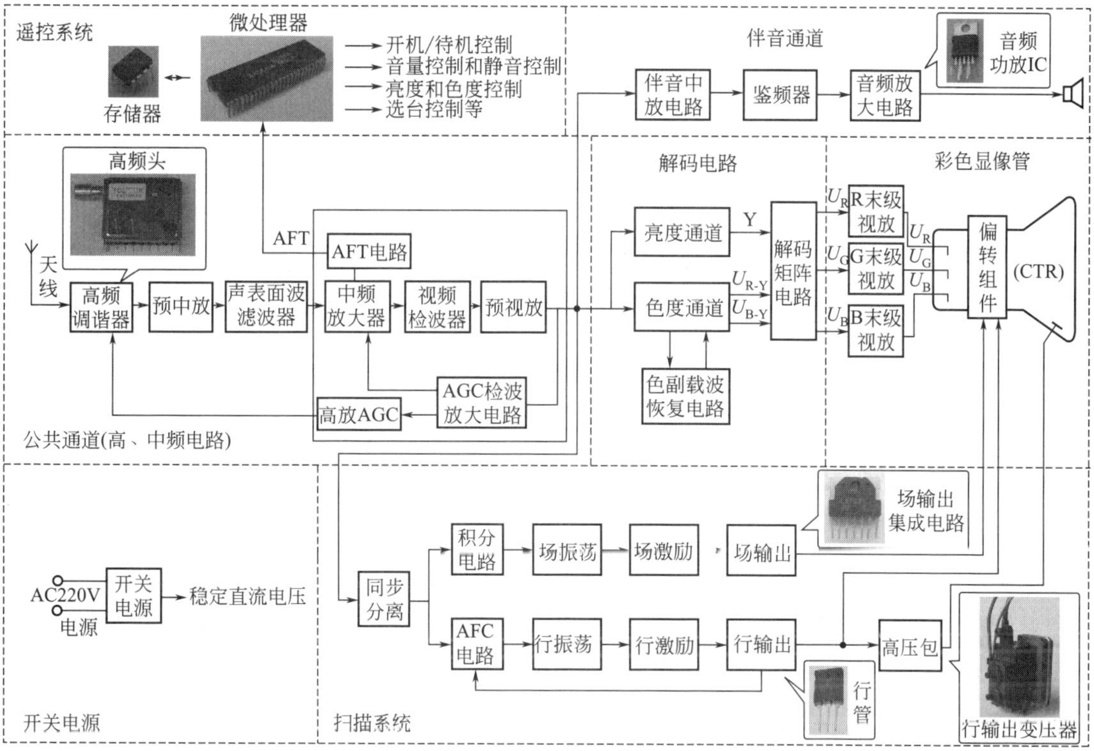
遥控系统
微处理器
存储器
开机/待机控制
音量控制和静音控制
亮度和色度控制
选台控制等
伴音通道
音频功放IC
伴音中放电路
鉴频器
音频放大电路
高频头
天线
高频调谐器
预中放
声表面波滤波器
AFT
AFT电路
中频放大器
视频检波器
预视放
AGC检波放大电路
高放AGC
公共通道(高、中频电路)
解码电路
亮度通道
Y
色度通道
U_{R-Y}
U_{B-Y}
解码矩阵电路
色副载波恢复电路
彩色显像管
U_R
R末级视放
U_G
G末级视放
U_B
B末级视放
偏转组件
(CTR)
场输出集成电路
积分电路
场振荡
场激励
场输出
同步分离
AC220V
电源
开关电源
稳定直流电压
AFC电路
行振荡
行激励
行输出
高压包
行管
行输出变压器
开关电源
扫描系统

图 1-3 彩色电视机的电路组成方框图

(1)公共通道

公共通道包括高频调谐器、中频通道两大部分。其中高频调谐器主要负责接收高频电视信号，并将高频电视信号转化为中频信号。中频通道包含图像中频通道和伴音中频通道两部分，这两部分常位于同一集成块中。图像中频通道负责对图像中频信号进行处理，产生复合视频信号（又叫彩色全电视信号，常用 FBYS 或 CVBS 表示），同时还将图像中频信号和第一伴音中频信号进行混频处理，产生 6.5MHz 第二伴音中频信号。伴音中频通道负责对第二伴音中频信号进行放大和解调处理，产生音频信号。

(2)解码电路

解码电路是彩色电视机的核心电路，其作用是将彩色全电视信号还原成 R、G、B 三基色信号。解码电路由亮度通道、色度通道、色副载波恢复电路及解码矩阵电路组成。彩色解码电路工作性能的好坏直接关系到能否重现彩色图像和重现彩色图像的质量。

(3)末级视放电路

它负责对 R、G、B 信号进行电压放大，并驱动显像管工作。末级视放电路安装在一块独立的电路板上，该电路板常称为灯座板或尾板。

(4)伴音通道

伴音通道的作用是对 6.5MHz 第二伴音中频信号作放大、限幅和鉴频，解调出音频信号，再将音频信号进行放大，输出功率足够的音频信号推动扬声器放出伴音。伴音通道由伴音中放、鉴频、音频放大等部分组成。有些机型的伴音通道还增设有音效处理器。

(5)扫描电路

扫描电路由同步分离、行扫描及场扫描电路构成，其主要作用是向行、场偏转线圈提供线性良好、幅度足够，并与发送端同步的行频和场频锯齿波电流，使电子束发生有规律的偏转，以保证在彩色显像管屏幕上形成宽、高比正确，而且线性良好的光栅。

（6）遥控系统

遥控系统即遥控电路，它主要由微处理器（CPU 或 MCU）、存储器（E^2PROM）、接口电路、遥控接收头以及红外遥控发射器组成，其中微处理器（CPU）是整个电视机的控制中心。遥控系统通过相关的接口电路完成以下功能：调谐选台、音量和静音控制，亮度、对比度、色饱和度控制，屏幕字符显示，电源开/关机以及指示灯等功能的控制。

（7）电源电路

彩色电视机一般采用开关稳压电源。开关电源产生各种直流电压输出，为电视机各部分提供工作电压。

有些机型，只有一个开关电源为整机供电，而有些机型则有主电源和副电源两个电源，主电源为主电路部分供电，副电源只为遥控电路供电。

1.1.3 各部分电路简要工作过程

（1）公共通道

由天线接收下来的各种射频电视信号进入电调谐高频头，在微处理器输出的波段控制电压和调谐控制电压的作用下，电调谐高频头先从中选出欲接收的某频道节目，然后对其进行放大、混频变成中频电视信号 IF（包括 38MHz 图像中频信号、31.5MHz 第一伴音中频信号和 33.57MHz 色度中频信号）后输出。

高频头输出的 IF 信号，送到中频通道后，首先经预中放级进行放大，再送到声表面波滤波器滤波，得到幅频特性符合要求的中频信号送到集成电路的中频放大器。在集成电路内部，经中频放大电路放大后，去视频检波电路，进行两项处理：一是对 38MHz 图像中频信号进行检波，得到 0～6MHz 彩色全电视信号（也称为彩色图像信号或视频全电视信号）；二是 38MHz 图像中频信号与 31.5MHz 的第一伴音中频信号进行差频后得到 6.5MHz 的第二伴音中频信号。预视放电路对 0～6MHz 和 6.5MHz 信号进行分离后输出。

中频通道输出的 6.5MHz 的第二伴音中频信号送往伴音通道，输出的 0～6MHz 彩色图像信号则分别送到亮度通道、色度通道及同步分离电路。

（2）伴音通道

公共通道送出的 6.5MHz 第二伴音中频信号送到伴音通道后，经过伴音中放、限幅、鉴频后得到伴音音频信号，最后经过音频放大电路进行放大后送给扬声器还原出声音。

（3）解码电路

由公共通道送来的 0～6MHz 彩色全电视信号到解码电路后分为两路：一路送亮度通道，另一路送色度通道。亮度通道从彩色全电视信号中分离出亮度信号，然后对它进行放大、延迟和高频补偿等处理后去矩阵电路。色度通道从彩色全电视信号中分离出色度信号，再对它进行放大、解调，得到色差信号去矩阵电路。亮度信号与色差信号同时送到矩阵电路进行混合，得到三基色电信号 U_R、U_G、U_B，并分别加至显像管的三个阴极，控制发射电子，重现彩色图像。

（4）行、场扫描电路

由公共通道送来的彩色全电视信号还有一路到同步分离电路，该电路从彩色图像信号中分离出复合同步信号，该信号分为两路：一路送行扫描电路，另一路送场扫描电路，分别去控制行、场扫描的频率和相位，使之与发送端同步工作。

同步分离电路输出的复合同步信号，一路送到行自动频率控制电路（即AFC电路），在AFC电路中，复合同步信号中的行同步信号与行输出电路送来的行逆程脉冲进行比较，产生AFC误差电压去控制行振荡电路。行振荡电路产生15625Hz矩形脉冲去行激励电路进行放大，放大后的脉冲去行输出电路，行输出电路产生行锯齿波电流，并经枕形校正后进入行偏转线圈，产生磁场控制电子束水平方向扫描。另外，行输出产生的行逆程脉冲经整流、滤波后得到高、中压，供给显像管各极。有些机器，行输出产生的行逆程脉冲还经整流、滤波后得到低压，供给公共通道、伴音通道和解码电路。

同步分离电路输出的复合同步信号，另一路送到场扫描电路，复合同步信号经积分电路从复合同步信号中分离出场同步信号并送场振荡器，控制场振荡器产生50Hz场频脉冲。场振荡器产生的场频脉冲信号送到场锯齿波形成电路，获得场锯齿波电压，该电压经场激励放大后，去场输出电路进行功率放大后输出，向场偏转线圈提供50Hz的锯齿波电流，产生磁场控制电子束垂直方向扫描。

（5）遥控电路

遥控彩电操作控制有本机键控和遥控两种方式。本机键控是由电视机面板上的各功能键来操作，当按下面板上的控制键，其产生的键扫描信号送到微处理器CPU，微处理器在预定的程序指挥下，首先对控制信号进行解码，识别出控制种类和内容，据此发出相应的控制信号去调整电视机。遥控操作时，通过遥控发射器来控制电视机的工作。发射器将各个不同功能意义的遥控键的位置信息编为不同数值的二进制代码，并调制在高频上，变为一串红外光脉冲信号，经接收头放大、整形、检波后送控制中心微处理器，以后处理过程与本机键控相同。

（6）电源电路

彩色电视机采用开关稳压电源，220V交流市电直接加到整流电路，经整流滤波后获得约300V的直流电压，此电压送到开关振荡电路，开关振荡电路工作于开关状态，它输出矩形脉冲电压，经高频滤波后变成直流电压输出，供给各部分电路。

1.1.4 多制式接收问题

电视制式包括两部分：彩色制式和伴音制式。三大彩色制式是PAL、NTSC和SECAM制，它们的差别主要体现在两个色差信号对副载波的调制方式不同，其次是副载频的选取不同；伴音制式有D/K、D/G、I和M制，主要表现在第二伴音中频频率不同。我国的电视制式为PAL-D/K制，即彩色制式为PAL制，伴音制式为D/K制。

目前的彩电，基本上都是多制式彩电（多数为PAL/NTSC双制式，少数为PAL/NTSC/SECAM三种制式）。多制式彩电应具有PAL/NTSC/SECAM色度信号解码能力，要能正确解调4.5MHz、5.5MHz、6.0MHz及6.5MHz伴音中频信号；信号通道频率特性应能满足各制式的不同要求；扫描电路对50/60Hz场频都能稳定工作。为此，要求多制式彩电能进行制式切换，改变相关电路工作状态、特性、参数等。一般来说，制式切换时需对中频特性电路、色度解码电路、伴音解调电路、陷波电路、带通滤波选择电路、色带通选通特性、色副载波恢复电路及行场扫描电路进行切换。

切换的方法、切换控制信号的来源等因机型不同及使用的集成电路不同有很大差异。在各种机型中，总的来说控制切换信号的来源无外乎来自CPU输出的制式控制开关信号，或来自视频/解码/偏转小信号处理电路的自动制式识别输出控制信号（指具有自动制式识别功能的多制式视频/解码/偏转小信号处理电路，如TA8795、TA8783N、TDA8362等，以及I^2C总线控制的新型单片和超级单片TV信号处理集成电路）来进行控制。在各种多制式彩电中，只有需进行控制的相同内容，并无控制的相同方法。

1.2 彩电的机芯简介

电视机电路中的大部分元器件都安装在主机板上，我们习惯称之为“机芯”。电视机主体构成是芯片，各厂家将不同的芯片与不同电路组合，可构成不同的机芯，在机芯的基础上再增加或删除某些功能，又可派生出大量的机型。不同的机芯代表不同的电路类型，具有不同的电路特点。日常维修中，当遇到电视机生产厂家或牌号不同但机芯相同时，其维修方法基本相同。因此，掌握流行机芯结构、特点是很重要的。

彩色电视机的机芯很多，20 世纪 80 年代流行多片机和两片机（如 TA 两片机、M-μ 两片机、TDA 两片机等），20 世纪末期到 21 世纪初流行单片机，随后又流行超级单片机。这里重点介绍一下目前维修量较大的单片机和超级单片机。

1.2.1 单片机

单片机是在两片机的基础上发展起来的，它是采用单片电视信号处理集成电路为主所组成的彩色电视机。单片电视信号处理集成电路，也称为单片电视小信号处理集成电路或单片 TV 信号处理集成电路。这种集成电路把过去要用多片集成电路才能完成的图像中频、伴音中频处理、视频信号处理、色度解码及偏转小信号处理，现只用一片集成电路就能完成，而且可以适应多制式接收，同时还增加了许多其他功能。单片机基本电路组成框图如图 1-4 所示。

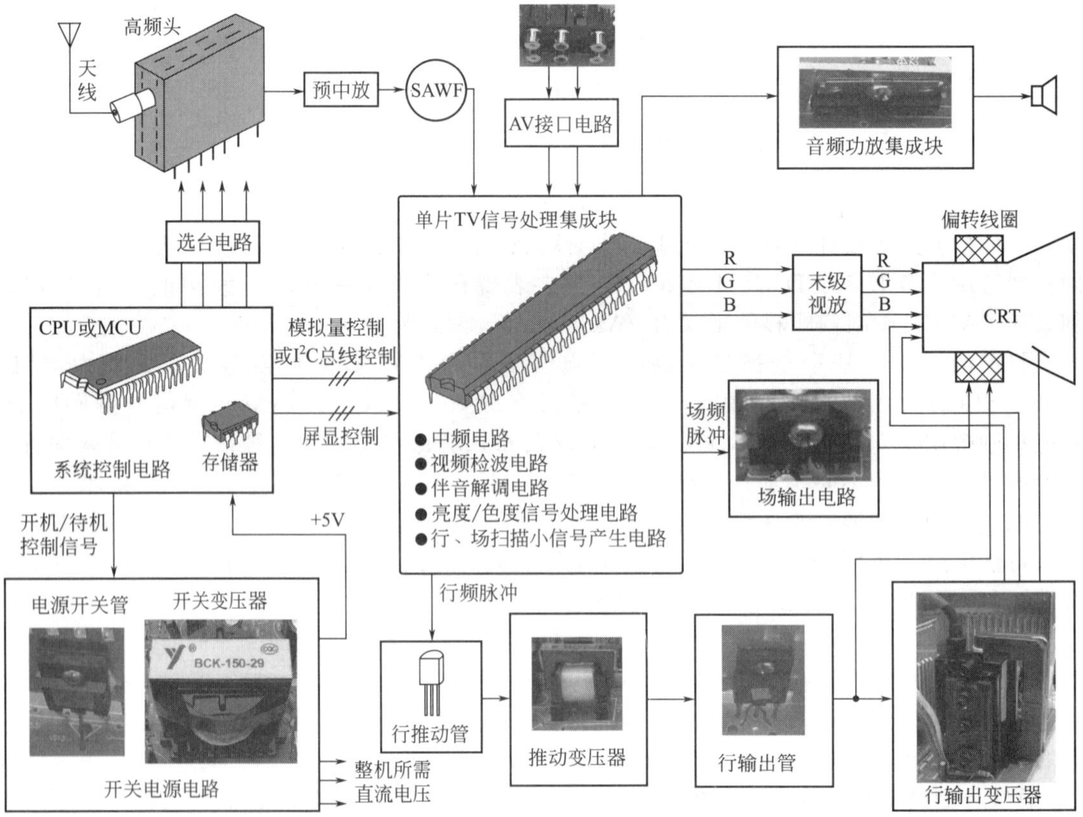

高频头
天线
预中放
SAWF
AV接口电路
音频功放集成块
选台电路
单片TV信号处理集成块
偏转线圈
R
G
B
末级视放
CRT
CPU或MCU
模拟量控制
或I²C总线控制
屏显控制
系统控制电路
存储器
场频脉冲
场输出电路
●中频电路
●视频检波电路
●伴音解调电路
●亮度/色度信号处理电路
●行、场扫描小信号产生电路
开机/待机控制信号
+5V
行频脉冲
电源开关管
开关变压器
BCK-150-29
开关电源电路
整机所需直流电压
行推动管
推动变压器
行输出管
行输出变压器

图 1-4 单片机基本电路组成框图

单片机与多片机相比，具有线路适应性强、易于实现标准化、整机电路简洁、生产成本低、性能优良且稳定性好及生产调试方便等明显的优势。

单片机的发展也经历了从PWM（脉宽调制）模拟量控制到I^2C总线控制两个阶段。20世纪90年代初期和中期，以三种单片机为主，主要有东芝公司的TA8690/TA8691、三洋公司的LA7680/7681及飞利浦公司的TDA8361/8362。20世纪末至21世纪初期，出现了很多新型的单片集成电路，如东芝公司的TB1231、TB1238、TB1240，三洋公司的LA76810、LA76818、LA76820、LA76832，松下公司的AN5105/AN5192K/AN5195K、NN5198/NN5199K，飞利浦公司的TDA8366、TDA8367、TDA8377、TDA8829、TDA8841（OM8838PS）、TDA8842、TDA8843（OM8839PS）、TDA8844，三菱的M52340、M52777等。这些集成电路在功能上较前期的集成电路有了明显的改进，主要体现在：一是它把分立元件的色带通滤波器、色度陷波器、亮度延迟、伴音鉴频、梳状滤波器、1H基带延时线、准分离电路和枕形校正电路都集成于一块集成电路之中，使由这些集成电路组成的单片彩色电视机的外围元件大幅度减小；二是这些单片集成电路都设置了一个I^2C总线接口，通过SDA、SCL两条线来完成对亮度、对比度、色调、图像几何失真校正、白平衡调整等的总线控制，无论在生产调试和检修上都极为方便；三是由于这些芯片用频率合成技术，使整个电路仅采用单一晶体就可以完成多制式信号的处理。

（1）LA单片机（三洋单片机）

① 采用LA7680/LA7681的A3机芯　LA7680/LA7681是日本三洋公司20世纪90年代初开发出的产品，它能完成除调谐选台以外的电视机所需全部小信号处理，如图像中频、伴音中频，图像、伴音解调，色度处理、亮度信号及同步偏转小信号处理。

② 采用LA7687/LA7688的A6机芯　采用LA7687/LA7688的A6机芯是三洋公司继A3机芯之后，于1996年推出的更为先进的单片彩色电视机机芯。其作用与LA7680/LA7681基本相同，集成度和信号处理方式与LA7680/LA7681相差较大。LA7687/LA7688在图像质量、伴音质量、集成度方面优于LA7680/LA7681，而与TDA8361/TDA8362相当。在某些方面，如黑电平扩展、蜂音消除、PLL图像检波等方面，LA7687/LA7688优于LA7680/LA7681。LA7687、LA7688两者主要功能完全相同，但也有一些差异，主要差别在于LA7688采用R、G、B基色输出、PWM（脉宽调制）模拟量控制，而LA7687采用R-Y、G-Y、B-Y、-Y色差信号输出及SAB（三洋模拟总线）控制。

A6机芯采用LA7687/LA7688作图像中频信号处理、伴音中频信号处理、亮度信号、色度信号及偏转小信号的处理，它必须与LC899501H基带延迟集成电路配合使用，才能完成PAL/NTSC制色度信号的处理。若机芯需要处理PAL/SECAM/NTSC制信号，除用LA7687/LA7688、LC89950外，还需外加免调试SECAM解码器LA7642配合使用，才能完成多制式的处理。

LA7688（A6）机芯元器件组装结构如图1-5所示。

③ 采用LA76810/LA76818A的单片机（A12机芯）

LA76810是三洋公司1999年开发出的I^2C总线控制的单片集成电路。LA76810可单独完成PAL/NTSC制色度信号的处理，若需要处理PAL/SECAM/NTSC制信号，也还需外加免调试SECAM解码器LA7642。LA76810（A12）机芯元件组装结构参见图1-2所示。

LA76818A与LA76820/LA76832等为同系列产品，均是三洋公司在LA76810基础上改进而成的单片多制式彩色电视信号处理电路。

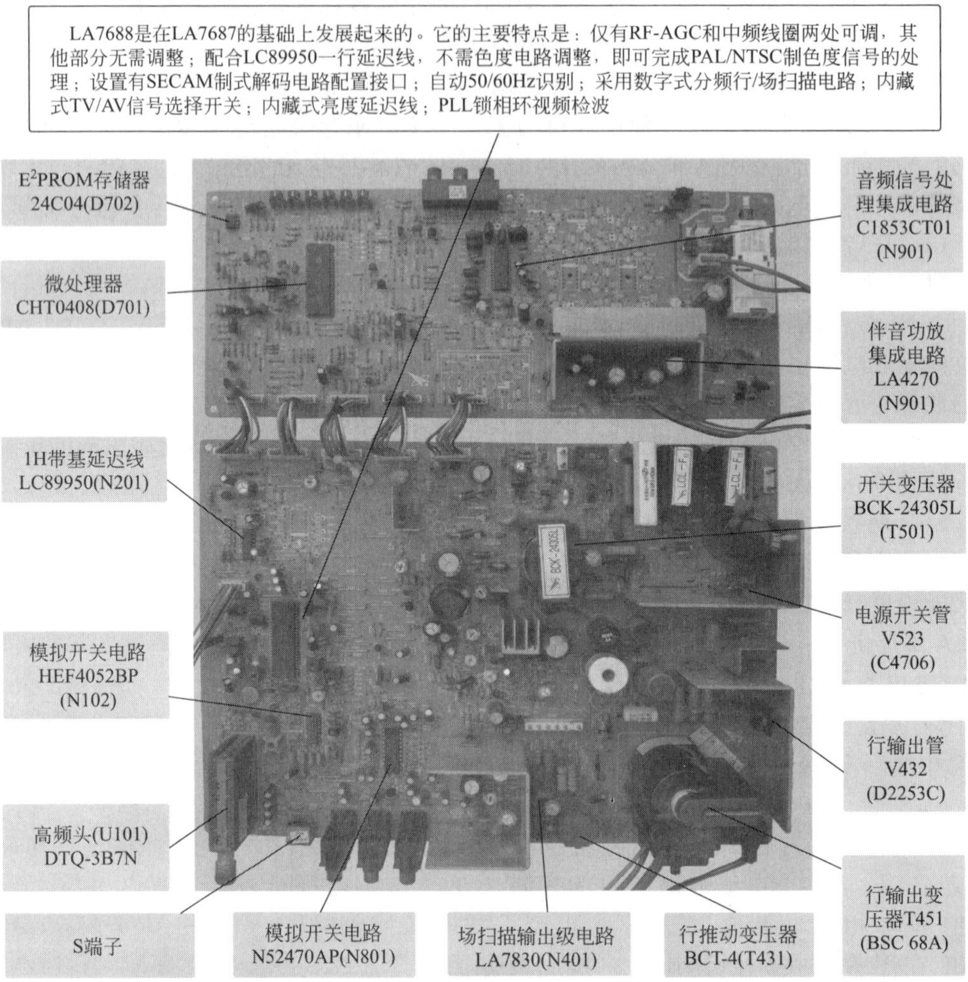
LA7688是在LA7687的基础上发展起来的。它的主要特点是：仅有RF-AGC和中频线圈两处可调，其他部分无需调整；配合LC89950一行延迟线，不需色度电路调整，即可完成PAL/NTSC制色度信号的处理；设置有SECAM制式解码电路配置接口；自动50/60Hz识别；采用数字式分频行/场扫描电路；内藏式TV/AV信号选择开关；内藏式亮度延迟线；PLL锁相环视频检波
E²PROM存储器 24C04(D702)
微处理器 CHT0408(D701)
1H带基延迟线 LC89950(N201)
模拟开关电路 HEF4052BP (N102)
高频头(U101) DTQ-3B7N
S端子
模拟开关电路 N52470AP(N801)
场扫描输出级电路 LA7830(N401)
行推动变压器 BCT-4(T431)
音频信号处理集成电路 C1853CT01 (N901)
伴音功放集成电路 LA4270 (N901)
开关变压器 BCK-24305L (T501)
电源开关管 V523 (C4706)
行输出管 V432 (D2253C)
行输出变压器T451 (BSC 68A)

图 1-5　LA7688（A6）机芯元器件组装结构（长虹 29A18 型彩电）

（2）TA 单片机（东芝单片机）

20 世纪 90 年代中期生产的东芝单片机，采用东芝公司的 TA8690/TA8691 集成电路，它相当于 TA7680 与 TA7698 内部功能的合并，使外围电路元件大幅度减少。

20 世纪末到 21 世纪初，东芝公司又开发出 TB1231AN、TB1238AN、TB1240 几种具有优良性能的 I^2C 总线控制的单片集成电路。这几种单片集成电路均可单独完成 PAL/NTSC 制色度信号的处理，若需要处理 PAL/SECAM/NTSC 制信号，还需外部增加 SECAM 处理器 TA1275AZ。

（3）TDA 单片机（飞利浦单片机）

① 采用 TDA8361/TDA8362 的 TDA 单片机　飞利浦公司于 20 世纪 90 年代初期成功开发出 TDA8361/TDA8362，它相当于把 TDA4501（或 TDA8305A）和 TDA3505（或 TDA3565）内部功能合并，而且增加了许多新的功能，如 TV/AV 转换、字符显示、多制式接收等。TDA8361/TDA8362 作图像中频信号处理、伴音中频信号处理、亮度信号及偏转小信号的处理，必须与 1H 集成基带延迟线 TDA4661（或 TDA4665）配合使用，才能完成 PAL/NTSC 色度信号的处理，并可自动进行制式识别和切换。若机芯需要处理 PAL/SECAM/NTSC 制信号，除用 TDA8361/TDA8362、TDA4661（或 TDA4665）外，还需外加

免调试 SECAM 解码器 TDA8395 配合使用，才能完成多制式的处理，并可自动进行制式识别和切换。TDA8361/TDA8362 仍采用 PWM（脉宽调制）模拟量控制方式。很多彩色电视机采用中国台湾生产的 OM8361/OM8362，该集成电路的引脚和应用与 TDA8361/TDA8362 完全相同。

② 采用 TDA884X 的 TDA 单片机　20 世纪 90 年代末到 21 世纪初，飞利浦公司又开发了 TDA884X 系列的新型 I^2C 总线控制的单片集成电路，其中包括 TDA8841、TDA8842、TDA8843 等。飞利浦公司还在中国台湾大规模投产，所生产的 OM8838/39 也属于 TDA884X 系列产品。

除以上介绍的单片机外，还有松下单片机、三菱单片机等。松下单片机以该公司生产的单片集成电路 AN9095、AN9195K、NN5198、NN5199K 等为基本电路。三菱单片机以该公司生产的单片集成电路 M52340 等为基本电路。

常见的单片机集成电路配置见表 1-1。

表 1-1　单片机集成电路配置

单片 TV 信号处理集成电路	场输出 IC	音频功放 IC	微处理器	备注
LA7687A	LA7837	LA4287	LC864512	模拟总线控制
LA7688	LA7830	LA4270	CHT0408	模拟总线控制
LA76810A	AN5522	TDA1006	LC863524B	I^2C 总线控制
LA76818A	LA7841	AN5265	LC863524C	I^2C 总线控制
NN5198/NN5199	TA8427 或 AN5539	TA8425 或 AN5265	MN181768	I^2C 总线控制
OM8361/OM8362	TDA3653/TDA3654	TDA2616	PCM84C841	PWM(脉宽调制)模拟量控制
OM8838/OM8839	TDA8356/TDA8354	TDA7056B/TDA2616	Z90231/M880	等同于 TDA8844
TB1231AN/TB1238AN	TA8427K/TA8403	TDA2611	TMP87CH38N	I^2C 总线控制
TB1240AN	TA8427	TA8200	TMP87CK38N	I^2C 总线控制
M52340SP	LA7837	TDA7057AQ	M37220M3	I^2C 总线控制

1.2.2 超级单片机

(1) 超级单片机的特点

21 世纪初，随着科技的进步，I^2C 总线控制技术的日益成熟，集成电路技术水平和集成度的显著提高，国外各芯片研发公司再次向我国各电视机制造厂家推出了具有最新科技成果的超级单片集成电路即超级芯片，如荷兰飞利浦公司的 TDA93XX 系列芯片（主要有 TDA9370、TDA9373、TDA9380、TDA9383 等，同类芯片有我国台湾生产的 OM8370PS 和 OM8373PS 等），日本东芝公司的 TMPA88XX 系列芯片（主要有 TMPA8801、TMPA8803、TMPA8803CSN、TMPA8807、TMPA8809、TMPA8821、TMPA8823、TMPA8827、TMPA8829、TMPA8853、TMPA8857、TMPA8859、TMPA8873、TMPA8893

等)，三洋公司的 LA7693X 系列芯片（主要有 LA76930、LA76931、LA76932、LA76933 等)，德国微科（Microns）公司生产的 VCT38XX 系列芯片（主要有 VCT3801A、VCT3802、VCT3803A、VCT3804、VCT3831、VCT3834 等)。这类超级单片集成电路，不仅把图像/伴音中频电路、彩色解码、行场小信号处理电路等集成在一起，而且把中央控制处理部分也集于一体，并采用 I^2C 总线控制技术。

采用超级单片集成电路构成的彩色电视机被称为超级单片彩电（或称超级单片机)。它与其他机芯相比，性能更加稳定，图像质量、伴音质量有明显的提高，整机调整功能更强大。超级单片彩电与常规单片机的主要区别体现在以下几个方面。

① 结构上的差异　从结构上看，常规单片机的微处理器（CPU）和小信号处理电路是分开的，二者各司其职，各尽其责。而超级芯片则将 CPU 和小信号处理电路合二为一，使两者有机而巧妙地整合在同一块芯片中。与常规单片机相比，超级单片彩电单机所用元件大为减少，使得生产成本大大降低，而且电视机的可靠性大大提高，从制造到维修都更加方便简单。

② 产品性能上的差异

a. ROM、RAM 容量不断增大，运算速度越来越快。

超级芯片内设的微处理器控制系统，与常规微处理器（CPU 或 MCU）相比，主要区别在于内存 ROM、RAM 的容量不断增大，时钟频率不断提高，运算速度越来越快。

b. 超级芯片内部功能更多，信号输入输出种类增加，数字化处理能力和范围增强。

超级芯片彩电具有常规单片机所没有的许多功能，例如 DEMO 自动演示、私人节目夹、个人影院设置、频道定时切换等，而且还提供益智游戏、超级计算器、智能小闹钟等众多娱乐项目，为人们使用欣赏精彩电视节目增添了更多便利和乐趣。

在 TV 电视信号处理方面，常规彩电和单片机常采用视频检波中周，易出现频率偏离、频率不稳而引发各种故障，而超级芯片普遍采用了无需调整的中频锁相环电路（PLL 解调器）技术，可以有效地克服这种弊端。

超级芯片增加了各种信号的输入、输出端口，如设计有 DVDYUV 分量输入接口，以保证超级芯片彩电能与 DVD 机采用色差分量方式相驳接，也可以由超级芯片生产二合一（TV＋DVD）组合彩电，有效地增大了接收各种信号的范围和能力。在信号处理方面，大大提高了数字化信号处理的能力和范围。其 I^2C 总线的控制由初期的一组总线控制增加到两组、三组，甚至多组，以适应彩电功能不断增加、控制能力不断增强的需要。

(2) 超级单片机的组成

超级单片彩电整机电路组成框图如图 1-6 所示。

下面以三洋 LA769XX 系列超级单片彩电为例，介绍超级单片机的电路结构和组成。

三洋 LA769XX 系列超级芯片是在三洋单片集成电路 LA768XX 系列（LA76810/76818/76820/76830/76832）和该系列机所配用微处理器 LC863XX/LA864XX 系列基础上组合而成的二合一芯片，超级芯片内小信号处理部分电路与 LA768XX 单片集成电路基本相似；MCU 部分与 LC863XX/LA864XX 微处理器大体相似。

LA769XX 系列超级芯片是 MCU＋（TV＋DVD）彩色解码的混合型集成电路，其 IC 内部电路主要包括中频信号处理、色度信号处理、亮度信号处理和行场振荡等电路。LA769XX 系列芯片采用无需调整的中频锁相环和行频锁相环，从而大大减少了外围元件，同时也提高了电视机的可靠性。

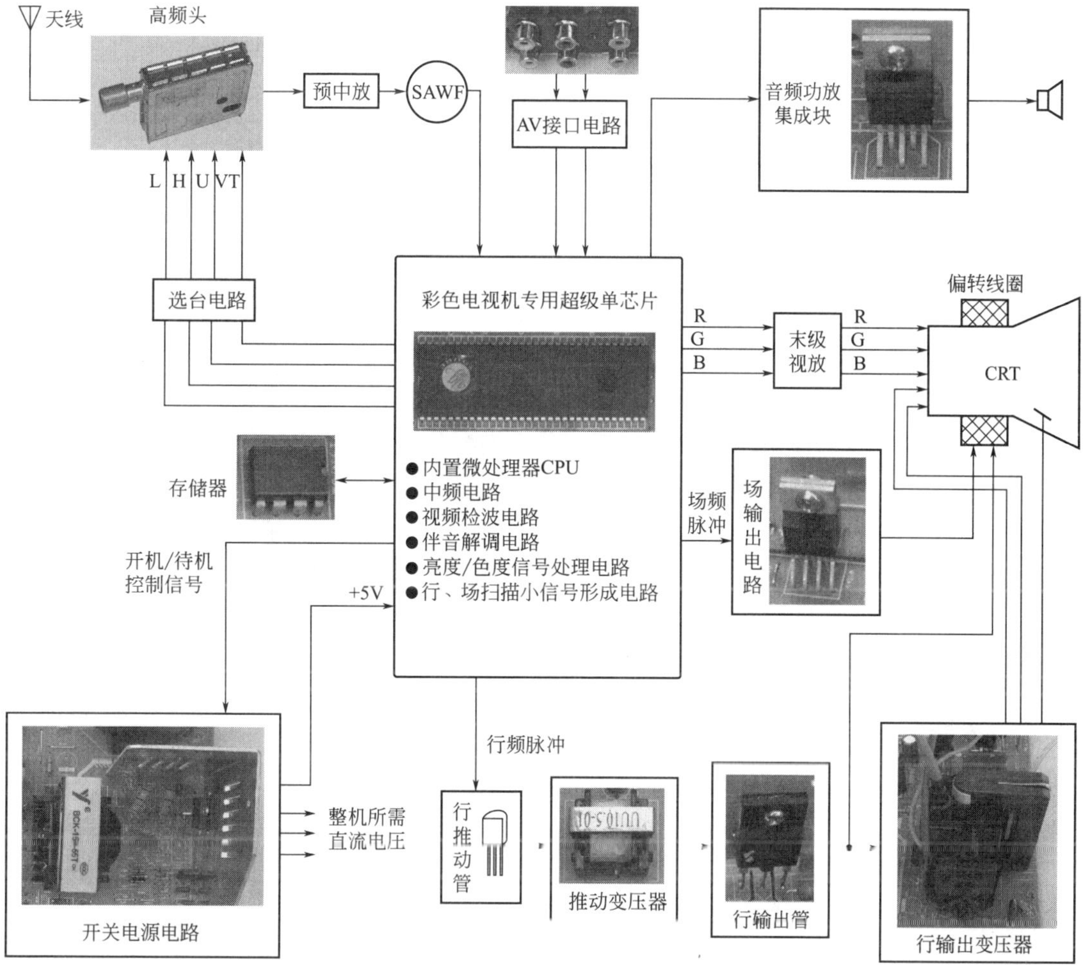

天线
高频头
预中放
SAWF
AV接口电路
音频功放
集成块
L H U VT
选台电路
彩色电视机专用超级单芯片
R
G
B
末级
视放
偏转线圈
CRT
存储器
● 内置微处理器CPU
● 中频电路
● 视频检波电路
● 伴音解调电路
● 亮度/色度信号处理电路
● 行、场扫描小信号形成电路
场频
脉冲
场输出电路
开机/待机
控制信号
+5V
行频脉冲
整机所需
直流电压
行推动管
推动变压器
行输出管
行输出变压器
开关电源电路

图 1-6 超级单片彩电整机电路组成框图

LA769XX 系列超级芯片的主要特点是：中频信号处理电路置于芯片内部，采用无需调整图像中频和伴音中频的锁相环（PLL）解调器，利用带通滤波器选出不同频率的第二伴音中频（4.5/5.5/6.0/6.5MHz）。内置陷波器和带通滤波器对视频信号进行亮/色分离。其中，采用陷波器选出亮度信号 Y，采用带通滤波器选出色度信号 C。色度通道包括无需调整的锁相环解调器和 NTSC 制式 TINT 色调控制；在亮度和 RGB 基色信号处理电路中，设计有提高画面质量的峰化、黑电平延伸及动态肤色校正电路。行激励脉冲由 4.43MHz 色副载波通过 1/256 分频和行分频电路形成；行频脉冲形成采用两个控制环路，具有自由调整行同步功能。OSD 显示字符振荡和控制也置于芯片内部；芯片内部设计有速度控制功能。芯片内部各单元电路之间采用 I^2C 总线连接控制；芯片内部设有连续阴极 RGB 控制电路，可实现白电平及黑电平偏移的调整，分别调整屏幕上暗淡部分与明亮部分的色温。用在 25in❶ 以上的芯片内置有 E/W 东西枕校脉冲形成电路，输出 E/W 脉冲信号到枕校功率放大电路，以实现枕形失真校正。

图 1-7 是超级单片 LA76931 主板元器件组装结构和电路组成框图。

---

❶ 1in=25.4mm，下同。

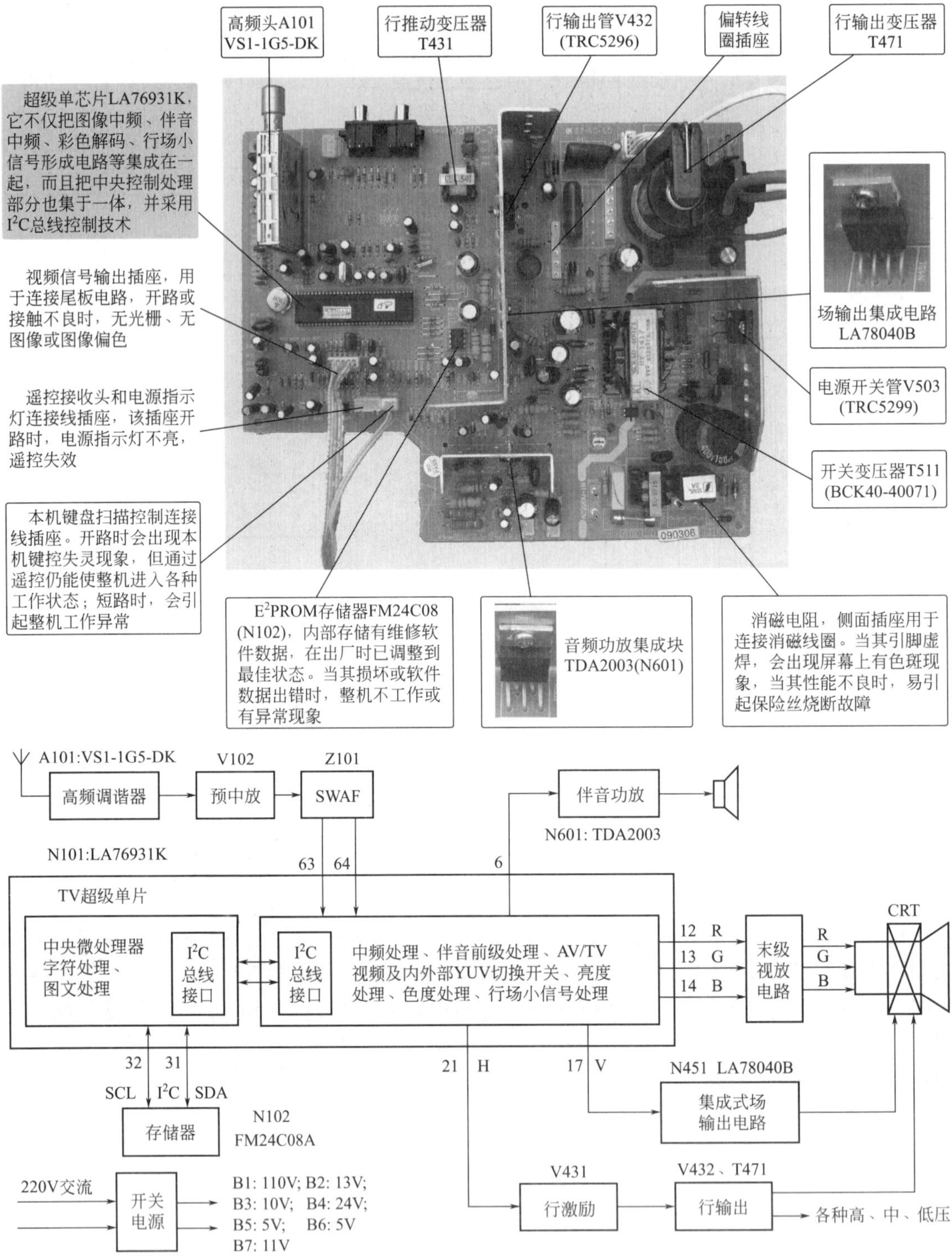
高频头A101
VS1-1G5-DK
行推动变压器
T431
行输出管V432
(TRC5296)
偏转线
圈插座
行输出变压器
T471
超级单芯片LA76931K，它不仅把图像中频、伴音中频、彩色解码、行场小信号形成电路等集成在一起，而且把中央控制处理部分也集于一体，并采用I²C总线控制技术
视频信号输出插座，用于连接尾板电路，开路或接触不良时，无光栅、无图像或图像偏色
遥控接收头和电源指示灯连接线插座，该插座开路时，电源指示灯不亮，遥控失效
本机键盘扫描控制连接线插座。开路时会出现本机键控失灵现象，但通过遥控仍能使整机进入各种工作状态；短路时，会引起整机工作异常
场输出集成电路
LA78040B
电源开关管V503
(TRC5299)
开关变压器T511
(BCK40-40071)
E²PROM存储器FM24C08(N102)，内部存储有维修软件数据，在出厂时已调整到最佳状态。当其损坏或软件数据出错时，整机不工作或有异常现象
音频功放集成块
TDA2003(N601)
消磁电阻，侧面插座用于连接消磁线圈。当其引脚虚焊，会出现屏幕上有色斑现象，当其性能不良时，易引起保险丝烧断故障
A101:VS1-1G5-DK
V102
Z101
高频调谐器
预中放
SWAF
伴音功放
N601: TDA2003
N101:LA76931K
63
64
6
TV超级单片
中央微处理器
字符处理、
图文处理
I²C
总线
接口
I²C
总线
接口
中频处理、伴音前级处理、AV/TV
视频及内外部YUV切换开关、亮度
处理、色度处理、行场小信号处理
12 R
13 G
14 B
末级
视放
电路
R
G
B
CRT
32
31
SCL
I²C
SDA
N102
FM24C08A
存储器
21 H
17 V
N451 LA78040B
集成式场
输出电路
220V交流
开关
电源
B1: 110V; B2: 13V;
B3: 10V; B4: 24V;
B5: 5V; B6: 5V
B7: 11V
V431
行激励
V432、T471
行输出
各种高、中、低压

图1-7 超级单片LA76931主板元器件组装结构和电路组成框图

Chapter 2

第 2 章 彩色电视机检修基本方法

检修彩色电视机除了要掌握彩色电视机的基本原理外，还需要掌握判断、检查和排除故障的方法，二者缺一不可。只有掌握了待修彩色电视机的基本原理及信号流程，才能在检修时根据故障现象进行分析，联系电路顺利地判断故障部位，找出故障原因，从而排除故障。否则只凭经验或死记硬背，当遇到稍有不同的电路或特殊的故障时就无能为力了。但是，只知道彩色电视机的基本原理，而不知检修彩电的方法，检修彩电时就会感到束手无策，无从下手。本章讲述彩色电视机检修方法与技巧。

2.1 检修彩色电视机的基本程序与注意事项

2.1.1 应具备的条件

在进行修理前，必须了解待修机器的线路原理、信号流程、正常状态下各点工作电压及波形。准备好待修机的图纸资料，包括电路图、集成块引脚功能和电压等。

准备好必要的测量仪器、工具及备用元件。彩色电视机维修常用的仪器有万用表、示波器、消磁器等。常用工具有钳子、螺丝刀、镊子、毛刷、电烙铁、空心针头、砂布、刻刀、锡盒等。备用元件很多，尽量准备齐一点，如电阻、电容、二极管、三极管（包括常用电源开关管、行输出管等）。另外，还需准备 1∶1 的隔离变压器和 60/100W 的白炽灯（作假负载用）。

2.1.2 故障检修基本程序及规则

2.1.2.1 故障检修基本程序

检修彩色电视机故障的基本程序如图 2-1 所示，下面就程序中的几个步骤作说明：

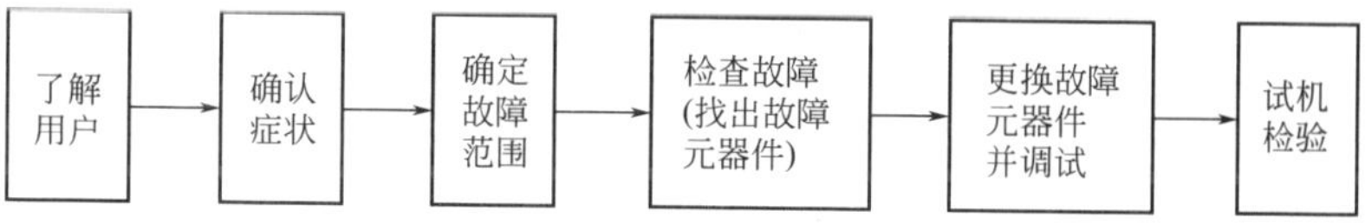

了解用户
确认症状
确定故障范围
检查故障(找出故障元器件)
更换故障元器件并调试
试机检验

图 2-1 故障检修基本程序

（1）了解用户

在接到一台待修的彩色电视机时，首先要向用户了解：机器发生的是什么故障现象，故障是在什么条件下发生的，机器使用有无电源变化情况，环境温度、湿度如何，机器是否雷电后出现故障，机器是否受到碰撞，机器周围是否存在强电磁场，在故障发生前有什么征兆，机内是否有冒烟、异味、爆响等异常情况发生，是否经他人修过，等等。用户提供的信息，将有助于维修人员对故障进行分析与判断。

（2）观察并确认症状

先进行外观检查，察看待修机电源插头、电源线、电源开关是否良好，天线接口、音/视输入插孔、面板按键是否正常。

若机内无短路性故障，一般还应通电试机。通电后，首先要关注机内是否有冒烟、异味、爆响等异常情况发生，如有应立即切断电源；如没有发现异常情况，应仔细观察光栅、图像、颜色和伴音存在的缺陷，确认故障现象，如图 2-2 所示。

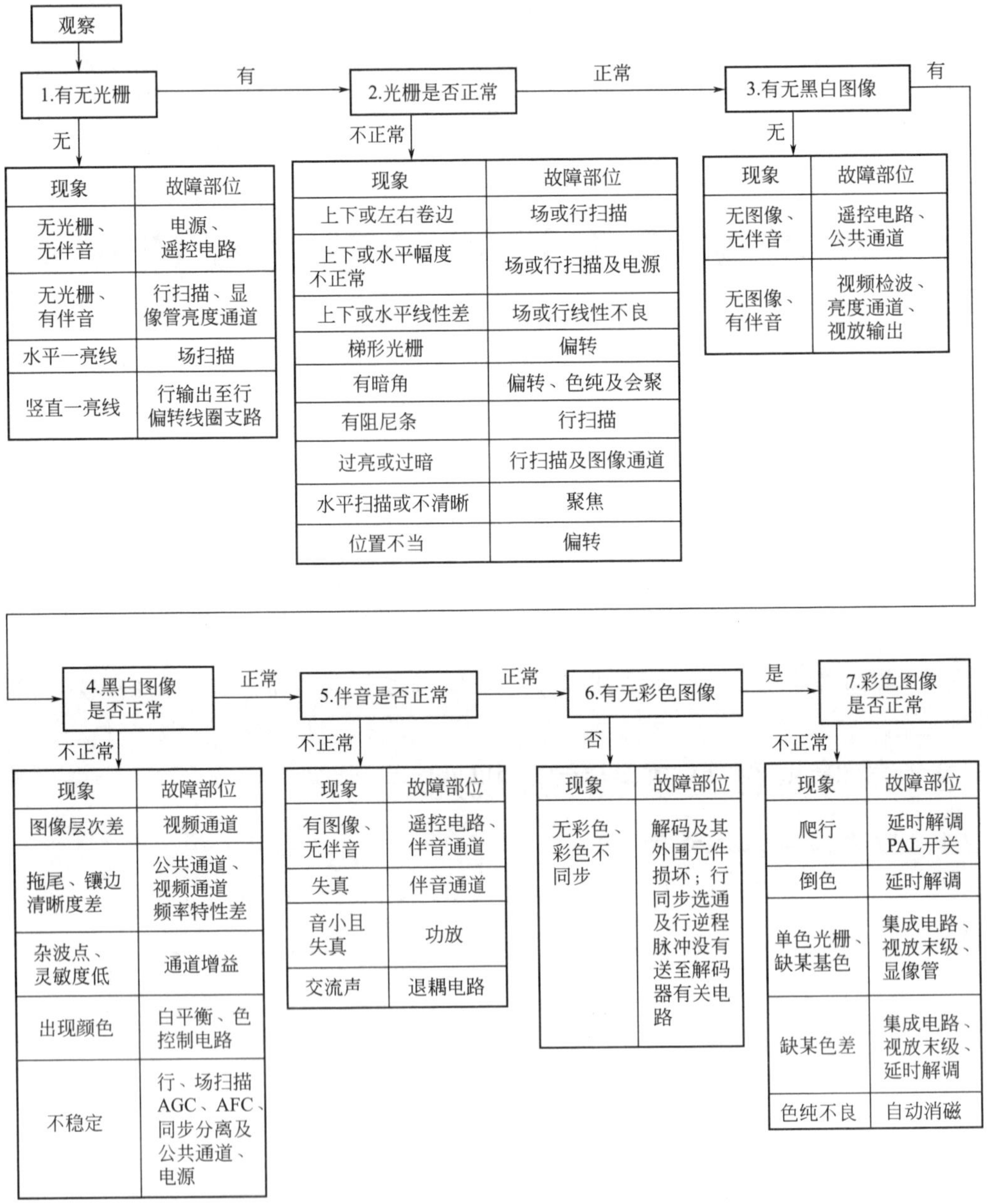
观察
1.有无光栅
有
2.光栅是否正常
正常
3.有无黑白图像
有
无
现象
故障部位
无光栅、无伴音
电源、遥控电路
无光栅、有伴音
行扫描、显像管亮度通道
水平一亮线
场扫描
竖直一亮线
行输出至行偏转线圈支路
不正常
上下或左右卷边
场或行扫描
上下或水平幅度不正常
场或行扫描及电源
上下或水平线性差
场或行线性不良
梯形光栅
偏转
有暗角
偏转、色纯及会聚
有阻尼条
行扫描
过亮或过暗
行扫描及图像通道
水平扫描或不清晰
聚焦
位置不当
偏转
无图像、无伴音
遥控电路、公共通道
无图像、有伴音
视频检波、亮度通道、视放输出
4.黑白图像是否正常
5.伴音是否正常
6.有无彩色图像
是
7.彩色图像是否正常
否
图像层次差
视频通道
拖尾、镶边清晰度差
公共通道、视频通道频率特性差
杂波点、灵敏度低
通道增益
出现颜色
白平衡、色控制电路
不稳定
行、场扫描AGC、AFC、同步分离及公共通道、电源
有图像、无伴音
遥控电路、伴音通道
失真
伴音通道
音小且失真
功放
交流声
退耦电路
无彩色、彩色不同步
解码及其外围元件损坏；行同步选通及行逆程脉冲没有送至解码器有关电路
爬行
延时解调PAL开关
倒色
延时解调
单色光栅、缺某基色
集成电路、视放末级、显像管
缺某色差
集成电路、视放末级、延时解调
色纯不良
自动消磁

图 2-2　观察光栅、图像、颜色和伴音存在的缺陷，确认故障现象

方法与技巧

通过对外观及对图像、声音等的直观检查，还能判断故障的真伪。彩色电视机有时出现的故障现象并非电视机本身所造成的，而是用户使用不当或电视台、闭路线发生故障而使电视机出现不正常现象，称之为“假故障”。在检修中，如果把“假故障”当作真故障检修，非但浪费工时，还容易因检修不当，而制造出新故障来。所以必须先对真假故障进行判断。常见“假故障”主要有以下几种。

① 用户操作不当引起的“假故障”。例如，用户将色饱和度调为 0，引起画面无色。再如，使用机顶盒接收数字电视信号时，电视机出现无图无声现象，有可能是由于机顶盒与电视机间采用 AV 连接方式，而用户将电视机工作状态设定在 TV 状态所引起的。

② 电视台、闭路线发生的故障。例如，收看电视时，突然出现无图像、无伴音现象，如果此时没有机内打火声、行频叫声、电阻和变压器焦味等，可能是电视发射台、闭路线发生故障，信号暂时中断。遇到这种情况时，可以调换其他频道进行接收，若接收正常，就说明是电视台出现故障所引起的。怀疑闭路线有问题，也可调换闭路线来判断。

③ 有些现象并非故障而是正常现象。例如，开机、关机时，有轻微放电声。再如，开机时图像会聚不好，几分钟后即恢复正常。

（3）确定故障范围

根据上面两方面了解到的各种表面现象，结合彩色电视机电路的工作原理及信号流程，再借助以往的维修经验加以综合系统分析与逻辑判断，以推断造成故障的各种可能原因，并将故障点粗略地缩小到一定电路范围。

① 由光、声、图、色观察缩小故障范围。任何一台有故障的彩色电视机都会在光栅、图像、声音、彩色上表现出不正常现象。通过这些现象，可以把故障范围缩小到某一个或几个单元电路中。具体方法参见图 2-2。

② 利用面板按键、遥控器及开关、旋钮判断故障范围。具体方法如图 2-3 所示。

③ 利用彩色测试图判断故障部位。具体方法如图 2-4 所示。

点拨

造成某一故障现象可能有多种原因，必须逐一将它们推断出来，例如同步不良的故障，并非都出在同步电路，还可能出在图像通道或 AGC 电路。另外，某一个局部电路不良，可能会引起多种故障现象，如亮度通道的故障，不仅影响黑白图像，而且会影响彩色图像，甚至会造成无光栅的故障。因此在分析故障时，应首先考虑可能性最大的故障元件。

（4）检查故障电路，找出故障元器件

通过以上三步检查以后，对故障存在的范围已经划分出来了。此时，就可以对照电路图，分析其工作原理，并在印制板上找到相应部位，应用仪器仪表进行数据测试，分析所测得的数据，并与正常工作时的数据进行对比。常用的检查仪器有万用表、示波器等，检测的方法有直观检查法、万用表检测法、替代法等。一般需要灵活运用各种检查法，才能逐步缩小故障范围，最终找到故障元器件。

（5）用合格的元件更换故障元件，必要时还应加以调试

有的故障在更换不良元件后就可排除，但有的却还需要在更换后进行必要的调整，才能

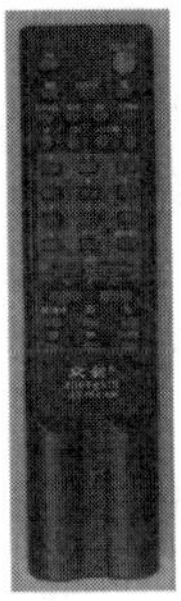

用遥控器调整判别故障

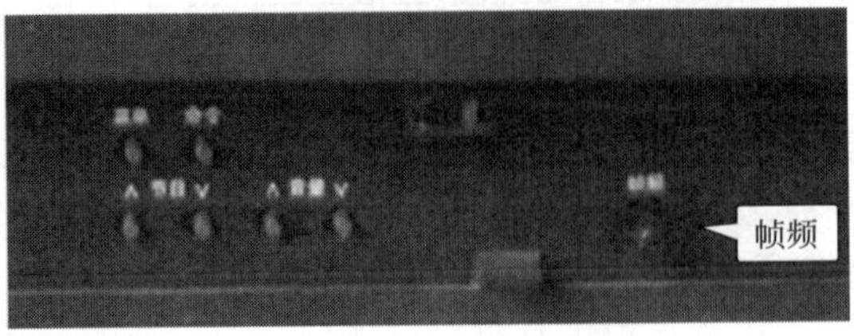
帧频

调整面板按键和有关旋钮判别故障

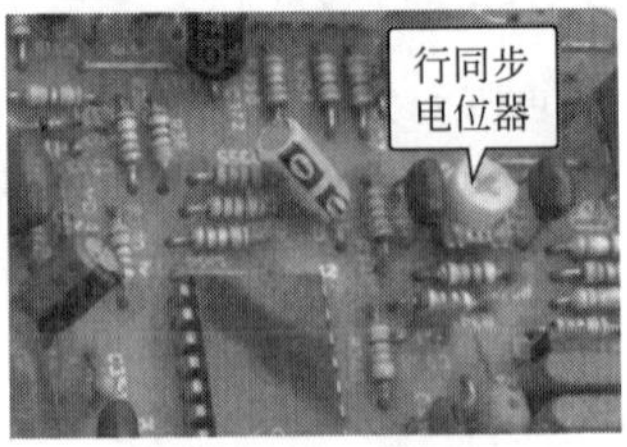
行同步
电位器

调整电路板上有关开关、电位器判别故障

故障现象	调整项目	调整时的反应	故障所在范围及部位
伴音干扰	高频头微调(手动微调)	伴音干扰消失，但图像变差	高频头不良，多由于本振偏离引起
交流杂音	调音量	干扰声随音量大小而变化	伴音低放
		干扰声不随音量大小而变化	公共通道
无光栅	按音量“∧”键，增大音量	有伴音	行扫描、显像管及其附属电路
		无伴音	电源电路、行扫描电路或遥控电路
无图像	调节音量按键	有伴音	亮度通道、视放
		无伴音	公共通道(高频头、图像中放)
无彩色	调色饱和度及对比度	黑白图像正常	色度解码
		黑白图像不正常	公共通道、亮度通道、基色矩阵
画面上有干扰	转换到空频道	干扰有所减轻甚至消失	机外干扰
		干扰情况没有变化	机内干扰或自激
画面暗	调亮度	光栅大小随亮度调整而变化	高压整流电路
		光栅大小与亮度调整无关	电源、行输出、显像管及供电支路
行、场均不同步	调行频、场频电位器	能瞬时同步	同步分离或视频信号过弱、AGC不正常
		不能瞬时同步	场振荡、行振荡
行不同步	调行频电位器	能瞬时同步	AFC电路
		不能瞬时同步	行振荡
场不同步	调场频电位器	能瞬时同步	积分电路
		不能瞬时同步	场振荡
场幅不足、场线性差	调场幅、场线性电位器或调场幅、场线性总线数据	光栅能满屏	场幅、场线性电位器移动或接触不良，或场幅、场线性总线数据出错
		光栅不能满屏	场输出级、场推动级

图2-3 利用面板按键、遥控器及开关、旋钮判断故障范围的方法

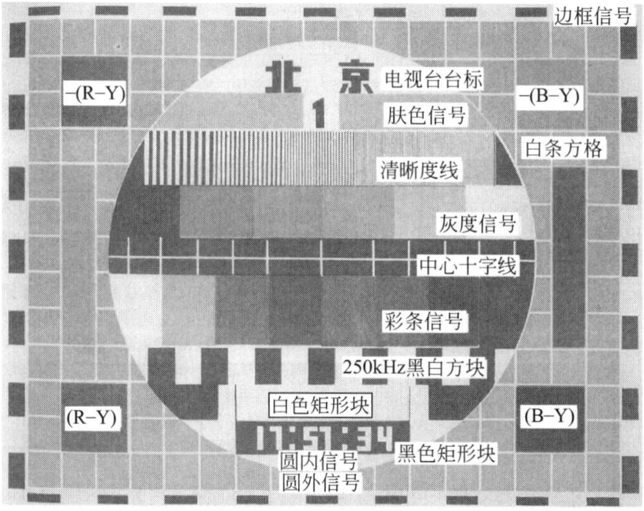
边框信号
北 京
电视台台标
-(R-Y)
-(B-Y)
肤色信号
白条方格
清晰度线
灰度信号
中心十字线
彩条信号
250kHz黑白方块
白色矩形块
(R-Y)
(B-Y)
17:51:34
圆内信号
黑色矩形块
圆外信号

圆外信号

有关部位	检测内容	分析
测试图边框	检验和校正图像大小，行、场扫描幅度，校正图像中心位置	垂直方向变化，场扫描电路故障或场幅调整不良；水平方向变化，行扫描电路故障或行幅调整不良
白条方格	检测扫描线性；显像管会聚：聚焦；几何失真；有无重影	格子不方正或不均匀，说明行、场扫描线性不良；格子内弯曲，说明枕形失真电路不良
圆外四周的彩条信号	用于检查彩色解码器性能。（左上角显示青偏绿、左下角显示红偏紫、右上角显示黄偏绿、右下角显示蓝偏紫，各自具有恒定亮度）	圆外四周的彩色方块出现“百叶窗”似的细密彩色条纹，并向上移动，说明解码器的梳状滤波器调整不良或延迟线有故障

圆内信号

有关部位	检测内容	分析
中心圆图（电子圆）	调整图像的宽高比例；检测扫描线性；检测隔行扫描准确性	不圆，行场扫描线性调整不当；圆周线不光滑，隔行扫描不良；圆中心偏移，帧中心或行相位调整不良
肤色信号	左端为中国标准男性肤色，右端为中国标准女性肤色	肤色不真实，为色饱和度调整不良或解码电路有故障
清晰度线	相当于水平清晰度 140、220、300、380、450 线。用于检验图像清晰度与频带宽	一般电视应能分辨 380 线左右，否则为通道频率特性不良
灰度信号	从黑到白有六级，用于检查白平衡和视频通道的线性等	若灰度等级减少或两相邻块对比度变化不一致，说明亮度通道线性不良，动态范围小。若灰度级方块呈现颜色，说明白平衡不良
中心十字线	确定图像中心、静会聚及隔行扫描、聚焦等	垂直线有红绿蓝线条叉开，静会聚不良；十字线模糊，彩色显像管聚焦不良；水平线变成两条，隔行扫描不良
彩条信号	由白、黄、青、绿、紫、红、蓝、黑八条颜色组成，用于检查解码电路和色通道等	无彩色或彩色失真，为频道调谐或黑白平衡等调整不良，解码电路或视频输出电路有故障；彩色同步不良，为梳状滤波器调整不良或色同步电路有故障
黑白方块	由 250kHz 方波组成，用于检查亮度通道的过渡特性等	黑白格子有镶边（过冲）或多条的衰减黑条（振铃），为亮度通道等电路的瞬态响应不良，频道或同步检波调整不良
白色矩形块	在黑色背景上，白色矩形块中有两条细黑线，用于检查电视机的反射重影等	中间的两条黑色细线有重影，为天线、馈线、电视机之间阻抗不匹配
时间矩形块	在白色背景上，黑色矩形块中播有标准北京时间，用于观众对时间	黑色矩形块有拖尾，为亮度通道等电路的低频响应不良

图 2-4 利用彩色测试图判断故障部位的方法

确保电视机的正常工作。例如可变元件（可变电阻、可调电感、电位器等），即使换上同样规格的良品，还是要调到相应的状态，才能确保正常工作。更换彩色显像管后，就必须重调白平衡。还需指出，对于不是因元件损坏而造成的故障，并不一定要更换元件，只需要调整相关的电路或元件就能修复。如底色偏，可能只要调整暗平衡电位器就能解决。

(6) 检查修复后的机器是否正常工作（即试机）

彩电修好后，为了防止假焊、脱焊、插头松动等隐患存在，需在通电后用旋其柄轻击印制板各部，若屏幕上光栅有闪烁、扭曲、黑线等异常反应，要立即关机检查。若试机后一切正常，还要继续通电数小时。经过这些检查仍无异常，表明电视机已经稳定，可以交付使用。

采用故障检修六步基本程序时，不一定要按六步来执行，视故障现象不同，可以跳过其中的一两步。

2.1.2.2 故障检修规则

同时存在几个故障时，应先修电源，再修行扫描、场扫描，待有正常光栅后，再根据信号情况，修理公共通道、伴音或解码部分的故障。

彩色电视机故障检修应遵循图 2-5 所示的规则，即先修电源，再按图中所示先后顺序进行。

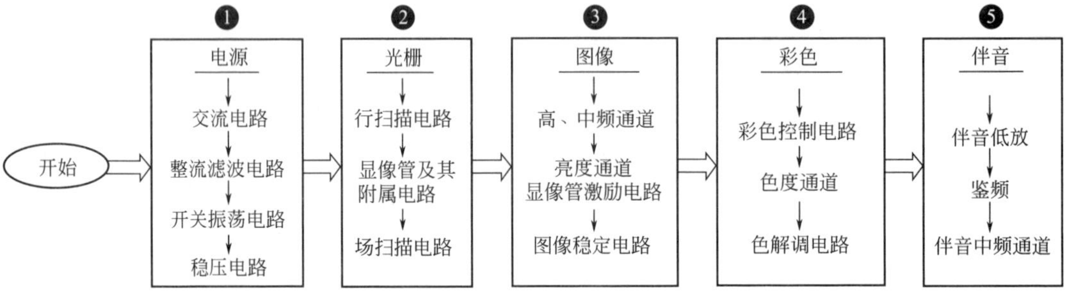

开始
❶
电源
交流电路
整流滤波电路
开关振荡电路
稳压电路
❷
光栅
行扫描电路
显像管及其附属电路
场扫描电路
❸
图像
高、中频通道
亮度通道
显像管激励电路
图像稳定电路
❹
彩色
彩色控制电路
色度通道
色解调电路
❺
伴音
伴音低放
鉴频
伴音中频通道

图 2-5 故障检修一般流程

（1）检修电源

如果电源有故障，即使其他部分正常，电视机也不能正常工作，因此，在检修故障时，应先检查电源。例如无光栅、无伴音的故障，既可能是光栅形成电路和伴音电路同时出现故障，又可能是电源出故障引起的，而后者的概率更大。所以，当遇到电视机几部分电路工作不正常时，一定要首先检查电源。检查电源要先修交流输入电路、市电整流滤波电路，再修开关振荡部分，最后修稳压电压。

有的故障与电源无关，这时可跳过电源去检修其他部分。但当故障原因难以确定时，先检测一下有关电路的电源，往往可以收到事半功倍的效果。

（2）检修光栅

电视屏幕上的光栅是显示图像的前提，没有光栅，屏幕漆黑一片，更谈不上收看图像，也不能判断图像通道是否有故障。

检修光栅故障时，首先应检查行扫描电路。这是因为显像管的各极电压（阳极高压、聚焦极电压、加速极电压、灯丝电压）均由行输出电压提供。如果行扫描电路工作不正常，则显像管屏幕上连亮点也不出现。其次检查显像管及其附属电路，看各极电压能否顺利地加到显像管的各极，以供判断是显像管本身损坏还是显像管附属电路有问题。等显像管屏幕上能出现一条水平亮线以后，再修场扫描电路，使光栅恢复正常。

（3）检修图像

光栅正常了，就应检查能否收到图像（黑白图像）以及图像是否稳定。如收不到或效果不好，则检查公共通道（包括高频头、中放通道）、亮度通道、末级视放电路，一直到显像管的整个图像通道。

（4）检修彩色

黑白图像正常后，再检查彩色是否正常（色饱和度调至适中位置）。判断彩色是否正常的标准是：①彩色的浓度与色调要正确；②彩色应均匀；③屏幕中央及边缘均要求会聚良好；④无爬行现象。

彩色方面的故障一般发生在色度处理电路（包括色度通道和副载波恢复电路）、基色矩阵电路、显像管电路。

（5）检修伴音

由于伴音信号要经过公共通道，经视频检波后产生第二伴音中频信号，因此伴音方面的故障检修应该在图像故障检修完毕后进行。

方法与技巧

并不是每一台故障机都要按以上顺序进行检修，对于有些显而易见的故障（如有图像但无伴音、爬行等故障），故障范围很清楚，就不必再按以上顺序进行，可以直接去检修相关电路。至于伴音和彩色，检修顺序颠倒执行也可以。

2.1.3 故障检修的注意事项

彩色电视机的供电电压高、电路复杂，若检修时操作不当，易出现扩大故障范围和触电事故。为此，在检修彩色电视机时应注意以下有关事项。

（1）安全操作注意事项

① 维修场所的环境应确保安全、整洁、明亮、通风。维修者不应该紧靠水管等接地装置。地面及工作台上最好是垫一层绝缘橡胶板，可在万一发生触电事故时减轻人员的损伤程度，确保人身安全。维修台上不得有任何金属框露出，以防意外事故的发生。

② 当把电视机底板（印刷电路板）拔出来进行通电检查时，应把印刷电路底板用绝缘材料托起，以防与修理台面上的金属物接触造成短路。在竖起印制电路板进行通电检查时，要注意电路板与显像管尾板电路是否有触碰短路，最好是用绝缘物隔开。

③ 拆卸、安装机壳和电路板，更换元件和用电阻挡测量时一定要断电。

④ 检修彩色电视机时，最好是在电网与电视机电源输入端间加接一个1∶1的隔离变压器，如图2-6所示，使电视机的底盘地端与电网火线无法直接接通。接入的隔离变压器的功率约为200W。

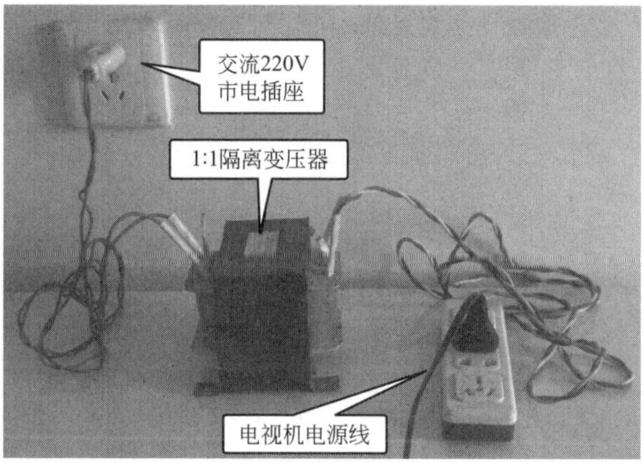
交流220V
市电插座
1:1隔离变压器
电视机电源线

图2-6 使用1∶1隔离变压器的方法

⑤ 通电检查时，如发现冒烟、打火、焦臭味、异常过热等现象，应立即关机检查。

⑥ 当发现保险管的熔丝烧断时，在未查明故障原因之前，不应急于换上新的保险管就

通电试机，以免故障扩大，损坏元件。如果不通电无法发现故障，可换上相同规格的保险管通电试一下，此时要掌握时机，发现异常现象立即切断电源。

⑦ 注意保护显像管。打开后盖后，机壳上不要放置维修工具或重物件，以防掉下砸坏显像管；各种连接线、测试线等，不要挂扯显像管的电子枪部位；拔、插显像管尾板时，一定要小心且用力均匀；当屏幕出现一个亮点或一条亮线时，应将亮度关小以免毁坏荧光粉，如图 2-7 所示。

注意在检修一个亮点或一条亮线的故障时，因为电子束集中轰击荧光屏的中央的一个狭小区域，很容易造成这个区域的荧光粉烧伤，使荧光粉的发光效率降低，留下烧伤的痕迹。因此，在检修过程中要调低亮度，如果亮度降不下来，应该检查ABL电路和显像管电路，甚至降低加速极电压，使屏幕上只出现能够看得见的一个亮点或一条暗线

图 2-7　一个亮点或一条亮线的故障现象

⑧ 检修人员在未弄清情况之前，不可随意调整机内的各种微调元件（如磁芯、磁帽、电位器等），否则，一旦调乱，没有仪器很难恢复，会使那些本来无故障的部位工作失常。如确需调节，应在调节前用笔作记号，才能调节。若调节无效，应调回原位。也不要随意变动机内连线，尤其是高压和中压部分连线，以免引起干扰使电路不稳定。

⑨ 注意高压。彩色电视主电源在 100～145V；其开关电源中开关管集电极有 500V 左右脉冲电压；行输出管集电极有 1000V 左右脉冲高压；彩色显像管阳极电压高达 25kV 左右，为此检修中应特别注意以下几点。

a. 检修时应注意手不要接触开关电源、行输出电路及显像管供电电路，这些电路电压很高。

b. 通电检查时，不可将开关电源负载全部断开，以防止击穿开关管；也不可断开行偏转线圈、行逆程电容或拆除保护电路，以防止击穿开关管及行输出管。

c. 不可采用高压放电方法来检测高压，以防止损坏行输出管或高压整流元件。

d. 彩色显像管阳极电压高达 25kV 左右，即使是在关机后，也有高压静电。维修时若要更换行输出变压器或高压帽等，必须先切断电源，然后进行多次放电，放电完毕方可进行操作。放电方法如图 2-8 所示。

e. 不可随意提高显像管阳极高压，以防由此产生对人体有损害的过剂量 X 射线。

f. 检修完应注意显像管石墨层接地线是否接好，否则会使石墨层在通电时感应出高压，而造成触电。

⑩ 在测量时要注意分清热地和冷地，如图 2-9 所示。如果接错，则可能造成损坏测量仪器及机器的元器件烧毁。

⑪ 检修后，要恢复机内走线的布局，防止由于维修不当产生新的干扰故障。在彩电生产设计时，对机内接线的走向都有一定的讲究，为的是把干扰信号降到最小程度。因此，在维修时要按原布线情况焊接，机内线孔的位置不要任意挪动。高压线路、射频和中频线路维修后，应立即恢复原样。拆下的金属屏蔽罩要焊好复原。

(2) 更换元器件注意事项

更换元器件的时候，与原机要同一规格，如电阻的阻值，高中频电路、调谐回路中的电容参数与类型，都应与原机相同。对于电阻的功率等级、电容的耐压要求，应不低于原机要求。

更换大功率高反压管时，除要求型号、规格一致外，要特别测试新管的反向击穿电压、

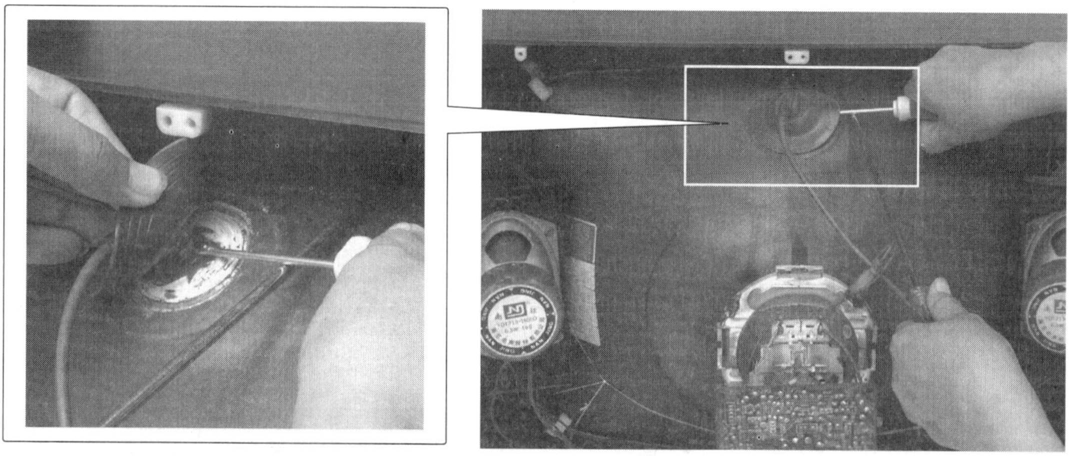

常用的放电方法有三种：①用一根导线连接一只10kΩ/2W电阻，一头插入显像管高压帽嘴中，一头触及显像管玻壳外的石墨导电层进行放电；②为了方便，也可用万用表的一根表棒作放电工具，把表棒的一头插入高压帽嘴中，另一头碰触显像管外的石墨层，这时会听到“啪”一声放电火花声，表明高压帽上的电荷已经泄放；③用两把螺丝刀交叉相连进行放电，做法是，其中一把螺丝刀的刀口接触显像管锥体的石墨层部分，另一把螺丝刀的刀口插入高压帽下的高压嘴内，触及高压卡簧的同时与前一把螺丝刀相接触。

注意：放电时一定要先切断电源；应进行多次放电，以保证将存储的电荷放完

图 2-8 释放高压静电的方法

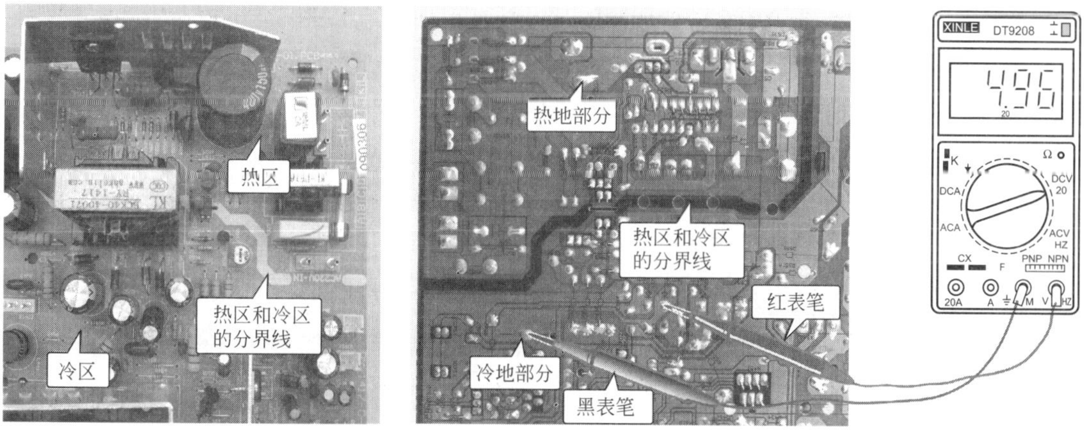
热区
热区和冷区的分界线
冷区
热地部分
热区和冷区的分界线
红表笔
冷地部分
黑表笔
XINLE DT9208
4.96

测量热区范围内各点直流电压、对地电阻应以热区的地线即“热地”为基准，一般是与300V滤波电容的负极相连的线路；测量冷区范围内各点直流电压、对地电阻应以冷区的地线即“冷地”为基准，一般是与高频头外壳相连的线路。如果接错，则可能造成损坏测量仪器及机器的元器件烧毁

图 2-9 测量时要分清热地与冷地

电流放大倍数、饱和压降是否达到电路要求。更换一般小功率三极管和二极管，如无特殊要求，应注意管子的反向击穿电压、工作效率、电流放大倍数、最大工作电流等参数是否符合电路要求。

更换开关变压器、偏转线圈、行推动变压器、行输出变压器、声表面波滤波器等专用元件时，不能随意用其他型号代替。集成电路不能直接在不同型号、规格间进行代换。

不同型号显像管也不能随意直接代换。

对于不同型号的元件进行代换，应详细查阅有关维修手册后，才能试验。

2.2 基本检修方法

2.2.1 直观检查法

很多故障不一定都要通过仪器测量，也可以凭借视觉、听觉、嗅觉、触觉就能很快找到。

在确认故障症状时，检查光栅、图像、彩色和声音时已经在应用直观检查法了。

打开电视机后盖，首先通过视觉观察（看），可以发现一部分故障，如图 2-10 所示。

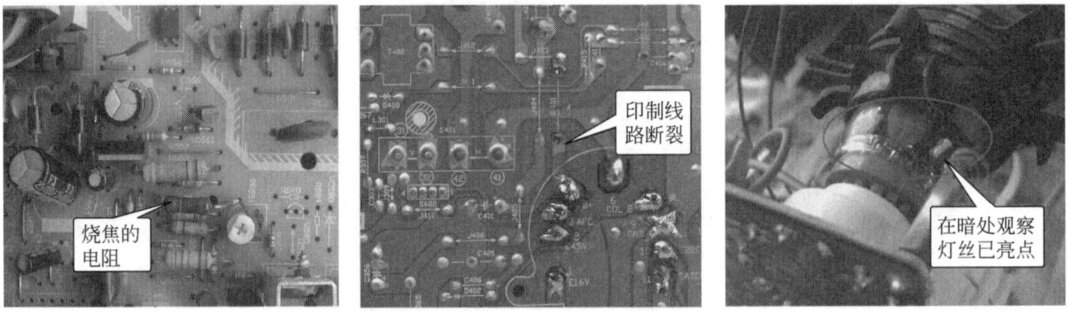
烧焦的
电阻
印制线
路断裂
在暗处观察
灯丝已亮点

打开电视机后盖，首先凭视觉观察，注意是否有：①线路开焊，元件断路，电阻烧焦，电解电容鼓包、漏液；②保险熔断，线路有连锡、短路现象；③显像管破裂或发蓝光，灯丝不亮；④机内冒烟，电容器有黑迹漏电现象

图 2-10 视觉观察法

摸——变压器、电容器、开关管或行输出管、集成块等温度是否正常。

闻——机内有无烧焦味，变压器有无焦味。

听——开机通电，细听机内是否有打火声，是否有行频“吱吱”声或其他异声。

振——轻轻用螺丝刀绝缘柄敲击印制板，查找电路虚焊点。若敲击时图像不稳定，伴音消失或出现，则说明电路存在虚焊或微调元件有松动现象。

2.2.2 万用表测量法

（1）电阻法

电阻检查法必须在断电情况下进行。此法对于无光无声和保险丝烧断、机内冒烟、打火等故障检查尤其重要。有这些故障的彩电，在通电前一定要先进行电阻检查，以防元器件或电路短路时造成故障的扩大。

电阻检查内容很多，如测量交流和稳压直流电源的各输出端对地电阻，以检查这些电源的负载有无短路或漏电；测量电源开关管、行输出管、视频输出管等中、大功率管集电极对地电阻，以判断这些元器件是否损坏；等等。通过测量电阻，并且与正常情况下对地电阻值进行比较，从而判断故障所在。由于将元件从电路板上焊下来进行电阻测量较麻烦，所以在实际维修中可先进行在路电阻测量，当测出阻值与正常值相差很大时，再将其焊下来进一步测试，以确认该元件是否已损坏。

（2）电压法

通过测量电源电压、集成电路各引脚与晶体管各极电压、电路中各关键点电压是检修彩色电视机最常用的方法之一。电压检查法可分为交流电压检查法和直流电压检查法两种。

① 直流电压检查法　在彩色电视机电路中，有一些点是检修的关键点，很多时候通过检修这些关键点的直流电压的大小，并与正常值相比较，通过分析可以较快地判断故障部位及元器件。

方法与技巧

信号通道的工作状态有静态和动态之分，所谓静态是指电视机不接收信号的状态，动态是指电视机接收信号的状态。电路中有些测试点（如图像视频检波输出端、RF AGC 电压输出端等）在静态与动态两种状态下的电压有比较明显的变化。检查时，分别将电视机置于空频道（或取下天线插头）与有电视节目的频道测量这些点的静态电压与动态电压，如果电压无变化，则说明电路没有正常工作。

② 交流电压检查法　这种方法主要用于检查开关稳压电源的交流部分以及行输出变压器输出的灯丝电压。

③ “dB”电压检查法　在彩电检修中，行扫描电路的检修经常要检查行频脉冲、行逆程脉冲、行同步脉冲的有无及大小；场扫描电路的检修，需要检查场锯齿波电压、场同步脉冲等场频脉冲正常与否；开关电源的检修需要检查开关管基极（或栅极）的开关激励脉冲的有无及大小。采用示波器检查当然直观、准确，在没有示波器的情况下，可采用万用表“dB”挡（交流电压挡）测量 dB 电压来判断有无脉冲电压。

测量 dB 电压的方法是：如图 2-11 所示，用万用表的“dB”挡（交流电压挡），红表笔插到“dB”孔测量，没有“dB”孔的万用表就用一只 0.1～0.47μF 的电容器，耐压要大于被测量电路的峰值电压，电容器的一端焊接到电路的“地”上，另一端接到黑表笔，红表笔接测试点，用交流电压挡测量某点对“地”的脉冲电压。应注意的是，用万用表作“dB”测量时，要求被测信号是频率为 45～1000Hz 的正弦波，若被测信号频率超过 1000Hz 或不是正弦波，则测出的“dB”电压值不能认为是电平值，但却可以反映出脉冲电压的高低，或者用来判断是否有脉冲信号存在。

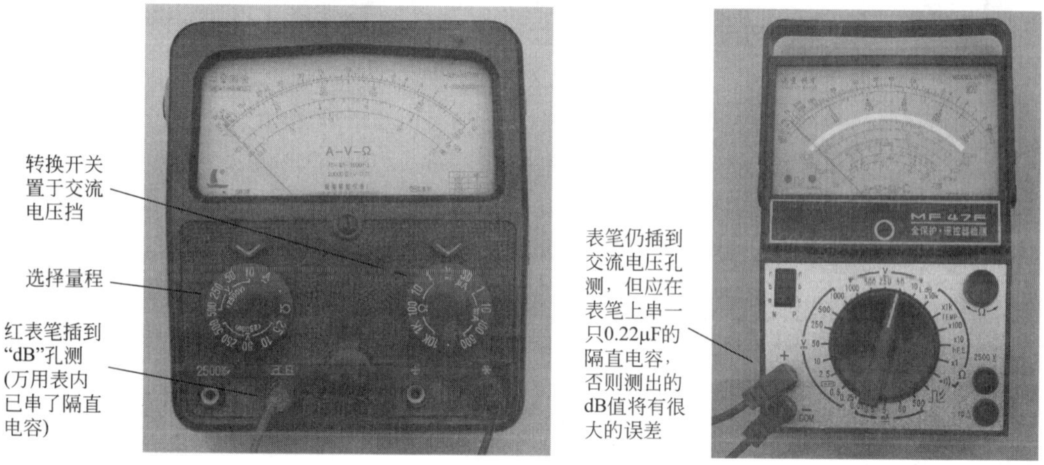
转换开关置于交流电压挡
选择量程
红表笔插到“dB”孔测(万用表内已串了隔直电容)
表笔仍插到交流电压孔测，但应在表笔上串一只0.22μF的隔直电容，否则测出的dB值将有很大的误差

(a) 500型万用表　　(b) MF47型万用表

图 2-11　测量 dB 电压的方法

彩电行管的集电极交流 dB 电压反映了逆程反峰电压的高低，具体数值与机型和屏幕大

小有关。对于 21in 或更小的彩电，此值为 350～450V。通过测量行管集电极的交流 dB 电压，也可以判断故障的大致部位。行管不工作时，这个 dB 电压为零；行输出变压器的输出负载短路时，这个 dB 电压很小；如果 dB 电压正常但无光栅或光栅异常，则表明行输出变压器次级绕组开路或其负载有故障；如果 dB 电压超过 500V，光栅变小且很亮，则是逆程电容容量减少。行推动管集电极的交流 dB 电压反映了行推动级是否正常工作。这个 dB 电压通常为 75～125V，但如果行推动级由 24V 低压供电，这个 dB 电压在 50V 以内。

（3）电流法

电流法是通过测量晶体管、集成电路工作电流，各局部电路的总电流和电源的负载电流来检修电视机的一种方法。用万用表测量电流，既可以采用直接测量，也可采用间接测量。直接测量电流必须把万用表串入电路，使用起来很不方便，因此在一般情况下，这种检查方法用得较少，而常用直流电压测量法（间接测量电流，即先测出已知电阻上的电压，再根据欧姆定律 $I=U/R$，得出电流大小）代替。但是遇到烧保险丝或行扫描电路等短路性故障时，往往难以用电压法检查，则应采用电流法检查。

最常检查的是开关电源输出的直流电流和各单元电路工作电流，如测量行输出电路工作电流大小、从而判断行输出电路是否有开路和短路故障存在，如图 2-12 所示。检查行输出变压器输出的直流电压的负载是否短路，也常采用电流检查方法。检查自动亮度限制（ABL）电路时，也往往需要检查彩色显像管各阴极的工作电流，以确定 ABL 电路是否有故障。碰到保险丝或熔断电阻开路时，也预示着保险丝或熔断电阻所保护的电路电流增大，通常也需要测量电流。

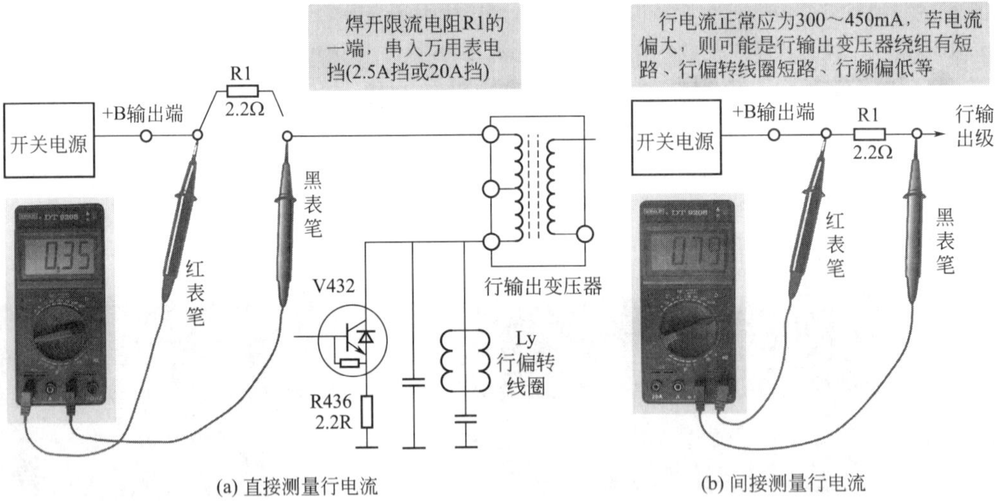
焊开限流电阻R1的一端，串入万用表电挡(2.5A挡或20A挡)
R1
2.2Ω
+B输出端
开关电源
黑表笔
红表笔
V432
R436
2.2R
行输出变压器
Ly
行偏转线圈
(a) 直接测量行电流
行电流正常应为300～450mA，若电流偏大，则可能是行输出变压器绕组有短路、行偏转线圈短路、行频偏低等
+B输出端
R1
2.2Ω
行输出级
开关电源
红表笔
黑表笔
(b) 间接测量行电流

图 2-12　测量行输出电路工作电流的方法

2.2.3　示波器检查法

用示波器测量彩色电视机有关点的波形是否正常，来判断电路是否正常工作，可迅速地找到故障部位，如图 2-13 所示。这种方法对微处理器时钟电路、视频电路、行场振荡器或输出级故障检查极为有效。

2.2.4　信号注入法

信号注入法是将各种测试信号注入到电视机的有关电路中，通过显像管（图像）和扬声

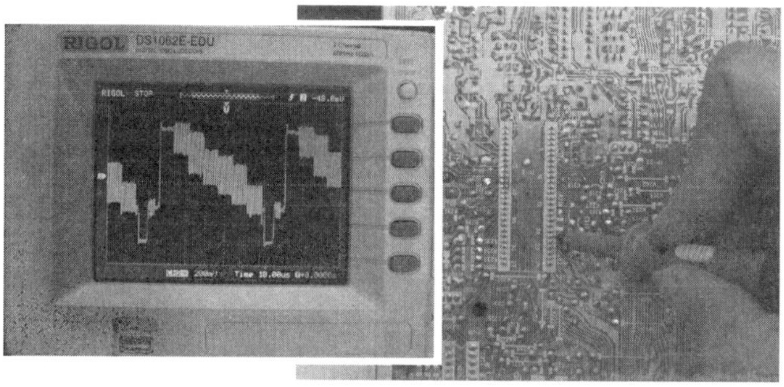
RIGOL
DS1062E-EDU

示波器不仅可以判断信号的有无，对信号进行寻迹，还可以对信号的波形参数进行量化测量。某些电路出现故障，并不是信号开路或短路，相当部分是信号的幅度、频率、形状或组成成分发生了变化。这类故障仅靠万用表等简单仪表测量是很难判定信号正常与否，但使用示波器测量却一目了然。在彩电故障检查中，常用示波器观察波形的信号除电源开关脉冲、行场脉冲、同步脉冲、全电视信号、Y信号、色副载波、色同步、色度、色差及基色信号外，还有各种时钟信号、总线控制信号、字符信号等

图 2-13　利用示波器检测彩色电视机中关键点的信号波形

器（声音）的反应来判断故障。在彩电检修中，常用的信号源有电视信号发生器、彩条信号发生器、低频信号发生器等。在业余条件下往往没有上述仪器，这时可采用影碟机输出的音视频信号作信号源，或者利用一台工作正常的电视机作为信号源（调谐器 IF 输出端取出的信号作为电视中频信号源；中频通道输出端取出的视频全电视信号作为视频信号源，中频通道输出端取出的 6.5MHz 信号作为第二伴音中频信号源；伴音鉴频输出端取出的音频信号作为音频信号源），再根据需要，分别输入故障机的有关电路，以检查和判断电路是否正常工作。检修时，可将信号电压直接或经一只 0.01～0.1μF 电容加到被查电路。在实际维修中用得最多的还是简易信号注入法（即干扰法），如人体感应信号注入法、万用表电阻挡触发法等。使用信号注入法时，应根据具体情况选用最合适的信号源。检查解码器时，应选用彩条信号发生器；检查高、中频通道时，应选用电视信号发生器，或人体感应信号或万用表电阻挡作干扰信号；检查伴音通道时，应选用低频发生器，或人体感应信号或万用表电阻挡作干扰信号。

（1）AV 信号输入法

现在的彩电大多有 AV 输入端子，AV 状态输入的视频、音频信号与 TV 状态时从中频通道输出的视频、音频信号均输入到 TV/AV 切换电路，经切换和放大后，再输出到相关的处理电路。当彩电发生图像、色彩、伴音类故障时，往往以 TV/AV 切换电路作为判断故障范围的分水岭，这为确定故障范围及检修提供了方便。AV 信号输入法是让电视机进入 AV 状态，然后通过 AV 输入插孔输入机顶盒或其他影音设备送来的音频、视频信号，再观察荧光屏上图像是否正常，听扬声器中声音是否正常来判断故障部位，如图 2-14 所示。

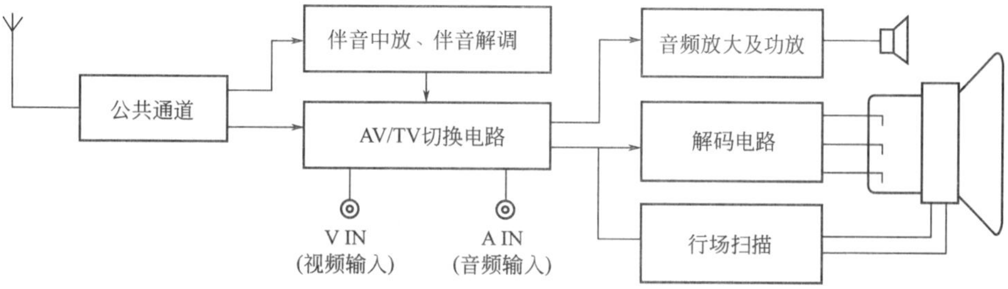
伴音中放、伴音解调
公共通道
AV/TV切换电路
音频放大及功放
解码电路
行场扫描
V IN
(视频输入)
A IN
(音频输入)

无论电视机处于TV状态还是AV状态，解码电路、扫描电路、音频放大电路都是工作的，即这些电路是TV和AV两者的公共电路。例如，当彩色电视机出现无彩色故障时，为判断是公共通道增益下降引起消色电路动作，还是色度通道本身损坏引起无彩色故障，可在V IN插孔输入机顶盒输出的视频信号或DVD机播放的视频信号，若AV视频图像彩色正常，表明色度通道正常，故障原因是公共通道增益下降引起的无彩色

图 2-14　AV 信号输入法

（2）人体感应信号注入法（干扰法）

人体感应信号注入法常称为干扰法。这种方法是手握镊子或螺丝刀的金属部分，轻轻触碰被测电路的集成块有关引脚或晶体管的基极，以输入人体感应杂波信号，同时观察屏幕上有无杂波干扰，或听扬声器有无杂音发出，从而判断电路是否正常工作。此法常用来检查高、中频通道，伴音通道以及亮度和色度通道。使用这种检查方法时，一般应从后到前逐级进行。需要注意的是，使用这种方法时切忌误触高压。

（3）万用表电阻挡触发法

使用万用表电阻挡作干扰信号注入法的具体方法是，将万用表置于 $R\times1k$ 挡（利用万用表 $R\times1k$ 挡的电流，注入干扰信号），将其正表笔接地，并用负表笔从后到前逐级触击电路的输入端，通过显像管屏幕上的图像和扬声器中声音的反应，来判断故障的部位。在某些正常时反应较迟钝的点，可采用万用表 $R\times100$ 挡，甚至 $R\times10$ 挡。因为万用表内阻越小，其输出电流越大，反应就应越明显。需要注意的是，在用万用表笔触击时，要小心，不要将万用表误触至各路电源上。

2.2.5 开路法

开路法将某一部分电路断开，用万用表测量电阻、电压或电流，来判断故障一种方法。对于一些引起电流过大的短路性故障，用此法检查比较适合。

方法与技巧

通电检查时，不可将开关电源负载全部断开，以防止击穿开关管；也不可断开行偏转线圈、行逆程电容或拆除保护电路，以防止击穿开关管及行输出管。

2.2.6 假负载法

开关电源电路与负载电路相互牵连，因此，在检修很多故障的时候都需要先确诊故障原因在电源本身还是在负载，往往要断开开关电源的负载。在检修开关电源故障时，为避免开关电源输出电压过高而使负载电路中的元件烧坏，也应切断行负载。但是，断开行负载后，应在主电源（+B）输出端接临时负载，即“假负载”，如图 2-15 所示。对假负载的要求是，功率要尽量与被检修电视机耗电功率接近。通常是用一个普通灯泡作假负载，21in 以下电视机选择 60W 的灯泡，25～29in 电视机选择 100W 的灯泡。选择灯泡的好处是取材方便，同时通过观察灯泡的亮度来判断开关电源输出电压及工作情况也比较直观。

接假负载后，如果开关电源输出电压恢复正常，说明行扫描电路有问题；如果开关电源输出电压仍不正常，说明不是行扫描电路造成开关电源工作异常，而是开关电源本身有问题，或是其他的负载电路存在过流、短路现象。此时只要逐一断开其他的负载后，即可确诊开关电源是否有问题。

在使用假负载时，需注意：①断开行扫描电路时不要用刀割断铜箔，而应断开滤波电感的一个引脚或保险电阻的一个引脚，也可用针头将行输出管集电极或行输出变压器的初级引脚与铜箔分离开；②断开行扫描电路时应选择在稳压电源的取样电路之后断开，而不能在取样电路之前断开，否则，若把稳压环路的反馈路径切断，将致使开关电源输出电压不受控制而引发一些新的故障。

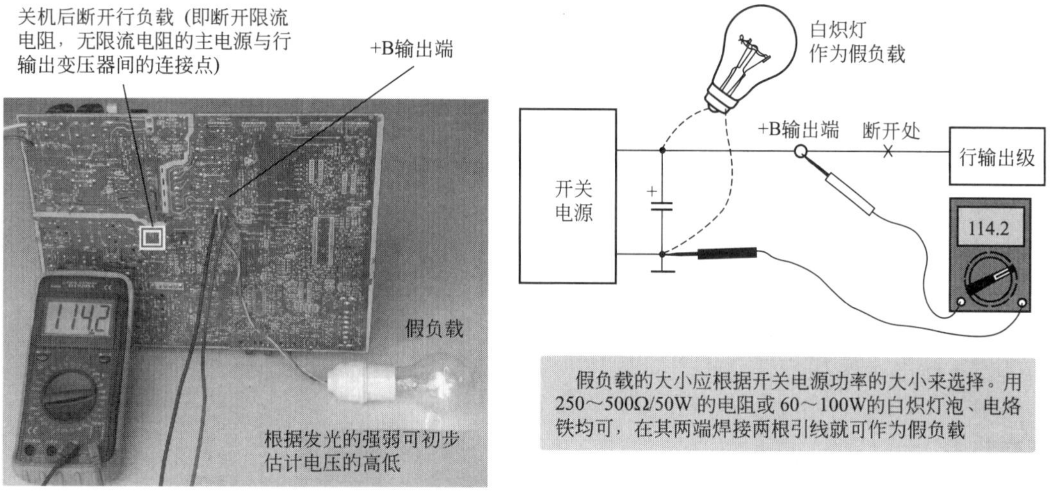
关机后断开行负载（即断开限流电阻，无限流电阻的主电源与行输出变压器间的连接点）
+B输出端
114.2
假负载
根据发光的强弱可初步估计电压的高低
白炽灯
作为假负载
+B输出端
断开处
行输出级
开关
电源
114.2
假负载的大小应根据开关电源功率的大小来选择。用250～500Ω/50W的电阻或60～100W的白炽灯泡、电烙铁均可，在其两端焊接两根引线就可作为假负载

图 2-15 假负载接线图

2.2.7 短路法和跨接法

短路法是利用导线、电阻或电容短路某一部分电路（或元件），通过观察电路参数或光、图、色、声的变化来判断故障部位的一种方法。此法主要用于检查和判断干扰源，以及振荡器是否起振、元件是否开路等。跨接法是利用导线、电阻或电容直接接在某一部分电路（或元件）的输入、输出端，人为地为声、图像、色度信号另外提供一条通道，让信号跨越过被怀疑的电路或元件，以便迅速地从长长的信号通道中找出信号丢失的开路故障点或短路故障点。实际上，跨接法也是短路法中的一种。图 2-16 中的图（a）是交流短路法示意图，图（b）是跨接法示意图。

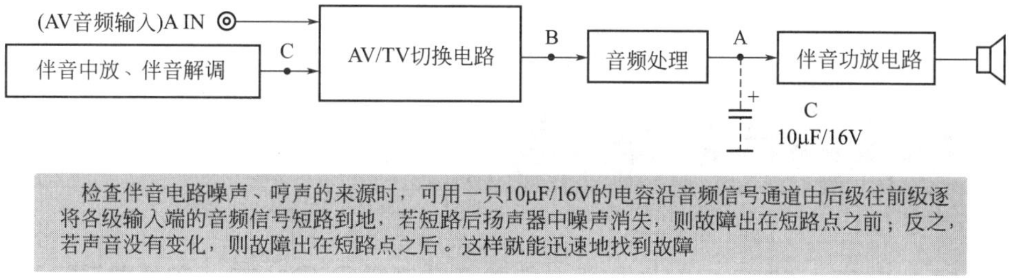
(AV音频输入)A IN
伴音中放、伴音解调
C
AV/TV切换电路
B
音频处理
A
伴音功放电路
C
10μF/16V
检查伴音电路噪声、哼声的来源时，可用一只10μF/16V的电容沿音频信号通道由后级往前级逐将各级输入端的音频信号短路到地，若短路后扬声器中噪声消失，则故障出在短路点之前；反之，若声音没有变化，则故障出在短路点之后。这样就能迅速地找到故障

(a) 交流短路法

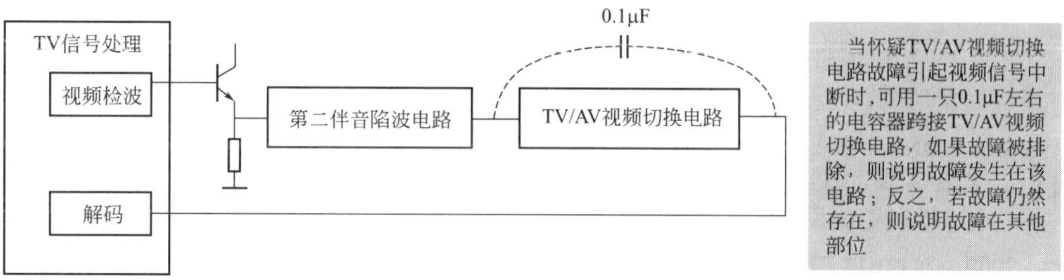
TV信号处理
视频检波
解码
0.1μF
第二伴音陷波电路
TV/AV视频切换电路
当怀疑TV/AV视频切换电路故障引起视频信号中断时，可用一只0.1μF左右的电容器跨接TV/AV视频切换电路，如果故障被排除，则说明故障发生在该电路；反之，若故障仍然存在，则说明故障在其他部位

(b) 跨接法

图 2-16 短路法和跨接法

短路法有直流短路法和交流短路法之分，采用何种短路法应根据被短路点的直流电平（对地直流电压）差而定，需防止直流电压被短路。当短路的两点直流电平相同或相近时，可直接使用短路导线或串有适当阻值的短路线；当短路的两点直流电平相差较大，则需根据信号频率和两点之间的电压差选择合适容量和耐压的电容器隔直通交。

2.2.8 代换法

代换法就是用同规格正常的元器件代换被怀疑损坏的元件，如果故障消除，说明被怀疑的元件的确损坏；如果代换无效，则说明判断有误，对此元件的怀疑即可排除，除非同时还有其他元件损坏。这种方法主要用于疑难故障的检查，有很多故障并不是元器件严重损坏，而是变质，性能不稳定等（如电容、稳压管、光电耦合器、集成电路、开关变压器、高压包、高频头不良等），在业余条件下难以判定其好坏。在这种情况下，采用代换法就可作出准确判断。

2.2.9 修改 I^2C 总线数据法

采用 I^2C 总线控制的彩电，如果 I^2C 总线数据出现错误，也会出现故障现象。修改 I^2C 总线数据法就是通过修改存储器内存储的总线数据来判断、排除故障的一种方法，如图 2-17所示。例如，在检修伴音失真的故障时，通过调整伴音选项的数据后，若伴音恢复正常，则说明故障是总线数据发生变化所致。I^2C 总线数据可调整的内容很多，常用的调整项目有：光栅中心位置调整、光栅枕校调整、场幅调整、场线性调整、黑白平衡调整、副对比度调整、副亮度调整、RFAGC 调整等。

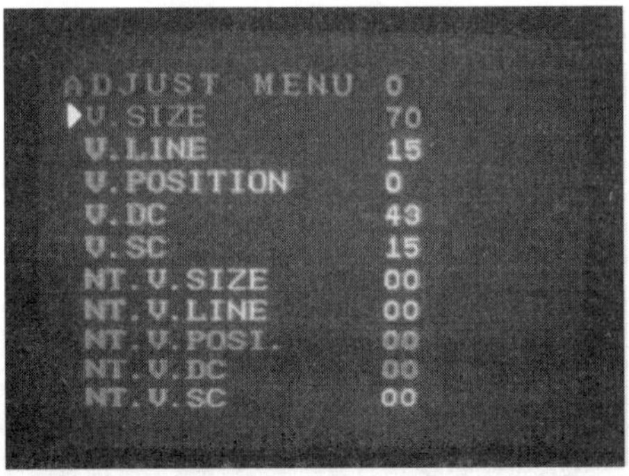
ADJUST MENU 0
V.SIZE 70
V.LINE 15
V.POSITION 0
V.DC 43
V.SC 15
NT.V.SIZE 00
NT.V.LINE 00
NT.V.POSI. 00
NT.V.DC 00
NT.V.SC 00

I^2C总线数据调整的方法：

①让电视机进入维修调整状态，不同机型进入方法会有所不同

②查找到相关项目,先记录下调整前的数据，以便调整无效时恢复原数据，然后修改调整项目的数据。当调整无效时应立即恢复到原来的数据

③退出维修调整状态

图 2-17　修改 I^2C 总线数据法

需要注意的是，维修时不宜盲目调整，特别是对于一些功能设定数据不能轻易改动，若改动就会改变整机的性能指标，严重时还会使整机不能工作。

2.2.10 对比法

对比检查法是通过比较故障机与同类正常机来判断故障。这种方法对于检修无图纸、资料的电视机最为有效。具体做法是将故障机上有怀疑部分所测得的波形、电压、电阻和电流等数据与正常机相应的波形和数据进行比较，差别较大部位就是故障所在的部位。

在观察故障现象时，对于一些难以判断的故障现象，也可以使用对比法。将故障机屏幕上所重现的图像和扬声器中所放出的伴音与正常机的图像和伴音比较，就能很容易地发现故障机的图像和声音方面的缺陷，从而确定故障现象。

2.2.11 颜色对比检查法

颜色对比检查法（简称比色法）是将彩色电视机屏幕上所重现的图像（或彩条）的颜色与正常图像（或标准彩条）相应部位应有的颜色比较，来分析、判断故障范围的一种方法，如图 2-18 所示。这种方法可以检查各种彩色故障。

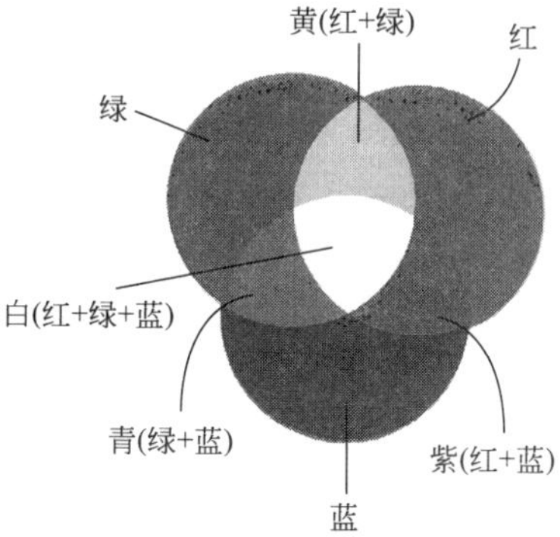

黄(红+绿)
红
绿
白(红+绿+蓝)
青(绿+蓝)
紫(红+蓝)
蓝

三基色原理：
①红、绿、蓝三色称为三基色；②自然界的所有颜色都可用三基色按一定比例混合而成，反之，任何颜色也可分解为比例不同的三种基色；③混合色的亮度等于参与混色的各个基色的亮度之和；④三种基色之间的比例，直接决定了混合色的色调和色饱和度

左图是用等量的红、绿、蓝三基色相加混色的示意图。这种相加混色规律是：
红光+绿光=黄光；红光+蓝光=紫光；
绿光+蓝光=青光；红光+绿光+蓝光=白光
某两种色光相加的结果是白光，则称这两种色光互为补色。红色与青色、绿色与紫色、蓝色与黄色分别互为补色

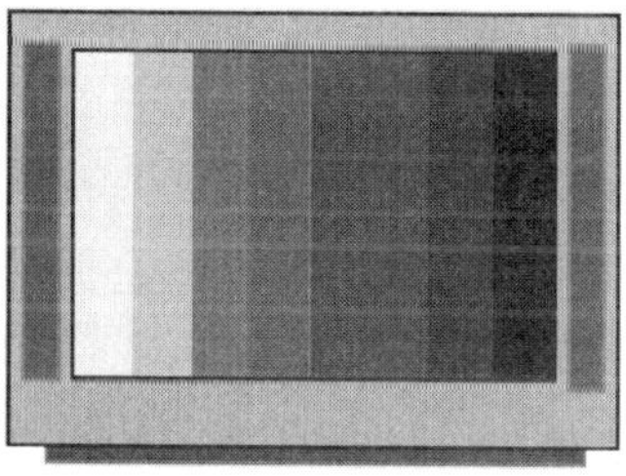

应用比色法检修彩电时，应首先将色饱和度调至最小，检查底色是否有偏，白平衡有无破坏。如果发现底色有偏，白平衡不良或有假彩色等故障现象，应先加以修复。然后将色饱和度调至适当值，根据重现画面的颜色畸变程度或画面缺色（基色或补色）情况，就能判断故障范围

几种故障的彩色失真情况

故障原因 \ 标准彩条	白	黄	青	绿	紫	红	蓝	黑
G 束截止	紫	红	蓝	黑	紫	红	蓝	黑
R 束截止	青	绿	青	绿	蓝	黑	蓝	黑
B 束截止	黄	黄	绿	绿	红	红	黑	黑
无 G-Y	白	橙	青蓝	浅绿	浅紫	橙	青蓝	黑
无 R-Y	白	黄绿	浅青	黄绿	紫蓝	浅红	紫蓝	黑
无 B-Y	白	淡黄	青绿	青绿	紫红	紫红	淡蓝	黑
U 解调器无输出	白	黄绿	紫蓝	黄绿	紫蓝	黄绿	紫蓝	黑
V 解调器无输出	白	紫红	青绿	青绿	紫红	紫红	青蓝	黑
不正确识别	白	绿偏黄	红偏紫	橙偏红	蓝偏青	青偏绿	紫偏蓝	黑
PAL 开关不工作	白	黄绿	浅紫	淡黄	浅紫	深黄	蓝	黑

图 2-18　颜色对比检查法（比色法）

采用比色法进行故障检查时，所接收图像的颜色应属已知，否则，就不能准确地判断彩色失真和彩色畸变的故障。在彩电检修中，作为比较标准的图像，有标准彩条和彩色电视测试图像。这两种标准彩色图形，电视台在播放节目之前，总是要给出其中之一的，不过时间较短。如果能自备彩条信号发生器或彩条信号 VCD 光盘，维修时就十分方便了。由于已经知道各彩条在正常时应呈现何种颜色，因此若有彩色失真，在彩条上便有反映，很容易发现颜色方面存在的缺陷。根据呈现彩条颜色畸变的程度或缺色的情况，再根据彩色着色原理与

三基色原理，就能分析、判断出故障原因和范围。比如说，重现的彩色图像彩色太淡薄，就表明不是色度通道的增益过低，就是高、中频幅频特性不良；又如彩色上爬行严重，就说明梳状滤波器性能不良或恢复的副载波不正常等。

应用比色法检修彩电时，应首先将色饱和度调至最小，检查底色是否有偏，白平衡有无破坏。如果发现底色有偏、白平衡不良或有假彩色等故障现象，应先加以修复。然后将色饱和度调至适当值，根据重现画面的颜色畸变程度或画面缺色（基色或补色）情况，就能判断故障范围。

Chapter 3

第 3 章 开关电源电路故障的检修

彩色电视机几乎都采用开关电源。开关电源具有效率高、调整范围宽、重量轻和体积小等特点。同时，由于其工作在高电压、大电流状态，故障率较高，居整机故障率之首。开关电源电路比较复杂，电路形式多样，增大了检修难度。

本章精讲彩色电视开关电源的基本原理，剖析典型的开关电源电路，并重点介绍开关电源的维修方法和技巧。

3.1 开关电源的基本结构和基本工作原理精讲

开关电源的种类繁多，分类方法主要有：按开关管与负载的连接方式来分有串联型开关电源和并联型开关电源两大类；按开关管的激励方式来分有自激式和他激式两类；按开关电源稳压调整的控制方式来分有脉宽控制式、频率控制式、相位控制式和削波控制式等多种。目前彩电中应用较广的是并联型开关电源，本章重点介绍这类开关电源的电路原理及其故障维修。

3.1.1 并联型开关电源的基本结构和组成

（1）实物图解

图 3-1 是典型分立元件构成的开关电源实物图，通过看图来认识一下开关电源中的主要元器件。其特征部件是“个头”较大的开关变压器与开关管，还有 300V 滤波电容，它是整机中最大的电解电容。

（2）并联型开关电源电路方框图

并联型开关电源电路方框图如图 3-2 所示，它主要是由抗干扰电路、市电整流滤波电路、开关变压器等部分构成。

① 抗干扰电路　抗干扰电路也称交流输入滤波（市电滤波）电路或线路滤波器，其主要作用是滤除 AC220V 市电电网中的干扰信号，同时防止开关电源产生的干扰信号窜入电网而影响其他用电设备的工作。

② 市电整流滤波电路　该电路的作用是将市电电网输入的 220V 交流电压通过桥式整流器整流、大电解电容（常称为 300V 滤波电容）滤波后获得 300V 左右直流电压，为开关变换器供电。其实质上是交流-直流（AC-DC）变换。

（3）开关变换器

开关变换器的作用是将 300V 左右的不稳定直流电压变换成为 3～5 种稳定的直流电压，为不同的负载电路供电。开关变换器实质上进行的是直流-直流（DC-DC）变换，因此，它也称为直流-直流（DC-DC）变换器。

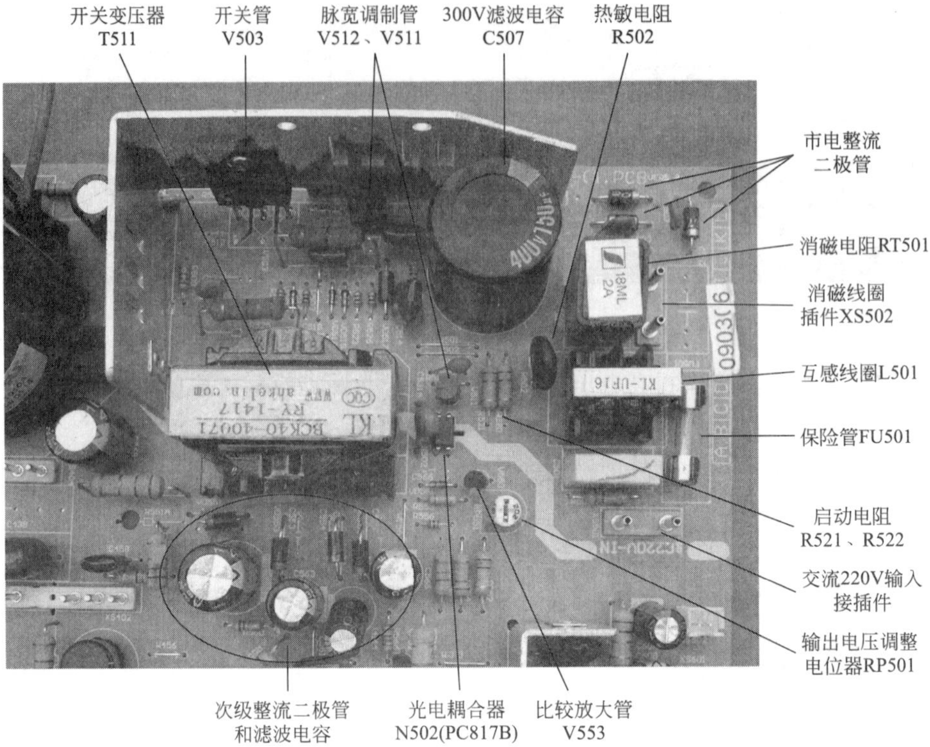
开关变压器
T511
开关管
V503
脉宽调制管
V512、V511
300V滤波电容
C507
热敏电阻
R502
市电整流
二极管
消磁电阻RT501
消磁线圈
插件XS502
互感线圈L501
保险管FU501
启动电阻
R521、R522
交流220V输入
接插件
输出电压调整
电位器RP501
次级整流二极管
和滤波电容
光电耦合器
N502(PC817B)
比较放大管
V553

图 3-1　典型分立元件构成的开关电源元器件组装结构（LA76931 主板的开关电源）

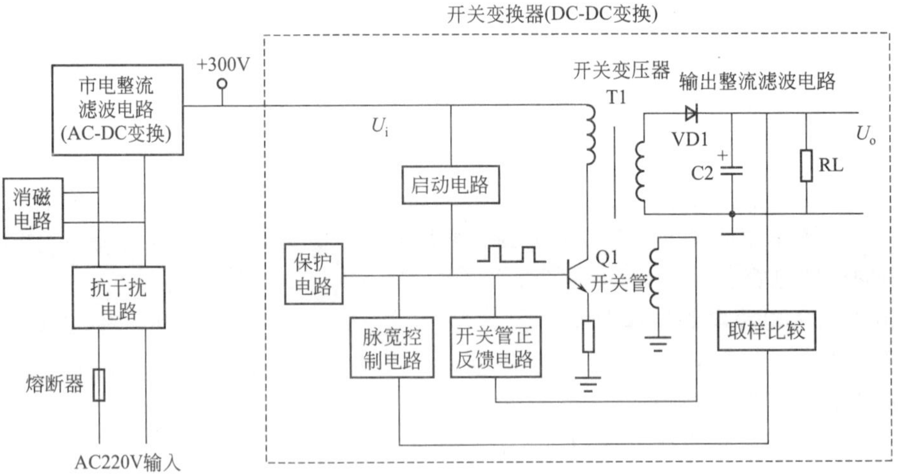
开关变换器(DC-DC变换)
+300V
市电整流
滤波电路
(AC-DC变换)
消磁
电路
抗干扰
电路
熔断器
AC220V输入
Ui
启动电路
保护
电路
脉宽控
制电路
开关管正
反馈电路
开关变压器
T1
输出整流滤波电路
VD1
C2
RL
Uo
Q1
开关管
取样比较

图 3-2　并联型开关电源电路方框图

另外，彩电的开关电源部分还设有消磁电路。消磁电路是利用消磁电阻的热敏性能，在开机瞬间通过消磁线圈产生一个由强变弱的交流磁场，对显像管进行消磁，以免荧光屏受地球磁场或其他磁场影响而产生色斑。

3.1.2　开关电源主要组成部分精讲

（1）市电滤波和市电整流滤波电路

各种型号彩电的市电滤波、市电整流滤波电路大致相同，典型电路如图 3-3 所示。

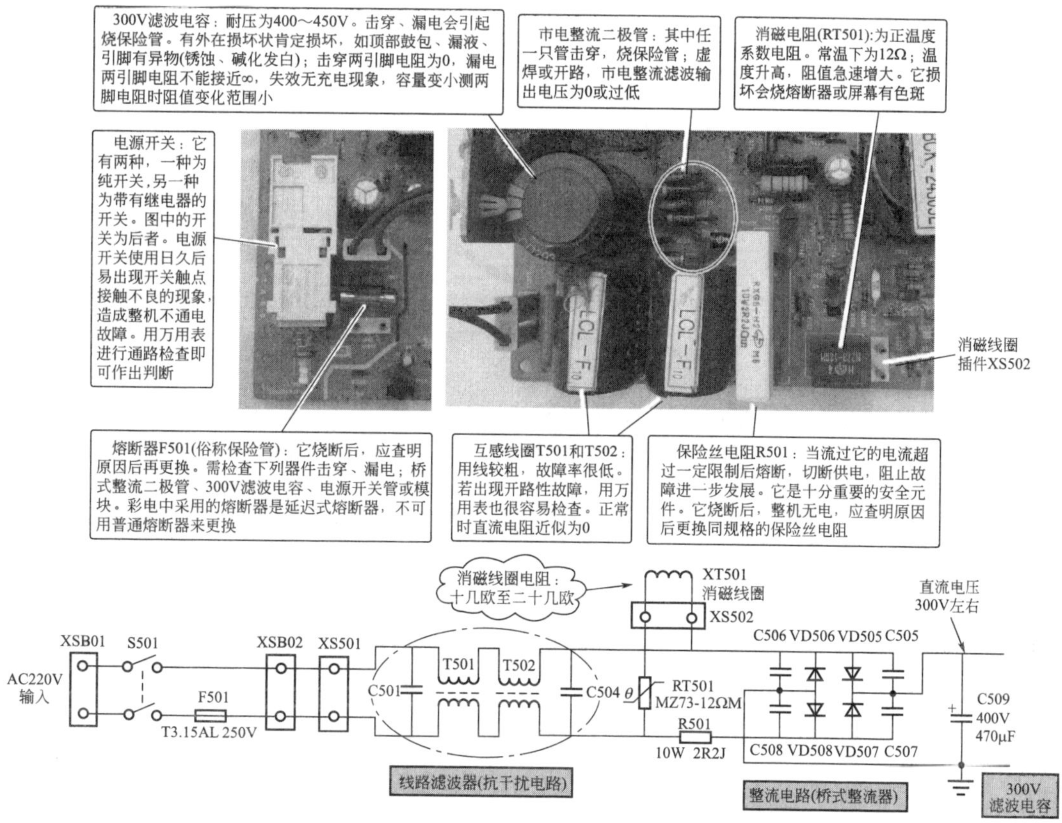
300V滤波电容：耐压为400～450V。击穿、漏电会引起烧保险管。有外在损坏状肯定损坏，如顶部鼓包、漏液、引脚有异物(锈蚀、碱化发白)；击穿两引脚电阻为0，漏电两引脚电阻不能接近∞，失效无充电现象，容量变小测两脚电阻时阻值变化范围小
市电整流二极管：其中任一只管击穿，烧保险管；虚焊或开路，市电整流滤波输出电压为0或过低
消磁电阻(RT501):为正温度系数电阻。常温下为12Ω；温度升高，阻值急速增大。它损坏会烧熔断器或屏幕有色斑
电源开关：它有两种，一种为纯开关，另一种为带有继电器的开关。图中的开关为后者。电源开关使用日久后易出现开关触点接触不良的现象，造成整机不通电故障。用万用表进行通路检查即可作出判断
消磁线圈插件XS502
熔断器F501(俗称保险管)：它烧断后，应查明原因后再更换。需检查下列器件击穿、漏电；桥式整流二极管、300V滤波电容、电源开关管或模块。彩电中采用的熔断器是延迟式熔断器，不可用普通熔断器来更换
互感线圈T501和T502：用线较粗，故障率很低。若出现开路性故障，用万用表也很容易检查。正常时直流电阻近似为0
保险丝电阻R501：当流过它的电流超过一定限制后熔断，切断供电，阻止故障进一步发展。它是十分重要的安全元件。它烧断后，整机无电，应查明原因后更换同规格的保险丝电阻
消磁线圈电阻：十几欧至二十几欧
XT501
消磁线圈
XS502
直流电压300V左右
XSB01
S501
XSB02
XS501
C506 VD506 VD505 C505
AC220V输入
F501
T3.15AL 250V
C501
T501
T502
C504
RT501
MZ73-12ΩM
R501
10W 2R2J
C508 VD508 VD507 C507
C509
400V
470μF
线路滤波器(抗干扰电路)
整流电路(桥式整流器)
300V滤波电容

图 3-3 市电滤波、市电整流滤波电路图解

220V 交流电压在机内先受电源开关 S501 的控制。市电输入回路串入的熔断器（俗称保险管）F501 用于过流保护。当后面的电路异常时，使电流超过熔断器的标称值时，F501 内的保险丝过流熔断，切断市电输入电路，不仅可避免扩大故障，而且避免了过流给电网带来的危害。

维修提示

由于消磁电流及开机时的浪涌电流等原因，开机瞬间常出现为正常工作电流十多倍的瞬间电流，普通保险丝很难适应这种要求。为此，彩电电源电路中采用一种耐冲击的特殊保险丝（延迟式保险丝）。维修时，彩色的保险管不可用普通保险管代替。

线路滤波器由 T501、T502、C501、C504 组成。T501、T502 均为互感线圈。互感线圈采用高磁导率磁芯和分段绕制，电感量较大，分布电容小，并且两绕组绕向一致，流过两绕组的电流相等，方向相反。因此，从市电进入的双线对称干扰信号产生的磁场方向相反，相互抵消，抑制掉从交流电网进入的对称性干扰信号。而对于从市电进入的非对称性干扰信号来说，T501、T502 与 C501、C504 组成两个 L 形低通滤波器。由于 T501、T502 电感量大、分布电容小，故 L 形滤波器在很宽的频率范围内对非对称干扰信号有很好的滤波抑制作用。本电路采用两个互感线圈串接的方式，滤波效果更好。有些机型只采用一个互感线圈。

市电整流电路有普通桥式整流和桥式/倍压整流两种。图 3-3 电路中采用普通桥式整流电路，由 VD505～VD508 四只整流二极管构成桥式整流器，C505～C508 用来吸收 VD505

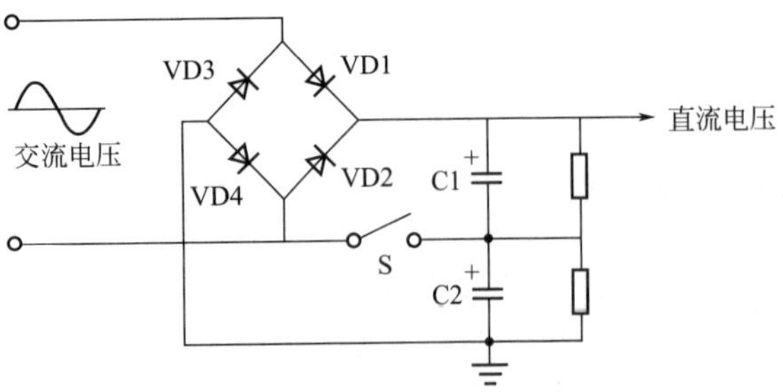
VD3
VD1
交流电压
直流电压
VD4
VD2
C1
S
C2
图 3-4 桥式/倍压整流切换原理电路

～VD508 两端的浪涌电流，防止 VD505～VD508 过压损坏。C509 是 300V 滤波电容。也有些彩电采用全桥整流块。

桥式/倍压整流通常在大屏幕彩电中应用，桥式/倍压整流切换原理电路如图 3-4 所示。开关 S 用于桥式/倍压整流切换，开关 S 断开时电路工作在桥式整流状态，开关 S 闭合时电路工作在倍压整流状态。

（2）消磁电路

图 3-3 电路中，消磁电路由正温度系数热敏电阻 RT501、消磁线圈 XT501 组成。当接通电源开关 S501 时，220V 交流电压经线路滤波器后到由 RT501、消磁线圈 XT501 串联组成的消磁电路中。开机瞬间，由于 RT501 温度低，电阻小，一般为 12～18Ω（图中为 12Ω），开机瞬间可产生十多安培电流，电流流过 XT501 产生强大磁场，随着 RT501 温度升高，阻值急速增大，消磁电流逐渐减小，消磁磁场逐渐减弱，完成消磁作用。消磁作用结束后，流过消磁线圈中的剩余电流约为 10mA，它使 RT501 保持一定温度，保持高阻值。因此，若关机后立即开机，因 RT501 温度尚未降低，阻值较大，会使消磁作用不理想。关机后需等 1h 以上，等 RT501 完全冷下来再开机，方能有很好的消磁作用。

（3）开关变换器的基本原理

开关变换器主要是由开关变压器、开关管、启动电路、开关管正反馈电路、取样比较、脉宽控制电路、输出整流滤波电路及保护电路组成，见图 3-2 虚线框内部分。

① 启动过程 启动电路一般由电阻元件组成，将 300V 左右的直流电压通过偏置电路分压限流后加到开关管的基极，形成基极电流，使开关管微导通。

② 振荡过程 开关管微导通时，开关管正反馈电路送来的矩形脉冲电压，使开关管 Q1 工作在开关状态。Q1 导通期间，开关变压器 T1 储存能量；Q1 截止期间，T1 次级绕组产生的脉冲电压经 VD1 整流、电容 C2 滤波获得直流电压 U_o，为负载电路 RL 提供工作电压。

由于电容 C2 仅在开关管 Q1 截止期间获得能量，所以为了保证负载 RL 在一个振荡周期均能获得正常的供电，需要开关变压器 T1 次级绕组的电感量和电容 C2 的电容量足够大。

③ 稳压控制 为了防止负载电路 RL 轻重变化或供电电压 U_i 高低变化，引起输出电压 U_o 变化，必须通过稳压控制电路控制开关管 Q1 的导通时间。确保 U_o 电压保持稳定。

稳压控制电路利用误差取样、放大电路对输出端电压 U_o 取样、放大后获得一个变化量 ΔU 送到脉宽控制电路。通过该电路控制开关管激励电压的占空比大小，改变开关管 Q1 的导通时间，确保输出端电压的稳定。由于此类开关电源未采用行频触发方式，并且占空比增大时输出电压 U_o 升高，占空比减小时 U_o 下降，所以该开关电源的稳压控制方式属于调频、调宽式。

④ 保护电路 由于电源电路担负着向整机各单元电路提供工作电压和功率的任务，因此，若电源电路发生故障，整机就不能工作或至少不能正常工作，有时还会引起一系列的次生故障造成严重后果。加之电源电路工作在高电压、大电流、大功耗的特殊工作状态下，故障率比其他电路单元要高出许多。为此，彩色电视机中均设置了若干保护电路。一旦出现故障或有故障先兆，便自动切断电源，以免损坏电路或使故障扩大化。

常见的保护电路有过流保护电路、过压保护电路。

a. 过流保护。最简单的过流保护电路是在供电电路中串接熔断器、保险丝电阻，如图3-3电路中的F501、R501。在电源开关管的射极电流回路中串入取样电阻（通常阻值在零点几欧至几欧之间，以免对工作回路造成不利影响）。

b. 过压保护。过压保护电路除保护电源自身的开关管、开关变压器等关键元件外，还常与显像管高压电路、行输出及场输出等高压与大电流电路相连接，以保护整机中的高、中压电路中的有关部件。在实际应用中，过压保护电路的种类很多，但其核心是相同的，都是对关键电压进行直接或间接取样，当电压超过设定值时，过压保护电路动作，切断电压的输出，以免过压对负载造成危害。过压保护的取样点，通常设定在关键点电压的输出端，如开关电源的主输出电压+B端。+B电压的升高，会造成负载的击穿，特别是对行输出电路中的行管、逆程电容、高压包等威胁更大。

3.2 典型开关电源电路精讲

彩色电视机的开关电源电路结构，从电路构成的元件类型来看，主要有三种：第一种是全分立元件的开关电源，第二种是由开关电源控制芯片+开关管构成的开关电源；第三种是厚膜集成电路开关电源。下面分别介绍。

3.2.1 分立元件开关电源电路精讲

彩色电视机中，采用分立元件开关电源的较多，下面以LA76931超级单片机的开关电源为例介绍。

LA76931超级单片机的开关电源实物图解参见图3-1，电路图如图3-5所示。它属于自激式并联型开关稳压电源，主要由整流滤波和自动消磁电路、自激振荡开关电路、取样和比较电路、脉冲调宽电路、输出整流滤波电路及保护电路等组成。

（1）交流输入电路及整流滤波电路

抗干扰电路由C501、L501构成，VD503～VD506构成桥式整流器，C507为300V滤波电容。

220V交流市电电压在机内先经延迟式保险丝FU501再进入由C501、L501组成的抗干扰电路，提高电视机的电磁兼容特性，减小干扰信号通过电网对电视机的干扰，同时减小电视机开关电源通过电源对其他电气设备产生干扰。输入的220V交流市电经抗干扰电路净化后，加到全桥整流器整流，再经C507滤波平滑后，得到约300V（空载时）直流电压。热敏电阻R502为开机防冲击电流电阻，对输入电流起限流和缓冲作用。

消磁电阻RT501和消磁线圈L909组成自动消磁电路。

（2）开关电源的启动过程

300V直流电压（U_i）一路通过开关变压器T511的初级绕组③-⑦脚为开关管V503的集电极供电，另一路经启动电阻R521、R520、R522和R524为V503的基极提供启动工作电流。因此，开关管V503在接通电源后便进入微导通状态，集电极电流流过开关变压器初级绕组，并在初级绕组中产生感应电动势，进而在正反馈绕组①-②脚上产生感应电压（U_d），此电压经C514、R519、VD517、R524为V503提供基极电流，使基极电流增大，集电极电流增大，反馈绕组产生的正反馈电压增加，又使基极电流更大，这一正反馈雪崩过程很快使V503进入饱和状态，电源启动开始工作。VD517的作用在于加大电源启动时由正反馈绕组提供的V503的基极电流，加快V503进入饱和状态。

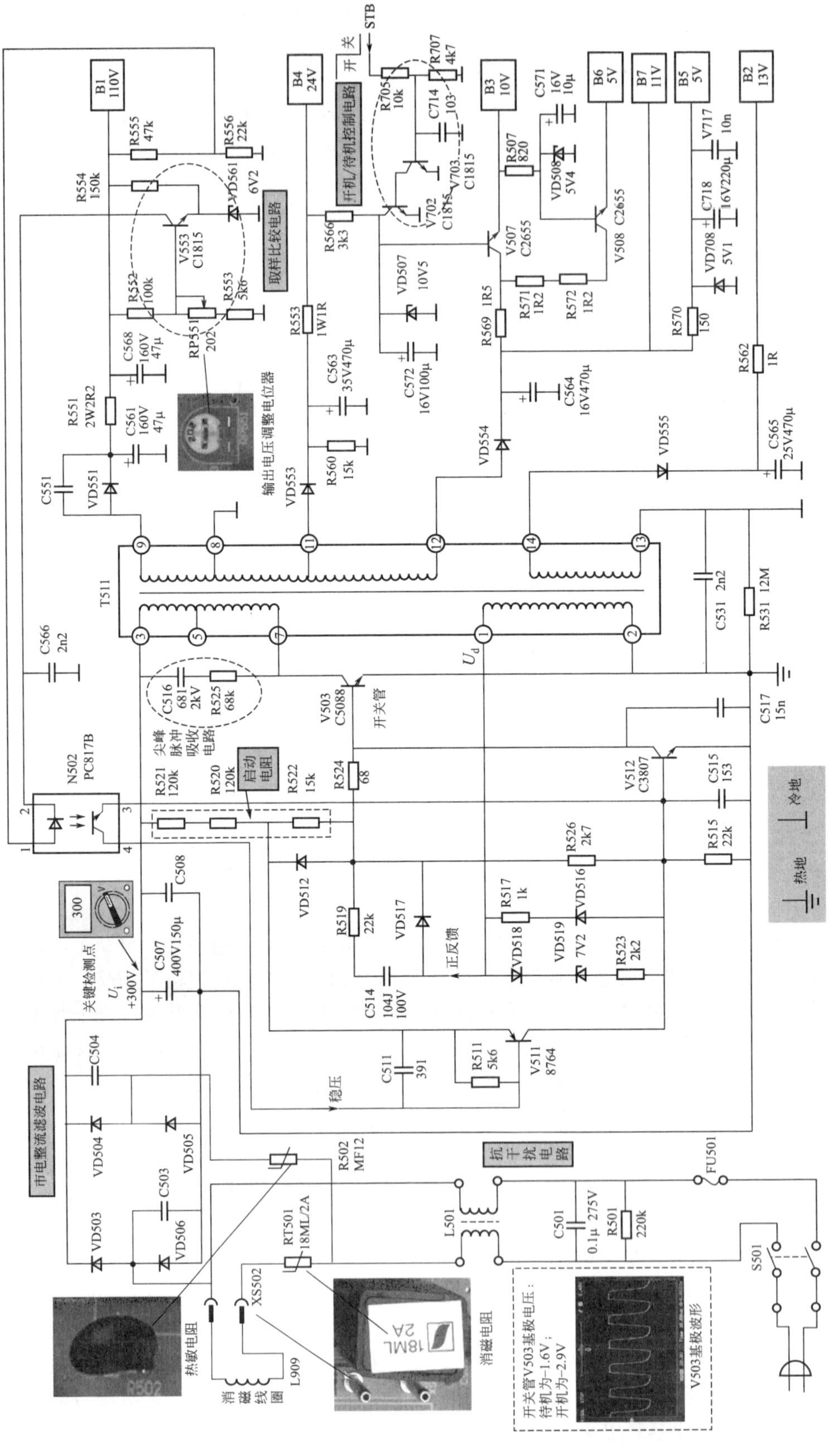

B1 110V
B4 24V
B3 10V
B6 5V
B7 11V
B5 5V
B2 13V
STB
开 关
开机/待机控制电路
取样比较电路
R555 47k
R556 22k
R554 150k
VD561 6V2
V553 C1815
R552 100k
RP551 202
R553 5k6
C568 160V 47μ
C561 160V 47μ
R551 2W2R2
C551
VD551
输出电压调整电位器
R566 3k3
R553 1W1R
C563 35V470μ
R560 15k
VD553
R705 10k
R707 4k7
C714 103
V702 C1815
V703 C1815
VD507 10V5
C572 16V100μ
R507 820
VD508 5V4
C571 16V 10μ
V507 C2655
V508 C2655
R571 1R2
R572 1R2
R569 1R5
C564 16V470μ
VD554
V717 10n
C718 16V220μ
VD708 5V1
R570 150
R562 1R
C565 25V470μ
VD555
T511
C566 2n2
C531 2n2
R531 12M
U_d
C516 681 2kV
R525 68k
尖峰脉冲吸收电路
V503 C5088
开关管
C517 15n
N502 PC817B
R521 120k
R520 120k
启动电阻
R522 15k
R524 68
V512 C3807
C515 153
R526 2k7
R515 22k
VD512
R519 22k
VD517
R517 1k
VD516
VD518
VD519 7V2
R523 2k2
正反馈
C514 104J 100V
C508
C507 400V150μ
关键检测点
U_i +300V
C511 391
R511 5k6
V511 8764
稳压
C504
市电整流滤波电路
VD504
VD505
VD503
C503
VD506
R502 MF12
RT501 18ML/2A
L501
抗干扰电路
C501 0.1μ 275V
R501 220k
FU501
S501
XS502
L909
热敏电阻
消磁线圈
消磁电阻
开关管V503基极电压：待机为-1.6V；开机为-2.9V
V503基极波形
热地
冷地

图 3-5 分立元件电源电路原理图（LA76931 机芯）

（3）自激振荡过程

开关管 V503 进入饱和状态后，基极电流失去对集电极电流的控制作用，正反馈停止。这时，正反馈电压经 C514、R519、R524、V503 的 b-e 极给 C514 进行反向充电，或者说 C514 放电，由于 R521、R520、R522 阻值较大，由 U_i 经 R521、R520、R522 提供的 V503 基极电流太小，不足以维持 V503 的饱和导通，V503 的饱和状态靠 C514 的反向充电电流来维持，C514 的反向充电时间常数决定了 V503 的导通时间长短。随着 C514 反向充电的进行，充电电流减小，V503 基极电流减小，使 V503 退出饱和区进入放大状态。这时由于 V503 基极电流减小，集电极电流下降，在 T511③-⑦脚的绕组上的感应电压极性反相，正反馈绕组①-②脚上感应电压也反相，即这时反馈电压为 $-U_d$。该反馈电压经 C514、R519、R524为 V503 提供反向偏置电压，使基极电流更加减小，集电极电流更加减小，又一正反馈雪崩过程，使 V503 很快进入截止状态。在 V503 截止后，整流器输出电压 U_i 及反馈电压 $-U_d$ 给 C514 正向充电，充电路径是：300V→R521→R520→R522→R519→C514→反馈绕组①端→②端→热地，使 C514 两端电压按指数上升，V503 基极电位按指数上升，经过一段时间，V503 发射结由反向偏置转为正向偏置，基极电流增加，集电极电流增加。重复上述过程，V503 由截止又进入饱和导通状态，V503 截止期结束，V503 截止时间由 C514 正向充电时间常数决定。V503 按上述方式由饱和导通到截止、又由截止到饱和导通，如此周而复始地进行，开关电源就产生自激振荡。

（4）稳压控制

稳压控制电路由光电耦合器 N502、V511、V512 等组成。稳压过程是通过将 B1（110V）取样放大，经光电耦合器 N502 隔离耦合，再经 V511、V512 控制开关管的导通时间来实现的。

当市电电压升高或负载减轻，引起输出端电压升高时，滤波电容 C568 两端电压（B1）升高，该电压经 R552、RP551、R553 误差取样电路取样，使误差放大管 V553 基极电位升高，而 V553 射极由稳压二极管 VD561 稳定在 6.2V 基准参考电压，保持不变。所以 V553 的导通程度增大，集电极电流增加。这样流过光电耦合器中发光二极管的电流也增大，使发光强度增强，因此光电三极管的导通电流增大，内阻减小，相当于 V511 基极下偏置电阻减小，基极电位降低，使 V511 集电极电流增加，在 R515 上压降增加，使 V512 基极正偏置增加，流过 V512 的集电极电流增加，对 V503 基极电流的分流作用增加，使 V503 基极电流减小，使 V503 提前退出饱和导通状态，使导通时间缩短，提前进入截止状态，使开关电源振荡频率增加，开关脉冲占空比减小，经 VD551 整流后使输出电压 B1 降低，使 B1 恢复至正常值，B1 增加的趋势得到抑制，起到稳定输出电压的作用。

当输出端电压下降时，稳压调节过程与上述相反。

（5）输出整流滤波电路

开关电源工作后，在开关变压器 T511 的各个绕组中产生感应电压。在 T511 的次级绕组上安装整流滤波电路，就能够得到所需要的电源电压，由于是对高频脉冲电压进行整流滤波，所以，采用单向半波整流电路，滤波电容器也可以比较小，使用的整流二极管是高频二极管。

开关稳压电源提供七路电压：一是 B1 电压（110V），它由 T511 的⑨脚输出的脉冲电压经高频脉冲整流二极管 VD551 整流，C561、C568 电容滤波获得，是电视机的主电源，供给行输出级，并且经过降压和稳压形成 33V 的调谐电压；二是＋B4 电压（24V），由脉冲变压器的⑪脚产生脉冲电压经高频脉冲整流二极管 VD553 整流，C563 电容滤波获得，供给场输出级、行激励级电路；三是＋B7 电压（11V），由脉冲变压器的⑫脚产生脉冲电压经高频脉冲整流二极管 VD554 整流，C564 滤波获得，该电压供给场扫描电路；四是＋B5 电压（5V），由 B7 的 11V 电源经过 R570、VD708 稳压形成，供给超级芯片 LA76931 的 CPU 部分；五是＋B3 电压（10V），该电源是可控电压，其输出受微处理器送来的开机/待机控制信号的控制，由 B7 电源经电子滤波器 V507、VD507、C572 产生，作为 LA76931 的行扫描启动电源等；六是＋B6 电压（5V），该电源也是受控电压，它是受＋B3 输出控制的电源，由电子滤波器 V508、VD508、C571 等形成，该电压供给 TV 小信号处理电路；七是＋B2 电压（13V），由脉冲变压器的⑭脚产生脉冲电压经高频脉冲整流二极管 VD555 整流，C565 滤波获得，该电压供给伴音电路。

（6）保护电路

保护电路包括过压保护、过流保护。

过压保护电路由 VD518、VD519、R523、V512 等组成。在开关电源饱和导通期间，整流电路输出电压 U_i 加到开关变压器 T511 的③-⑦绕组两端，因此反馈绕组①-②上产生的感应电压 U_d 与 U_i 成正比，且电压极性是①脚为正，②脚为负。若交流市电电压升高，则 U_i 增加，正反馈电压 U_d 增加，当交流市电高到过压保护设定值，U_d 电压增加到使稳压二极管 VD519 反向击穿而导通，反馈电压 U_d 经 VD518、VD519、R523 给 V512 提供较大基极电流，使 V512 饱和导通，将 V503 基极、发射极完全旁路，使 V503 无基极电流，V503 截止，开关电源停止自激振荡，无电压输出，起到开关稳压电源的过压保护作用。

开关管过流保护电路由 R526、R515、V512 等组成，主要作用是电源开关管 V503 电流过大时，保护电路起作用，保护开关管 V503 不致因电流过大而烧坏。在开关管 V503 饱和导通期间，其集电极电流线性增长，最大电流决定于 V503 饱和导通时间长短。在 V503 饱和导通期间，反馈电压 U_d 经 R519、R524 给 C514 进行反向充电，为 V503 提供大的基极电流，以维持 V503 饱和导通。若 V503 基极电流大，则 V503 饱和导通时间长，V503 集电极电流的最大值可能超出安全工作区，出现过流而烧坏。因此，限定 V503 基极电流最大值，即限制 C514 反向充电电流值大小，就可限制 V503 饱和导通时间长短，即可限制 V503 的饱和导通最大集电极电流幅值，起到过流保护作用。因 V503 的集电极电流过大，则正反馈电压 U_d 也增加，则会使 V503 基极电压增加，经 R526、R515 分压使 V512 基极正偏置增加，V512 饱和导通，将 V503 基极、发射极完全旁路，使 V503 无基极电流而截止，起到保护作用。

对开关管的保护有两个电路：一个是集电极尖峰电压吸收电路，另一个是软启动电路。开关管由导通转为截止时，开关变压器在开关管 V503 集电极上会产生极高的尖峰脉冲电压，导致开关管击穿，所以设置了由 C516、R525 组成的尖峰吸收回路。利用该回路对尖峰脉冲电压进行抑制，达到保护开关管的目的。软启动电路由 R521、R520、R522、R524 和 C517 组成。由于开机瞬间，C517 两端电压不能突变，使开关管 V503 滞后导通，避免了在稳压电路未进入正常工状态前，可能出现过激励，给开关管 V503 带来危害。

（7）开机/待机控制电路

该机的开机/待机控制是通过控制 B3 供电电压（扫描电路电源电压）和 B6 供电电压（TV 小信号处理电路的＋5V 电源）来实现的。B3 电压输出与否受微处理器的控制。开机/待机控制电路由微处理器的电源控制引脚（POWER/STB 引脚）和控制管 V703、V702 等组成。待机时，微处理器送至开关电源的开/关机控制电压（STB）为低电平，使控制管 V703 截止，V702 饱和导通，短路掉 VD507，使电子滤波器 V507 的基准电压为零，受控的 10V 电压 B3 和＋5V 电压 B6 都没有电压输出，相应的电路不工作，电视机处于待机状态。开机时，STB 控制电压为高电平，使控制管 V703 饱和导通，V702 截止，不影响电子滤波器的工作，受控的 10V 电压 B3 和＋5V 电压 B6 都正常输出，相应的电路工作，电视机就处于开机状态。

3.2.2 由电源控制芯片+ 开关管构成的开关电源电路精讲

电源控制芯片又称为电源 PWM 控制集成电路，它主要由基准电压发生器、脉冲发生器、驱动电路、保护电路等构成。彩色电视机应用的电源控制芯片很多，常用的有 TDA4605、UC3842/5、TDA16846/7、TEA5170、TEA2260/2261、TDA8133、KA7630 等，下面以 TDA4605 芯片为例介绍由电源控制芯片构成的开关电源电路。

3.2.2.1 TDA4605 简介

TDA4605 是汤姆逊公司推出的开关电源控制芯片，它具有开关电源的振荡、稳压调整和多种保护控制功能的集成电路。TDA4605 封装形式为 8 脚 DIP 双列直插式，各引脚功能和实测数据见表 3-1。在由 TDA4605 组成的开关电源中，电源开关管常使用 MOS 场效应管。

表 3-1 TDA4605 引脚功能与参数

引脚	功 能	在路电阻值/kΩ		直流电压/V	
		红笔测	黑笔测	开机	待机
①	稳压调整控制输入端	0.6	0.6	0.4	0.4
②	初级电流检测输入端	6.4	13	1.2	2.1
③	初级电压检测输入端	6	6.5	2.4	2.6
④	地	0	0	0	0
⑤	开关激励脉冲输出端	1	1	2.6	0.6
⑥	电源电压输入端(最高电压 20V)	5	15	13	10.5
⑦	软启动输入端,外接充电电容	7	11	1.4	0.9
⑧	振荡反馈输入端	6.4	7.5	0.4	0.2

3.2.2.2 典型应用电路精讲

由电源控制芯片 TDA4605 构成的开关电源电路如图 3-6 所示。该开关电源电路为变压器耦合并联型他激式开关电源，由集成电路 N811（TDA4605）、场效应开关管 V840、开关变压器 T803 和有关外围元件组成。

(1) 电源输入与开关振荡等电路

T801、T802、C801、C804 组成电源进线抗干扰滤波电路。VD801～VD804、C809 组成整流滤波电路。整流滤波电路产生的＋300V 左右直流电压分三路送：第一路经 T803④-①绕组、L840 加到开关管 V840 漏极；第二路经 R812 加到 N811②脚，为 N811 内部初始电流再生电路提供电流；第三路由 R813、R814 分压后，得到约 2.4V 电压加到 N811③脚，作为欠压和过载保护电路的取样电压。

220V 交流电压经 VD801～VD804 中一个二极管进行半波整流，再经 R802 对 C819 充电，使 N811⑥脚电压上升，当 N811⑥脚电压达到 10.3V 以上时，N811 内部的电源电压监测器输出控制电压给参考电压发生器和启动脉冲发生器，使参考电压发生器产生 0.3V 的基准电压，启动脉冲发生器进入工作状态，产生振荡脉冲信号，通过逻辑电路送往电流控制和输出级进行电流限幅和脉冲放大。经放大和限幅后的激励脉冲信号从 N811⑤脚输出，经

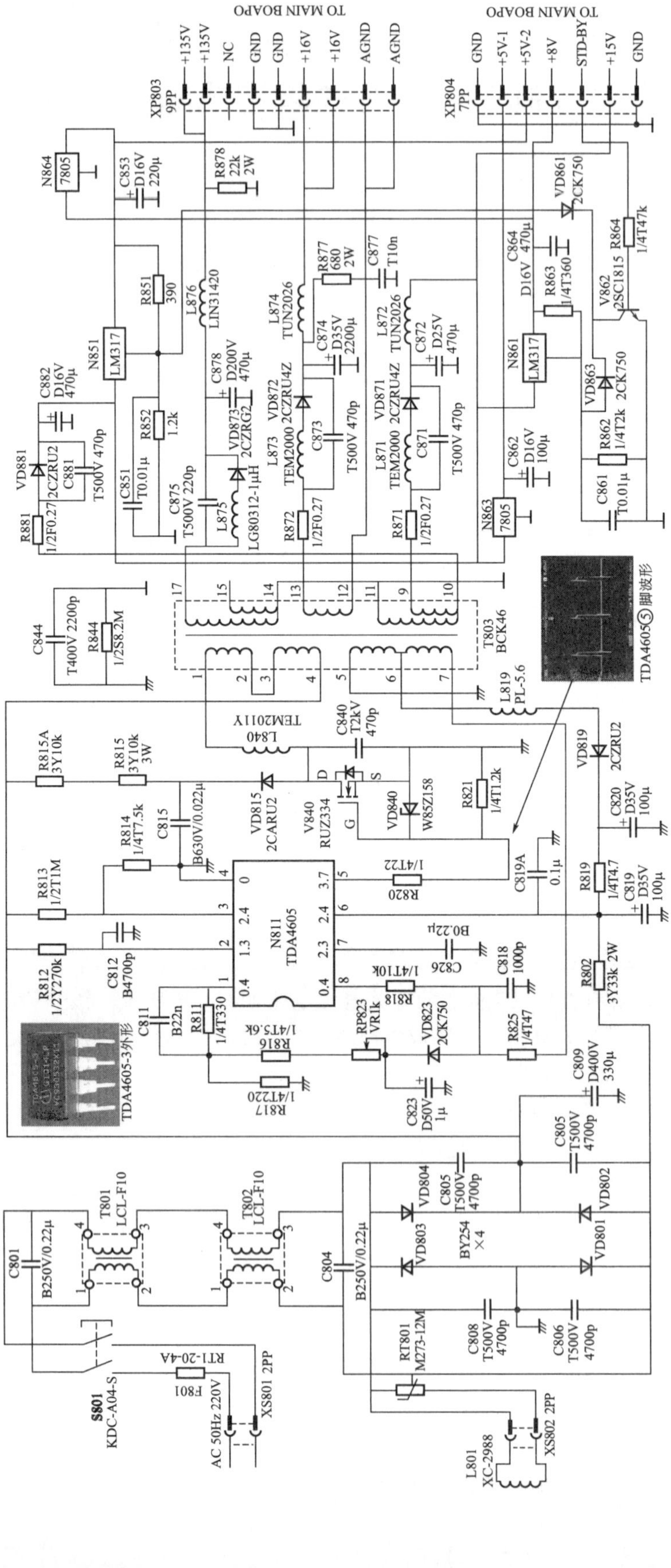
TO MAIN BOAPO
XP803 9PP
+135V
+135V
NC
GND
GND
+16V
+16V
AGND
AGND
XP804 7PP
GND
+5V-1
+5V-2
+8V
STD-BY
+15V
GND
N864 7805
C853 D16V 220μ
R878 22k 2W
VD861 2CK750
R864 1/4T47k
C864 470μ
D16V
R863 1/4T360
V862 2SC1815
N861 LM317
VD863 2CK750
R862 1/4T2k
C861 T0.01μ
C862 D16V 100μ
N863 7805
R851 390
L876 LIN31420
N851 LM317
R852 1.2k
C878 D200V 470μ
VD873 2CZRG2
C882 D16V 470μ
VD881 2CZRU2
C881 T500V 470p
R881 1/2F0.27
C851 T0.01μ
C875 T500V 220p
L875 LG80312-1μH
L874 TUN2026
R877 680 2W
C877 T10n
C874 D35V 2200μ
VD872 2CZRU4Z
L873 TEM2000
C873 T500V 470p
R872 1/2F0.27
L872 TUN2026
C872 D25V 470μ
VD871 2CZRU4Z
L871 TEM2000
C871 T500V 470p
R871 1/2F0.27
C844 T400V 2200p
R844 1/2S8.2M
T803 BCK46
L819 PL-5.6
TDA4605⑤脚波形
R815A 3Y10k
R815 3Y10k 3W
L840 TEM2011Y
C840 T2kV 470p
VD819 2CZRU2
VD815 2CARU2
V840 RUZ334
VD840 W85Z158
R821 1/4T1.2k
C820 D35V 100μ
R814 1/4T7.5k
C815 B630V/0.022μ
R813 1/2T1M
N811 TDA4605
R820 1/4T22
C819A 0.1μ
R819 1/4T4.7
C819 D35V 100μ
R812 1/2Y270k
C812 B4700p
C826 B0.22μ
C818 1000p
R802 3Y33k 2W
R818 1/4T10k
C811 B22n
R811 1/4T330
R816 1/4T5.6k
RP823 VR1k
VD823 2CK750
R825 1/4T47
TDA4605-3外形
R817 1/4T220
C823 D50V 1μ
C809 D400V 330μ
C805 T500V 4700p
T801 LCL-F10
C801 B250V/0.22μ
T802 LCL-F10
C804 B250V/0.22μ
VD804
VD803
BY254 ×4
VD802
VD801
RT801 M273-12M
C808 T500V 4700p
C806 T500V 4700p
S801 KDC-A04-S
F801 RT1-20-4A
AC 50Hz 220V
XS801 2PP
L801 XC-2988
XS802 2PP
图 3-6 由电源控制芯片 TDA4605 构成的开关电源电路

R820 加到 V840 的栅极，使 V840 工作在开关状态。

（2）稳压电路

N811①脚为误差放大取样电流输入端，其外围元件 R811、R817、R816、RP823、VD823、R825、C823 和开关变压器 T803⑤-⑦绕组构成稳压控制电路，当电源电压发生变化时，N811①脚变化的电压通过内部电路去控制开关管的导通或截止时间以实现稳压。RP823 为电源电压调整电位器，调节 RP823 的阻值，可以改变 N811①脚电压的高低，从而改变 N811⑤脚输出激励脉冲的宽度，达到调整输出电压的目的。

（3）开关电源各路输出电压

开关电源振荡后，产生＋135V、＋16V 和＋15V 三组电压。其中＋135V 电压供给行输出电路。＋16V 电压供给音频功放和重低音处理电路。＋15V 电压分成四路：一路供给行推动电路；一路经 N863 稳压成＋5V 电压（＋5V-1），供给微处理器和存储器；一路经 N861 稳压成＋8V 电压，供给整机的小信号处理和音频信号处理等电路；另一路经 N851 稳压成＋5V（＋5V-2），供给调谐器和 AV 板、梳状滤波器等电路。＋8V 电压还经 N864 稳压成＋5V，并接在 N851 的输出端，以提高＋5V-2 的输出电流。

（4）保护电路

1）输入电压过压保护电路　R812 与 N811②脚内电路组成输入电压过压保护电路。当市电输入电压过高时，N811②脚电压也会随之升高。当该脚电压高于 3V 时，N811 内部的保护电路动作，切断 N811⑤脚输出激励脉冲。

2）输出电压过压保护电路　在开关变压器 T803④-①绕组上形成的感应电动势，通过变压器 T803 的互感作用，在 T803⑥-⑤绕组、⑦-⑤绕组产生感应脉冲电压。T803⑥-⑤绕组产生的感应脉冲电压经 VD819 整流、C820 滤波，R819 限流，输出 10～12V 左右的直流电压加到 N811⑥脚用于过压检测。当此电压超过 18V 时，其内部的驱动检测电路会自动切断 N811⑤脚内部的激励输出电路，以保护该电路不受损坏。

3）欠压和过载保护电路　分压电阻 R813、R814 与 N811③脚内电路组成欠压和过载保护电路。当＋300V 电压正常时，N811③脚电压为 2.4V。若因某种原因（如 220V 电压偏低或＋300V 负载电路过载等）造成＋300V 电压偏低时，则 N811③脚电压也会降低。当 N811③脚电压低于 1.8V 时，N811 内部的保护电路将动作，N811⑤脚无激励脉冲输出，起到欠压保护作用。

4）软启动电路　N811⑦脚为软启动外接充电电容端，正常情况下利用 C826 的充电，使启动延迟时间不小于 10ms。

5）过零保护电路　T803⑦-⑤绕组产生的感应脉冲电压经 R825、R818 加到 N811⑧脚内接的过零检测电路对该脚的脉冲信号进行检测，检测到 N811⑧脚有连续脉冲输入时，过零检测电路向逻辑电路输出控制信号，逻辑电路在启动脉冲产生电路的触发脉冲控制下被触发，向输出和电流限幅电路输出连续的脉冲信号，此时 N811⑤脚有连续脉冲信号输出。如果过零检测电路检测到 N811⑧脚无脉冲信号输入或输入脉冲幅度过小，过零检测电路同样会向逻辑电路输出控制信号，使逻辑电路处于关闭状态，这时，虽然 N811 内部的启动脉冲发生器处于振荡状态，但 N811⑤脚无连续脉冲信号输出，只有幅度很小的单脉冲输出。由于 N811⑤脚输出的脉冲幅度很小，V840 处于截止状态，开关电源无电压输出。

（5）待机控制电路

R864、V862、VD861、VD863 等组成待机控制电路，受微处理器 N001㊶脚的输出电平控制。在正常开机状态，N001㊶脚输出低电平，使 V862、VD861、VD863 均截止，对

+8V和+5V-2 输出电压无影响。在待机状态，N001㊶脚输出高电平，使 V862、VD861、VD863 均导通。受控的+8V 和受控的+5V-2 输出电压均降低（+8V 电压降为 2V 左右，+5V-2 电压降为 1V 左右），使行扫描电路停止工作，整机功耗下降。

3.2.3 由电源厚膜电路构成的开关电源精讲

厂家为了简化电路结构，提高整机的可靠性和批量生产的一致性，广泛采用了电源厚膜电路。电源厚膜电路又称电源厚膜集成电路，它由电源控制芯片和大功率开关管再次集成而成。常用的电源厚膜电路有 STR-S6709/STR6656、STR6309、STR-S6708、STR-F6707、STR-F6454、STR-F6656、STR-D6601、STR-D5095A、STR-54041、STR-58041、STR-59041、KWY54041、KA3S0680RFB、KA3S0880RFB、KA5Q1265RF 等。下面以 STR-S6709 为例进行介绍。

3.2.3.1 由电源厚膜电路 STR-S6709 构成的开关电源实物图解

TCL 王牌 AT3486DZ 彩电的开关电源由电源厚膜电路 STR-S6709（IC821）和有关外围元器件组成，该开关电源元器件组装结构如图 3-7 所示。

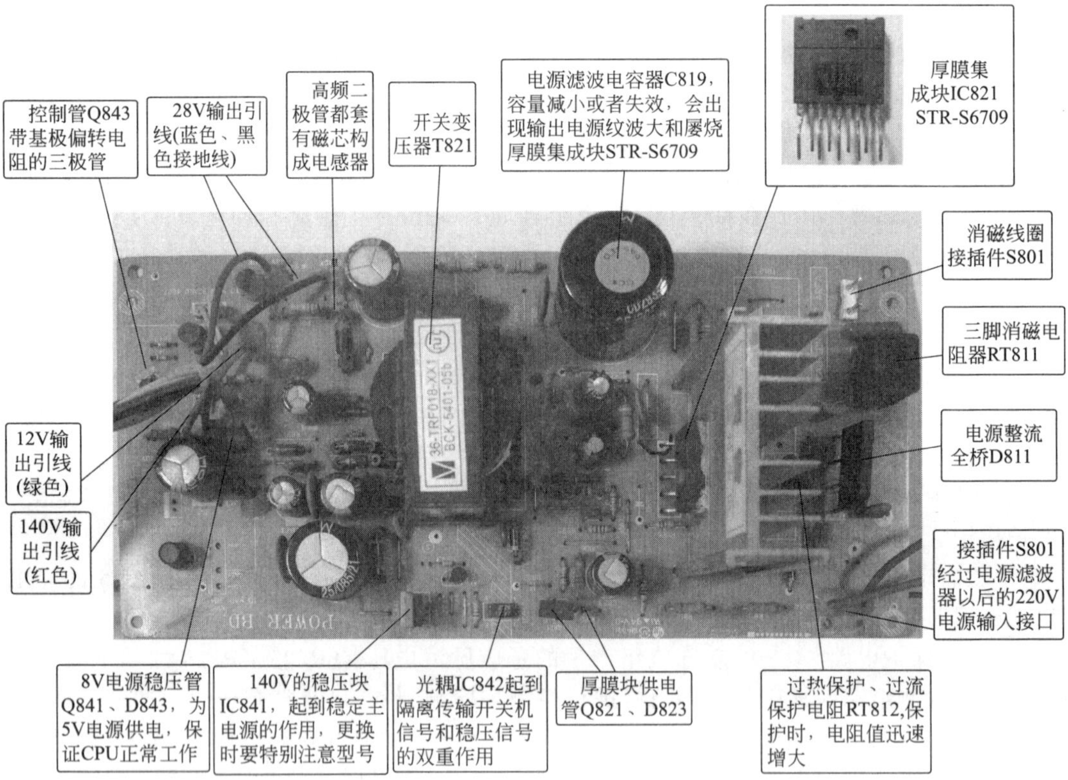

控制管Q843带基极偏转电阻的三极管
28V输出引线(蓝色、黑色接地线)
高频二极管都套有磁芯构成电感器
开关变压器T821
电源滤波电容器C819，容量减小或者失效，会出现输出电源纹波大和屡烧厚膜集成块STR-S6709
厚膜集成块IC821 STR-S6709
消磁线圈接插件S801
三脚消磁电阻器RT811
电源整流全桥D811
接插件S801经过电源滤波器以后的220V电源输入接口
12V输出引线(绿色)
140V输出引线(红色)
8V电源稳压管Q841、D843，为5V电源供电，保证CPU正常工作
140V的稳压块IC841，起到稳定主电源的作用，更换时要特别注意型号
光耦IC842起到隔离传输开关机信号和稳压信号的双重作用
厚膜块供电管Q821、D823
过热保护、过流保护电阻RT812,保护时，电阻值迅速增大

图 3-7 由厚膜电路 STR-S6709 构成的开关电源元器件组装结构

3.2.3.2 由电源厚膜电路 STR-S6709 构成的开关电源电路精讲

TCL 王牌 AT3486DZ 彩电的开关电源电路如图 3-8 所示。

(1) STR-S6709

电源厚膜电路 STR-S6709 内部包含 OSC 振荡电路、比例驱动电路、开关管、稳压电路、过压保护电路、过流保护电路、过热保护电路等，其引脚功能与参数见表 3-2。

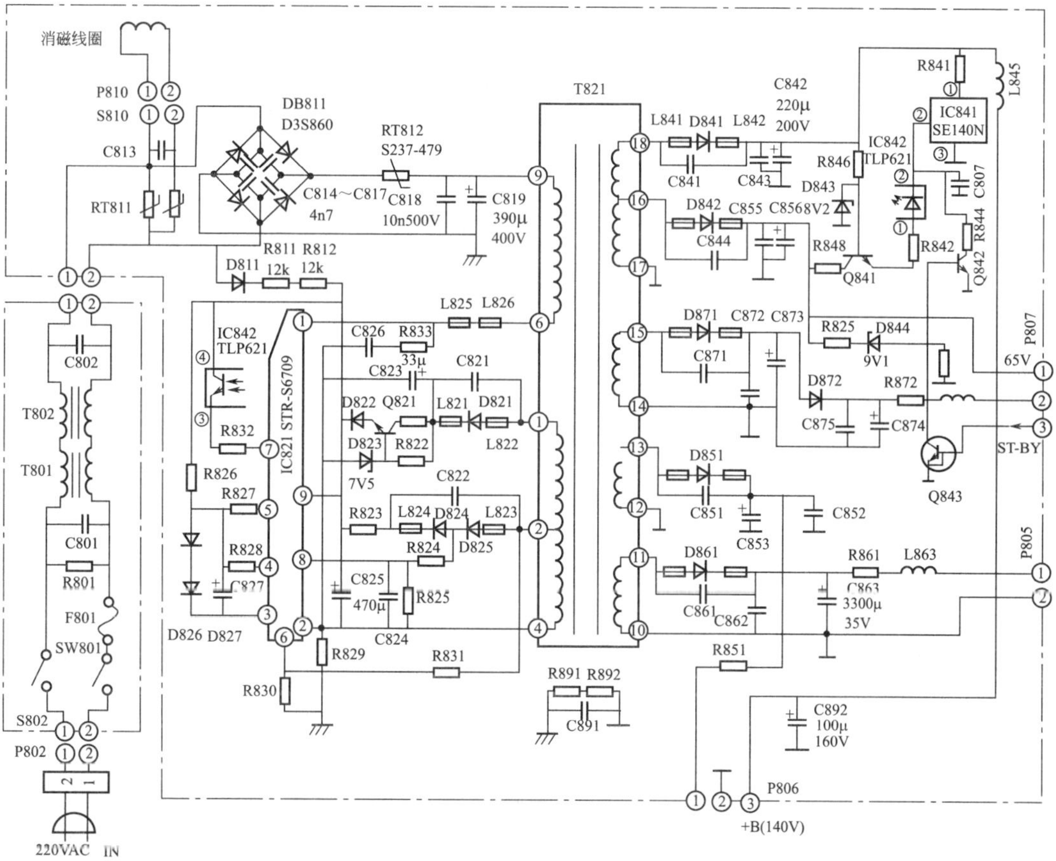
消磁线圈
P810
S810
C813
RT811
DB811
D3S860
RT812
S237-479
C814～C817
4n7
C818
10n500V
C819
390μ
400V
R811 R812
12k 12k
D811
T821
C802
T802
T801
C801
R801
F801
SW801
S802
P802
220VAC IN
IC842
TLP621
IC821 STR-S6709
R832
R826
R827
R828
C827
D826 D827
R830
R829
C826
R833
33μ
C823
C821
D822 Q821
L821 D821
L822
D823
R822
7V5
C822
R823
L824 D824
L823
R824 D825
C825
470μ
R825
C824
R831
L825 L826
R891 R892
C891
L841 D841 L842
C842
220μ
200V
C841
C843
D842 C855 C856 8V2
C844
D871 C872 C873
C871
D872
C875
C874
R872
D851
C851
C853
C852
D861
C861
C862
R861
L863
C863
3300μ
35V
R851
C892
100μ
160V
P806
+B(140V)
R841
L845
IC841
SE140N
IC842
TLP621
R846
D843
C807
R844
R842
R848
Q841
Q842
R825
D844
9V1
P807
65V
ST-BY
Q843
P805

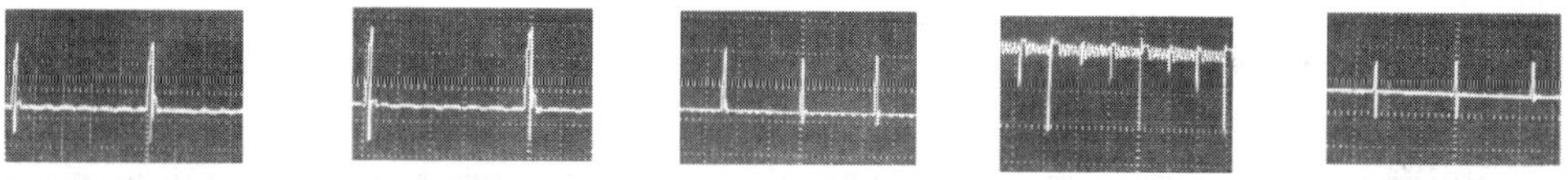

待机IC821③脚波形　待机IC821④脚波形　待机IC821⑤脚波形　待机IC821⑥脚波形　待机IC821⑦脚波形

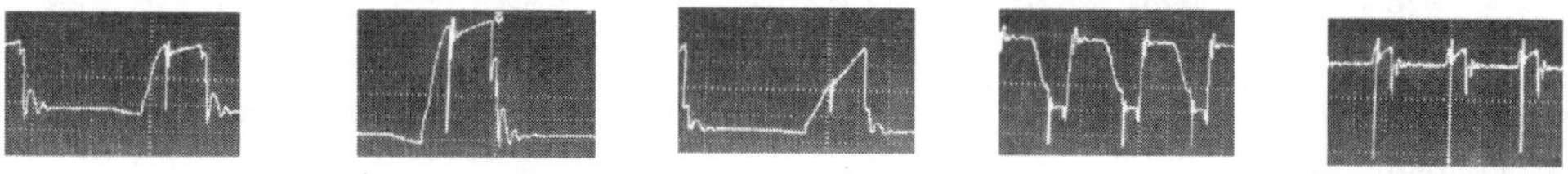

开机IC821③脚波形　开机IC821④脚波形　开机IC821⑤脚波形　开机IC821⑥脚波形　开机IC821⑦脚波形

图 3-8　由电源厚膜电路 STR-S6709 构成的开关电源电路（TCL 王牌 AT3486DZ）

表 3-2　STR-S6709 的引脚功能与参数

引脚	符　号	功　能	对地电阻/kΩ		在路电压/V	
			红笔测	黑笔测	待机	工作
①	C	开关管集电极	12.5	∞	310	306
②	E	开关管发射极(地)	0	0	0	0
③	B	开关管基极	4.9	7.3	-0.97	-0.64
④	DIN	反馈电流输入	7.3	70	0.05	0.7
⑤	DOUT	PWM 驱动电流输出	7.3	57	0.06	1.22
⑥	OCP	过流检测信号输入	0.1	0.1	0	0
⑦	F/B	PWM 控制电流输入	8.9	12	0.16	0.23
⑧	INH	闩锁控制信号输入	1.05	1.05	0.09	1.22
⑨	VIN	启动电压输入	7.1	200	6.62	8.33

（2）振荡电路

市电电压经过整流和滤波所产生的＋300V 直流电压，经开关变压器 T821 的初级绕组⑨-⑥脚加至 IC821（STR-S6709）的①脚（内接开关管集电极），为开关管提供工作电压。

整流全桥 DB811 上的交流电压还经 D812 半波整流，R811、R812 降压后，C825 滤波，产生 6.5V 以上的启动电压加至 IC821 的⑨脚，通过该脚内部的启动电路使振荡器工作。振荡器产生的脉冲信号经比例驱动电路和放大管放大后，从 IC821⑤脚输出激励脉冲信号，经 R827、C827 加至 IC821③脚，使内部的开关管工作。

IC821 内部的开关管工作后，开关变压器 T821②-④绕组产生的感应脉冲电压，经 D825 整流、R824 限流、C825 滤波后产生 8V 电压，为 IC821⑨脚提供工作电压（取代 D811、R811、R812 提供的启动电压）。

（3）稳压电路

稳压电路由取样放大器 IC841（SE140N）、光电耦合器 IC842（TLP621）和 IC821⑦脚内电路组成。

当输出电压升高（或降低）时，IC841②脚电流会增大（减小），使 IC842 内发光二极管和光敏三极管的导通能力均增强（减弱）。＋8V 工作电压经 IC842④、③脚、R832 进入 IC821⑦脚的电流增大（减小），IC821⑤脚输出的驱动脉冲变窄（宽），开关管的导通时间变短（长），使输出电压降低（升高）。

（4）保护电路

1）过流保护电路　该电路由 IC821⑥脚（过流检测输入端）内电路与 R831、R830、R829 组成。当负载短路或电源故障引起开关管过流时，IC821 内部过流保护电路动作，控制振荡器停振，使开关电源无输出电压。

2）输入过压保护电路　当输入电压或供电电路故障使 IC821⑨脚电压升高至 11V 时，过压保护电路动作，使电源无输出电压。

3）输出过压保护电路　该电路由 IC821⑧脚（闩锁控制信号输入）内电路与 R824、R825 组成。当某种原因引起电源输出电压升高，IC821⑧脚电压高于 1.5V 时，IC821 内部的振荡器停振，使开关电源进入保护状态。

（5）待机控制电路

Q843、Q842 等组成待机控制电路，受微处理器输出的待机电平（ST-BY）控制。

在正常开机状态，微处理器输出的待机电平（ST-BY）为高电平，控制 Q843 基极为高电平，Q843 饱和导通（注意 Q843 是带有基极偏置电阻的特殊三极管），Q842 截止，对稳压电路不产生影响，输出电压处于正常的稳压状态，输出各电路正常工作电压，电视机正常工作。

在待机状态，微处理器输出的待机电平（ST-BY）为低电平，Q843 因基极变为低电平而截止，Q842 饱和导通，光耦 IC842②脚（发光二极管负极）经 R844、Q842 接地，光耦的发光二极管完全导通，光耦的光敏三极管也完全导通，送到 IC821⑦脚的电流最大，在厚膜块内部进行电流放大，控制振荡器，使振荡器产生的振荡脉冲的宽度变得很窄，使开关管的导通时间很短，开关变压器的储能很少，使输出的各组电压下降到正常值的 1/4 左右，电视机处于待机状态，此时，P807①脚输出的 65V 电压变成 11V 左右，经过稳压产生＋5V 电压，供给 CPU 工作，其他电路的工作电压很低，使电视机一直处于待机工作状态。

3.3 开关电源的维修精讲

开关电源具有电压高、电流大、电路复杂和电路形式多样等特点，检修难度较大。另外，遥控彩电的开关电源不仅要向负载供电，而且还要接受微处理器的控制（开/关机控制），即开关电源与负载电路、遥控电路相互牵连。因此，一旦负载出现短路性故障、过电流故障或是微处理器控制异常，必将使开关电源不能正常工作，使故障涉及面更广，增大了检修难度。但开关电源检修还是有一定规律可循的，在检修前要了解待修机的开关电源工作原理，检修时要掌握一定的技巧，并认真分析故障原因。

3.3.1 开关电源检修的注意事项

彩色电视机的开关电源，由于其特殊的电路结构，在检修时为了确保人身及设备安全，以及避免人为扩大故障的现象，需要注意以下问题。

（1）要注意安全

一是要注意检修人员的人身安全和检修仪器设备的安全，二是待修机本身的安全（即避免发生新的人为故障）。具体要求如下。

1）确保人身及检修仪器设备的安全

① 维修时最好采用一个 1∶1 的隔离变压器，彩电的电源及使用仪器的电源都必须从隔离变压器次级上的插座取得。

② 维修电视机的工作台和地面垫上绝缘的橡胶垫，使人体与大地隔离，防止触电。

③ 要注意对＋300V 滤波电容放电。＋300V 滤波电容上充有＋300V 左右直流电压，当开关电源未启振工作，即使拔下电源插头，这一电压因失去放电路径会保持较长时间。在检修过程中，若不小心触及到这个电压，会给人浑身一击，甚至危及生命。在关机测量电阻过程中，若不小心将这个电压通过万用表引到其他耐压不高的元器件上时，就有损坏其他元器件和万用表的可能。因此在检修开关电源停振故障时，一定要注意放电。正确的放电方法是：关闭电视机的电源后，用尖嘴钳夹一个 10～20kΩ/3W 的电阻，让电阻两脚并接在＋300V滤波电容上，数秒后，放电完毕。千万不要用表笔直接短接＋300V 滤波电容的两端来放电，这样会产生强烈的电火花和“啪”的放声，很容易烧坏电路板上的铜箔条。更不能在通电的情况下进行放电。

④ 检测时应选择合适的接地点，要分清“热”地和“冷”地。

2）应避免扩大故障

① 如果待修机中的保险管已烧断，在未查出故障原因之前，切不可换上新保险管盲目通电，更不能用大规格保险管或铜丝代替，以免扩大故障范围。如不通电无法进行检修时，可在原保险管处串入一只 100W/220V 的白炽灯泡。送电后根据灯壳程度判断交流电流大小，以对故障有所粗略估计，从而进一步查寻故障部位。正常应为白炽灯闪亮一下后熄灭（闪亮的原因是消磁电阻冷态呈低阻值）。白炽灯一直很亮，说明机内存在严重短路；白炽灯很暗或不亮，则可安装保险管直接送电检修。

② 检测中发现开关管已击穿，不要急于更换新管加电试验，应先查清开关管的损坏原因，然后再换新管。

③ 检修操作中，开关电源与主电源（供给行输出电路的那路电源）负载之间不允许开路。因为电源开关管饱和导通时，脉冲变压器初级绕组处于储能状态，次级整流二极管承受

反压而截止，开关管截止期间是脉冲变压器释放能量期间，脉冲变压器次级整流二极管导通，再通过电容滤波输出稳定直流电压给负载供电。如果负载断开，则开关管截止时，因脉冲变压器初级能量无处释放而感应很高的电压，极易将开关管击穿。维修中，如果需断开负载，应接上一个假负载。比较常用的假负载是 220V/60W 白炽灯（大屏幕彩电最好用 220V/100W 的白炽灯）。需要强调的是，在断开行扫描部分时，不能将开关电源的稳压环路切断了，否则会造成开关电源的稳压电路失控，导致输出电压过高而损坏元件。接有假负载白炽灯的情况下，若开机后白炽灯能发光，但并非很亮，则预示开关电源基本正常，这时再用万用表测量输出电压和电流，即可对开关电源的工作状态作出比较准确的判断。若开机后灯丝不能发光，则说明开关电源无输出。

④ 不要长时间开机检查。在稳压电源失控、输出电压过高而没有采取措施的情况下，不要长时间开机检查，更不能将这种过高的电压加到负载电路上。否则会造成很多元件因耐压不够而损坏。

⑤ 保护电路可以在非正常情况下起着保护电源电路和衰减 X 射线等重要作用。在正常情况下它不起作用。保护电路损坏应及时修复，不应让机器在无保护下工作。

⑥ 断开保护电路，注意不要造成新的故障。开关电源具有比较完善的保护措施，开关电源出现故障，有可能是保护电路动作引起。保护电路动作有两种情况：一是开关电源电路有故障，保护电路应该启动；二是保护电路出现故障，产生误动作，导致电源电路不能正常工作。对于第二种情况，只要断开保护电路，开关电源就能够正常工作，检修好保护电路，开关电源就工作正常。但是对于第一种情况，断开保护电路后，开关电源有可能输出电压升高或者电源电路的电流过大，这两种情况都是非常危险的，可能损坏电源负载电路元件或者损坏电源电路元件，需要十分谨慎。比较安全的做法就是先带假负载进行维修，通电就迅速测量输出电压的高低，输出电压过高，就可能是出现了过压保护引起，输出电压低，就可能是出现过流保护引起，输出电压正常，那就是保护电路故障。判断出故障的大体部位，就可以针对不同的故障原因进行维修了。

（2）要注意可靠性

检修中的可靠性是指：一是更换元件要可靠；二是检修后的各路输出电压值必须与原设计值保持一致。

1）更换元件要可靠　在排除故障更换损坏的元件时，要注意图纸上标有“!”符号元件的参数，要用原型号元件或参数相同的元件更换。

① 交流保险管更换时，应尽量选取原型号标称值的。彩电采用专用的交流保险管具有延时特性，不能用普通保险管代换，也不能用大规格保险管来代换。常用规格有 4A、3.15A、2A。

② 更换电源开关管时，其主要参数要满足设计要求，特别要注意其 P_{CM}、BV_{CEO} 应大于或等于原件值，以保证新元件工作的可靠性。

③ 更换整流二极管时，对于市电整流二极管可以用普通的整流二极管，但对于负载端的整流二极管必须用快恢复整流二极管，否则会产生较大的开关干扰。

④ 更换电阻时，应注意用同规格的电阻，不仅要保证阻值大小相等，而且要注意耗散功率也一致。保险电阻损坏，不要用普通电阻代替。

⑤ 更换电容时，要注意容量和耐压值，耐压高可以代换耐压低的，但耐压低的不可代换耐压高的。

2）确保检修后各路输出电压与原设定值保持一致　检修后，要仔细检测各路输出电压，如果与原设定值的大小有偏差，应通过调整取样电路及其他相关元件，使之与原设定值相同。

3.3.2 开关电源关键元器件的检测

（1）开关管

彩色电视机应用的电源开关管主要有大功率三极管和大功率场效应管两种。大功率三极管的检测与普通三极管相同。

彩色电视机开关电源采用的场效应管都是N沟道场效应管。常用型号主要有2SK1794、2SK2828、H12N600F1、2SK727等，这些管都是带阻尼管的场效应管，在漏极（D）与源极（S）之间接有一个用作保护的二极管。此类场效应管引脚是固定的，把管子放正，从左到右分别是G极、D极、S极。带阻尼管的场效应管电路符号如图3-9所示。

将指针式万用表置于$R\times10$k，黑表笔接D极，红表笔接S极，阻值应大于500kΩ；万用表置于$R\times100$，红表笔接D极，黑表笔接S极，阻值为500Ω左右。G极与D极、S极无论正向、反向测试时阻值均为无穷大。注意：采用数字万用表判断场效应管时，首先将万用表置于“二极管”挡，检测方法与指针式万用表相同，但表笔相反。

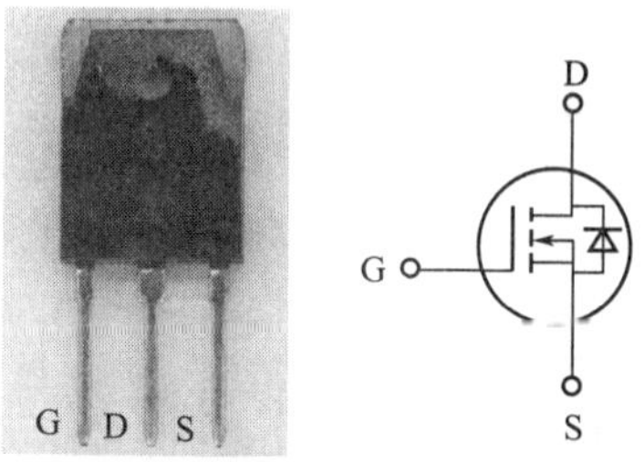
G D S
D
G
S
图3-9 带阻尼管场效应管（N沟道）引脚和电路符号

（2）光电耦合器

光电耦合器（也称为光耦合器）属于一种具有隔离传输性能的器件。它的内部是由一个发光二极管和一个光敏晶体管构成的。彩色电视机开关电源应用的光电耦合器有4脚和6脚两种。

4脚光电耦合器的检测：如图3-10(a)所示，光敏耦合器①、②脚之间的发光二极管具有单向导电性，用万用表$R\times10$挡测正向电阻为几百欧，反向电阻为无穷大。当①、②脚发光二极管无电流通过，③、④脚之间阻值应为无穷大；当①、②脚发光二极管有电流通过，③、④脚之间阻值减小，流过发光二极管的电流越大，③、④脚之间阻值越小。①、②脚与③、④脚之间的阻值应为无穷大。

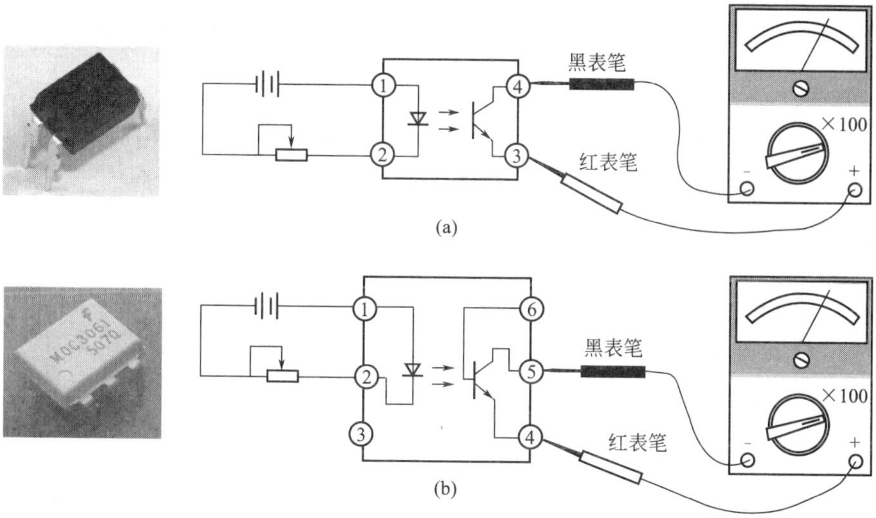
黑表笔
红表笔
×100
(a)
MOC3061
黑表笔
红表笔
×100
(b)
图3-10 光电耦合器检测示意图

6脚光电耦合器的检测：如图3-10(b)所示，光电耦合器①、②脚，⑥、④脚，⑥、⑤

脚之间均为 PN 结，都具有单向导电性，而④、⑤脚之间是不通的。当给①、②脚通电时，④、⑤脚导通，阻值变小。

怀疑光电耦合器性能不良时，最好采用代换法检查。

(3) 电流互感器

用万用表测量互感线圈相连引脚间的阻值应接近 0Ω；不连引脚间的阻值为无穷大。

(4) 开关变压器

开关变压器的故障率较低，判断其是否正常时，可用万用表的电阻挡测量每个绕组的电阻，正常时阻值多在 1Ω 以内或几欧姆。而对于绕组匝间短路的故障，不易用万用表测出，最好采用同型号的开关变压器代换检查。

(5) 三端误差放大器

三端误差放大器 TL431（或 KIA431、KA431、LM431、HA17431）广泛应用在各种电源电路中。TL431 属于精密型误差放大器，它有多种封装形式，如图 3-11 所示。

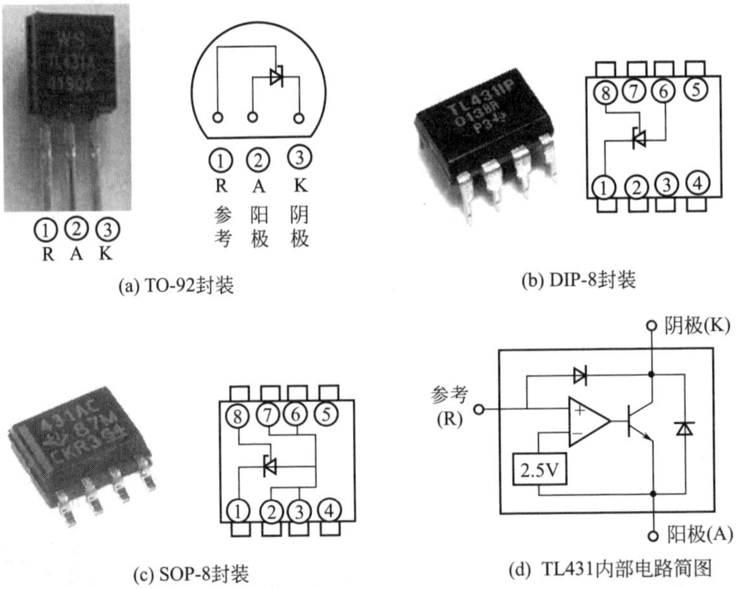
①②③
R A K
①②③
R A K
参考 阳极 阴极
⑧⑦⑥⑤
①②③④
⑧⑦⑥⑤
①②③④
阴极(K)
参考 (R)
2.5V
阳极(A)

(a) TO-92封装　(b) DIP-8封装　(c) SOP-8封装　(d) TL431内部电路简图

图 3-11　误差放大器 TL431

当 R 端输入的误差取样电压超过 2.5V 时，TL431 内的比较器输出的电压升高，使三极管导通加强，使得 TL431 的 K 极电位下降；若 R 端输入的电压低于 2.5V 时，K 极电位升高。

对于初学者，怀疑三端误差放大器不良时，最好采用代换法检查。

(6) 三端误差取样、放大器

三端误差取样、放大器是在三端误差放大器的基础上发展而来的，它除了 TL431 的误差放大功能外，还具有误差取样功能。彩色电视机应用的三端误差取样、放大器有 S1854、SE105、SE110、SE115、SE120、SE125、SE130、SE135、SE140，其外形和内部电路如图 3-12 所示。

它的三个引脚功能分别是：①脚为+B 电压输入端；②脚为控制信号输出端；③脚为接地端。当①脚输入的+B 电压升高，该电压一方面经电阻使稳压管两端基准电压加到误差放大管的发射极，另一方面经电阻取样后使误差放大管的基极输入的电压升高，由于误差放大管的 be 结电压增大，所以误差放大管的导通加强，使其集电极电位下降，即②脚电位下降。若①脚输入电压下降时，它的②脚电位升高。

对于初学者，怀疑三端误差取样、放大器不良时，最好采用代换法检查。

SE125
478 N
SE110
7908N
SE140
3605N

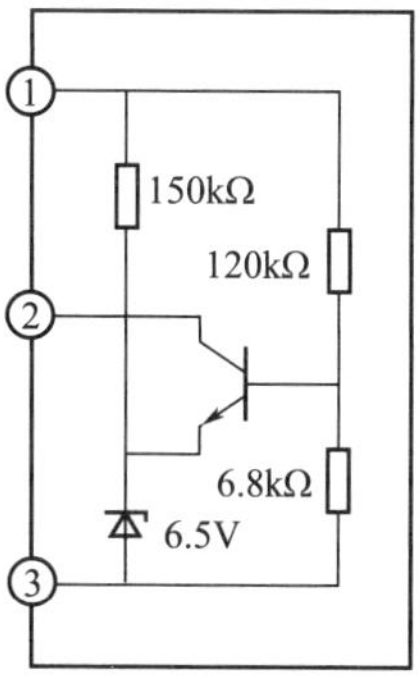
①
150kΩ
120kΩ
②
6.8kΩ
6.5V
③

图 3-12 三端误差取样、放大器

（7）消磁电阻

它属于正温度系数的热敏电阻。室温状态下，用万用表 $R\times1$ 挡测量，其阻值一般为 10～20Ω，否则说明它损坏；室温电阻正常后，用电烙铁为它加热，再用 $R\times1\text{k}$ 挡测量，其阻值迅速增大，接近无穷大为正常，否则说明它的热敏性能下降。

（8）电源控制芯片的检测

电源控制芯片部分的故障，一般来说有两种情况：一是电源控制芯片本身不良；二是外围元器件的故障。要判断是电源控制芯片本身还是外围元器件的故障，如果维修者手中无代换的电源控制芯片，就会对判断感到比较困难。一般要用多种方法检查，综合分析后判断。一般采用在路测量法，通过测量各引脚对地电阻和对地电压，并与正常值相比较，找出异常部位。找出异常部位后，先检查外围元器件，外围元器件无问题的情况下方可判断电源控制芯片损坏。

由于电源控制芯片只要获得供电后便能够工作，所以在不安装开关管的情况下，也可对它进行检测。下面以 TDA4605 电源控制芯片为例。

TDA4605⑥脚电压在 7.8～11V 之间跳变，说明 TDA4605 能够启动，只是因没有反馈电压而工作在重复启动与停止状态；若⑥脚没有电压，说明启动电路异常。⑤脚电压在 0～0.15V 之间跳变，说明 TDA4605 能够输出开关激励脉冲；⑤脚电压为 0V，说明无开关激励脉冲输出，可能是内部的振荡器、激励电路损坏。

（9）电源厚膜电路的检测

下面以 STR-S6709 为例。

1）电源厚膜电路内部的开关管检测　STR-S6709①、②、③脚分别是内部开关管的集电极、发射极和基极，测量这 3 个引脚间阻值可判断开关管是否损坏。

2）电压测量　由于电源厚膜电路 STR-S6709 内设独立的启动和振荡电路，STR-S6709 的⑨脚获得供电后，便能进入启动和工作状态，所以解除 STR-S6709 的①脚（开关管集电极）供电后，测关键引脚电压数据是否正常，便可快速判断 STR-S6709 和相关元器件是否正常，以免 STR-S6709 和相关元器件再次损坏。断开它的①脚后测量：⑨脚（启动电压输入端）电压在 6.4～7.5V 之间跳变，说明开关电源能够启动，只是因没有反馈电压而工作在重复启动与停止状态；若⑨脚没有电压，说明启动电路异常。若⑤脚（开关管激励脉冲输出脚）电压为 0.91V，说明能够输出开关激励脉冲；⑤脚电压为 0V，说明无开关激励脉冲输出，可能是内部的振荡器、激励电路坏。③脚（开关管基极）电压为－0.78V，说明开关管有激励脉冲输入；若③脚电压异常，说明③脚外接元件或开关管异常。

3.3.3 开关电源的关键检测点

不同类型的开关电源电路，可能会由于工作方式的不同而在电路上出现较大的差异，但它们的基本工作原理和电源的变换过程是大体相同的，下面是归纳出的开关电源的关键检测点。

开关电源有三个检测点和一个目测检查点，如图 3-13 所示。

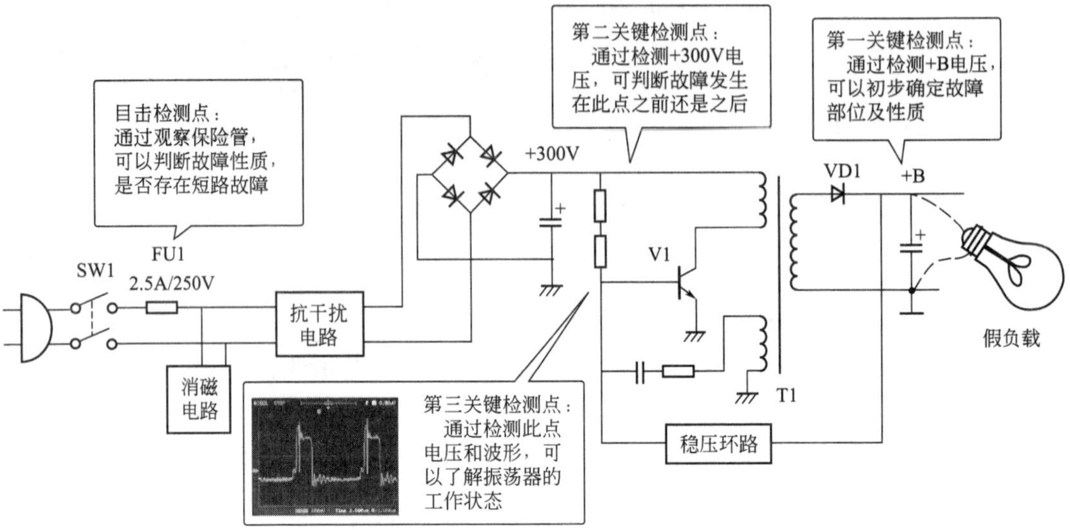
第二关键检测点：
通过检测+300V电压，可判断故障发生在此点之前还是之后
第一关键检测点：
通过检测+B电压，可以初步确定故障部位及性质
目击检测点：
通过观察保险管，可以判断故障性质，是否存在短路故障
+300V
VD1
+B
SW1
FU1
2.5A/250V
V1
抗干扰电路
假负载
消磁电路
T1
第三关键检测点：
通过检测此点电压和波形，可以了解振荡器的工作状态
稳压环路

图 3-13 开关电源的关键检测点

（1）目测检查点——保险管

在检修三无故障时，首先应观察保险管。若保险烧断，且管内严重发黑呈烟雾状，说明开关电源中有严重的短路现象，此时应立即想到低频整流二极管、＋300V 滤波电容、开关管有无击穿现象；若保险丝已断但管内透明，这一般是因电流过载而烧断，故障常为行输出级有短路性故障，导致负载过重所致。上述故障在检修时先观察有关部分电路中有无烧成焦色的元件，然后采用电阻法、开路切割法检查，一般能将故障点找出来。若保险管未烧，说明电路中没有短路现象。这样，通过目击保险管就能大致了解故障性质。

（2）＋B 电压输出端

在检修三无故障时，通过测量＋B 电压可以判断故障是在行扫描电路还是在电源电路。当＋B 电压正常，而机器三无，故障一般在行电路。

当＋B 电压为 0V 或很低，故障可能在开关电源本身，也可能在负载电路（大多在行电路）。此时应断开行负载，用一假负载接在＋B 电压输出端。若＋B 电压仍为 0V 或很低，说明故障在开关电源；若＋B 电压恢复正常，说明故障在行电路，且一般是行管击穿或行输出变压器匝间短路引起的；若通电瞬间＋B 超过设定值后马上回零，则是电源输出电压太高引起过压保护，故障在稳压环路。但应注意，有些机型待机时＋B 电压也比正常工作时的电压低很多，若始终为待机电压，则故障在开/关机控制电路。

可见，通过检测＋B 电压，不但能区分故障部位，有时还能区分故障性质，在检修开关电源时，＋B 电压是第一关键检测点。

（3）市电整流滤波输出端（＋300V 电压）

通过检测该端子电压，可以区分故障在 AC-DC 变换电路还是在 DC-DC 变换电路（开关变换器）。正常时该点电压应有 300V 左右电压（在 250～340V 范围内）。若该端子电压为 0V，说明故障发生在 220V 交流输入电路或桥式整流电路；若该端子电压较＋300V 低很多，可能原因有电网电压偏低、桥式整流电路有一个二极管开路（变为半波整流）、＋300V 大滤波电容失效；若＋300V 正常，故障一般是开关管的振荡条件未满足。

(4)开关管基极(或栅极)

通过检测该点直流电压、DB 电压、波形,可以判断振荡器是否起振。

采用自激式振荡电路的开关电源,正常时开关管基极直流电压大多为负电压,如图 3-5 电路中的 V503 基极为－1.6V(待机)/－2.9V(开机)。若该点电压为 0V,可能原因有启动电阻开路,接在开关管基极与地之间的元器件击穿所致;若该点有约 0.7V 电压,说明启动电压正常,但振荡电路未起振,应重点检查正反馈电路等;若该点电压大于 0.7V,说明开关管的 b、e 极间断路。

用万用表 DB 挡测量该点有 DB 电压,说明振荡电路起振。用示波器测量该点有脉冲信号波形,说明振荡电路起振。

3.3.4 开关电源常见故障检修方法和技巧

开关电源常见故障有:无声、无图、无光(三无),保险管熔断;三无,保险管完好,但无电压输出;输出电压过高或过低;各路输出电压为待机时电压值等。

(1)三无,保险管熔断

保险管熔断通常是电源电路中存在比较严重的短路性故障。检查这类故障时,先查看有关部分电路中有无焦色的元件,然后采用电阻法、开路切割法检查,一般能将故障点找出来。应在断电情况下检修,应重点检查:桥式整流二极管(或桥式整流堆)有无击穿,＋300V滤波电容是否漏电或击穿,开关管有无击穿,消磁线圈有无漏电,消磁电阻是否变值,开关变压器绕组对地有无短路等,如图 3-14 所示。

方法与技巧

在路测试开关管 C、E 极之间正向电阻一般为 4.5～10kΩ,反向电阻一般为 24～100kΩ。如果测得电阻较小,而且正反电阻值相差不大,说明电路中(开关管、300V 滤波电容、桥式整流器三者中)有短路故障。

(2)保险丝完好,开关电源无电压输出

开关电源电路故障的涉及面广,并且与负载电路互相牵连,因此,在着手检查时,首先要确诊故障原因在负载还是在电源本身,可采用假负载法判断。当确认是开关电源本身的故障,可按下列步骤进行检查。

① 测量大滤波电容两端有无＋300V 左右直流电压,以判断 220V 交流输入电路和市电整流滤波电路是否正常。若测得为 0V,一般为 220V 交流输入电路和市电整流滤波电路有开路现象。若＋300V 滤波电容两端电压正常,则应接着测量开关管集电极(或场效应开关管漏极)是否也为＋300V 左右。如果为 0V,则一般是开关变压器初级绕组引脚脱焊或该绕组内部断线。

② 如果开关管集电极(或场效应开关管漏极)＋300V 左右电压正常,而开关电源无输出电压,则为开关电源停振。此时可断开负载电路(断主电源后应接假负载),看开关电源输出电压是否能恢复正常。如果此时恢复正常,则说明故障在负载电路(一般是行);反之,则是开关电源本身的故障。开关电源停振,应检查以下电路:a. 启动电路是否开路;b. 正反馈电路有无断路和短路;c. 稳压电路是否正常,必要时可暂时断开稳压电路,使振荡器单独起振,保护电路是否有故障,必要时可切断保护电路。

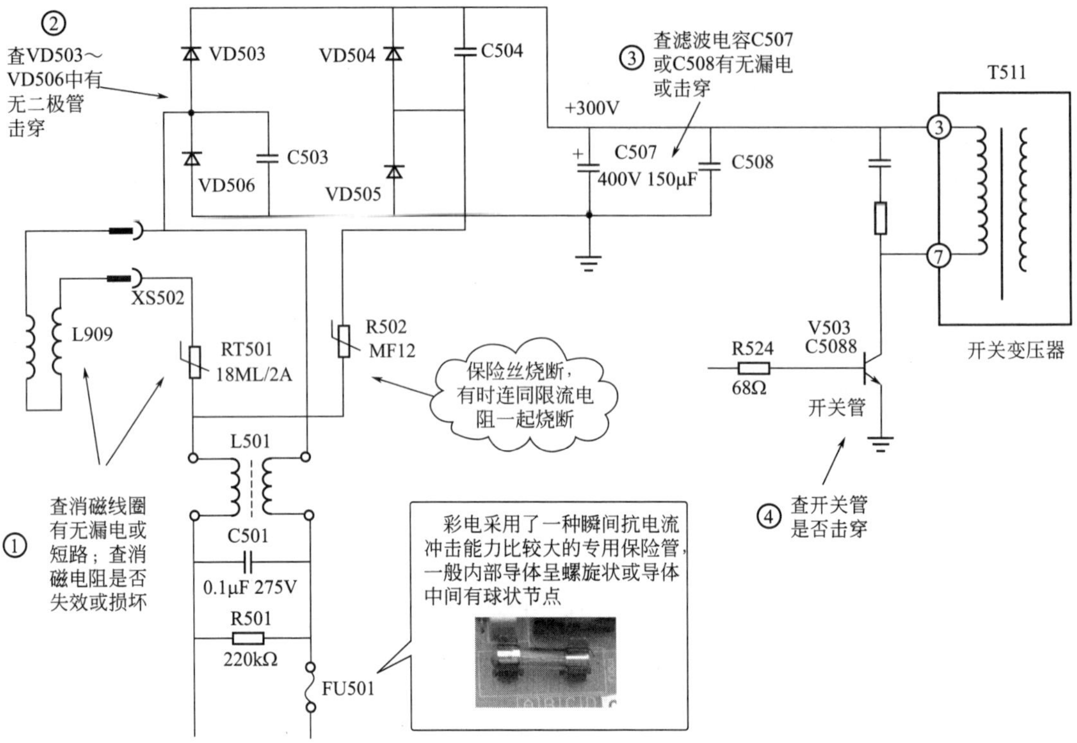

②
查VD503～VD506中有无二极管击穿
VD503
VD504
C504
③ 查滤波电容C507或C508有无漏电或击穿
T511
+300V
C503
VD506
VD505
C507
400V 150μF
C508
XS502
L909
RT501
18ML/2A
R502
MF12
保险丝烧断，有时连同限流电阻一起烧断
R524
68Ω
V503
C5088
开关管
开关变压器
L501
C501
0.1μF 275V
R501
220kΩ
FU501
① 查消磁线圈有无漏电或短路；查消磁电阻是否失效或损坏
彩电采用了一种瞬间抗电流冲击能力比较大的专用保险管，一般内部导体呈螺旋状或导体中间有球状节点
④ 查开关管是否击穿

图 3-14 三无，保险管熔断故障检修图解

方法与技巧

保护电路是否有问题，可采用如下判断方法：在通电瞬间，用万用表电压挡监测+B电压，即进行动态监测。若超过+B设定值后马上回零，则是输出电压太高引起过压保护；若通电瞬间有很低的电压，且能听到“吱”的一声，然后马上回零，这是负载部分有严重过流，应重点检查行输出部分。

(3) 输出电压偏高或偏低

接上假负载后，无论+B电压偏高还是偏低都说明稳压电路有故障。若+B电压偏高或偏低不多时，可以先调节一下输出电压调整电阻，看能否将+B电压调为正常，若不能调正常，应对稳压电路进行检查。

一般来说，当+B电压偏高时，说明稳压电路有开路性故障，应重点检查取样比较管是否断路、基准稳压管是否断路、光电耦合器是否断路、脉宽调制管是否断路等。当+B电压偏低时，说明稳压环路有短路性故障，应重点检查取样比较管、基准稳压管、光电耦合器、脉宽调制管等有无漏电、击穿现象。

方法与技巧

怀疑三端误差放大器、光电耦合器性能不良时，最好采用替换法检查。

(4) 光栅出现S形扭曲，扬声器中有交流声

故障现象是：无信号时，光栅边缘在横方向作周期性的左右扭曲。接收信号时，图像出现周期性的摇摆，且扬声器中有交流声。该故障的主要原因有：①300V 滤波电容失效或性能不良；②桥式整流器中的某一个整流二极管开路；③开关电源输出端的整流二极管不良，或滤波电容不足；④稳压电路不良。逐一检查，不难排除故障。

（5）各路输出电压为待机时电压值

若开机后各输出电压与待机状态下的电压值相同，则是待机控制电路或稳压电路有故障，应查微处理器是否输出电源“开”控制电压，以及开关机控制电路等。

3.3.5 开关电源检修举例

（1）分立元件开关电源故障检修

分立元件开关电源电路参见图 3-5。

① 三无　三无（即无光栅、无图像、无伴音）故障是彩色电视机最常见的一种故障现象。查究这种故障的原因，不是因元件损坏造成开关电源电路故障而无输出电压，便是开关电源负载电路产生过流，或者由于某种原因使输出电压升高，导致保护电路动作而无输出电压。因此，排除“三无”故障时，应先判断开关电源电路故障，还是负载电路出了问题。

“三无”故障检修流程如图 3-15 所示。

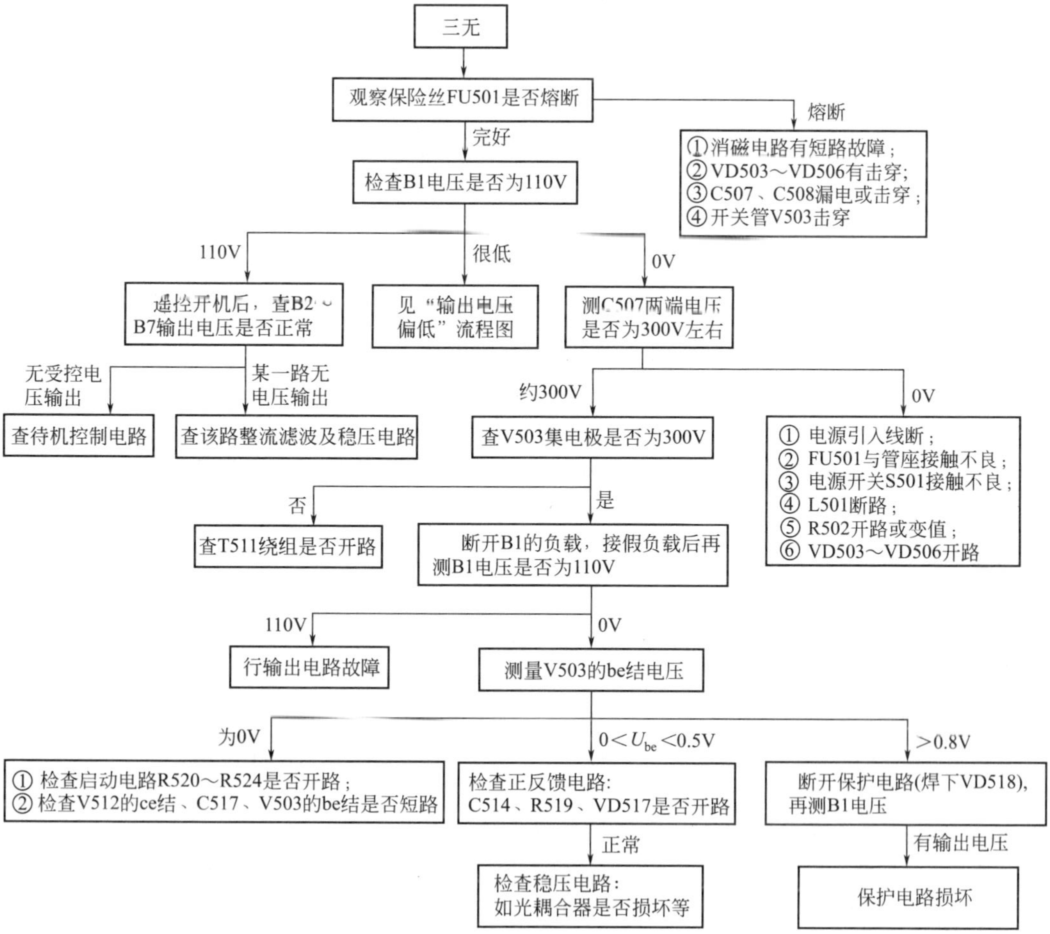
三无
观察保险丝FU501是否熔断
熔断
①消磁电路有短路故障；
②VD503～VD506有击穿；
③C507、C508漏电或击穿；
④开关管V503击穿
完好
检查B1电压是否为110V
110V
很低
0V
遥控开机后，查B2～B7输出电压是否正常
见“输出电压偏低”流程图
测C507两端电压是否为300V左右
无受控电压输出
某一路无电压输出
查待机控制电路
查该路整流滤波及稳压电路
约300V
0V
查V503集电极是否为300V
① 电源引入线断；
② FU501与管座接触不良；
③ 电源开关S501接触不良；
④ L501断路；
⑤ R502开路或变值；
⑥ VD503～VD506开路
否
是
查T511绕组是否开路
断开B1的负载，接假负载后再测B1电压是否为110V
110V
0V
行输出电路故障
测量V503的be结电压
为0V
0<Ube<0.5V
>0.8V
① 检查启动电路R520～R524是否开路；
② 检查V512的ce结、C517、V503的be结是否短路
检查正反馈电路:
C514、R519、VD517是否开路
断开保护电路(焊下VD518)，再测B1电压
正常
有输出电压
检查稳压电路:
如光耦合器是否损坏等
保护电路损坏

图 3-15　分立元件开关电源“三无”故障检修流程

② 输出电压偏低　输出电压低故障原因有两个：一个是电源部分的故障；另一个是负

载电路（主要是行输出电路）发生短路。确定故障部位的方法是：关机后断开行负载（即断开限流电阻，无限流电阻的断开主电源与行输出变压器的连接点），在+B端接假负载，再开机测试+B是否恢复正常。若仍不正常，则是开关电源有故障；若恢复正常，则是行负载有短路故障，常为行管损坏，行输出变压器、行偏转线圈短路。输出电压偏低故障检修流程如图3-16所示。

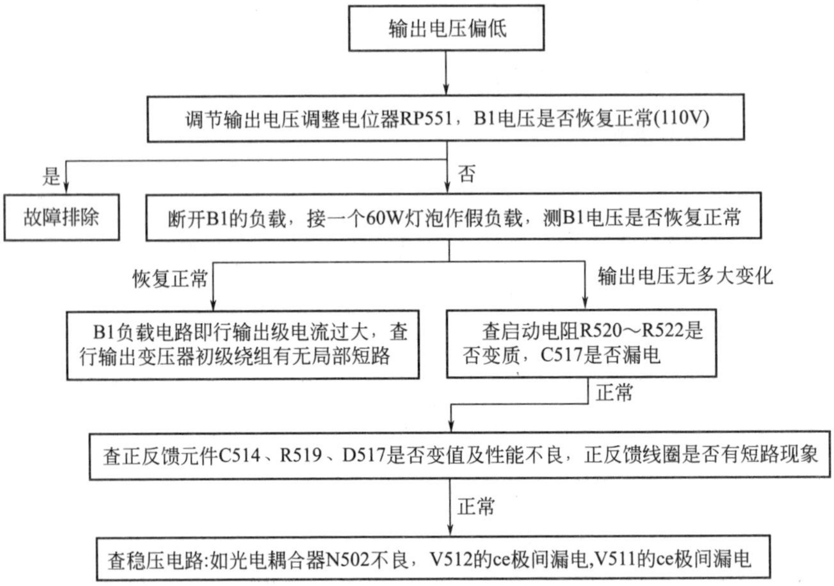
输出电压偏低
调节输出电压调整电位器RP551，B1电压是否恢复正常(110V)
是
否
故障排除
断开B1的负载，接一个60W灯泡作假负载，测B1电压是否恢复正常
恢复正常
输出电压无多大变化
B1负载电路即行输出级电流过大，查行输出变压器初级绕组有无局部短路
查启动电阻R520～R522是否变质，C517是否漏电
正常
查正反馈元件C514、R519、D517是否变值及性能不良，正反馈线圈是否有短路现象
正常
查稳压电路:如光电耦合器N502不良，V512的ce极间漏电,V511的ce极间漏电

图3-16 输出电压偏低故障检修流程

（2）由电源控制芯片TDA4605构成的开关电源故障检修

由电源控制芯片TDA4605构成的开关电源电路参见图3-6。该开关电源有故障后，只要N811（TDA4605）未损坏，TDA1605内部的保护电路会动作，使开关电源无输出电压，故障表现为“三无”。

1）各路输出电压均为0V　检修时，应先测量开关电源各路输出电压。若各输出电压均为0V，则应分别断开L876或L872，看是电源负载有短路还是开关电源本身有故障。

若断开各路负载电路后仍无输出电压，则说明故障在开关电源本身，应进一步测量N811各脚的直流电压是否正常。

① N811各脚电压均为0V　若N811各脚均无电压，则故障在电源输入电路，应检查熔断器F801是否熔断、电源开关是否接触不良。若F801已熔断，且管内发黑，则说明电源电路存在严重的短路故障，应检查消磁电阻RT801、C801、C804、C809、C840和开关管V840是否损坏。

② N811⑥脚电压异常　若N811⑥脚电压不正常，而②脚、③脚电压正常，则是R802开路或C819、C819A短路。若N811各引脚电压异常而有关外围元件均正常，则是N811内部损坏。在更换新集成电路之前，应先检查整流滤波电路是否正常。

若断开开关电源的某一路负载后，各输出电压恢复正常，则表明该路负载电路有短路，应进一步查出短路元件并更换之。

2）部分输出电压异常　若开关电源的+135V、+16V、+15V和+5V-1输出电压正常，而+5V-2和+8V电压降为1/4左右，则故障在待机控制电路。应测量V862的基极在开机状态下是否为低电平。若V862基极为低电平，则表明微处理器工作正常，应进一步检查 V862 是否击穿损坏。

若仅无+8V 电压，则应重点检查 N861、C864 是否损坏；若仅无+5V-1 电压，应检查 N863（7805）和 C862 是否损坏。

由电源控制芯片 TDA4605 构成的开关电源“三无”故障的检修流程如图 3-17 所示。

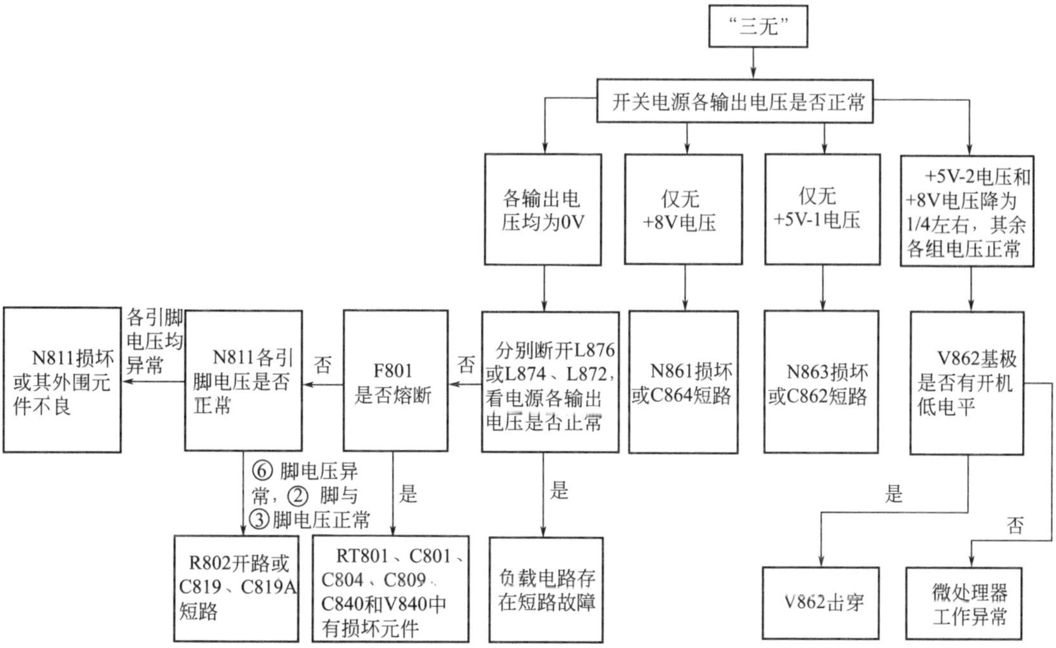
“三无”
开关电源各输出电压是否正常
各输出电压均为0V
仅无+8V电压
仅无+5V-1电压
+5V-2电压和+8V电压降为1/4左右，其余各组电压正常
N811损坏或其外围元件不良
各引脚电压均异常
N811各引脚电压是否正常
否
F801是否熔断
否
分别断开L876或L874、L872，看电源各输出电压是否正常
N861损坏或C864短路
N863损坏或C862短路
V862基极是否有开机低电平
⑥脚电压异常，②脚与③脚电压正常
是
是
是
否
R802开路或C819、C819A短路
RT801、C801、C804、C809、C840和V840中有损坏元件
负载电路存在短路故障
V862击穿
微处理器工作异常

图 3-17 由电源控制芯片 TDA4605 构成的开关电源“三无”故障检修流程

（3）由电源厚膜电路 STR-S6709 构成的开关电源故障检修

由电源厚膜电路 STR-S6709 构成的开关电源电路参见图 3-8。该开关电源电路的常见故障是“三无”，检修时可通过测量开关电源各输出电压是否正常来判断故障部位。

1）各路输出电压均为 0V　若开机后各路输出电压均为 0V，则表明开关电源未工作，应测量 IC821①脚的+300V 电压和⑨脚的启动电压是否正常。

若 IC821①脚和⑨脚均无电压，应检查交流输入电路中是否有元件损坏；若 IC821①脚电压正常而⑨脚无 6.5V 以上的启动电压，则是 D811、R811、R812 开路或 IC821 内部损坏；若 IC821⑨脚电压正常而①脚无电压，则是 DB811、RT812、C818、C819、T821 中有元件损坏；若 IC821①脚和⑨脚电压均正常，则应测量 IC821③脚是否有负电压，若 IC821③脚无负电压，则是 C827、R827、IC821 中有损坏的。

2）开机瞬间有电压输出　若开机瞬间各输出电压出现，随后降为 0V，则是负载电路短路或保护电路动作。可将 L845 断开，在 C842 两端接上假负载再检查。

若开机后各输出电压恢复正常，则是负载电路有故障，应检查行输出电路中是否有元件短路。若断开 L845 后各输出电压仍在开机瞬间出现，则是保护电路动作，应检查 R841、IC841、IC842、R831、R830 等元件是否损坏。

3）各路输出电压为待机时电压值　若开机后各输出电压与待机状态下的电压值相同，则是待机控制电路或稳压电路有故障，应测量 Q843 基极在开机状态是否为高电平。

若 Q843 基极为低电平，则是微处理器工作异常；若 Q843 基极为高电平，则是 Q843 开路、Q842 短路或 IC842、IC841 等性能不良。

该电源“三无”故障的检修流程如图 3-18 所示。

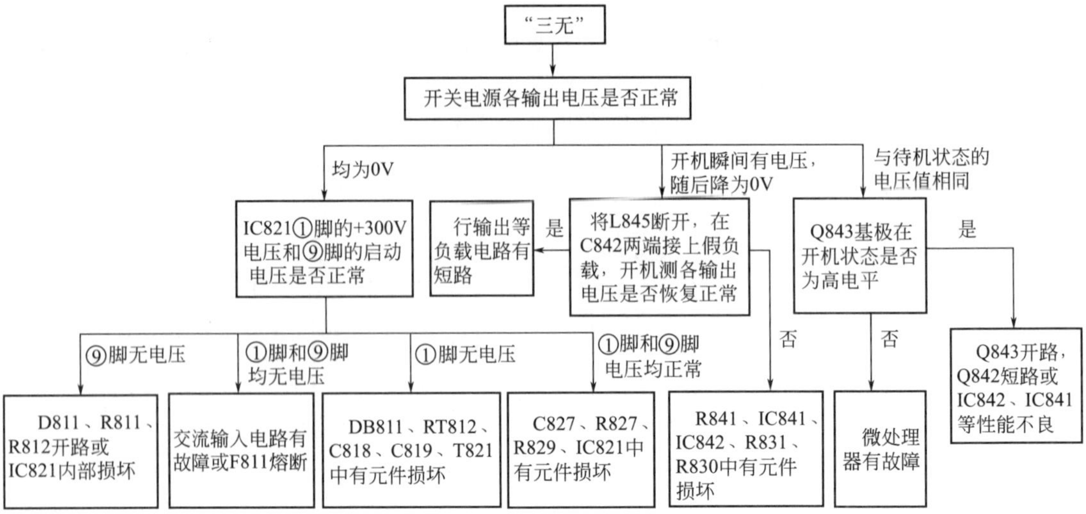
"三无"
开关电源各输出电压是否正常
均为0V
开机瞬间有电压，随后降为0V
与待机状态的电压值相同
IC821①脚的+300V电压和⑨脚的启动电压是否正常
行输出等负载电路有短路
是
将L845断开，在C842两端接上假负载，开机测各输出电压是否恢复正常
Q843基极在开机状态是否为高电平
是
否
否
⑨脚无电压
①脚和⑨脚均无电压
①脚无电压
①脚和⑨脚电压均正常
D811、R811、R812开路或IC821内部损坏
交流输入电路有故障或F811熔断
DB811、RT812、C818、C819、T821中有元件损坏
C827、R827、R829、IC821中有元件损坏
R841、IC841、IC842、R831、R830中有元件损坏
微处理器有故障
Q843开路，Q842短路或IC842、IC841等性能不良

图 3-18 由电源厚膜电路 STR-S6709 构成的开关电源“三无”故障检修流程

Chapter 4

第 4 章 行、场扫描电路

4.1 行、场扫描电路的组成

4.1.1 电子扫描基本原理

在显像管荧光屏上所重现的图像是由电子束在荧光屏上从左至右、从上至下有规律地运动实现的。电子束的这种有规律的运动称为“扫描”，从左至右的扫描称为水平扫描或行扫描，从上至下的扫描称为垂直扫描或帧扫描。电子束在作水平扫描的同时又作垂直扫描，只要其水平扫描的速度快，垂直扫描的速度相对慢一些，就会发现电子束由左上角开始一行一行往下扫，直至扫过整个屏幕。如果扫描的速度足够快，并且每行的间隔又足够小，则由于视觉特性，将分不清点与线，只看到荧光屏上一片均匀的亮度，这就是光栅。光栅实质上是电子束在荧光屏上打出来的亮点汇集而成的，每一个点相当于一个像素。

（1）逐行扫描与隔行扫描

扫描可分为逐行扫描和隔行扫描两种。

① 逐行扫描　电子束在荧光屏上一行接一行地扫完整个画面，这种扫描称为逐行扫描，如图 4-1 所示。图中实线称为行扫描正程，虚线称为行扫描逆程。正程时间加逆程时间称为一个行周期。实际上，逆程扫描线（又称回扫线）被抹掉（又称消隐），因而光栅只有正程行扫描线。电子束从 A 扫到 B 称为帧（或场）扫描正程；从 B 再回到 A 称为帧逆程。帧扫描正程时间加上逆程时间称为一个帧周期。由于帧逆程时间远远大于行周期，所以从 B 回到 A 的扫描轨迹并不是一条直线，而是进行了多次行扫描，实际的行扫描线要多一些。帧逆程也进行了消隐，所以，通常在屏幕上是看不到帧回扫线的。

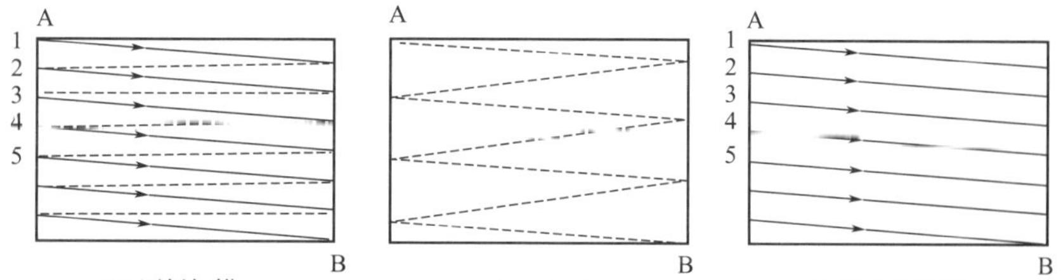
A
1
2
3
4
5
B
A
B
A
1
2
3
4
5
B

(a) 逐行扫描　(b) 场回扫线　(c) 形成的光栅

图 4-1　逐行扫描

② 隔行扫描　隔行扫描是把扫描行分成奇数行和偶数行两大组，当电子束扫描一帧图像时首先扫描所有的奇数行，然后电子束返回顶部再扫描所有的偶数行，一幅图像分为两次扫完，一帧图像被分为两场，对奇数行的扫描产生奇数场，对偶数行的扫描产生偶数场，使

两场的光栅正确镶嵌，从而获得一幅完整的图像。这种扫描方式称为隔行扫描，其原理如图 4-2所示。

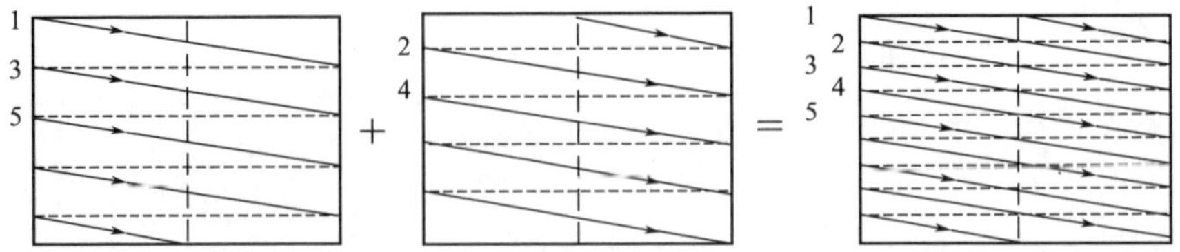
1
3
5
2
4
+
=
1
2
3
4
5

图 4-2　隔行扫描

我国电视采用的是隔行扫描方式，规定每帧 625 行，因此每场 312.5 行，而且每秒定为 50 场，用来消除闪烁，所以帧频为 25Hz。此时通过场偏转线圈的锯齿电流为 50Hz，即场频为 50Hz，用 f_V 表示，又因为每帧有 625 行，所以行频为 15625Hz，用 f_H 表示。

（2）电子束偏转原理

显像管外套有水平和垂直两组偏转线圈，当偏转线圈中通过电流时，就会产生磁场。电子扫描就是利用电子束在磁场中受力的作用而改变运动方向的原理实现的，称为磁偏转。电子束偏转的原理是：当偏转线圈中流过电流时产生磁场，电子束通过磁场时受力，向着与电流及磁场垂直的方向偏转，其偏转角的大小与偏转线圈中电流的大小成正比（当偏转角不很大时）。

如果要求电子束能在荧光屏上左右移动，那么在行偏转线圈中应该流过锯齿波电流，如图 4-3 所示。在 a 点时，偏转电流为负的最大值，使电子束偏转至荧光屏左边缘（面向荧光屏的正面），由 a 至 b，通过偏转线圈的电流逐渐减小，磁场也相应减弱，电子束偏转的角度随着减小，至 b 点，电流为零，电子束回至荧光屏中央。由 b 至 c，电流由零向正值增大，电子束向荧光屏右边偏转，直至右边缘 c 点为止，由 c 至 e，电流由最大正值很快地变到最大负值，因此电子束很快地由荧光屏右边返回到左边。由 a 至 c 为正程扫描，时间为 52μs，由 c 至 e 为逆程回扫，时间为 12μs。

同样，要使电子束在荧光屏上作上下移动，则在场偏转线圈中也应该通过锯齿波电流，不过它的周期是 20ms，其中逆程约占 1.6ms，如图 4-4 所示。

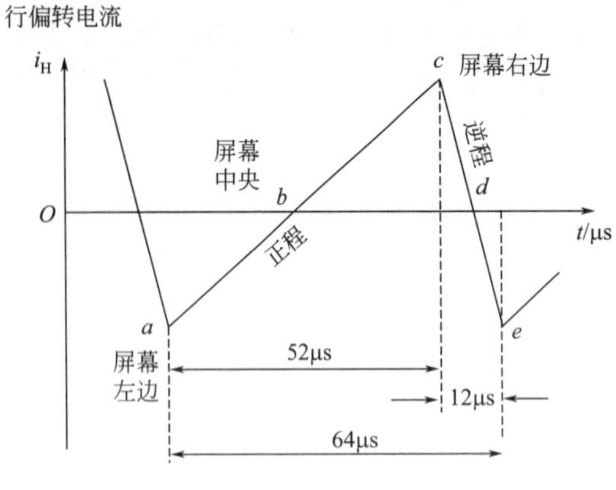
行偏转电流
i_H
c 屏幕右边
屏幕中央
逆程
b
d
O
t/μs
正程
a
e
屏幕左边
52μs
12μs
64μs

图 4-3　行锯齿波电流波形

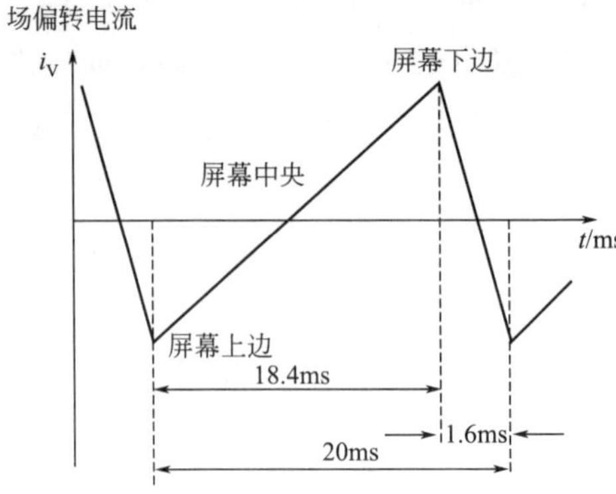
场偏转电流
i_V
屏幕下边
屏幕中央
t/ms
屏幕上边
18.4ms
1.6ms
20ms

图 4-4　场锯齿波电流波形

（3）消隐与同步

① 消隐　电视系统中，扫描正程期间传送图像信号，逆程期间不传送图像信号。电子束逆程扫描在荧光屏上出现回扫线，将对正程的图像造成干扰，影响图像的清晰度。

因此需使电视机在行、场扫描逆程期间电子束截止，以消除行、场逆程回扫线，即实现消隐。方法是在电视台由同步机发出消隐信号使接收机显像管在行、场逆程扫描期间关断电子束。

② 同步 在电视系统中，为了使电视机重现的图像稳定，就必须使显像管的电子束的频率（即扫描的快慢）和相位（即扫描的始、末位置）与摄像管电子束扫描的频率与相位完全一致，即二者严格地同步工作，否则，将导致电视机重现图像紊乱。

如果场不同步，图像将向上或向下滚动，或者在垂直方向出现两个图像，如图 4-5（a）所示。如果行不同步，图像将出现向左下或向右下倾斜的黑白相间的条纹，如图 4-5（b）、（c）所示。这是由于二者不同步而造成的，当显像管中电子束开始新的一行（场）扫描时，发送端前一行（场）的图像信号还没有传送完毕，或者已开始了下一行（场）图像信号的传送，这样便把消隐信号（黑电平）在扫描正程显示出来，从而造成图所示的现象。若收发两端行、场扫描频率相同，但相位不同，将导致重现图像错位现象，如图 4-6(b)、(c) 所示。

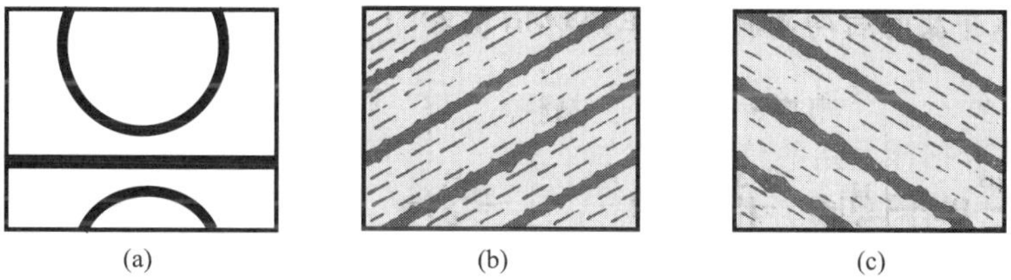
(a)
(b)
(c)

图 4-5 行、场不同步时的图像

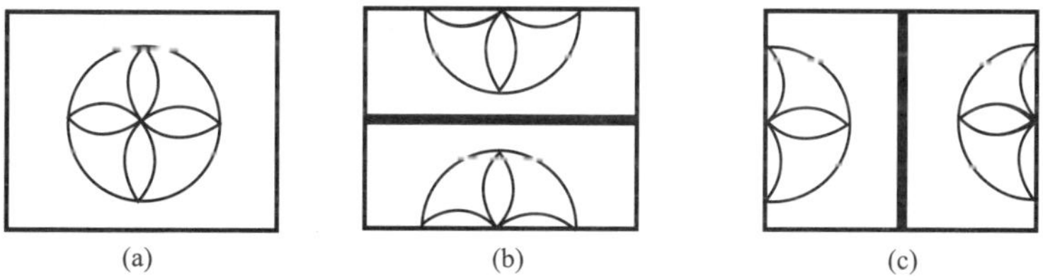
(a)
(b)
(c)

图 4-6 相位不同对图像的影响

为了实现收、发两端扫描的同步，发射台在发送图像信号的同时提供水平与垂直同步脉冲，以保证接收机的每一行、每一场都在正确的时间开始。

4.1.2 同步分离及行扫描电路组成方框图及说明

同步分离及行扫描电路方框图如图 4-7 所示，它由同步分离、行 AFC 鉴相电路（即自动频率控制电路）、行振荡、行预激励、行激励和行输出电路组成。此外，还有附属的高压、中压产生电路（有些还有低压电源电路）以及行扫描中心位置调节、自动亮度调整（ABL）、枕形校正、会聚校正等电路。目前的彩色电视机中，同步分离、行扫描前级及场扫描前级电路都已集成在一块集成块内，而行推动及行输出电路仍采用分立元件。

同步分离电路的作用是，从彩色全电视信号中取出行、场同步信号，经过放大，使它达到适当的振幅，然后经过微分、积分电路分离出相应的同步信号，以便用来同步各振荡器的频率及相位。

行扫描电路的基本作用是给行偏转线圈提供线性良好、幅度足够，且能被行同步信号同步的行频（15625Hz）锯齿波电流，使显像管的电子束左右偏转。与此同时，行输出电路产生行逆程脉冲，将行逆程脉冲升压、整流后产生显像管所需的阳极高压、聚焦电压及加速极电压，此外，还由逆程变压器的低压线圈向显像管灯丝及其他电路提供必要的低压电源。

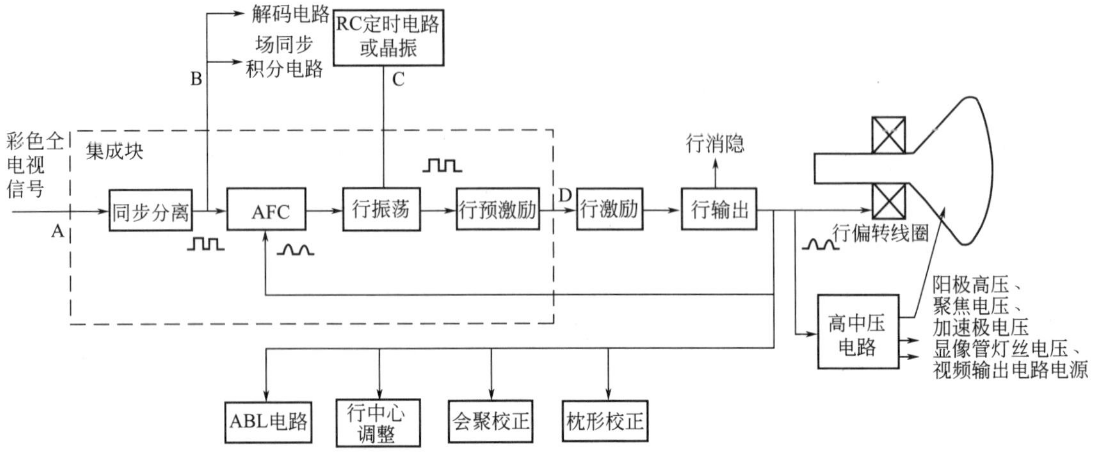
解码电路
场同步
积分电路
RC定时电路
或晶振
B
C
彩色全
电视
信号
集成块
A
同步分离
AFC
行振荡
行预激励
D
行激励
行输出
行消隐
行偏转线圈
阳极高压、
聚焦电压、
加速极电压
显像管灯丝电压、
视频输出电路电源
高中压
电路
ABL电路
行中心
调整
会聚校正
枕形校正

图 4-7 同步分离及行扫描电路方框图

同步分离及行扫描电路的信号流程如下。

由图像中频电路输出的彩色全电视信号（FBYS），输入至同步分离电路输入端，经同步分离电路分离出行、场复合同步脉冲信号。

同步脉冲信号一路送至场同步积分电路，从复合同步信号中分离出场同步信号；第二路送往色解码电路，用于亮度通道的钳位及色通道的色同步选通；第三路送往行 AFC 鉴相电路，与行频锯齿波比较电压在鉴相器中进行比较，输出误差控制电压控制行振荡器的振荡频率，使行振荡频率与发送端完全一致。

行振荡电路在集成电路内，有的外接 RC 定时电路，有的外接晶振。由行振荡电路产生振荡信号经分频得到行频脉冲，经行预激励级放大后，送往行激励与行输出级。

行激励级是一脉冲功率放大器。经放大后的行频脉冲控制行输出管的开关工作，使行偏转线圈中流过行频锯齿波电流。

行输出管集电极的逆程反峰脉冲经行输出变压器及经整流、滤波电路整流、滤波后得到各种所需的工作电压，其中包括阳极高压、聚焦电压、加速极电压，灯丝电压、视频输出电路工作电压及其他所需的电压。

行输出电路一般都设置了显像管高压限制电路及束电流限制电路。因为显像管阳极高压过高时，不仅会产生过量的 X 射线，对人体有害，而且会破坏高压绝缘，使元器件可能被损坏。为此设置了高压限制电路（或称过压保护电路）。其作用是在显像管阳极电压过高时，使行输出、开关电源等停止工作，从而保护电路中的元器件不致损坏。而显像管束电流太大，不仅影响显像管的寿命，对行扫描输出电路也会产生过重的负载。为了限制束电流不致过大，所以采用了自动束电流限制电路（包括自动亮度限制 ABL 电路和自动对比度限制 ACL 电路）。

此外，行逆程脉冲作为行消隐信号，送到亮度通道，用于消除行回扫亮线。

4.1.3 场扫描电路组成方框图及说明

场扫描电路方框图如图 4-8 所示，由积分电路、场振荡、场锯齿波形成、场激励及场输出电路构成。场扫描电路的作用是给场偏转线圈提供 50Hz 的锯齿波电流。场振荡、场锯齿波形成及场激励电路都集成在一块行、场扫描集成电路内，而场输出电路有采用集成电路的，也有采用分立元件的。

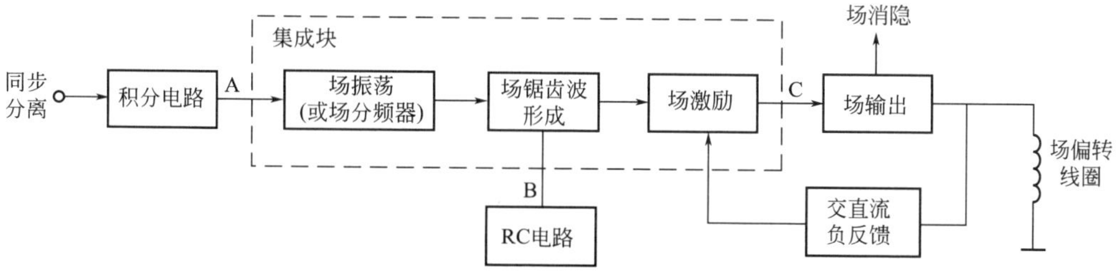
集成块
同步
分离
积分电路
A
场振荡
(或场分频器)
场锯齿波
形成
场激励
C
场输出
场消隐
场偏转
线圈
B
RC电路
交直流
负反馈

图 4-8　场扫描电路方框图

积分电路的作用是，滤去同步分离输出的复合同步信号中的行同步信号，而输出只是场同步信号。

场振荡电路的作用是，产生与场同步信号的 50Hz 场频脉冲。后期生产的彩电，扫描小信号产生集成电路内部已没有场振荡器，取而代之的是场分频器，场分频器的作用是将行频脉冲经分频后得到场频脉冲信号。

场锯齿波形成电路的作用是，将场振荡器产生或由行频脉冲经分频获得的场频脉冲转变为场锯齿波电压。一般外接锯齿波 RC 充放电电路。

场激励电路的作用是在放大锯齿波电压的同时，修整波形和校正失真，并调整幅度，一般接有场负反馈输入。

场输出电路是一种功率放大电路，用以向偏转线圈提供足够的偏转功率。

场扫描电路的信号流程如下。

由同步分离电路输出的复合同步信号，经积分电路输出场同步信号。场同步信号被送至场振荡器（或场分频器），使场振荡（或场分频）输出的场频脉冲与场同步信号同步。由场振荡（或场分频）输出的场频脉冲输入至场锯齿波形成电路，以控制锯齿波的频率。形成的场锯齿波经场激励电路放大及校正，并调整幅度输出，经场输出电器进行功率放大后输出，向场偏转线圈提供 50Hz 的锯齿波电流。

单片机、超级单片机行、场扫描电路具有以下特点。

① 大多采用双 AFC（AFC1、AFC2）同步电路来完成行同步。

② 行振荡器采用压控振荡电路，振荡频率由外接晶体频率确定，行振荡频率十分稳定；采用同步分频器从行频信号分频得到场频信号（利用 $2f_H=625f_V$ 的特点），无独立的场振荡电路；不需外接行/场同步调整电路即可自动处理 50/60Hz 场频。如 LA7680/LA7681 由内电路与外接的 500kHz 陶瓷谐振器一起构成振荡器所产生 500kHz 振荡信号，经 32∶1 分频得到行频脉冲；场分频电路对行频脉冲进行分频，就得到场频脉冲。而 TDA8362、TB1231 等则由内电路与 4.43MHz 色副载波晶体一起构成振荡器所产生的 4.43MHz 振荡信号，通过 567 分频产生 1/2 行频的振荡脉冲电压，再通过 2 倍频产生 15625Hz 的行振荡脉冲；场频脉冲也是由场分频电路对行频脉冲进行分频得到。LA76810、LA76818、LA769XX 等则由内部行振荡电路产生 4MHz 振荡信号，通过 256 分频产生 15625Hz 的行振荡脉冲；场频脉冲仍是由场分频电路对行频脉冲进行分频得到。

另外，采用 I^2C 总线控制的单片彩色电视机，其行、场偏转小信号处理电路的工作状态还受 I^2C 总线信号控制，当电视机进入维修模式时，可对行中心、场幅、场线性、场中心等参数进行调整。

4.2 行、场扫描电路精讲

4.2.1 LA76931 超级单片机的行、场扫描电路

4.2.1.1 行、场扫描电路实物图解

LA76931 是三洋公司近年来生产的 LA769 ＊＊系列单片机彩色电视机的超级芯片中的一款，该系列芯片还有 LA76930/LA76932/LA768933/LA769317/LA769337 等，采用集成电路内部 I^2C 总线控制方式（总线控制原理将在后面介绍）。LA76931 超级单片机的行、场扫描电路元器件组装结构如图 4-9 所示。

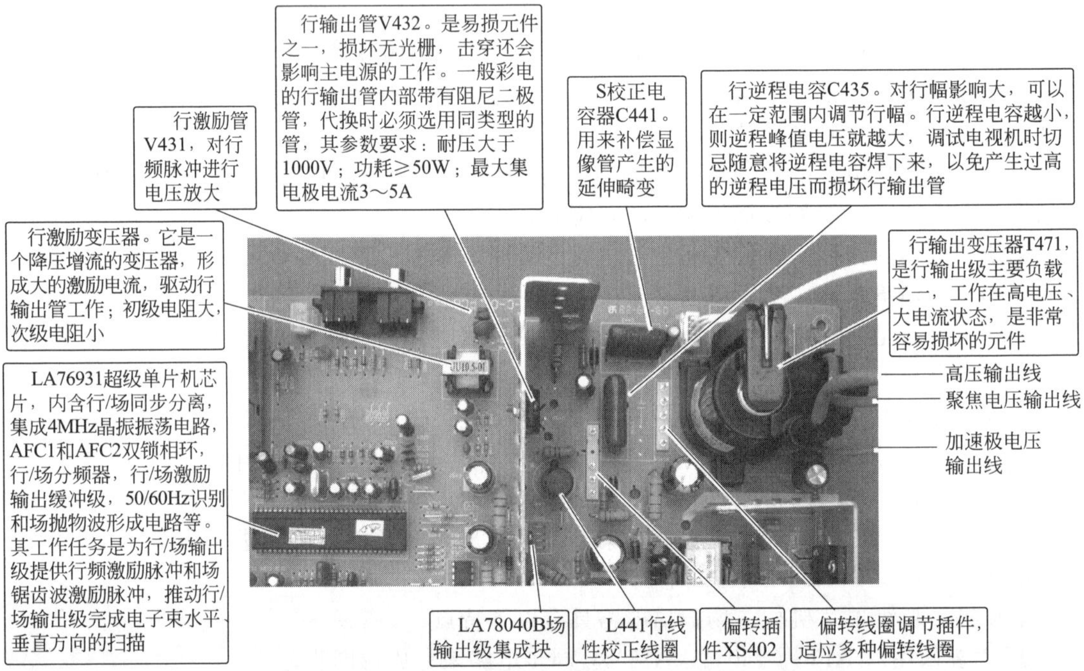
行输出管V432。是易损元件之一，损坏无光栅，击穿还会影响主电源的工作。一般彩电的行输出管内部带有阻尼二极管，代换时必须选用同类型的管，其参数要求：耐压大于1000V；功耗≥50W；最大集电极电流3～5A
行激励管V431，对行频脉冲进行电压放大
S校正电容器C441。用来补偿显像管产生的延伸畸变
行逆程电容C435。对行幅影响大，可以在一定范围内调节行幅。行逆程电容越小，则逆程峰值电压就越大，调试电视机时切忌随意将逆程电容焊下来，以免产生过高的逆程电压而损坏行输出管
行激励变压器。它是一个降压增流的变压器，形成大的激励电流，驱动行输出管工作；初级电阻大，次级电阻小
行输出变压器T471，是行输出级主要负载之一，工作在高电压、大电流状态，是非常容易损坏的元件
高压输出线
聚焦电压输出线
加速极电压输出线
LA76931超级单片机芯片，内含行/场同步分离，集成4MHz晶振振荡电路，AFC1和AFC2双锁相环，行/场分频器，行/场激励输出缓冲级，50/60Hz识别和场抛物波形成电路等。其工作任务是为行/场输出级提供行频激励脉冲和场锯齿波激励脉冲，推动行/场输出级完成电子束水平、垂直方向的扫描
LA78040B场输出级集成块
L441行线性校正线圈
偏转插件XS402
偏转线圈调节插件，适应多种偏转线圈

图 4-9　LA76931 机芯的行场扫描电路元器件组装结构

LA76931 芯片内部含有行/场同步分离，集成 4MHz 晶振振荡电路，AFC1 和 AFC2 双锁相环，行/场分频器，行/场激励输出缓冲级，50/60Hz 识别和场抛物波形成电路等。因此，LA76931 超级芯片只需外接很少的外围元件即可组成行/场扫描小信号处理单元电路，其工作任务是为行/场输出级提供行频激励脉冲和场锯齿波激励脉冲，推动行场输出级完成电子束水平、垂直方向的扫描。

LA7693X 输出的场锯齿波信号不能产生足够的偏转磁场，必须加以功率放大。通常采用 LA78040 作为场输出功率放大。场输出功率放大电路一般采用 OTL 输出电路，其电路结构和伴音功放相似，是一个功率放大器，只是这个功率放大器放大的是场频信号，负载不是扬声器而是场偏转线圈，将场频锯齿波电流送到场偏转线圈，使电子束作垂直方向的运动，形成上下的扫描。

行扫描的后级电路都由分立元件构成，如图 4-9 所示，可以清楚地看到行激励变压器、行激励管、行输出管、行输出变压器等。在这块主板中还有偏转线圈调整插座，以适应不同

显像管的偏转线圈。这些都是彩色电视机中的特殊元件，一定要记住它们的结构特点，维修中经常提及它们，也是理清电路关系的标志性元器件。

4.2.1.2 电路分析

(1) 行/场扫描小信号处理电路

行/场扫描小信号处理电路利用了 LA76931（N101）的⑮-㉑、㊹脚，主要由 LA76931 内部的行/场同步信号分离电路、行振荡电路（采用 4MHz 压控振荡器）、行/场分频器、符合门电路、AFC1、AFC2 等电路和极少的外围元器件组成，如图 4-10 所示。特点是采用双 AFC（AFC1、AFC2）同步电路来完成同步，采用同步分频器将行频信号分频得到场频信号，不需外接行/场同步调整电路即可自动处理 50/60Hz 场频。

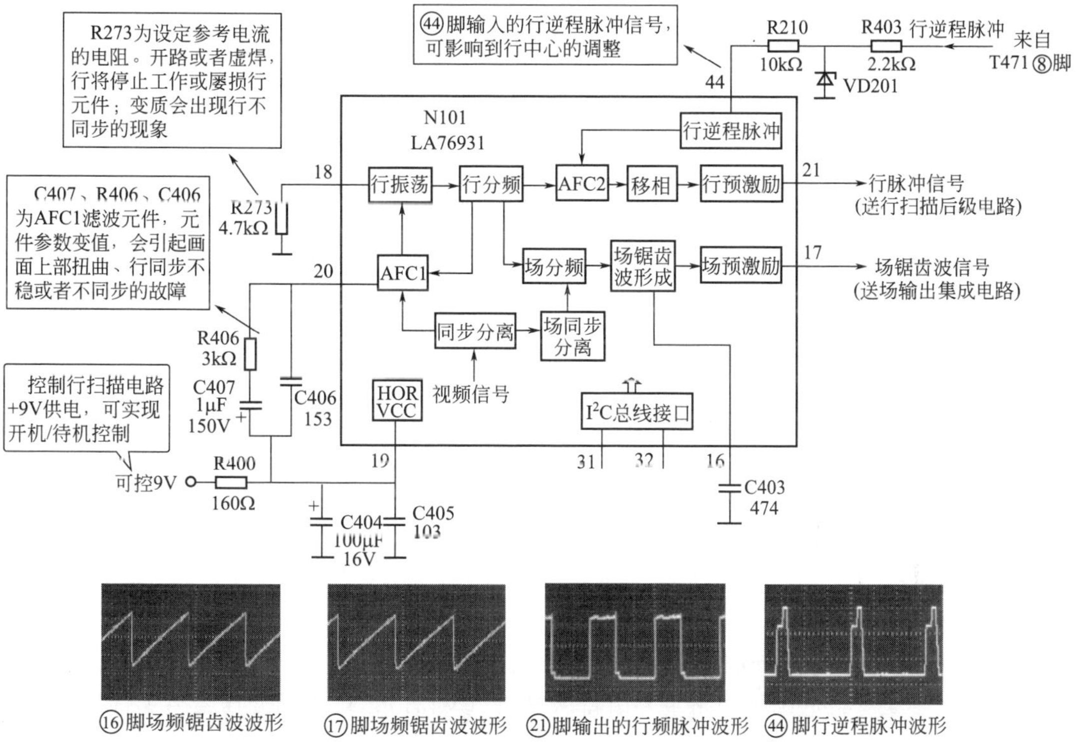
R273为设定参考电流的电阻。开路或者虚焊，行将停止工作或屡损行元件；变质会出现行不同步的现象
㊹脚输入的行逆程脉冲信号，可影响到行中心的调整
R210
10kΩ
R403 行逆程脉冲
2.2kΩ
来自
T471⑧脚
VD201
44
N101
LA76931
行逆程脉冲
18
行振荡
行分频
AFC2
移相
行预激励
21
行脉冲信号
(送行扫描后级电路)
C407、R406、C406为AFC1滤波元件，元件参数变值，会引起画面上部扭曲、行同步不稳或者不同步的故障
R273
4.7kΩ
20
AFC1
场分频
场锯齿波形成
场预激励
17
场锯齿波信号
(送场输出集成电路)
同步分离
场同步分离
视频信号
R406
3kΩ
C407
1μF
150V
C406
153
HOR VCC
I²C总线接口
控制行扫描电路+9V供电，可实现开机/待机控制
可控9V
R400
160Ω
19
31
32
16
C403
474
C404
100μF
16V
C405
103
⑯脚场频锯齿波波形
⑰脚场频锯齿波波形
㉑脚输出的行频脉冲波形
㊹脚行逆程脉冲波形

图 4-10 LA76931 机芯的行场扫描小信号形成电路

LA76931 与行、场扫描有关的引脚见表 4-1。

表 4-1 LA76931 与行、场扫描有关的引脚功能及维修数据

引脚	符号	功能	对地电阻/kΩ		对地电压/V
			黑笔测	红笔测	
⑮	AKB/E-W	白平衡调节/东西枕形失真校正(本机此脚悬空)	∞	∞	7.23
⑯	VRAMP	场锯齿波电压形成	5.6	5.3	2.14
⑰	VOUT	场锯齿波输出	5.6	5.0	2.50
⑱	VCOIREF	压控振荡器电流参考	4.3	4.2	1.62
⑲	H/BUSVCC	行电路/总线单元电路供电	0.5	0.5	5.1
⑳	AFCFIL	行 AFC 滤波	6.0	5.2	2.6
㉑	HOUT	行激励脉冲输出	4.5	5.0	0.55
㊹	FBP IN	行逆程脉冲输入	5.5	5.0	1.17

1）同步分离电路 在 LA76931 的内部，视频信号送到同步分离电路，利用同步头处在最高电平的特点，从视频信号中分离出复合同步信号。复合同步信号再经频率分离电路分离出行、场同步脉冲信号。行同步脉冲信号加到 AFC1 环路和行同步一致性检测电路（复合门），场同步脉冲信号加到场分频器。

2）行扫描小信号处理电路 LA76931 内有一个振荡频率为 4MHz 的压控振荡器，省去了外部的定时元件，仅在⑱脚外接一个设定参考电流的电阻（R237），只要⑲脚提供 5V 供电电压，内部就能产生 4MHz 的振荡信号。4MHz 的振荡信号经过 256 分频后分三路输出：第一路送入 AFC1 电路，在 AFC1 电路中，同步分离电路分离出来的行同步信号与分频得到的行频信号进行频率比较，比较结果不一致时，AFC1 电路将比较后的误差信号变为电压控制信号，加到行振荡电路，进一步控制行振荡器的频率与电视台发送的电视信号频率和相位一致。LA76931 ⑳脚外接元件 C406、C407、R406 为 AFC1 低通滤波元件。第二路送 AFC2 电路，行输出变压器 T471 ⑧脚输出的行逆程脉冲信号经 R403、R210 进入 LA76931 ㊹脚，与 AFC1 电路中处理后的行脉冲信号在 AFC2 电路进行比较，保证行脉冲信号的相位与电视台发送的电视信号相位一致。第三路送入场分频电路。

AFC2 锁相处理后的行脉冲信号经过移相电路后送入行预激励电路，产生的行脉冲信号从 LA76931 ㉑脚输出，并送往行激励级。

3）场扫描小信号处理电路 在 LA76931 内部，行振荡信号进入场分频电路后，在场同步分离电路中分离出来的场同步脉冲信号的作用下产生场脉冲信号，经锯齿波形成电路，再送入场预激励电路后从 LA76931 的⑳脚输出。LA76931 ⑯脚外接电容 C403 为锯齿波形成电容。

4）行、场扫描小信号处理电路供电电路 为了保证行、场扫描小信号处理电路可靠地工作，LA76931 内的行、场扫描小信号处理电路采用单独的供电电路。遥控开机后，开关电源输出 9V 电压，经 R400 限流、降压为 5V，利用 C404 滤波后加到 N101 的⑲脚，为行、场扫描小信号处理电路供电。遥控关机时，开关电源切断 9V 电压的输出，行、场扫描小信号处理电路停止工作。

（2）行扫描后级电路

行扫描后级包括行激励级、行输出级，如图 4-11 所示。

1）行激励级 行激励级电路主要由行激励管（V431）、行激励变压器（T431）及有关元件组成。

从 LA76931 第㉑脚输出的行脉冲信号加到行激励管 V431 的基极。由行激励管 V431 和行激励变压器 T431 等组成共发射极放大电路，由于送到行激励管基极的是行频脉冲信号，所以，行激励级工作在开关状态，激励方式为反极性激励式行激励电路（这是常用激励方式，行激励管和行输出管轮流导通，形成“一通一断”），V432 也工作在开关状态。

当 LA76931 的第㉑脚输出高电平时，行激励管 V431 饱和导通，+24V 电源通过 R434 给 T431 初级充电存储磁能，由于 T431 初、次级同名端关系，在其次级感应出负电压，使行输出管 V432 截止；反之，行激励管 V431 截止，行输出管 V432 饱和，这就是反极性激励电路的工作模式。

图 4-11 中其余元件的作用是：R434 为行激励级的限流电阻，R434 和 C434 组成电源“退耦”电路；C432、R433 和 C433 组成阻尼电路，防止当 V431 截止期间，V431 集电极上产生很高的反峰电压将 V431 击穿。

2）行输出级电路 行输出级电路主要由行输出管（V432）和行输出变压器（T471）及有关元件组成。

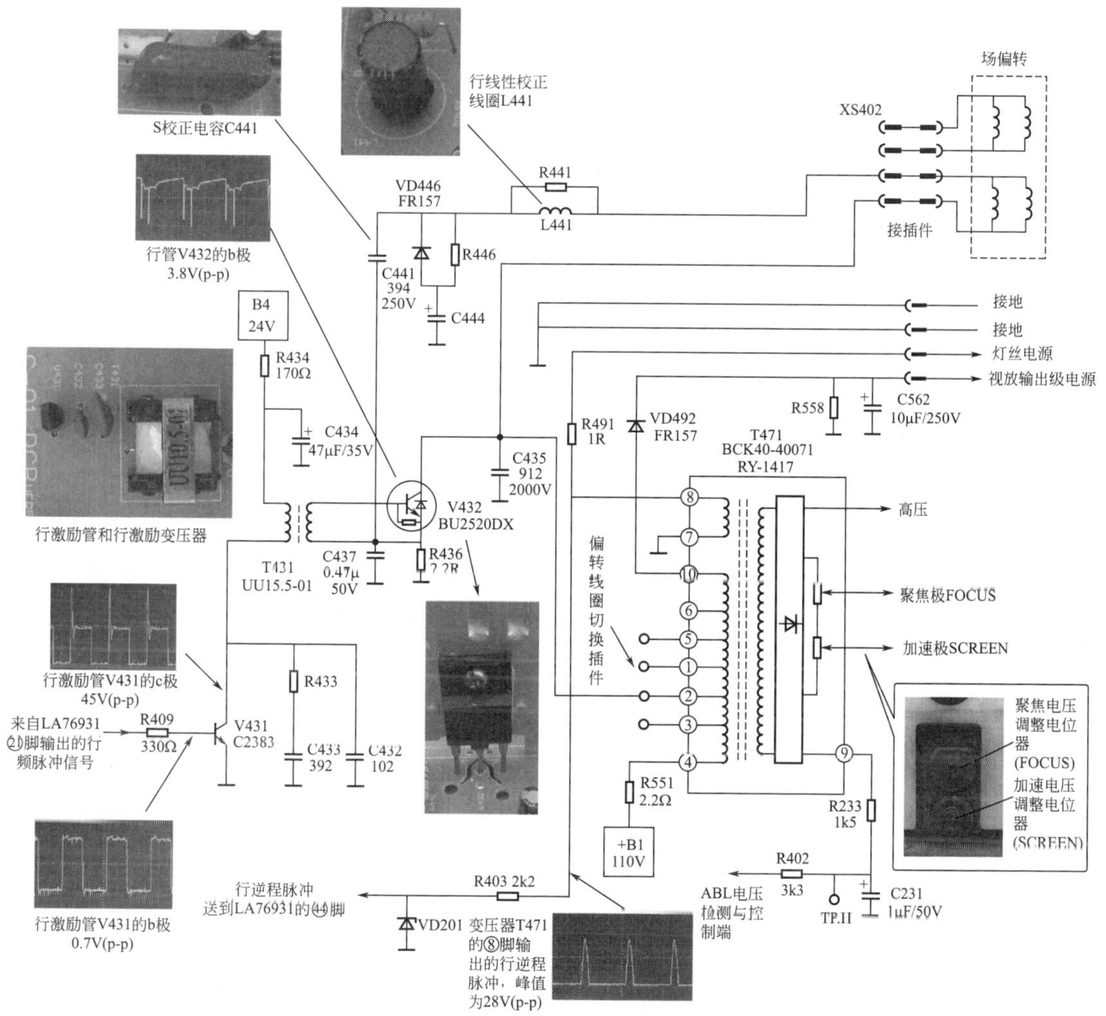
S校正电容C441
行线性校正
线圈L441
场偏转
XS402
接插件
行管V432的b极
3.8V(p-p)
VD446
FR157
R441
L441
R446
C441
394
250V
C444
B4
24V
R434
170Ω
C434
47μF/35V
接地
接地
灯丝电源
视放输出级电源
R558
C562
10μF/250V
R491
1R
VD492
FR157
T471
BCK40-40071
RY-1417
C435
912
2000V
V432
BU2520DX
高压
行激励管和行激励变压器
T431
UU15.5-01
C437
0.47μ
50V
R436
2.2R
偏转线圈切换插件
聚焦极FOCUS
加速极SCREEN
行激励管V431的c极
45V(p-p)
R433
来自LA76931
㉑脚输出的行
频脉冲信号
R409
330Ω
V431
C2383
C433
392
C432
102
R551
2.2Ω
+B1
110V
R233
1k5
聚焦电压
调整电位
器
(FOCUS)
加速电压
调整电位
器
(SCREEN)
行激励管V431的b极
0.7V(p-p)
行逆程脉冲
送到LA76931的㊹脚
R403 2k2
VD201
变压器T471
的⑧脚输
出的行逆程
脉冲，峰值
为28V(p-p)
R402
3k3
ABL电压
检测与控
制端
TP.II
C231
1μF/50V

图 4-11 行扫描后级电路

主电源+B1 电压通过 R551 限流，送到行输出变压器（T471）初级绕组（这里有可供选择的几种不同的偏转线圈，不同的偏转线圈选择不同的连接端，初级绕组的匝数将发生变化），加在行输出管 V432 的集电极。行激励变压器 T431 次级绕组输出的行激励脉冲加在 V432 的基极，使其工作在开关状态，在行输出变压器初级、行偏转电路（行偏转线圈、行线性校正线圈 L441、S 校正电容 C441）、逆程电容 C435、阻尼二极管（行输出管内部自带）等电路作用下，借助于行输出管和阻尼二极管的轮流导通，在行偏转线圈中形成线性的锯齿波电流，产生在水平方向变化的磁场，使电子束作左右运动。

彩色电视机中，行扫描电流的幅度是相当大的，通常有 4～8A，因此要求行输出管与阻尼管都是大功率管。行输出管集电极的逆程反峰电压是很高的，一般为+B 电压的 8～10 倍。在彩色电视机机中+B 一般为 110～150V，本机行输出级供电电压为 110V，所以，要求行输出管的耐压大于 1000V。也正因为行输出级工作在高频、大功率、高电压状态下，所以，行输出级也是电视机中故障率最高的电路部分。

行输出级产生的逆程反峰电压，通过行输出变压器 T471 的次级绕组产生高、中压，供给显像管周边电路。T471 的⑧脚输出的逆程脉冲，一路送至显像管灯丝，供给灯丝加热阴极，另一路经 R403 限流，VD201 钳位限幅后，再经 R210 输入 LA76931 的㊹脚，作为

AFC2 参考信号，该信号的有无，可影响到行中心的调整以及行左、右消隐的设定。T471 的⑩脚输出脉冲与直流+B 叠加，再经 VD492 整流、C562 滤波，获得约 190V 直流电压，供给视放级。高压绕组产生高压经行输出变压器内部整流，经石墨电容滤波，送到显像管高压阳极，阳极高压还经过行输出变压器内部分压生产聚焦极电压和加速极电压，为显像管正常工作提供条件。在 T471 的⑨脚输出与显像管束电流相关的电压，形成 ABL 控制信号，进行 ABL 控制（ABL 的工作原理将在视放电路中介绍）等。

行扫描电路中其他主要元件的作用分别是：L441 为行线性校正线圈，利用其磁饱和特性，补偿因电阻分量引起的行扫描线性失真，起到对行扫描的线性进行调整的作用，这里用的是一个固定电感器，所以是不可调的，在更换不同的显像管（偏转线圈不同），如果行线性不好，可以更换这个线圈。R441 为并联在 L441 两端的阻尼电阻，防止 L441 与分布电容产生寄生振荡，影响光栅。C435 为逆程电容，与偏转线圈电感、分布电容一起决定行扫描的逆程时间长短，适当改变 C435 的容量大小可调整高压及行幅。C441 为 S 校正电容，补偿因显像管结构在屏幕边缘附近产生的延伸扫描失真。与众不同的是，该机在 S 校正电路中，并入由 VD446、C444 和 R446 构成的行线性补偿电路，其基本原理是利用二极管的单向导电特性，使电容 C444 充放电的 RC 时间常数不同，配合饱和电抗器 L441，补偿行输出管以及阻尼管在行扫描正程产生的非线性失真。

（3）场扫描后级电路

该机选择了 LA78040B 作为场输出级。LA78040B 内置锯齿波激励、场输出电路、泵电源提升电路和过热保护电路。该芯片的引脚功能如表 4-2 所示。

表 4-2　LA78040B 引脚功能及维修数据

引脚	名称	功能	对地电阻/kΩ		电压/V
			黑笔测	红笔测	
①	INPUT	运算功放反相输入端	5	4.4	2.5
②	VCC2	电源电压输入端	6.6	2.7	24
③	PUMP OUT	泵电源输出端(场消隐)	8.0	4.3	1.9
④	GND	接地端	0	0	0
⑤	OUTPUT	场偏转线圈激励输出端	7.3	2.7	12.2
⑥	VCC1	场输出级电源电压输入端	∞	4.0	24.2
⑦	NONTNPU	运算功放同相输入端	1.6	1.6	2.5

图 4-12 为 LA78040B 构成的场输出级电路。LA78040B 作为场输出级，对锯齿波电压进行放大，推动场偏转线圈。由于 LA76931 与 LA78040B 之间采用直流耦合激励方式，两者之间没有反馈，这样，场幅、场中心、场线性、场线性校正调整及 50/60Hz 等处理都在 LA76931 内部通过 I^2C 总线控制来完成。

从 LA76931 的第⑰脚输出的场频锯齿波信号，经 R451 隔离后以直流耦合方式加到 LA78040B（N451）的第①脚。从图 4-12 中可以看到 N451①脚的波形已经不是锯齿波了，原因是输入的锯齿波叠加了从输出级反馈回来的反馈信号。LA78040B②、⑥脚为场电源供电脚；③脚为场逆程脉冲输出脚，外接自举升压电容；⑦脚为内部运算放大器同相输入端，R453、R454 为内部运算放大器的偏置电阻。在集成电路内经反向放大后从第⑤脚输出，⑤脚的电压波形是一个脉冲锯齿波，为场偏转线圈提供的电流为锯齿波电流，完成光栅的垂直扫描。场锯齿波电流通路为 LA78040B 的⑤脚→场偏转线圈→C457→R459→地。C457 为场

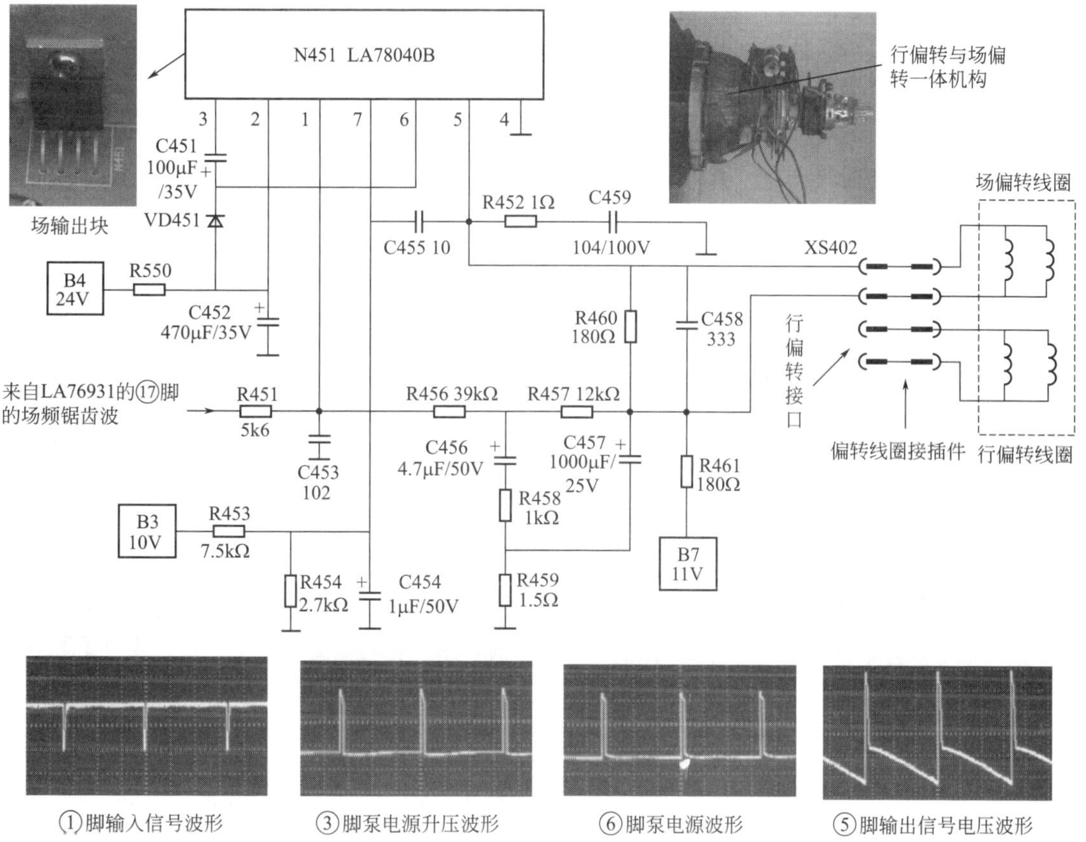
N451 LA78040B
3 2 1 7 6 5 4
场输出块
C451
100μF
/35V
VD451
B4
24V
R550
C452
470μF/35V
C455 10
R452 1Ω
C459
104/100V
XS402
行偏转与场偏
转一体机构
场偏转线圈
R460
180Ω
C458
333
行
偏
转
接
口
来自LA76931的⑰脚
的场频锯齿波
R451
5k6
C453
102
R456 39kΩ
R457 12kΩ
C456
4.7μF/50V
C457
1000μF/
25V
R458
1kΩ
R461
180Ω
偏转线圈接插件
行偏转线圈
B3
10V
R453
7.5kΩ
R454
2.7kΩ
C454
1μF/50V
R459
1.5Ω
B7
11V
①脚输入信号波形
③脚泵电源升压波形
⑥脚泵电源波形
⑤脚输出信号电压波形

图 4-12 LA78040B 场输出级电路

输出电容，R459 为场反馈取样电阻。R452、C459 用来防止场偏转线圈产生的反峰电压对 LA78040B 的危害。并接在偏转线圈两端的 C458 和 R460 用来消除场偏转线圈与场输出电路产生的寄生振荡。C455 用来消除场输出电路本身产生的高频振荡。R459 上产生的取样电压经过 R458、C456、R456 反馈到 LA78040B 的输入端①脚，作为交流负反馈信号，用来改善场线性。C457 正极上的直流电压经过 R457、R456 反馈到 LA78040B 的①脚，用以稳定场输出电路的工作点。

为了提高场扫描电路的效率，N451 采用泵电源方式，在场正程期间，泵电源在第③脚输出电压为 0V，电源 24V 通过隔离二极管（泵电源升压二极管）VD451 对 C451（泵电源升压电容）进行充电，在 C451 建立起＋24V 电压；在场逆程期间，N451 内部泵电源在第③脚输出场逆程脉冲，VD451 截止，C451 上充电电压与＋24V 电源叠加使第⑥脚输入的供电电压达到 48V，泵电源正常工作时③脚和⑥脚是可以测量到如图 4-11 中的升压波形，从波形可以看出在逆程时的工作电压明显比电源电压高得多。在③脚可以得到一个场脉冲信号，这个场逆程脉冲的作用是送到微处理器，用于字符的同步控制，但是在 LA76931 这样的超级芯片中没有用到这个场逆程脉冲。

4.2.2 A6 机芯的行、场扫描电路

4.2.2.1 行、场扫描电路实物图解

A6 机芯是三洋公司研制开发的以 LA7687/LA7688 为核心的彩电机芯。该机芯的行、

场扫描小信号处理电路以单芯片 LA7687/LA7688 和极少的外围元器件构成，行推动和行输出电路采用分立元件，场输出电路采用场输出集成块 LA7837/LA7838。A6 机芯行、场扫描电路元器件组装结构如图 4-13 所示。

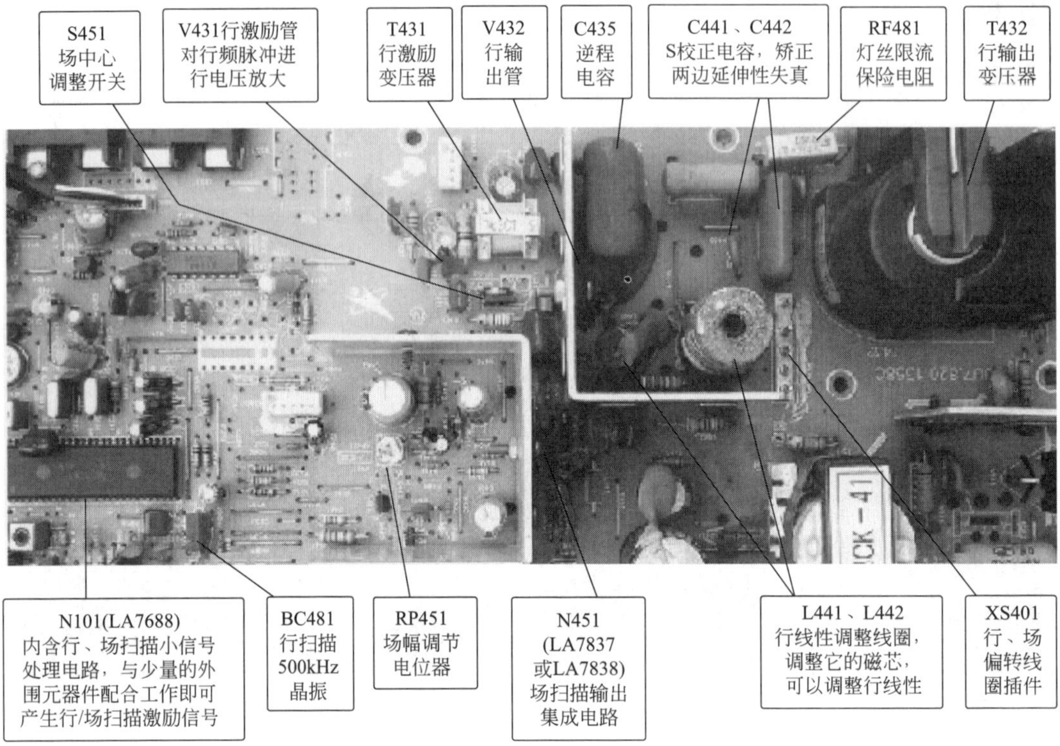
S451 场中心调整开关
V431行激励管 对行频脉冲进行电压放大
T431 行激励变压器
V432 行输出管
C435 逆程电容
C441、C442 S校正电容，矫正两边延伸性失真
RF481 灯丝限流保险电阻
T432 行输出变压器
N101(LA7688) 内含行、场扫描小信号处理电路，与少量的外围元器件配合工作即可产生行/场扫描激励信号
BC481 行扫描 500kHz 晶振
RP451 场幅调节电位器
N451 (LA7837 或LA7838) 场扫描输出集成电路
L441、L442 行线性调整线圈，调整它的磁芯，可以调整行线性
XS401 行、场偏转线圈插件

图 4-13 A6 机芯行、场扫描电路元器件组装结构

4.2.2.2 电路分析

(1) 行/场扫描小信号处理电路

行/场扫描激励信号是由 LA7688 内的行/场小信号处理电路产生的。行/场扫描信号产生电路由 LA7688 内同步分离电路、行振荡电路（采用 32 倍行频振荡器）、行/场分频器、复合门电路、AFC1、AFC2、行预激励等电路组成。LA7688 单片彩色电视机的行、场扫描电路涉及引脚的功能和维修数据见表 4-3。LA7688 行/场扫描小信号处理电路如图 4-14 所示。

表 4-3 LA7688 中与行、场扫描有关的引脚功能及维修数据

引脚	名称	功能	对地电阻/kΩ		对地电压/V	
			黑笔测	红笔测	有信号	无信号
⑳	V-OUT	场频脉冲激励输出	13.3	10.9	4.2	1.4
㉑	50/60Hz	场频识别输出 50Hz/L，60Hz/H	11.5	11.7	1/3.8(50/60)	1.1
㉒	AFC FILTER	AFC 控制滤波器	22	12	4.6	4.8
㉓	$32f_H$	32 倍行振荡器	17	11.8	4.1	4.1
㉔	H-VCC	行扫描电路电源	13	9.2	7	7
㉕	H-OUT	行激励脉冲输出	11.6	11.6	0.9	0.9
㉖	FBPIN/BGPOUT	回扫脉冲输入/沙堡脉冲输出	10.5	7	1.2	1.2
㉗	CLOCK-OUT	行频检测输出 TV/H，AV/L	15	12	4.7/1.2(TV/AV)	

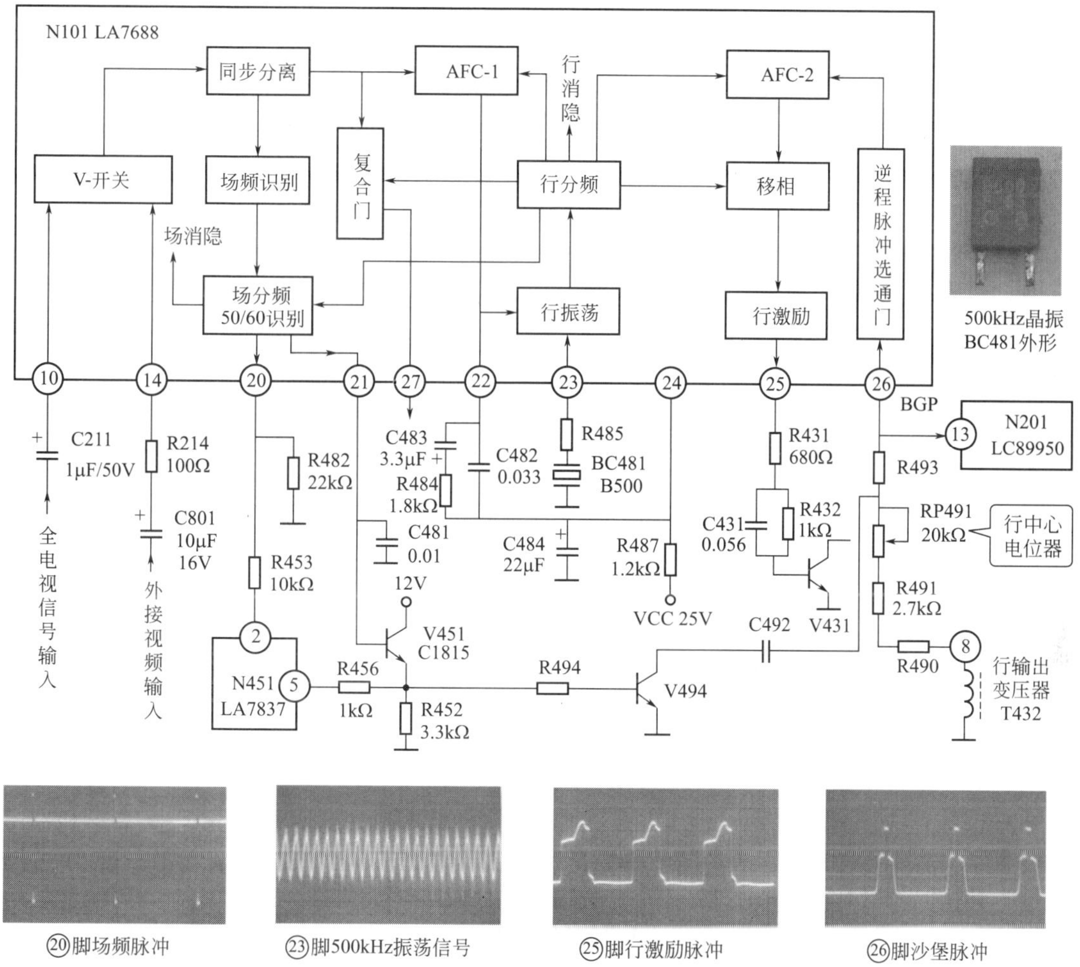
N101 LA7688
同步分离
AFC-1
行消隐
AFC-2
V-开关
场频识别
复合门
行分频
移相
逆程脉冲选通门
场消隐
场分频 50/60识别
行振荡
行激励
500kHz晶振 BC481外形
10
14
20
21
27
22
23
24
25
26
BGP
N201 LC89950
13
C211 1μF/50V
R214 100Ω
R482 22kΩ
C483 3.3μF
C482 0.033
R485
BC481 B500
R431 680Ω
R493
R484 1.8kΩ
C481 0.01
C484 22μF
R487 1.2kΩ
C431 0.056
R432 1kΩ
RP491 20kΩ
行中心电位器
C801 10μF 16V
R453 10kΩ
12V
VCC 25V
V431
R491 2.7kΩ
全电视信号输入
外接视频输入
N451 LA7837
2
5
R456 1kΩ
R452 3.3kΩ
V451 C1815
R494
V494
C492
R490
8
行输出变压器 T432
⑳脚场频脉冲
㉓脚500kHz振荡信号
㉕脚行激励脉冲
㉖脚沙堡脉冲

图 4-14 LA7688 行/场扫描小信号处理电路

1）同步分离电路 LA7688⑩脚或⑭脚输入的 TV 或 AV 视频信号，经 LA7688 内 TV/AV 视频选择开关选择，所选视频信号送到同步分离电路，从视频信号中分离出复合同步信号。复合同步信号再经频率分离电路分离出行、场同步信号。

2）行扫描小信号处理电路 N101（LA7688）内部形成的行同步信号送到 AFC1 环路和行同步一致性检测电路（复合门）。同时，内置的 $32f_H$ 压控振荡器（VCO）与㉓脚外接的 500kHz 晶振 BC481 产生 500kHz 振荡脉冲，该脉冲经 32 分频后得到的行频 f_H 信号也送到 AFC1 环路。在 AFC1 环路中，两信号进行相位比较，产生与两信号相位差成正比的误差电流，经㉒脚外接的 C483、R484、C482 组成的 AFC 环路低通滤波器积分平滑成直流电压，用于控制 $32f_H$ VCO 振荡频率，使行频信号 f_H 与行同步信号准确同步。

完成同步后的行频信号分成三路：第一路加到行一致性检测电路（复合门电路）；第二路加到 AFC2 环路；第三路加到场分频电路。加到行一致性检测电路的行频信号和行同步信号进行“与”运算，当两者同时为高电平时，复合门输出高电平，即 LA7688 ㉗脚输出高电平，说明行振荡与行同步信号同步。当行振荡信号与行同步信号不一致即行不同步时，复合门输出低电平，㉗脚输出低电平。LA7688 ㉗脚输出的行同步一致性检测电压送往微处理器，作为微处理器判断有无视频信号输入的依据，以实现无信号蓝背景显示和 10min 左右自动关机控制。加到 AFC2 环路的行频信号与 LA7688 ㉖脚输入的逆程脉冲进行相位比较，产生与两者相位差成正比的控制电压，用于控制移相器电路的移相，即控制行激励脉冲的相位，也就是控制图像在屏幕上的位置。行逆程脉冲从行输出变压器 T432 的⑧脚输出，经 R490、R491、行中心调整电位器 RP491、R493 后加到 LA7688 行逆程脉冲输入端㉖脚，调 RP491 可调整㉖脚输入脉冲的相位，也就调整了图像在屏幕上水平方向性的位置，起到行中心调整的作用。由 AFC2 处理后的行频信号，经行激励输出电路后，从 LA7688 ㉕脚输出行激励脉冲信号。

加到场分频器的 2 倍行频信号，经场分频器分频得到 50Hz 或 60Hz 场频脉冲信号，场分频器受场同步脉冲和 50/60Hz 识别电路控制，产生与场同步脉冲同步的 50Hz 或 60Hz 场频激励脉冲信号，从 LA7688 ⑳脚输出，加到场扫描输出级电路。50/60Hz 场频识别电路除控制场分频器产生正确的 50Hz 或 60Hz 场频外，同时还把 50/60Hz 场频检测结果，从 LA7688㉑脚输出。当识别出信号的场频为 50Hz 时，㉑脚输出低电平；当场频为 60Hz 时，㉑脚输出高电平，对场输出电路进行控制，确保 50Hz 或 60Hz 场频时场幅的稳定。

（2）行扫描后级电路

行扫描后级电路如图 4-15 所示，它主要由 V431 行推动放大器、T431 行激励变压器、V432 行输出级、T432 行输出变压器等组成。

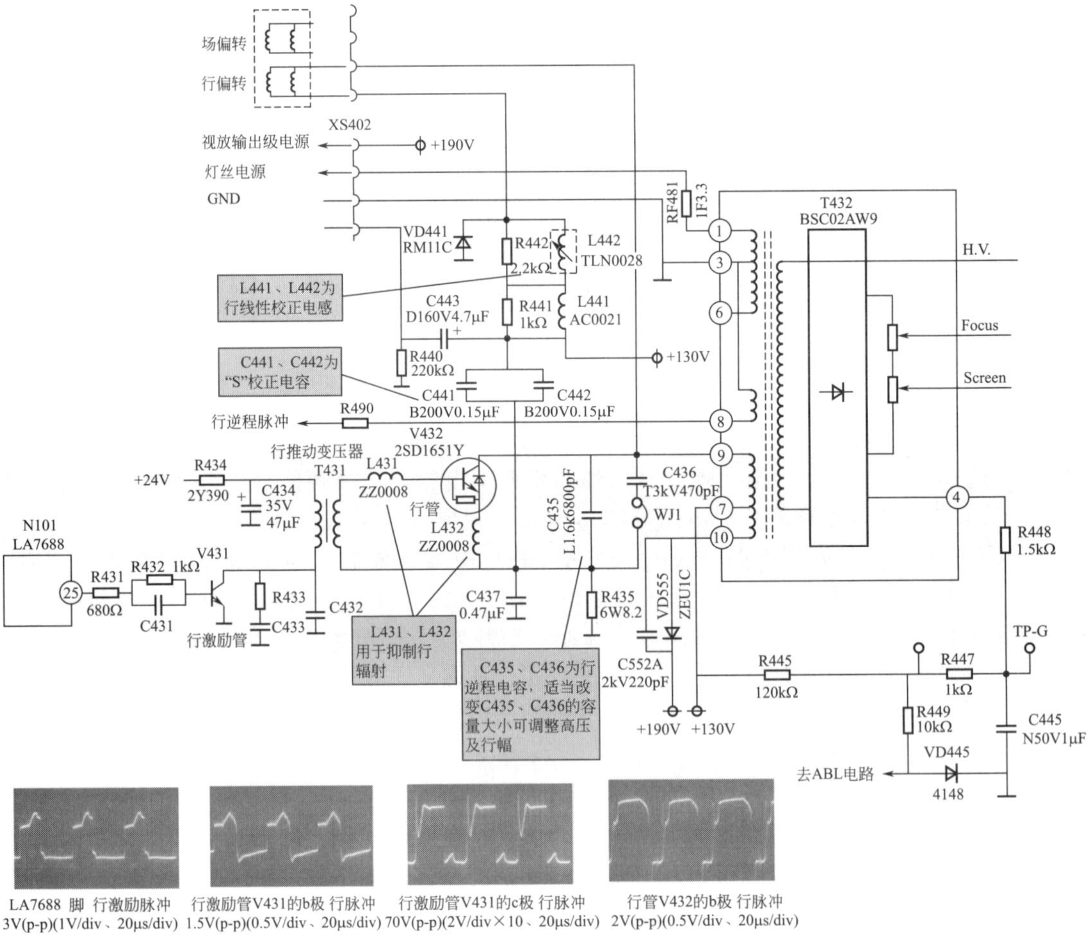
场偏转
行偏转
XS402
视放输出级电源
+190V
灯丝电源
GND
RF481
1F3.3
T432
BSC02AW9
VD441
RM11C
R442
2.2kΩ
L442
TLN0028
H.V.
L441、L442为行线性校正电感
C443
D160V4.7μF
R441
1kΩ
L441
AC0021
Focus
+130V
R440
220kΩ
C441、C442为"S"校正电容
Screen
C441
B200V0.15μF
C442
B200V0.15μF
R490
行逆程脉冲
V432
2SD1651Y
行推动变压器
T431
R434
2Y390
+24V
C434
35V
47μF
L431
ZZ0008
行管
L432
ZZ0008
C435
L1.6k6800pF
C436
T3kV470pF
WJ1
N101
LA7688
R431
680Ω
R432 1kΩ
V431
C431
R433
C432
C433
行激励管
C437
0.47μF
R435
6W8.2
VD555
ZEU1C
R448
1.5kΩ
TP-G
L431、L432用于抑制行辐射
C435、C436为行逆程电容，适当改变C435、C436的容量大小可调整高压及行幅
C552A
2kV220pF
R445
120kΩ
R447
1kΩ
R449
10kΩ
C445
N50V1μF
+190V +130V
VD445
4148
去ABL电路
LA7688 脚 行激励脉冲
3V(p-p)(1V/div、20μs/div)
行激励管V431的b极 行脉冲
1.5V(p-p)(0.5V/div、20μs/div)
行激励管V431的c极 行脉冲
70V(p-p)(2V/div×10、20μs/div)
行管V432的b极 行脉冲
2V(p-p)(0.5V/div、20μs/div)

图 4-15　A6 机芯行扫描后级电路

从图 4-15 可见，电路原理和 LA76931 的行输出级电路基本相同，大家可以自行分析，

只是在 LA7688 输出的行频脉冲送到行激励级的电路中加入了 R431 进行信号的衰减和隔离，R432、C431 进行脉冲的整形。逆程电容器为 C435，偏转线圈是 DY-H，行线性校正线圈是 L441 和 L442，其中 L442 是可调的电感器，可以实现行扫描线性的调整，S 校正电容器是 C441、C442。还可以看到行输出变压器还产生了灯丝电压、视频放大输出级电源、提供显像管工作需要的其他电压。实际上不同类型的电视机它们的行输出级电路都基本相同，在大屏幕电视机中会加入枕形校正电路，本机没有枕形校正电路。维修中就是要找到这些共同点，记住典型电路结构，维修就不是件难事。

(3) 场扫描后级电路

场扫描输出级电路如图 4-16 所示，它主要由 LA7837（或 LA7838）集成场扫描输出电路及外围电路组成。

LA7837/LA7838 内部由场扫描触发输入电路、单稳态多谐振荡器、场幅恒定控制电路、锯齿波形成电路、场激励电路、场输出级功率放大器、泵电源电路、过热保护电路等组成。LA7837/LA7838 引脚功能和维修参考数据见表 4-4。

表 4-4 LA7837/LA7838 引脚功能和维修参考数据

脚号	符号	功能	电压/V	脚号	符号	功能	电压/V
①	VCC1	电源供电 1	11.2	⑧	VCC2	电源供电 2	23.3
②	VIN	触发脉冲输入	4.2	⑨	VCC3	泵电源提升端	2.6
③	V. C	外接定时电容	5.6	⑩	NFB. C	防止自激振荡输入端	1.4
④	V. SI	外接场幅调整元件	5.7	⑪	GND	接地	0
⑤	50/60Hz	50/60Hz 切换控制信号输入端	0.45	⑫	VOUT	场偏转功率输出	14.1
⑥	RAMP	外接锯齿波形成电容	5.4	⑭	VPVCC	场输出电路供电端	23.8
⑦	V. NFB	交流负反馈输入端	5.4				

工作过程是：LA7688 的⑳脚输出的 50Hz 或 60Hz 场扫描激励脉冲信号，经 R453 和 VD460 限幅，送到 LA7837（N451）场扫描触发输入端②脚。③脚外接的 R454 和 C454 组成触发器的定时元件，决定振荡产生的脉冲宽度。LA7837 内单稳态输出脉冲信号用于控制锯齿波形成电路工作，即控制⑥脚外接锯齿波形成电容器 C455 周期性地充/放电，产生 50Hz 或 60Hz 场频锯齿波电压。C455 充电和放电的时间受单稳态电路脉冲控制，而充电电流的大小则受④脚外接 R455、RP451 等控制，即场幅受④脚外接电阻控制。因此，调 RP451 时可调整场幅，RP451 是场幅调节电位器。

为了保证 50/60Hz 场频切换工作时，场幅不变，即在 50Hz 场频调好场幅后，切换到 60Hz 场频工作时也能满幅，LA7837 内设有场幅控制开关电路。LA7837 内场幅开关电路在⑤脚输入电压控制下工作，即受 LA7688 ㉑脚输出 50/60Hz 识别电压控制。当⑤脚电压为 0V 时，LA7837 工作在 50Hz 场频状态，⑥脚充电电流为 75μA，锯齿波电压为 1.5V（p-p）；当⑤脚输入电压为高电平（>3V）时，LA7837 工作在 60Hz 场频状态，⑥脚充电电流为 90μA，即使充电电流比 50Hz 时增加 20%，锯齿波幅度仍为 1.5V（p-p）。因此，起到场频切换时而使场幅保持不变的作用。

锯齿波形成电路产生的 50Hz 或 60Hz 锯齿波电压，加到 LA7837 内场激励电路。场激励电路的基本作用是完成场线性校正并推动输出级工作。场输出级是带泵电源的互补推挽功率放大器，由⑫脚输出场扫描电流，送入场偏转线圈，形成场偏转磁场，使电子束作上下运动，完成场扫描。

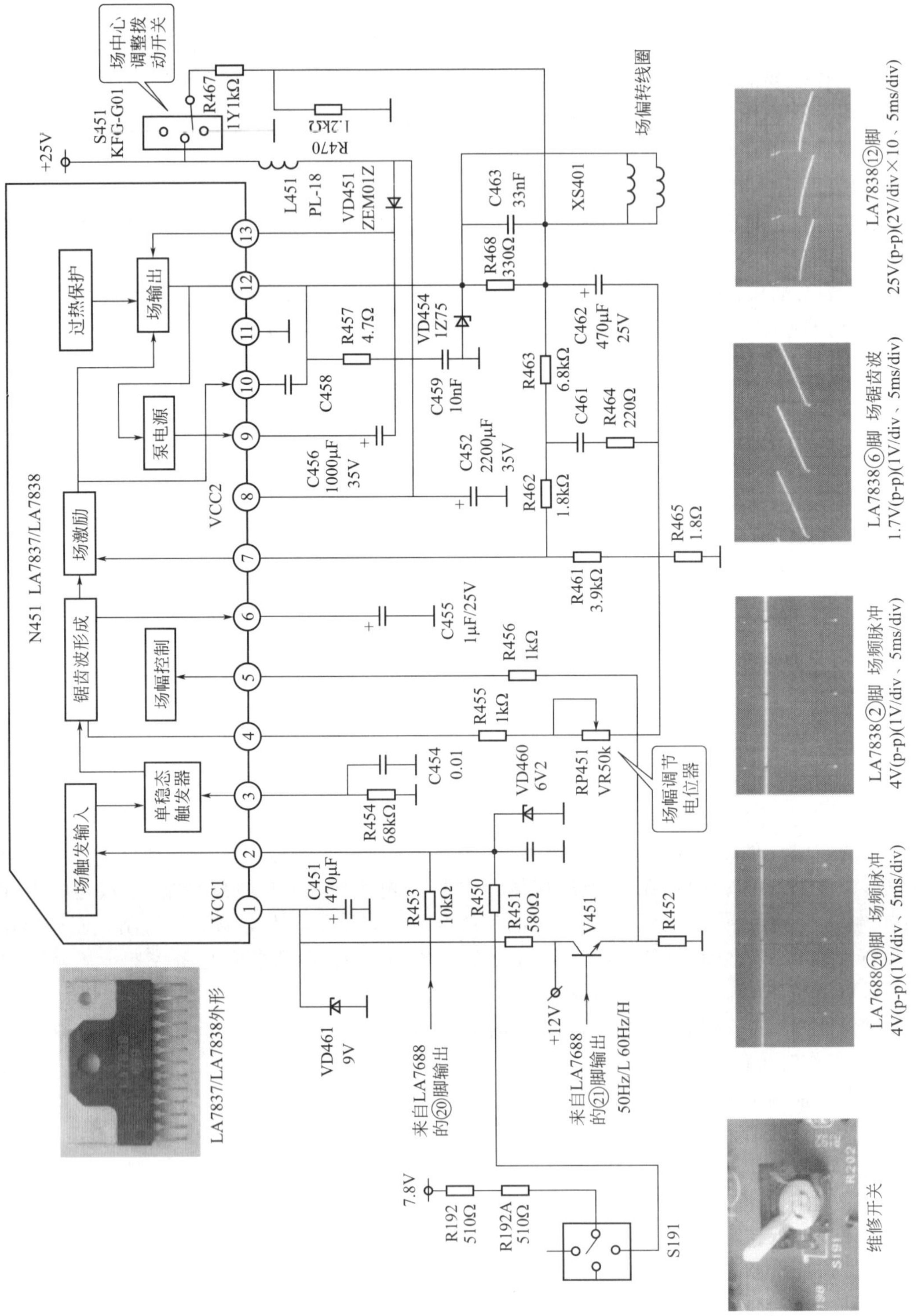

N451 LA7837/LA7838
场触发输入
单稳态触发器
锯齿波形成
场幅控制
场激励
泵电源
场输出
过热保护
VCC1
VCC2
C451 470μF
R453 10kΩ
R450
R451 580Ω
V451
R452
R454 68kΩ
C454 0.01
VD460 6V2
RP451 VR50k
场幅调节电位器
R455 1kΩ
R456 1kΩ
C455 1μF/25V
R461 3.9kΩ
R465 1.8Ω
R462 1.8kΩ
C452 2200μF 35V
C456 1000μF 35V
C458
C459 10nF
R457 4.7Ω
VD454 1Z75
R463 6.8kΩ
C461
R464 220Ω
C462 470μF 25V
R468 330Ω
C463 33nF
XS401
场偏转线圈
L451 PL-18
VD451 ZEM01Z
+25V
S451 KFG-G01
场中心调整拨动开关
R467 1Y1kΩ
R470 1.2kΩ
VD461 9V
来自LA7688的⑳脚输出
+12V
来自LA7688的㉑脚输出 50Hz/L 60Hz/H
7.8V
R192 510Ω
R192A 510Ω
S191
LA7837/LA7838外形
维修开关
LA7688⑳脚 场频脉冲 4V(p-p)(1V/div、5ms/div)
LA7838②脚 场频脉冲 4V(p-p)(1V/div、5ms/div)
LA7838⑥脚 场锯齿波 1.7V(p-p)(1V/div、5ms/div)
LA7838⑫脚 25V(p-p)(2V/div×10、5ms/div)

图 4-16 LA7837 组成的场输出级电路

12V 电压经 R451 降压后加到 LA7837 的①脚，为它内部的小信号处理电路供电；25V 电压加到 LA7837 的⑧脚，为场输出电路提供正程供电电压，而该电路为了提高场扫描的效率、降低功耗，同时又使场逆程时间不至于延长，在逆程期间采用泵电源供电。泵电源由⑨、⑬脚内部电路和 C456、VD451 构成。

LA7837 的⑦脚外接元件 R461、R462、R463、R464、C461 等组成线性校正电路，保证场扫描有良好的线性，不致引起图像被拉长或被压缩等线性失真现象。场输出耦合电容 C462 上积分产生的抛物波，经 R463、C461、R464 再积分后在 C461 上形成“S”校正波形，经 R462 加到 LA7837 的⑦脚反馈输入端，完成“S”校正作用。调整 R464、R462、R463 等可调整场扫描线性，必要时可调整 C461、C462 以改善场扫描线性。

⑩脚外接的 C458、R457、C459 为高频消振元件，防止高频自激振荡；⑨脚外接电容 C456 为泵电源提升电容，利用场逆程脉冲给自举提升电容充电，以提高输出级的工作电压，可降低 LA7837 对电源电压的要求。VD454 稳压二极管为场逆程脉冲限幅管，使场逆程脉冲最高不能超过 75V，起保护作用。S451 为场中心调整拨动开关。V451 为 50/60Hz 识别电压输入射随器，其输出加到 LA7837 ⑤脚，以保证 50/60Hz 场频切换时，场幅不变。另外，LA7837 ②脚经 R450、维修开关 S191、R192、R192A 与 7.8V 电源端相连（在维修工作状态），由于 R450、R192、R192A 的分压作用，使加到②脚的触发脉冲幅度减小，场输入触发器电路不工作，故 LA7837 停止工作，无场扫描锯齿波电压输出，无场扫描作用，而产生一条水平亮线，以供维修状态调整暗平衡用。与场偏转线圈并联的 R468 和 C463 起到相位补偿作用。

4.2.3 TA 两片机的行、场扫描电路

LA76931 机芯和 A6 机芯的扫描电路，场频脉冲都是由行频信号分频所获得，而有部分老彩电，其场频脉冲是由场振荡电路产生，并且行振荡电路中有行频调整电位器，场振荡电路中也有场频（或称帧频）调整电位器。下面以 TA 两片机的扫描电路为例，简单介绍老彩电的扫描电路。

(1) 行扫描电路

图 4-17 是 TA 两片机的行扫描电路简化图，TA7698AP ㉜-㊲脚的外接元件及其内部电路组成行扫描前级，Q604 为行推动级，Q605 为行输出级。

TA7698AP ㉞脚外接 R624、R625、C613 和行频电位器 R626 是行振荡定时元件，它和㉞脚内部电路组成两倍行频的压控振荡器，经过 1/2 分频器得到 15625Hz 行频信号。㊲脚内电路为行同步分离电路，㊵脚输出的彩色全电视信号（FBYS）送到㊲脚，进行幅度分离。分离出来的行同步信号分多路传送，其中一路送 AFC（鉴相器），和㉟脚输入的自由振荡行频比较信号进行相位比较，产生行频自动控制电压送到行振荡电路，控制振荡频率与电视台的行频保持同步。㉟脚输入的行步比较信号是一个锯齿波，由行输出变压器输出的行逆程脉冲经过 R619、C634、R620、C635 积分而来。S601 是行中心选择开关，开关连接 C633 时，行中心右移；开关连接 R618、C632 时，行中心左移。

(2) 场扫描电路

图 4-18 是 TA 两片机的场扫描电路简化图，场扫描小信号形成电路由 TA7698AP ㉔-㉙脚内电路与外围元件构成，场输出电路由集成电路 LA7830（或 IX0640CE）与外围元件构成。

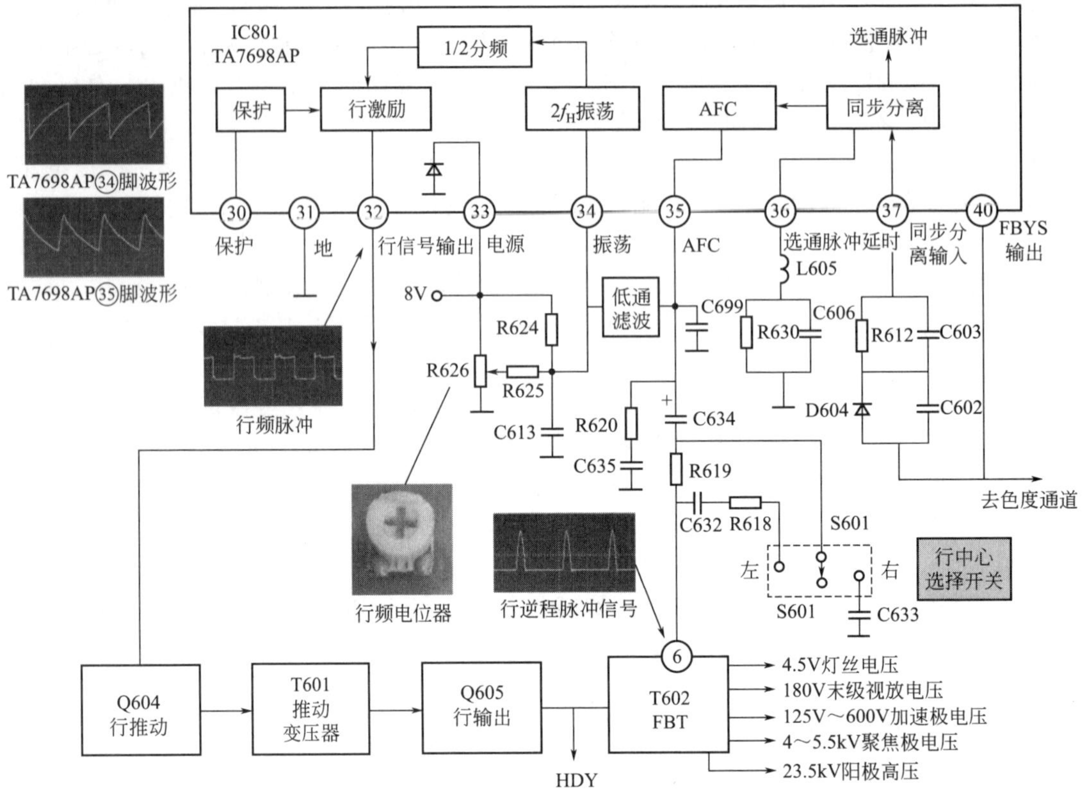
IC801
TA7698AP
1/2分频
保护
行激励
2f_H振荡
AFC
同步分离
选通脉冲
TA7698AP㉞脚波形
TA7698AP㉟脚波形
保护
地
行信号输出
电源
振荡
AFC
选通脉冲延时
同步分离输入
FBYS输出
L605
8V
低通滤波
C699
C606
R630
R612
C603
R624
R626
R625
行频脉冲
C613
R620
C634
D604
C602
C635
R619
去色度通道
C632
R618
S601
左
右
行中心选择开关
C633
行频电位器
行逆程脉冲信号
Q604 行推动
T601 推动变压器
Q605 行输出
T602 FBT
HDY
4.5V灯丝电压
180V末级视放电压
125V～600V加速极电压
4～5.5kV聚焦极电压
23.5kV阳极高压

图 4-17 TA 两片机的行扫描电路简化图

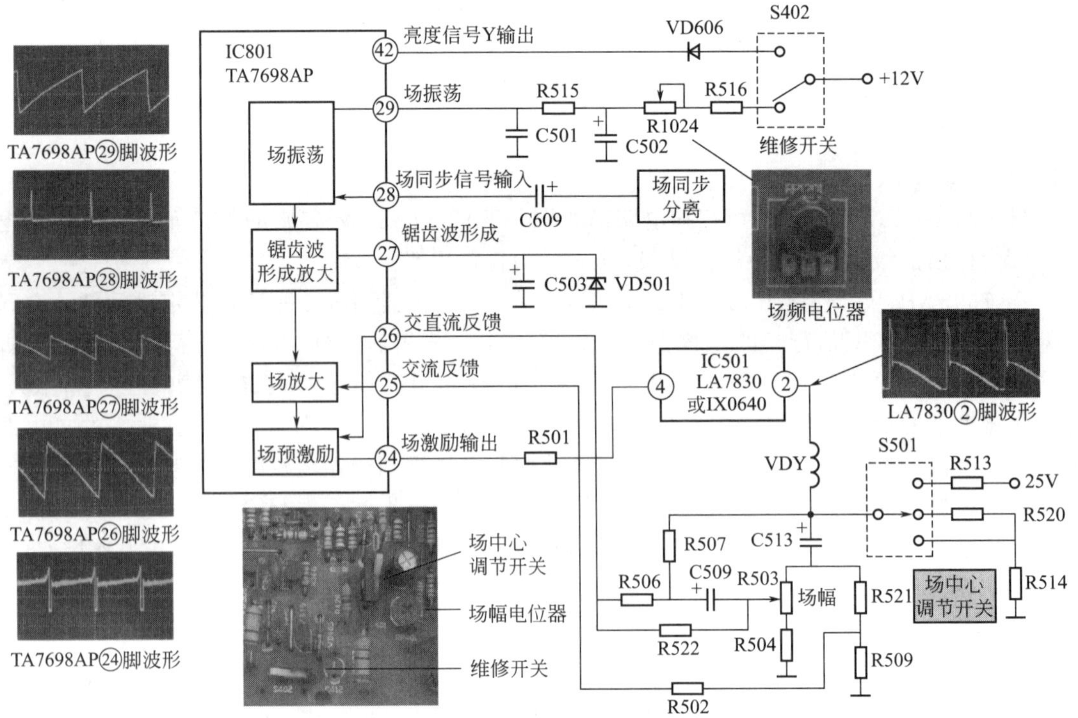
IC801
TA7698AP
亮度信号Y输出
VD606
S402
+12V
场振荡
R515
R516
R1024
C501
C502
维修开关
场同步信号输入
C609
场同步分离
锯齿波形成
锯齿波形成放大
C503
VD501
场频电位器
交直流反馈
交流反馈
场放大
IC501
LA7830
或IX0640
LA7830②脚波形
场预激励
场激励输出
R501
VDY
S501
R513
25V
R520
C513
R507
R514
场中心调节开关
场幅电位器
维修开关
R506
C509
R503
场幅
R521
R522
R504
R509
R502
TA7698AP㉙脚波形
TA7698AP㉘脚波形
TA7698AP㉗脚波形
TA7698AP㉖脚波形
TA7698AP㉔脚波形

图 4-18 TA 两片机的场扫描电路简化图

TA7698AP㉙脚外接 RC 元件构成定时电路，与内电路一起构成了场振荡电路。电容器 C501 的充放电时间常数，决定着场振荡信号的频率。调节场频（帧频）电位器 R1024 可改变场频。场同步分离电路获得的场同步脉冲送入 TA7698AP㉘脚内场振荡电路，实现场同步控制。受场同步控制后的场频脉冲信号，在集成电路内进行放大，并经㉗脚外接 C503 与内电路构成的锯齿波形成电路后，变为场频锯齿波脉冲。㉖脚从场输出端引入交直流负反馈，调节 R503 可改变负反馈量的大小，实现场幅调节。场输出电路在 R509 上所产生的锯齿波电压，经 R502 反馈入㉕脚内电路上，以改善场扫描的线性。场锯齿波脉冲信号在 TA7698AP 内进行放大与线性预失真校正后，从㉔脚输出送至场输出电路 IC501。

振荡电路中的 S402 为调试转换开关（也叫维修开关），用于调试白平衡时使场停振。这时，12V 电源接通 VD606，连接 TA7698AP㊷脚，亮度信号通过电源对地短路，使屏幕上只出现一条均匀的水平亮线。

S501 是场中心调节开关。将 S501 置不同位置，从而改变场偏转线圈中流过电流的直流成分，实现场中心调节。当 S501 置中间位置时，R520 与 R514 相串联，场偏转线圈流过的电流较小，场扫描中心位置位于屏幕中间位置；当 S501 置于下方时，开关与 R514 直接相接，有一个直流电流从 IC501②脚经过 VDY 流向 R514，此时流过场偏转线圈的电流方向未变，但电流却增大了，使场扫描中心上移；当 S501 置于上方时，S501 与 R513 相接，有一个直流电流从 25V 电压经过 R513、VDY 流向 IC501②脚，此电流产生的附加磁场使场中心下移。

4.2.4 扫描电路的特殊电路

4.2.4.1 行扫描的失真及其校正

行扫描的失真有两大类：一类是由于行正程扫描电流的非线性引起的非线性失真；另一类是由于显像管荧光屏的曲率中心与显像管电子束的偏转中心不重合而引起的两边延伸的失真。

（1）行扫描的非线性失真及其校正

行扫描的非线性失真是指在相同的时间间隔内，电子在荧光屏上扫过的距离不相等。行扫描的非线性失真细分还可分为行正程扫描后半段的非线性失真和行正程扫描前半段的非线性失真两种。

① 正程扫描后半段的非线性失真　这种失真表现为图像的右边失真，如图 4-19 所示。它主要是由行输出管导通的内阻增大和偏转线圈充磁的非线性引起，针对图像右边的失真采用的办法，就是在偏转线圈回路串入磁饱和电抗器（行线性调节器）。调节该电感的磁芯，改变电感量及磁饱和点，即可调整行线性。

② 正程扫描前半段的非线性失真　这种失真表现为图像的左边失真，如图 4-20 所示。它是由于阻尼管内阻引起的失真，因此，采用延长行输出管导通的时间来弥补阻尼二极管的内阻上升引起的失真（阻尼二极管导通的后半段行输出管也导通了），也就是控制行激励脉冲宽度，使行输出管提前导通（所以行振荡器产生的行频脉冲宽度为 18～20μs，很多人会按照行逆程时间是 12μs，就认为行振荡器的输出脉冲宽度为 12μs，前面讲过行逆程脉冲宽度是由行偏转线圈的电感量和逆程电容器的电容量决定，而不是由输入的脉冲宽度决定），相当于行输出管导通时间为 44～46μs，将行输出管的内阻与阻尼管的内阻并联，从而减小了阻尼管的内阻。

（2）延伸失真及其校正

如果供给行偏转线圈一个线性良好的锯齿波电流，则电子束的角速度是恒定的。但在显像管的结构上，荧光屏并不是一个以偏转中心为球心的球面，屏幕中间部分与偏转中心的距离较短，而两侧距离较大。这就造成两边的失真，如图 4-21 所示，这种失真称为延伸性失真。对于大偏转角度的大屏幕显像管，产生延伸失真更为明显。

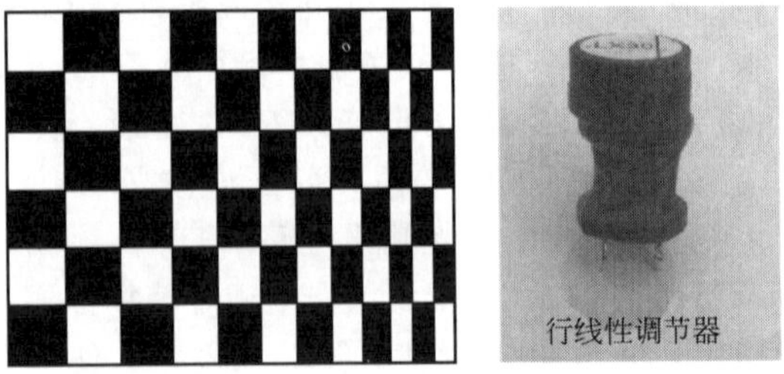
行线性调节器

图 4-19 行扫描后半段失真现象及校正元件

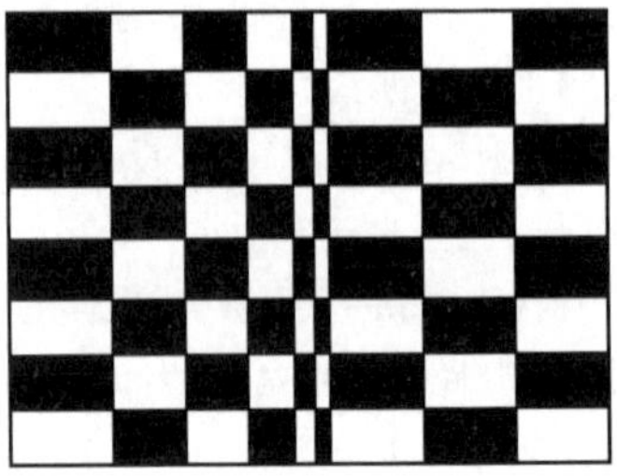

图 4-20 行扫描前半段失真现象

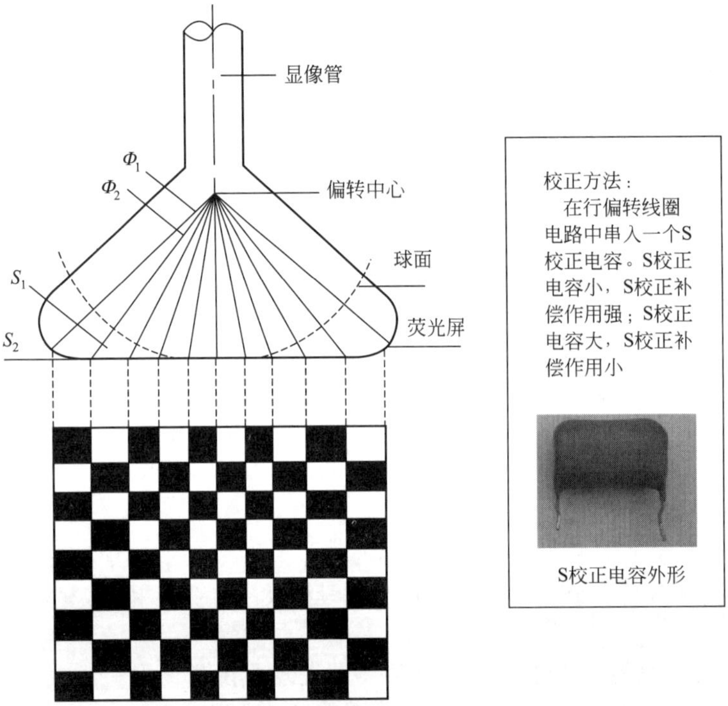
显像管
Φ_1
Φ_2
偏转中心
球面
S_1
S_2
荧光屏
校正方法：
在行偏转线圈电路中串入一个S校正电容。S校正电容小，S校正补偿作用强；S校正电容大，S校正补偿作用小
S校正电容外形

图 4-21 延伸失真现象

为补偿这种失真，常在行偏转线圈电路中串入一个“S”校正电容，利用“S”校正电容和偏转线圈形成低频谐振，谐振电流叠加到行频锯齿波上，使行扫描锯齿波电流呈 S 状，即在扫描起端和终端电流变化较缓慢，从而使图像中间拉伸，两边压缩，这样就补偿了延伸失真。

4.2.4.2 大屏幕电视机枕形失真及其校正

在大屏幕彩色电视机中，由于偏转线圈的结构会引起一种形似枕头的所谓枕形失真。因此，在行扫描电路中必须采用枕校电路对其进行补偿，以减小枕形失真。通常只需对东/西（E/W）枕形失真进行补偿，但有些未采取措施的 74cm（29in）以上显像管的偏转线圈，还需对南/北枕形（S/N）失真进行补偿。

东/西枕校电路的原理是：在行扫描电路中用一个场频抛物波（场频抛物波可利用场扫

描锯齿波经积分电路产生）去调制行扫描锯齿波，如图 4-22(b) 所示，使得行扫描在光栅中间的幅度和行偏转电流增大，其他位置各行的幅度相对减小，使东/西枕形失真得到校正。同样的道理，南/北枕形失真可以用行频抛物波去调制场偏转电流进行校正，如图 4-22(c) 所示。

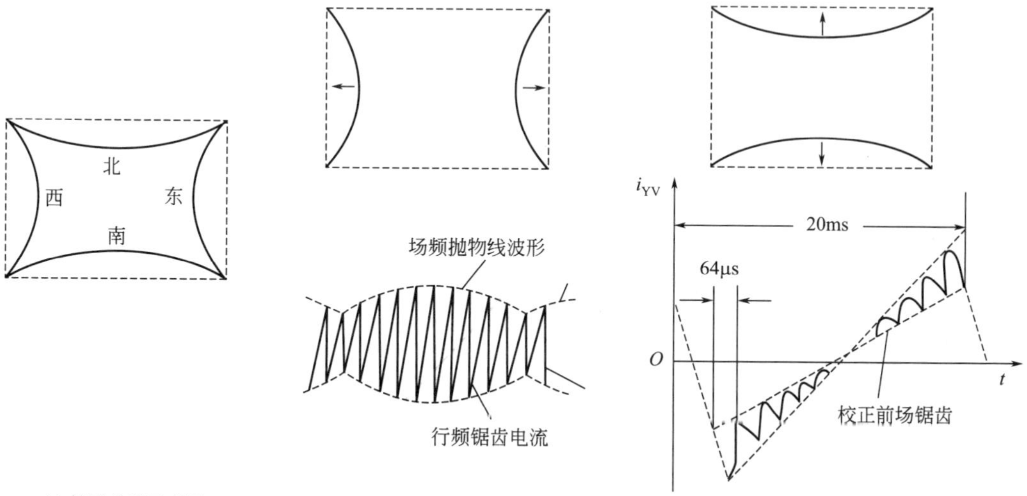
北
西
东
南
场频抛物线波形
行频锯齿电流
i_{YV}
20ms
64μs
O
t
校正前场锯齿

(a) 枕形失真示意图 (b) 东/西枕校示意图 (c) 南/北枕校示意图

图 4-22 枕形失真及其校正原理

不同的机芯，校正电路可能不一样，但校正原理都是一样的。图 4-23 所示电路是一大屏幕电视机常见的枕形校正电路（简称枕校电路），常称为 DDD 行输出电路（双阻尼二极管电路），阻尼二极管不再是一只，而是两只或者三只，本图是两只，即 VD915、VD916 都是阻尼二极管，下面那只阻尼二极管又叫调制二极管，逆程电容器连接也有一点变化，C906、C908、C913 三只都是逆程电容器。

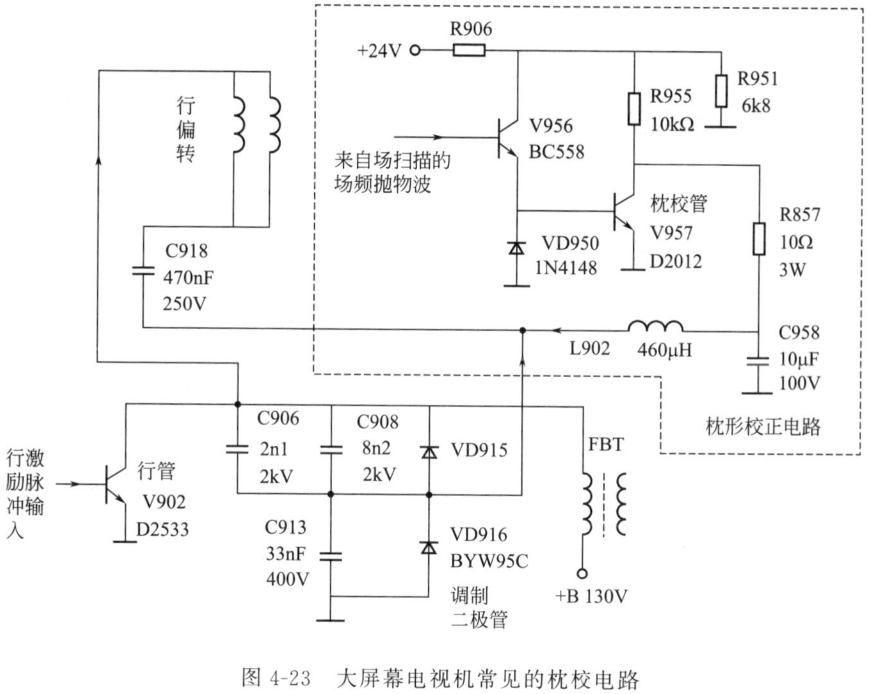
+24V
R906
R955
10kΩ
R951
6k8
行偏转
V956
BC558
来自场扫描的场频抛物波
枕校管
V957
D2012
VD950
1N4148
R857
10Ω
3W
C918
470nF
250V
L902
460μH
C958
10μF
100V
枕形校正电路
C906
2n1
2kV
C908
8n2
2kV
VD915
FBT
行激励脉冲输入
行管
V902
D2533
C913
33nF
400V
VD916
BYW95C
调制二极管
+B 130V

图 4-23 大屏幕电视机常见的枕校电路

其工作原理就是利用场逆程脉冲通过处理产生一个抛物线波形电压，控制行扫描幅度，用以校正行偏转线圈产生偏转磁场不均匀形成的枕形失真。在这个电路中，行扫描电流没有通过S校正电容C918和线性校正电感L902直接接地，而是一部分通过R857和V957到地，另一路通过C958接地。L902组成行频滤波电路，对场频抛物波呈直通状态，而对行频脉冲则呈开路状态，其作用是阻止行频脉冲进入场频抛物波放大电路，以免对场频抛物波电路产生影响。由场频抛物波形成电路产生的场频抛物波电压经L902加到调制二极管VD916负端，行输出管集电极对地的行逆程脉冲幅度基本不变，而“S”校正电容下端对地有一个场频抛物波存在，这就相当于加在行偏转线圈两端的电压受到了场频抛物波的调制，因此，行偏转电流就受到了场频抛物波的调制了。

场抛物波通过V956、V957放大，通过R857导通行扫描电流，使一场的行扫描中，中间的行幅增大，以校正枕形失真。

还有的电视机中采用集成电路进行枕形校正，并且具有梯形校正、平行四边形校正等多种几何校正功能，在总线控制的电视机中设置特别多的校正电路。

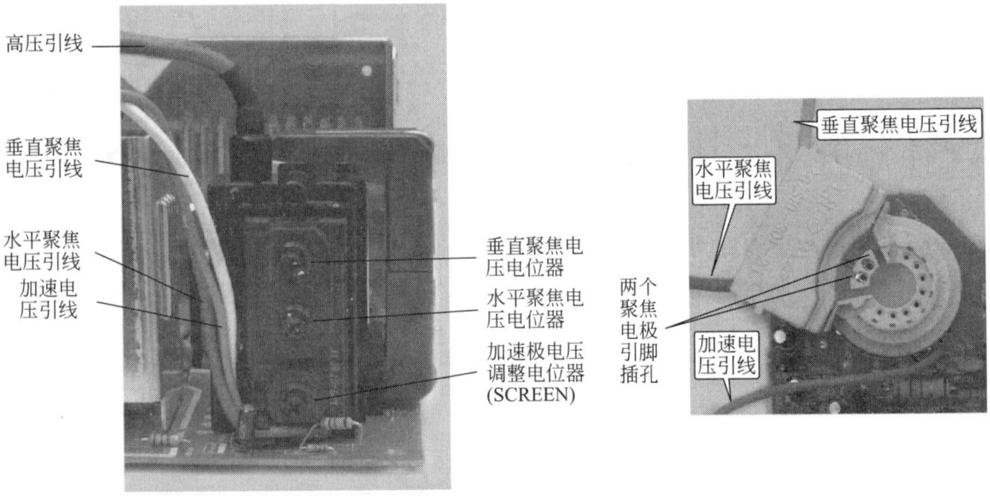
高压引线
垂直聚焦电压引线
水平聚焦电压引线
加速电压引线
垂直聚焦电压电位器
水平聚焦电压电位器
加速极电压调整电位器(SCREEN)
垂直聚焦电压引线
水平聚焦电压引线
两个聚焦电极引脚插孔
加速电压引线

(a) 动态聚焦电视机的行输出变压器、显像管座

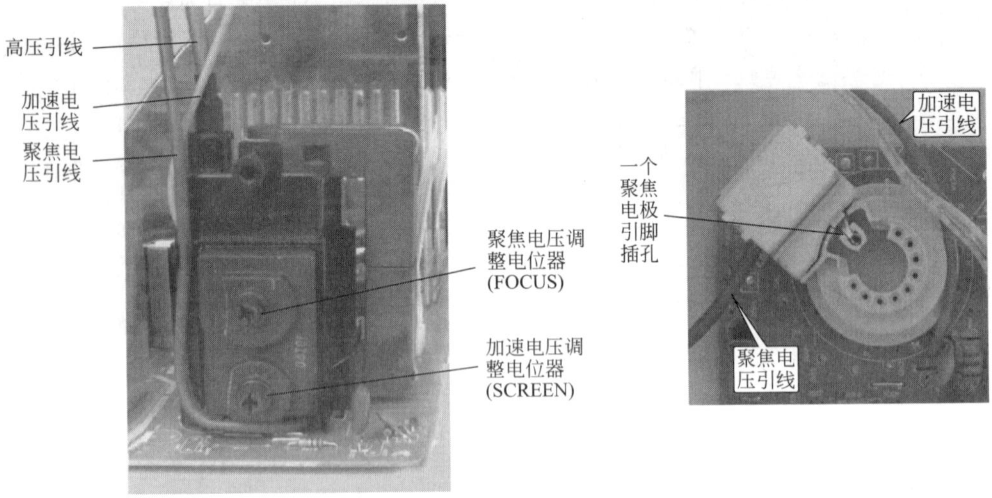
高压引线
加速电压引线
聚焦电压引线
聚焦电压调整电位器(FOCUS)
加速电压调整电位器(SCREEN)
加速电压引线
一个聚焦电极引脚插孔
聚焦电压引线

(b) 普通电视机的行输出变压器、显像管座

图 4-24 动态聚焦电视机和普通电视机的显像管座和行输出变压器的区别

4.2.4.3 大屏幕电视机的动态聚焦

大屏幕彩电，电子束达到荧光屏的距离不同，如果在相同的聚焦电压作用下，电子束在屏幕中央和四角的聚焦不可能同时达到最佳效果，所以，需要引入动态聚焦电路。带动态聚焦的行输出变压器有两个聚焦极电压输出，一个叫作水平聚焦极电压，另一个叫作垂直聚焦极电压，故称为双聚焦行输出变压器，与之配合的显像管管座也有两个聚焦极引脚插孔，这种管座称为双聚焦管座。双聚焦行输出变压器、双聚焦管座与普通行输出变压器、管座两者结构上的区别如图 4-24 所示。

动态聚焦电路的工作原理是：聚焦极的电压不是固定不变，而是随着扫描位置不同，聚焦极电压也随之改变。在水平聚焦极电压中叠加上场频抛物波电压，使图像在水平方向的聚焦良好，比如显示一个“十”字，就是使十字的横划聚焦良好；为了使竖划聚焦良好，就加入垂直聚焦，就是在垂直聚焦极电压中加入行频抛物波电压，使垂直方向的扫描聚焦良好。由于垂直方向的散焦变化没有水平方向的明显，有的大屏幕电视机也就只给水平聚焦极加入场频抛物波电压，没有给垂直聚焦极加入行频抛物波电压，插座聚焦极加的是一个固定的电压。

4.3 行扫描电路故障维修精讲

4.3.1 行扫描电路故障检修技巧和方法

4.3.1.1 检修行扫描电路的注意事项

彩色电视机行输出级电路使用的电压一般在 100～150V，甚至更高，行输出变压器产生的电压就更高了，检修行扫描电路应注意以下问题。

① 行输出级工作的电压高、电流大、功耗大，是电视机里故障率最高的电路，检修中要注意防止触电，尽量采用单手操作法测量和检修。

② 高压、聚焦极电压高，一般不用万用表测量；行管集电极上有上千伏的脉冲电压，万用表测量时要先放上表笔，再开机，否则会出现拉弧现象，也不能直接用示波器测量行输出管集电极的波形。

③ 行输出级和电源联系紧密，往往行输出级出现故障也影响电源正常工作，要注意区分是电源故障还是行输出级故障。

④ 行扫描电路的工作除受到自身的行同步电路、行振荡电路、行激励电路、行输出电路、行输出变压器等影响外，还受到供电电压、X 射线保护电路、行输出级负载电路的影响，因此，维修中要注意它们之间的关系，分清楚故障原因，少走弯路。

4.3.1.2 检修行扫描电路常用方法

（1）直观检查法

应用直观检查法时，重点检查行输出变压器及其附近的元器件，看有无漏液、烧焦、变色、胀裂，如果发现有异常元件，应拆卸下来作为重点检查对象。

（2）在路电阻检测法

为了避免开机就烧元器件，在通电之前，要进行在路电阻检查，所谓“在路”，是指不拆下元器件，而在电路板上测量关键点的对地电阻，看是否符合正常值要求，看有无直流短路性故障存在。一般先测行输出管集电极对地电阻，将机械万用表红表笔接地，黑表笔接行输出管集电极，测得的电阻应在 3kΩ 以上，不同机型测得的阻值会有差异，但不能小于 1kΩ。若小于 1kΩ，则应重点检查以下元件：行输出管 c、e 极间是否击穿；阻尼二极管是否击穿；逆程电容或 S 校正电容是否击穿或漏电；行输出变压器是否击穿。如果行输出管集电极对地电阻正常，为了确保安全，还需要检查行输出变压器次级绕组各直流供电电路的对地电阻（在滤波电容正端测量，一端接地），以免因为次级负载太重而烧坏行输出管。检测时仍然将机械万用表红表笔接地，用黑表笔去测量。一般情况如下：加速电压输出端对地电阻应大于 3MΩ；190～200V 视放供电端对地电阻应大于 250Ω；12～25V 各低压供电端对地电阻应大于 250Ω。如果某一路输出端对地电阻太小，则应检查该路整流二极管是否击穿，滤波电容是否严重漏电，负载是否有短路或损坏。

（3）直流电流检测法

如果以上两步检测均未发现故障点，则可以试通电作进一步检测。由于故障原因不明，通电时应持谨慎态度，手不离开电源开关，以便随时断电。为了进一步弄清故障，最好是在通电时监测行输出级电流，可将电流表串联接在行输出变压器初级绕组进线端测，也可以在行输出变压器初级进线端的限流电阻两端并接电压表，测量该电阻两端电压，然后用欧姆定律计算出行输出级电流。一般来说，37cm 彩色显像管的行电流为 300～350mA，47cm 彩色显像管的行电流为 350～400mA，54cm 彩色显像管的行电流为 400～500mA，一般屏幕越大行输出级电流就越大，维修中要注意积累经验。如果检测中发现行输出级电流很大，甚至达到正常值一倍以上，就应考虑行输出变压器是否有匝间局部短路；行偏转线圈是否有局部短路；行、场偏转线圈之间是否有漏电。在原因不明的情况下，每次通电时间要短，并注意观察通电时机内有无异常反应。

通过场输出集成电路的电流大小，也可以知道场输出集成块的工作情况，可以通过测量限流电阻器上的电压降来判断。电流依屏幕大小和供电电压高低而异，一般在 300～800mA。

（4）直流电压检测法

在进行电压检测时，应首先测量行输出管基极电压，在行扫描电路工作正常时，行输出管基极大多为负电压（－0.3～－0.5V），但也有为正电压的，无论哪种情况，行管发射结都应有反偏电压。若行输出管基极无负压（或正电压，下同），则为行激励脉冲没有到达行输出管基极，应重点检查行振荡和行激励级；若行输出管基极有负压，则应重点检查行输出级。可进一步测量行输出管集电极电压，行输出管的集电极电压近似等于行输出级供电电压，若行输出管集电极无电压，则应检查限流用的保险丝电阻是否熔断，行输出变压器初级是否开路，若发现保险丝电阻熔断，一般是由于行输出级电流太大造成，应查明原因后才可以再次通电。

由于多数彩色电视机在扫描集成块内都设置有 X 射线保护电路，因此，在试通电时，如果行输出级不工作，则应首先查一查 X 射线保护电路是否起控，由于 X 射线保护电路起控需要一定时间，所以，可以通过测量开机瞬间关键点的电压是否正常来判断，在排除 X 射线保护电路起控后，再检查其他电路。

（5）dB 电压检测法

dB 电压检测法就是用万用表的“dB”挡来判断有无脉冲电压的测试方法，又叫作非正弦波交流电压检测法，是在没有示波器的情况下判断有无交流信号的方法。具体的方法是用万用表的“dB”挡（交流电压挡），红表笔插到“dB”孔测量，没有“dB”孔的万用表就用一只 0.1～0.47μF 的电容器，耐压要大于被测量电路的峰值电压，电容器的一端焊接到电路的“地”上，另一端接到黑表笔，红表笔接测试点，用交流电压挡测量某点对“地”的脉冲电压。注意用“dB”法测量到的“dB”电压值，只是用来估计脉冲电压的幅度或者判断有无交流信号的存在，并不是信号电压的高低。

dB电压检测法可测量集成扫描电路的行频脉冲输出脚输出的行频脉冲、行激励级集电极的行频脉冲、行输出管基极输入的行频脉冲、行输出管集电极的逆程脉冲（这里的“dB”电压有几百伏，测量时要注意“dB”挡内的隔离电容器的耐压问题）。通过测量这些点的“dB”电压，就可以估计行频脉冲的幅度和有无。通过测量场扫描中场输出级、场偏转线圈上的“dB”电压，也可以知道场扫描有没有形成场频脉冲锯齿波。这是在业余情况下测量脉冲电压的好方法，经常测量积累经验和测试数据，以后维修就又方便又快。如行激励级集电极的“dB”电压，若激励级供电100V以上，则集电极的“dB”电压就应该为70～130V；若供电电源为50V以下，则集电极的“dB”电压就小于50V。行输出管基极的“dB”电压一般为3V左右。

（6）示波器关键点波形测量法

电视机行、场扫描电路从振荡级到激励级，再到输出级都存在着信号的传递，通过测量这些点有没有信号波形的传递及波形的形状和幅度，就能够清楚地知道电路的工作状态。

4.3.1.3 行扫描电路的关键检测点

行扫描出现故障时，常见故障是三无，关键检测点如图4-25所示。

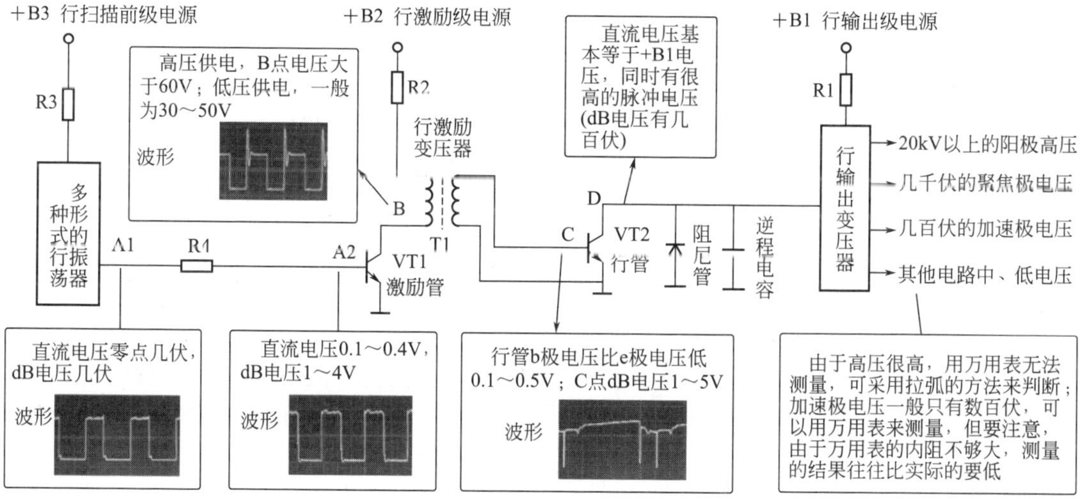
+B3 行扫描前级电源
+B2 行激励级电源
+B1 行输出级电源
R3
R2
R1
高压供电，B点电压大于60V；低压供电，一般为30～50V
波形
行激励变压器
直流电压基本等于+B1电压，同时有很高的脉冲电压(dB电压有几百伏)
多种形式的行振荡器
A1
R1
A2
B
T1
VT1
激励管
C
D
VT2
行管
阻尼管
逆程电容
行输出变压器
20kV以上的阳极高压
几千伏的聚焦极电压
几百伏的加速极电压
其他电路中、低电压
直流电压零点几伏，dB电压几伏
波形
直流电压0.1～0.4V，dB电压1～4V
波形
行管b极电压比e极电压低0.1～0.5V；C点dB电压1～5V
波形
由于高压很高，用万用表无法测量，可采用拉弧的方法来判断；加速极电压一般只有数百伏，可以用万用表来测量，但要注意，由于万用表的内阻不够大，测量的结果往往比实际的要低

图4-25 行扫描电路的关键检测点

（1）集成电路的行脉冲输出引脚（A1点）

行脉冲产生电路位于小信号处理集成块内部，集成电路的行脉冲输出引脚（A1点）输出的行脉冲信号直接耦合至行激励管（VT1）的基极。由于该脚至VT1基极采用的是直接耦合形式，故用万用表测量行激励管VT1基极直流电压的大小就可以判断A1点是否有行频脉冲输出。正常时A1点直流电压为零点几伏。当A1点无行频脉冲输出时，A1点直流电压为0V。A1点有无行脉冲输出也可用万用表dB挡（或直流电压挡附加行频检波器）测量以及可用示波器观察输出信号波形来判断。若A1点无行脉冲输出，说明故障在小信号处理集成电路内部的行脉冲产生电路中；若A1点有行脉冲输出，可以肯定故障在行激励级或行输出级中。

（2）行激励管集电极（B点）

行激励管VT1集电极（B点），其直流电压应明显低于它供电的电源电压（有些采用一百多伏供电，而有些采用几十伏供电），而又往往高于10V。若该点直流电压正常，则表明行激励及行振荡电路基本正常；若B点直流电压等于给它供电的电源电压，说明行激励管不工作；若B点直流电压等于0V，说明行激励管供电有问题，或行激励变压器初级开路，也可能是VT1已击穿短路。用万用表dB挡测B点时，指针应有较大角度的偏转；若不偏转，说明B点无行脉冲输出。

(3) 行管基极（C点）

C点是行激励变压器的输出端，也是行管的基极。正常时，该点的直流电压应大多为负值（−0.3～−0.5V），但也有为正电压的（正电压一般低于0.5V）。若该点直流电压为0，说明该点无行脉冲。用万用表dB挡或示波器也能检测该点有无行脉冲，但C点脉冲应明显低于B点。

(4) 行管的集电极（D点）

行管的集电极（D点）的直流电压基本等于+B1电压，同时有很高的dB脉冲值。通过测量该点的直流电压可以判断行管的供电是否正常；通过测量该点的dB脉冲可以判断行输出电路是否工作。

判断行输出级是否正常工作还有以下一些方法：直接观察显像管灯丝是否点亮；用示波器测量行输出变压器灯丝绕组是否有二十多伏（峰-峰值）的行逆程脉冲。以上方法只要选择一种，就可判断出行输出级是否正常工作。

(5) 判断行输出变压器是否有高压的方法

① 用专用高压测试表笔，直接测量显像管高压嘴内的高压。

② 手持较长纸条，使纸条自然下垂，离荧光屏3～5cm的距离，然后打开电视机的电源开关，观察纸条是否被吸至荧光屏上，如能则说明有高压，否则无高压。

③ 手持试电笔接近行输出变压器的高压输出线（应保持一段距离），试电笔氖管如发光，表明有高压，否则为无高压。

4.3.1.4 行扫描电路的关键元器件故障现象、检测

(1) 行输出管

行输出管简称行管，是彩电中的易损元器件之一。行管击穿比较多见。当行管击穿后，+B电压会下降为0V，有些机器还会发出“吱吱”叫声。若将行输出电路的供电切断，在开关电源的+B电压输出端接假负载，则+B电压会立即恢复正常。

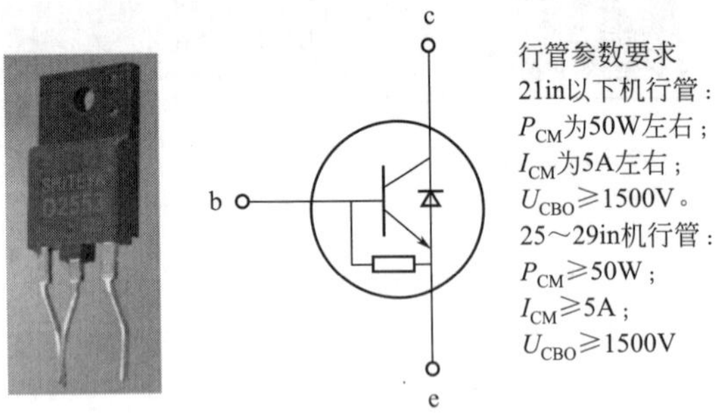
D2553
c
b
e
行管参数要求
21in以下机行管：
P_{CM}为50W左右；
I_{CM}为5A左右；
U_{CBO}≥1500V。
25～29in机行管：
P_{CM}≥50W；
I_{CM}≥5A；
U_{CBO}≥1500V

图 4-26　带阻尼行管

小屏幕（一般指21in以下）彩电行管，在其c、e极间内置了阻尼二极管，b、e极间也内置了一小阻值电阻（多为20～40Ω，可称为分流电阻），称它带阻尼行管，其外形和电路符号如图4-26所示；而大屏幕（一般指25in以上）彩电行管，由于增加了枕形校正电路，大多采用不带阻尼管的三极管，但也有例外。

怀疑行管异常时，可首先进行在路测量，初步判断它是否击穿。在路测量一般只测行管集电极对地电阻，万用表红表笔接地，黑表笔接行管集电极，正常机器应大于3kΩ，若小于1kΩ，则行管c-e极可能击穿。行管的be结与行激励变压器的次级绕组是并联的，由于行激励变压器的次级绕组的影响，正、反向电阻都近似为0，但不能判断行管的be结已损坏。

这时，可将行管取下来检测。

单独对行管进行检测时，不带阻尼管的行管和普通三极管的检测是一样的，而带阻尼二极管和分流电阻的行管与普通三极管的检测有较大区别。测量带阻尼行管的 be 结正、反向电阻实际上测量的是分流电阻的阻值，要用万用表的 $R\times1$ 挡测，be 结正、反向电阻均应为几十欧；测量 c-e 极的正反向电阻，也就是测量阻尼二极管的正、反向电阻，可用万用表 $R\times100$ 挡测量，c-e 极正向电阻（黑表笔接 c 极，红表笔接 e 极），正常值为 10kΩ 以上，c-e 极反向电阻（黑表笔接 e 极，红表笔接 c 极），正常值为几百欧。

行管损坏后最好采用同型号管更换，若无同型号管可换，也可采用其他型号管进行代换。在代换行管时，要特别注意两点：一是代换管的类型要与原管一样，即原管为带阻尼管，则代换管也得用带阻尼管，若原管为非带阻尼管，则代换管也得用非带阻尼管；二是代换管的参数必须非常接近或略高于原管。

维修提示

行输出管损坏的原因主要如下。

① 行输出管自身性能差或因一些偶然因素损坏，如果更换新管后不会再损坏，说明故障是这个原因，如果仍损坏则可能是下面的原因。

② 行输出管供电电压过高，将行管击穿。判断方法是断开行输出电路，接一个 60～100W 灯泡作假负载，如果电源+ B 输出电压高，灯泡很亮，则是由于开关电源提供给行输出管的电压偏高引起行输出管损坏，较常见的是开关电源的稳压电路有问题。

③ 行逆程电容容量减小或开路，导致行逆程脉冲幅度增大，将行输出管击穿。这种情况可找相同电容更换来判断。

④ 行推动激励不足。由于行推动脉冲激励不足，所以行管工作于线性放大状态，而非正常的开关状态，从而使行管的功耗增大，时间一长，造成行管击穿。激励不足的原因主要有：TV 信号处理 IC 输出的行激励脉冲波形异常；激励管放大量不足，特性不良；行激励变压器损耗过大，激励不足。

⑤ 行输出变压器内部绕组短路。其表现是行电流增大，行输出变压器发热严重。

⑥ 行偏转线圈短路。行偏转线圈短路会导致行输出电路功耗大，行电流增大，行输出管烧坏。行偏转线圈短路的表现有：主电源电压（行管 C 极电压）下降，行偏转线圈发热，时间稍长会发出焦味。

⑦ 行输出电路中的高、中压负载电路有短路。如加速极滤波电容短路，视放电路有短路现象等。

（2）行激励变压器

行激励变压器也称行推动变压器，它接在行推动电路与行输出电路之间，起信号耦合、阻抗变换、隔离及缓冲等作用，其外形和电路符号如图 4-27 所示。行激励变压器易发生引脚开路、虚焊、内部线圈局部短路故障，使行输出级不工作或易使行管击穿损坏。

行激励变压器是一个降压变压器，其初级线圈匝数多、线径小，次级线圈匝数少、线径大。初级线圈电阻值大，一般为 30～100Ω（因型号不同而各异），次级线圈电阻小，一般为 0.1～0.4Ω。

（3）行输出变压器

行输出变压器的故障率较高。行输出变压器故障多为匝间短路，这种情况行扫描电路仍

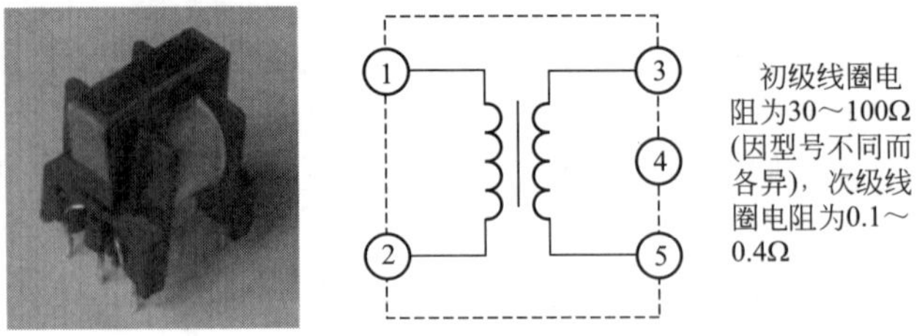
1
2
3
4
5
初级线圈电阻为30～100Ω(因型号不同而各异)，次级线圈电阻为0.1～0.4Ω

图 4-27 行激励变压器

会工作，但此时会有如下一些现象产生：灯丝不亮（或亮度很暗），各路二次电源低于正常值，行管烫手，行输出变压器发热或发出叫声，+B 电压严重下降等。行输出变压器损坏后，不仅会产生行扫描电路工作异常，还会引起行管甚至电源开关管过流损坏，产生整机不工作的故障。

观察行输出变压器外壳有无气泡、裂纹和烧焦的痕迹，有其中之一现象则可判断为行输出变压器损坏。而对于外观正常的行输出变压器则需要进行检测才能判断它是否正常。

① 绕组断路的检测 可以用万用表测量相应绕组是否相通判断。

② 初、次级短路、漏电的检测 大多数情况下用万用表的电阻挡就能准确、迅速地判断出行输出变压器的初、次级是否存在短路、级间漏电。方法是，用万用表的 $R\times100$k 挡或 $R\times10$k 挡，红表笔接阳极高压卡簧，黑表笔分别去测高压包的所有引脚，若其中与任意脚有阻值的话，那该高压包必坏无疑。若前面还不能确定行输出变压器是否损坏，那就改变方式，一支表笔接地，另一支表笔分别去接所有的引脚（包括引线），正常的高压包在测加速极与地之间时表针会有一小幅度的摆动，这跟加速极旋钮所处的位置有关，其他引脚也不应该出现任何阻值。

③ 匝间短路的检测 当行管发热严重，行电流增大时，很可能是行输出变压器匝间短路引起的。绕组匝间是否短路难以用万用表测电阻来进行判断，可以用以下方法判断：测+B电压低于正常值、行电流增大时，关断电源后，摸行管的温度，短时间就觉得比较高，并且在断开行管 c 极后，+B 电压恢复正常，则说明行输出变压器过流，此时确认行输出变压器所接的整流管等外部元件正常，则可确定行输出变压器内部短路。

（4）行、场偏转线圈

行偏转线圈直流电阻较小，一般为零点几到几欧姆。场偏转线圈电阻较大，且因场输出电路不同而异，若场输出级采用 50V 左右或 100V 左右高压供电的，配接高阻抗偏转线圈，直流阻值一般为 40～50Ω；若场输出级采用二十几伏低压供电，配接低阻抗偏转线圈，直流阻值一般为十几欧。

4.3.2 无光栅故障

（1）故障分析

无光栅故障原因很多，这里只分析行扫描引起的无光栅。对于无光栅故障的观察一定要仔细，要开大亮度来观察，看是否有很暗淡的光点、亮线，有就不属于无光栅故障。

无光栅故障是行扫描电路最典型、最常见的故障。无光栅的根本原因是显像管工作时所需要的各种供电电压不正常，显像管不具备发光的条件，具体讲就是没有显像管工作需要的高压、中压及灯丝电压，这些电压都需要行扫描电路提供，所以，故障范围较宽：行振荡、行激励、行输出电路都有可能产生此故障。行输出电路由于工作在高电压、大电流状态，因此，这级是故障的高发区。可能的故障部位及原因如下。

① 行振荡器停振。没有行频脉冲信号送到后级，后级没办法正常工作。

② 行激励级损坏。常见行激励管坏、行激励管集电极电阻器损坏、激励变压器损坏等。

③ 行输出级故障。常见的有行输出管、阻尼二极管、逆程电容器、S校正电容器、行输出变压器等击穿或者短路，都会导致无光栅故障，往往同时会导致行输出级的供电电压下降，注意区分是电源故障还是行输出级故障。

另外，有部分彩电设有X射线保护功能电路，当某种原因保护电路动作使行扫描电路停止工作，也会造成此故障现象。

(2) 检修思路和方法

当电视机出现无光栅故障时，由于故障范围比较宽，要注意区分故障是否在行扫描电路中。如果伴有正常，证明电源电路是基本正常的，而没有光栅，故障就在行扫描电路及显像管和显像管的附属电路；如果是三无故障的无光栅，就要考虑电源是否有故障，很多时候是因为行扫描电流过大而导致电源工作不正常。区分方法是：先断开行输出级的直流供电，为开关电源接上假负载，如果电源输出恢复正常，而接上行输出级后行电流比正常时明显增大，则是行扫描电路有故障。

行扫描电路引起的无光栅故障检修，首先，用在路电阻检测法，检查是否有短路性故障，排除短路性故障才进一步通电检查；其次，用电流检测法看行输出级有没有交流短路故障；再用关键点电压检测法、dB电压检测法、示波器关键点波形测量法，找到故障部位，确定故障元件。下面就结合图4-25介绍无光栅故障的检修方法和步骤。

① 直观检查限流电阻器、行输出变压器、行输出管、阻尼二极管、逆程电容器等有无明显的损坏痕迹，有就直接检查、更换。

② 在路测量行输出管集电极（D点）对地电阻值，正常应大于3kΩ，如果小于3kΩ，就要检查行输出管、阻尼二极管、逆程电容器、S校正电容器、行输出变压器等元件是否有短路或者漏电现象。

③ 通电测行输出级供电点+B1处的电流，正常情况应该在几百毫安范围内，如果太大说明行输出级有交流短路现象（比如行输出变压器线圈局部短路、行偏转线圈有局部短路等），建议替换后重测。电流小，可以进入下一步检测。

④ 测量关键点直流电压、DB电压及波形（实际应用时可用其中的一种或者两种），判断故障的大致范围。

a. 测量行激励级基极（A2点）是否有行频脉冲信号，判断故障在行扫描前级还是在行扫描后级。若有行频脉冲信号，则故障在行扫描后级电路；反之，则故障发生在行扫描前级及行扫描前级与行激励级基极间的耦合回路中，可进一步测A1点，就能够确定故障的位置了。

A1点无行激励脉冲输出，则需检查TV信号处理IC的行扫描小信号产生电路部分，检查该集成块的几个关键引脚，一般应检查行扫描部分供电引脚+B3电压，行振荡器引脚及外围元件（有的是振荡电容器，有的是石英晶体谐振器），检测这些引脚的直流电压和在路电阻值，外围元件正常就是集成块故障。

对于有X射线保护电路的机型，还应注意检查是否为保护电路起控或者误动作所造成的故障。通过测量集成块的X射线保护引脚电压来判断保护电路是否动作。如TA7698㉚脚，内接X射线保护电路，该脚电压正常为0V，若阳极电压过高、显像管束电流过大和场输出电流过大等多种异常情况下，该脚会有1V多的电压。

b. 行激励级的检查。从工作点来看，行激励管发射结是浅正偏的，也就是没有达到导通电压，集电极电流又不为零，因此，行激励管集电极电压（B点电压）小于行激励级供电电源电压+B2。这是该级工作在开关状态的明显标志。主要采用直流电压法和 dB 脉冲测量法。先测行激励管集电极有无 dB 电压，即可判断行激励级是否工作。此时，可检测行激励管集电极电压，若为 0V，应检查+B2 供电是否正常、R2 是否断路、T1 的初级是否断路等。若集电极电压等于+B2，说明 VT1 处于截止状态，应查 VT1 是否断路、VT1 基极是否有行脉冲输入。

c. 行输出管的检查。检测行输出管基极直流电压可判断有无激励脉冲加到基极，从而划分故障在行输出级还是以前的电路。行管基极电压略显负值，而有些机型为正值，但发射结的偏置电压应为负值−1～−0.4V。检测行输出管集电极直流电压，如果为零，则检查供电电路是否开路；如果电压偏低，一般是行输出级电流过大引起，大多是行输出变压器匝间短路，行偏转线圈短路等。

d. 行输出变压器的检查。前面已介绍过，这里不再赘述。

行扫描电路引起的无光栅故障检修流程如图 4-28 所示。

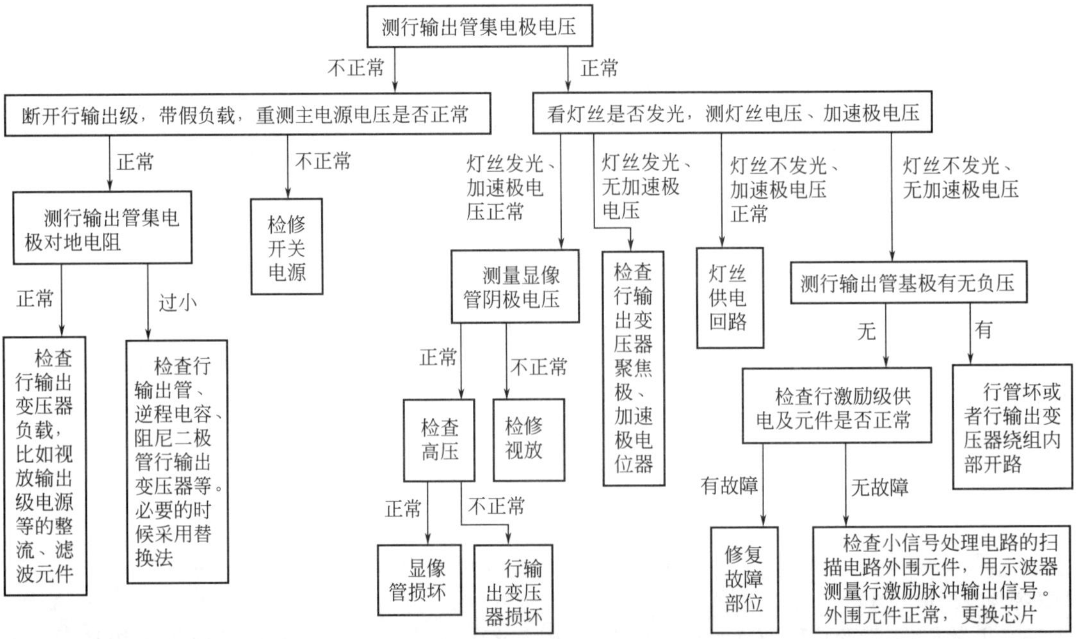
测行输出管集电极电压
不正常
正常
断开行输出级，带假负载，重测主电源电压是否正常
看灯丝是否发光，测灯丝电压、加速极电压
正常
不正常
测行输出管集电极对地电阻
检修开关电源
正常
过小
检查行输出变压器负载，比如视放输出级电源等的整流、滤波元件
检查行输出管、逆程电容、阻尼二极管行输出变压器等。必要的时候采用替换法
灯丝发光、加速极电压正常
灯丝发光、无加速极电压
灯丝不发光、加速极电压正常
灯丝不发光、无加速极电压
测量显像管阴极电压
检查行输出变压器聚焦极、加速极电位器
灯丝供电回路
测行输出管基极有无负压
正常
不正常
检查高压
检修视放
正常
不正常
显像管损坏
行输出变压器损坏
无
有
检查行激励级供电及元件是否正常
行管坏或者行输出变压器绕组内部开路
有故障
无故障
修复故障部位
检查小信号处理电路的扫描电路外围元件，用示波器测量行激励脉冲输出信号。外围元件正常，更换芯片

图 4-28　行扫描电路引起的无光栅故障检修流程

4.3.3　光栅暗、光栅亮度不均故障

(1) 故障分析

光栅暗和光栅亮度不均，引起该故障的电路除行扫描电路外，还可能是显像管及显像管附属电路故障。对于行扫描电路来讲，由于显像管已经发光，说明行扫描电路已经工作，但是为显像管提供的工作电压不正常（比如高压、中压低等）。常见的原因如下。

① 行输出级供电电压太低。这个原因造成的故障，表现为光栅变暗，同时行幅变窄。

② 逆程电容器容量太大。这表现为亮度降低，光栅的幅度增大。逆程电容器容量通常是减小，不会增大，所以，这种故障可能是维修中人为增大了逆程电容器的容量所引起的。

③ 行输出变压器性能不良。如果行输出变压器有局部短路、漏电，会导致高压、中压下降，使光栅变暗，同时还伴有行输出级电流增大、行输出管发热量大、行输出变压器发热等现象。这是常见的故障。

④ 行偏转线圈局部短路。造成行输出级负载增重，行输出级工作不良，影响各组电压的产生。

⑤ 中压整流、滤波电路不良，会出现光栅亮度不均。因为这个中压作为视频放大输出级的电源，由于滤波不良，纹波系数增大，使视频放大输出级的供电电压不稳，显像管的阴极电压在每行的开始端电压高，随后逐步降低，所以，光栅的左右亮度会有变化，形成亮度不均。一般可以看到该电解电容器有漏液、引脚锈蚀、断裂、外壳龟裂等。如果是中压整流二极管不良，一般就是反向特性变差。

⑥ 显像管的石墨层脱落严重，石墨层接地不好，影响高压的形成与滤波。这样的情况不多见。

（2）检修思路和方法

对于这样的故障要反复调节亮度、对比度，甚至调节一下加速极电压，看光栅的亮度有什么变化，观察光栅的幅度是否也变大或者变小，采用电压检测法检查行输出级的供电电压＋B1、行输出变压器输出的几组低压和中压是不是有降低的情况。

① 直观检查法，检查有没有元件（包括显像管外的接地和石墨层）外形有问题和损坏的痕迹，有就作相应处理。

② 测量供电电压＋B1，看是否降低。

③ 测量行输出变压器产生的几组低压和中压，看有没有降低，以估计高压是否正常。

④ 测量显像管的供电电压，看灯丝电压是否降低、加速极电压是否降低、栅极与阴极电压是否可调且在正常范围。

4.3.4 行线性差故障

这种故障是因流过行偏转线圈的扫描电流线性不良所致。

（1）图像左侧出现图像压缩

由于行扫描正程的前半段是以阻尼二极管为开关元件，它为非线性元件，所以流过的行扫描电流按指数规律变化。为补偿阻尼二极管的非线性，在电路设计时将行输出管提前导通。因此，阻尼二极管或带阻尼行管性能不良，则使图像左侧被压缩。检修时，更换阻尼二极管或带阻尼行管一般可排除故障。

（2）图像右侧出现图像压缩或拉长

此故障是行线性校正线圈调节不当，造成行线性补偿不足或补偿过度。这是由于行扫描正程后半段，是以行输出管为开关元件，其电流也是按指数规律变化。为补偿图像右侧的失真，电路设计时将行偏转线圈电路中串接一只行线性调节电感线圈。当行线性调节电感线圈不良时，便可造成图像右侧压缩的现象。如果行线性调节电感线圈是可调的，应先调一下磁芯，看故障是否能被排除。如果调试不能排除故障，则进行更换。若是不可调的行线性调节电感线圈，只能进行更换。更换时要注意其极性，极性接反时，行线性最差。

（3）图像左右两侧都被拉长

查S校正电容有无开路或失效。

4.3.5 行幅异常故障

（1）行幅不足

行幅不足故障现象表现为屏幕水平方向上光栅幅度不足，没有满幅，并伴有场幅减小，如图4-29所示。

图 4-29 行幅不足的现象

此故障是由于显像管的阳极高压值增高或扫描电流的幅度变小造成的。

① 测量行输出级+B供电电压是否偏低。+B电压偏低，可调节调压电位器，让输出电压回到正常值，若调不到正常值，可检查电源电路，重点查滤波电容是否失效或变值以及检查开关电源的稳压电路。

② 行逆程电容容量变小，导致阳极高压升高。替换行逆程电容或并联一个容量合适的电容（注意电容的耐压）。

③ 行偏转线圈局部短路。更换偏转线圈。

④ S校正电容容量变小或漏电。检查、更换S校正电容。

⑤ 行输出变压器性能不良。更换行输出变压器。

⑥ 执行上述程序后仍不能排除故障，则查行输出管和行推动管的β值是否变小所致。

（2）图像模糊亮度低，行幅变大

这种现象是显像管阳极高压降低的一种典型现象。阳极高压降低造成图像模糊，必然伴随着亮度较低和行幅变大等典型特性。它与聚焦极电压偏低造成的图像模糊，有着明显的区别。因此，可以认定故障发生在行输出电路。

① 测行输出级电流正常与否。一般来说，采用37cm彩色显像管，行输出级电流为250～300mA；47cm的则为300～350mA；54cm的则为350～450mA；随着显像管尺寸的增大，行电流略有升高。若所测电流大于正常值，则查行输出变压器绕组有无局部短路。

② 测行输出管集电极电压是否正常。若所测电压正常，查行逆程电容也正常，则为行输出变压器次级性能不良。

维修提示

对于大屏幕电视机，行幅度变大或者变小，又有枕形失真的情况下，先进行枕形失真的维修，具体就是先调整，再检查枕形校正电路的故障，在解决好枕形失真故障后行幅度不正常的故障也基本就解决了。

4.3.6 垂直一条亮线故障

（1）故障分析

有垂直一条亮线，说明显像管各极的工作电压正常，行扫描电路工作基本正常，只是行偏转线圈中无扫描电流流过，使电子束无水平方向的扫描运动，光栅变为垂直一条亮线。可能的原因如下。

① 行偏转线圈和主板的连接件有开路性故障，或者行偏转线圈开路。

② 行线性调整线圈（磁饱和电抗器）开路。

③ S校正电容器开路。

（2）检修思路和方法

这种故障都是元器件开路造成的，对以上元件进行检测，就能够找到故障元件的所在。主要采用在路电阻检测法检查。

① 用在路电阻检测法，检查行偏转线圈的插件处的电阻值。这个电阻值就是检测到行偏转线圈的直流电阻值，正常情况下，只有一二欧，如果行偏转线圈的接插件及引线有开路或者接触不良、行偏转线圈开路等电阻值就会变大。

② 用在路电阻检测法，检查行线性调整线圈的电阻值，由于是用比较粗的漆包线，绕制的匝数比较少，所以，测量的电阻值几乎为零。

③ 拆下S校正电容器，测量其电容量，看它是不是已经开路或者容量极小，有必要采用替换法试一试。

4.3.7 行、场不同步故障

行、场不同步的现象是，图像在屏幕上作无规则的移动，伴音正常。

（1）故障分析

行、场不同步大多数是出于同步分离电路本身的故障，但也可能是同步分离电路之前的电路（包括高频头、中放通道）或行、场扫描小信号处理集成电路内部出了故障。除了电视机本身有问题以外，电台信号太弱也可能造成同步不良；电台信号过强，造成同步头被切割，也会引起同步不良，这点应予以足够的注意。为了判断是电视机本身的故障还是机外问题，可用同类机作比较，改变接收地点来观察判断。

（2）检修思路和方法

若同步不良是由于电视机本身的电路不良造成的，应进一步判断故障原因存在于哪部分电路，即判断故障是出在同步分离、扫描电路，还是出在高频或图像中放通道部分。

对于有行频、场频电位器的机型，如TA两片机，可以缓慢调节同步电位器，看图像是否能稳定片刻（对垂直方向来说，是指图像的上下滚动能停止片刻；对于水平方向来说，是指在某瞬间能出现一整幅的图像）。若图像能稳定片刻，说明扫描振荡器的振荡频率基本正确，引起故障的原因是同步信号太小或同步信号未到达扫描振荡器。这时，在大多数情况下，故障源处在同步分离级及这级之前的电路。当然，个别情况下也可能出现于扫描振荡电路，如同步范围窄时，就可能出在扫描集成块及其周围电路中。若缓慢调节同步电位器，图像在任何情况下都无法稳定片刻，则故障多半在扫描振荡块。

对于无行频、场频电位器的机型，则不能采用上述方法来区分故障范围，而应按如下检修步骤和方法进行检查。

① 检查行振荡电路外接晶振或参考电流设定电阻。A6机芯、TDA单片机（采用TDA8362）等，行/场振荡信号均由行振荡电路产生的n倍行频振荡信号分频所得，若外接晶振频率偏移较多，将引起行不同步，严重时行、场均不同步。是否为晶振的问题，替换晶振即可作出判断。LA76931机芯，行振荡电路虽然没有外接晶振，但LA76931 ⑱脚接有行振荡电路的参考电流设定电阻R273，此电阻变值或开路，也会引起行、场不同步。

② 检查行振荡鉴相器的外接元件。LA7688 ㉒脚、LA76931 ⑳脚均外接AFC-1的误差电压产生阻容元件，当这些外接电容漏电或开路，电阻变值或开路等也可能引起本故障。

③ 行、场不同步的另一个原因可能是同步分离不良。这时应检查视频信号，当因某种原因造成同步头过于压缩或失去时（如公共通道AGC失控），扫描小信号处理IC内部同步分离电路将无法产生行、场同步信号。视频信号的检查见公共通道和视频通道部分。

④ 扫描小信号处理IC内部原因造成行不同步或行场不同步的现象较为多见。主要原因有：一是内部行振荡电路或分频电路失效；二是内部同步分离电路工作不正常，无法产生行、场同步信号；三是内部鉴相器电路失去锁定作用。解决办法是更换集成块。

4.3.8 行不同步故障

行不同步的现象是伴音正常，图像杂乱，无图像时有倾斜的消隐带，如图 4-30 所示。

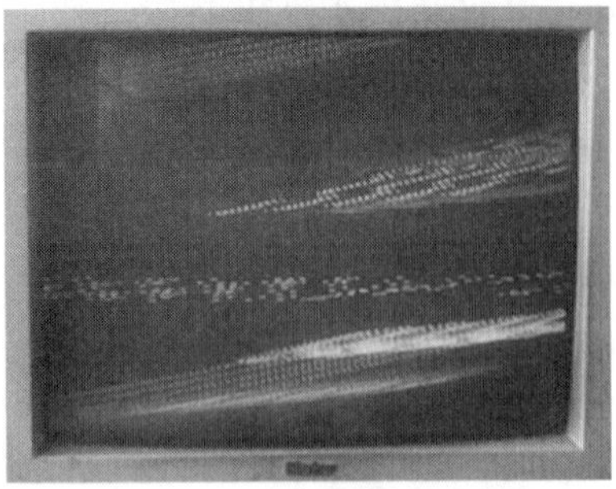

图 4-30　行不同步的现象

(1) 故障分析

这种故障的原因是行频信号偏离 15625Hz，或者是行振荡未受到行同步信号的控制，故障部位应在 AFC 电路和行振荡电路。

(2) 检修思路和方法

对于行振荡器接有行频调整电位器的机器，如 TA 两片机等，可通过调整行频电位器来区分故障部位，方法是：调节行频电位器，若图像在水平方向能瞬间稳定，表明行振荡电路工作基本正常，故障在 AFC 电路，重点检查行逆程脉冲回受电路元件有无开路、变值；反之，调节行频电位器图像在水平方向不能瞬间稳定，则为行振荡频率偏移较大所致，查行振荡器外接元件有无接触不良、开路或变值。

对于行振荡器没有接行频调整电位器的机器，如 A6 机芯、LA76931 超级单片机，AFC1 的主要任务是完成行振荡频率与电视台发送的图像信号频率相一致，所以当 AFC1 电路出现问题时，常常会出现行不同步的现象。AFC1 电路出现问题多数是由于集成电路不良，或者是其行振荡器、AFC1 电路外接元件（LA76931 ⑱、⑳脚外接元件，LA7688 ㉒、㉓脚外接元件）参数变值等。

4.3.9 行中心偏移故障

行中心偏移的现象是：整个图像发生水平偏移，屏幕中出现行消隐条，使图像分成两部分；或图像向左偏移，垂直竖线上部有扭曲现象。

行扫描电路中的 AFC2 电路，利用行频信号与从行输出变压器回受的行逆程脉冲进行相位比较，从而控制行激励脉冲的相位，也就是控制图像在屏幕水平方向上的位置来实现行中心调节。

A6 机芯，行逆程脉冲从行输出变压器 T432 的⑧脚输出，经 R490、R491、行中心调整电位器 RP491、R493 后加到 LA7688 行逆程脉冲输入端㉖脚。当再现行中心偏移时，一般通过调整行中心调整电位器 RP491 即可解决问题。若调整不起作用，则检查上述元件是否开路。

有部分老彩电，行逆程脉冲回受电路中接有一个行中心开关，检查时可先转换一下该开关的位置看看。若不起作用，则检查行逆程脉冲回受电路中的元器件是否开路、损坏。

采用 I^2C 总线控制的彩电，行中心是通过总线调整的。因此，检修本故障时应先进入工厂调试状态，查找到“H. PHASE 行中心”，改变一下这项数据看看，如图 4-31 所示。若调整不起作用，也应检查行逆程脉冲回受电路中的元器件是否开路、损坏。

4.3.10 水平枕形失真故障

水平枕形失真的现象如图 4-32 所示。

该故障是由枕形校正电路异常所致。下面以图 4-23 所示电路为例介绍检修方法。

① 查枕形校正电路的＋24V 供电是否正常，若不正常，检查供电电路。

② 用示波器测 V956 基极有无场频抛物波，若无波形，则查场偏转回路与 V956 基极之

工厂调试状态屏幕显示

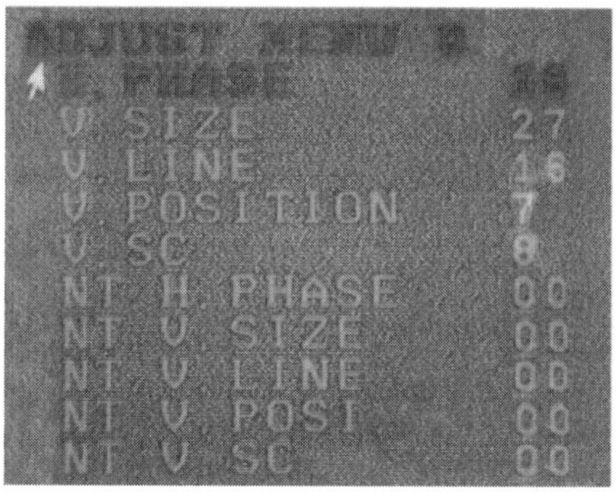
V SIZE 27
V LINE 16
V POSITION 7
V SC 8
NT H PHASE 00
NT V SIZE 00
NT V LINE 00
NT V POSI 00
NT V SC 00

OSD显示	名称	原厂参数
H.PHASE	行中心	16
V.SIZE	场幅	27
V.LINE	场线性	16
V.POSITION	场中心	7
V.SC	场SC校正	8
NT.H.PHASE	NTSC制行中心偏差量	00
NT.V.SIZE	NTSC制场幅偏差量	00
NT.V.LINE	NTSC制场线性偏差量	00
NT.V.POSI	NTSC制场中心偏差量	00
NT.V.SC	NTSC制场SC校正偏差量	00

图 4-31 与行、场扫描有关的 I^2C 总线数据

间的场锯齿波传输电路和积分电路。

③ 查 V956、V957 是否损坏。V956、V957 是枕形校正电路中的易损元件。这两只三极管任一只击穿损坏都会导致行幅增大，且枕形失真。任一只开路会导致行幅缩小且枕形失真。特别是 V957，工作时耗散功率较大，虽然大多电视机中使用的是中功率管，有的也装有散热片，但由于工作时发热量大，很容易过热烧毁。还有一个关键元件 C958，这是一个无极性电解电容，由于外观和有极性电解电容相似，很多维修人员误认为是普通电解电容，若以有极性电容代换，不管耐压多高，都会由于反向漏电而使寿命缩短。

图 4-32 水平枕形失真的现象

4.3.11 常用的扫描芯片主要功能引脚及测试数据

常用的扫描芯片主要功能引脚及测试数据见表 4-5，维修时供大家参考，在维修中也要逐步积累这些资料。

表 4-5 常用的扫描芯片主要功能引脚及测试数据 单位：V

芯片型号	电源引脚 VCC	行激励输出 HO	场激励信号 VO
LA7680/LA7681	㉕/7.7	㉗/0.8	㉜/4.8
LA7688N/LA7688A	㉔/7.2	㉕/1.0	⑳/4.0
TB1231N	㉘/8.0	㉜/3.7	㉔/1.0
TMPA8801CPN/CSN	⑰/10.1	⑬/2.0	⑯/5.0
CH08T0602/0608	⑰/9.0	⑬/1.8	⑯/4.7
TDA8374/TDA8375	㊲/8.1	㊵/1.0	㊻/1.2，㊼/1.3
TDA8841/OM8838	㊲/7.8	㊵/0.4	㊻/2.2，㊼/2.3
AN5195K	51/6.6	56/1.4	58/3.8
VCT3803	㉕/3.3	㉔/0.4	㉞/1.6，㉟/1.5
CKP1403S	㊴/8.0	㉝/1.0	㉑/1.0，㉒/1.0

芯片型号	电源引脚 VCC	行激励输出 HO	场激励信号 VO
LA7687	㉔/7.0	㉕/1.4	⑳/4.3
TA8690	㉕/9.0	㉒/1.0	㉚/5.0
TB1240N	㉘/8.8	㉜/2.0	㉔/1.0
TMPA8807PSN/8809CPN	⑰/8.9	⑬/1.9	⑯/4.7
TDA8361/OM8361	㊱/7.6	㊲/2.3	㊸/3.2
TDA9370/CH05T1602/CH05T1604	㊴/8.0	㉝/0.4	㉑/2.4，㉒/2.4
AN5095K	51/6.6	56/1.2	58/4.4
NN5198K/99K	㊶/6.2	㊷/1.2	㊻/5.0
STV2248	㊺/8.5	㊽/2.0	㊼/4.4
M61201SP	㊷/8.2	⑯/3.8	㉑/2.9

4.4 场扫描电路故障维修精讲

4.4.1 场扫描电路故障检修技巧和方法

（1）场扫描电路检修方法

场扫描电路常见故障有：水平一条亮线，垂直方向上的幅度不够（场幅不足），垂直方向的线性不好（场线性差，又有上部拉长、下部压缩和上部压缩、下部拉长两种情况），图像上下移动（场不同步），屏幕上出现场回扫线。

老彩电往往有可供调节的场频、场线性、场幅度、场中心等调节元件，还有维修开关，使用时间久了这些元件氧化后导致接触不良甚至损坏，产生故障，维修时可以轻轻地敲击或者调节一下这些电位器，注意观察故障现象是否有变化，如果有变化就说明存在接触不良的问题，先予以更换。新型彩电一般采用 I^2C 总线控制，场幅、场线性、场中心、场 SC 校正等是通过总线调整的，I^2C 总线数据错误也会出现故障现象，检修时可以使机器进入工厂调试状态，查找到相关项目，改变一下这项数据看看，参见图 4-31。

注意在检修一条亮线的故障时，因为电子束集中轰击荧光屏中央的一个狭小区域，很容易造成这个区域的荧光粉烧伤，使荧光粉的发光效率降低，留下烧伤的痕迹。因此，在检修过程中要调低亮度，如果亮度降不下来，应该检查 ABL 电路和显像管电路，甚至降低加速极电压，使屏幕上只出现能够看得见的一条暗线。

（2）场扫描电路的关键检测点

场扫描电路包括场扫描前级和场输出级两部分。现在生产的彩色电视机，场扫描前级均采用集成电路，输出一个场频信号；场输出级采用集成电路功率放大器，形成足够大的锯齿波电流，送到场偏转线圈，使电子束作上下扫描运动。场扫描电路的关键检测点如图 4-33 所示。

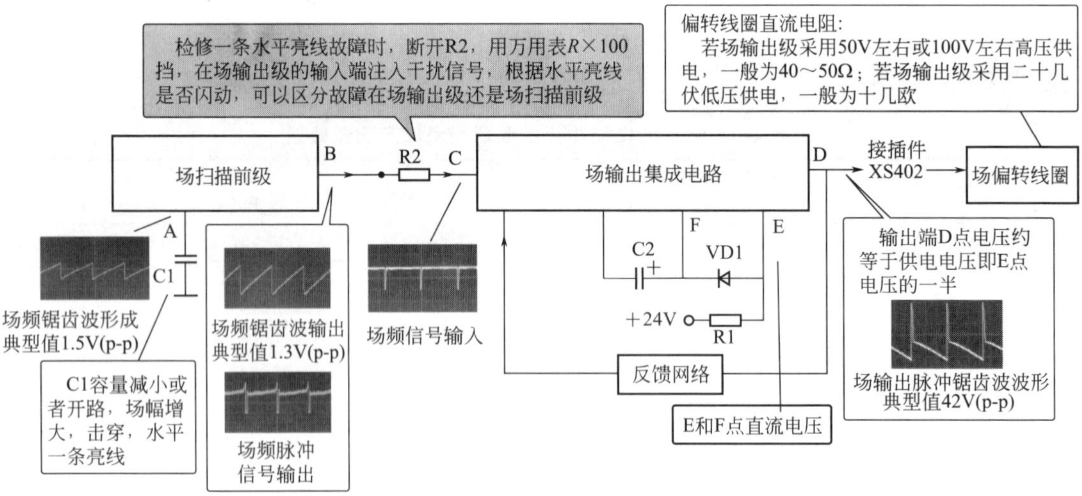
检修一条水平亮线故障时，断开R2，用万用表R×100挡，在场输出级的输入端注入干扰信号，根据水平亮线是否闪动，可以区分故障在场输出级还是场扫描前级
偏转线圈直流电阻：
若场输出级采用50V左右或100V左右高压供电，一般为40～50Ω；若场输出级采用二十几伏低压供电，一般为十几欧
场扫描前级
B
R2
C
场输出集成电路
D
接插件
XS402
场偏转线圈
A
C1
F
E
C2
VD1
+24V
R1
反馈网络
E和F点直流电压
场频锯齿波形成典型值1.5V(p-p)
C1容量减小或者开路，场幅增大，击穿，水平一条亮线
场频锯齿波输出典型值1.3V(p-p)
场频脉冲信号输出
场频信号输入
输出端D点电压约等于供电电压即E点电压的一半
场输出脉冲锯齿波波形典型值42V(p-p)

图 4-33 场扫描电路的关键检测点

① 场锯齿波形成电容端（A 点） 小信号处理集成电路的场锯齿波形成电容端（A 点），它内接场锯齿波形成电路，外接场锯齿波形成电容及 RC 充放电回路。该端子上场锯齿波信

号可以反映场锯齿波形成电路及场触发分频电路工作的正确与否。用示波器检测 A 点波形，可以判断场锯齿波及场振荡电路是否正常。

② 场激励电路输出端（B 点） 小信号处理集成电路的场激励电路输出端（B 点），输出场频信号（输出信号有两种情况：有些集成块输出的是场频脉冲锯齿波信号，而有些集成块输出的则是场频脉冲信号），送至场输出电路。

一条水平亮线故障，故障可能范围很大，场扫描前级和场输出级都可能产生这种故障。因此，B 点是判断场扫描故障位于场扫描前级还是在场输出级的关键点。可用示波器检测 B 点波形，区分故障在场扫描的前级还是在后级电路。也可焊开 R2 的一个引脚，在 R2 另一端输入一个低频信号或用万用表 $R\times100$ 挡干扰此点，观察荧光屏上水平亮线能否拉开，上下闪动。若能拉开，则为场扫描前级电路故障；若一条水平亮线无变化，则为场输出电路故障。

③ 场输出电路的输入端（C 点） 该点的检查方法与 B 点基本相同。

④ 场输出电路的输出端（D 点） 该端直流电压约为供电电压的一半（即 $1/2V_{CC}$）。若该端直流电压偏离正常值，说明场输出电路有故障，有可能是外围元器件有问题，也可能是场输出集成块损坏，分立元件的场输出电路也可能是场输出管损坏。

另外，场输出电路的供电端、自举升压端，也应作为关键检测点。

4.4.2 水平一条亮线故障

水平一条亮线故障是场扫描电路最常见的故障，现象是：伴音正常，但光栅变为一条水平亮线。

（1）故障分析

光栅出现一条水平亮线，说明场扫描电路发生故障，使场偏转线圈中没有场频锯齿波电流。故障原因有四个方面：①场偏转线圈开路；②场输出级故障；③场激励级故障；④场振荡电路停振。以上四方面，只要出现其中一种就会产生这一故障。

（2）检修思路和方法

由于能引起水平一条亮线故障的原因有多种，故障范围涉及整个场扫描电路，因此，检修时，首先要弄清故障到底出在哪个部位，然后再在此部位找出损坏的元件。同时要注意分清楚是亮线还是窄带，是窄带那么场振荡器就已经起振了，故障在场扫描后级电路，是亮线则场扫描的所有电路都可能出现故障。

由于目前的彩色电视机场扫描电路都有很强的交直流负反馈电路，直流工作点互相牵连，一处故障会造成整个工作点都不正常，用万用表直流电压检查法很难判断，给检修带来了困难，使维修人员大伤脑筋。下面介绍一种简便、实用的检修方法，用这种方法判断水平一条亮线故障极为有效。

1）区分故障位于场输出级还是场扫描前级 将场扫描集成块输往场输出集成电路的连接线断开，用万用表 $R\times100$ 挡，将红表笔接地，用黑表笔不停地碰触场输出集成电块的输入端子，人为地给场输出级注入一串频率很低的正脉冲信号，若水平亮线闪动，说明场输出集成块工作基本正常，故障在场扫描前级（包括反馈电路），即场振荡、场锯齿波形成及场激励及反馈电路。若碰触场输出集成块的输入端时，水平亮线不闪动，说明故障在场输出电路。

2）场输出集成电路故障的检查 场输出集成块中的推动级或输出级损坏时，场输出集成块的许多引脚电压会变得不正常。

① 首先检查场输出电路工作电源电压是否正常。若不正常，应检查供电电路和自举升

压电路。

② 测量场输出集成块的锯齿波输出端电压，若此端电压偏离 $1/2V_{CC}$，则查其外围电路。若外围电路正常，就对场输出集成块的所有引脚电压及对地电阻进行测量，通过测量结果来判断集成块是否损坏。

③ 检查场输出级输出端—场偏转线圈—地的通路是否断路。这时可用万用表 $R\times10$ 挡，红表笔接地，黑表笔接场输出级的输出端，正常时，应有明显的充放电，且充放电时间较短。否则，就有元件开路或接触不好。

3）场扫描前级（包括反馈电路）的检查　用示波器测场锯齿波形成电路外接 RC 充放电电路端，看有无场锯齿波信号。若该点有正常波形，则故障位于直流负反馈及场激励级；若该点无波形或波形不正常，则故障在场振荡级或场小信号形成集成电路损坏。

对于有些老彩电，场振荡级的检查应重点检查 RC 定时电路中电容是否漏电、短路或开路。RC 定时电路正常的话，那么场振荡级的故障就是集成电路块损坏了。

图 4-34 是 LA76931 机芯水平一条亮线故障检修流程。

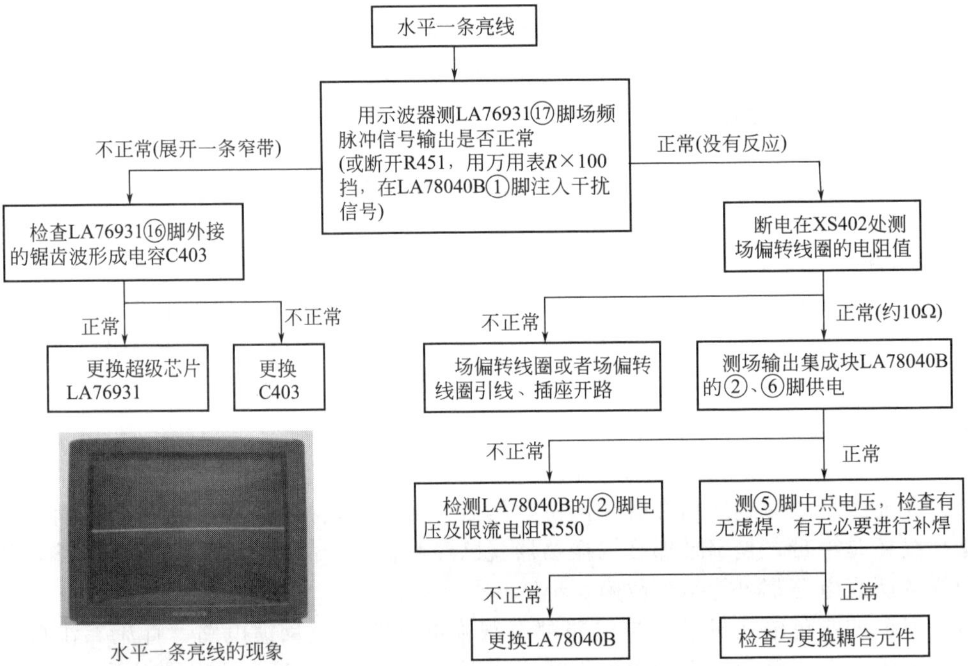
水平一条亮线
用示波器测LA76931⑰脚场频脉冲信号输出是否正常（或断开R451，用万用表R×100挡，在LA78040B①脚注入干扰信号）
不正常(展开一条窄带)
正常(没有反应)
检查LA76931⑯脚外接的锯齿波形成电容C403
正常
不正常
更换超级芯片LA76931
更换C403
断电在XS402处测场偏转线圈的电阻值
不正常
正常(约10Ω)
场偏转线圈或者场偏转线圈引线、插座开路
测场输出集成块LA78040B的②、⑥脚供电
不正常
正常
检测LA78040B的②脚电压及限流电阻R550
测⑤脚中点电压，检查有无虚焊，有无必要进行补焊
不正常
正常
更换LA78040B
检查与更换耦合元件
水平一条亮线的现象

图 4-34　LA76931 机芯场扫描电路水平一条亮线故障检修流程

4.4.3　场幅窄故障

场幅窄通常表现为：屏幕上方和下方有一部分无光栅，但伴音和彩色正常。

场幅窄，说明场扫描电路工作状态不正常，流过场偏转线圈的锯齿波电流变小所致。故障原因和相应排除方法如下。

① I^2C 总线控制彩电，V. SIZE（场幅）的 I^2C 总线数据出错。进入维修状态，找到“V. SIZE”项目，适当调整一下，看场幅是否满幅。

② 场反馈回路元件变质。对于老彩电，场反馈回路中有场幅度电位器，使用日久易出现接触不良现象，从而引起本故障。应先检查场幅度电位器接线有无虚焊，是否接触

不良。

③ 场输出集成块及外围元件不良。先查外围元件，然后检查更换场输出集成块。

④ 锯齿波形成电路不良。检查替换锯齿波形成电容。

另外，场输出耦合电容漏电或容量变小，场偏转线圈局部短路，场扫描小信号处理 IC 不良也会造成场幅窄。逐一检查，不难排除故障。

4.4.4 场线性不良故障

场线性不良现象，有以下两种情况。

（1）场线性不良，但光栅顶部无回扫线

这种故障表现为垂直方向图像上部或下部被拉长。下面结合 LA76931 机芯的场扫描电路，介绍场线性不良故障原因和相应排除方法。

① 进入维修状态，找到“V. LINEARRITY（场线性）”项目，适当调整一下该项的参数，看场线性是否恢复正常。若不能恢复正常，再进行下面的检查。

② 锯齿波形成电容 C403 不良。检查该电容有无漏电。

③ 场线性校正电路有问题。为改善场扫描的线性，从 R459 上取出锯齿波电压，经 R458、C456、R456 反馈至 LA78040B①脚。检查 R456 是否开路或变值。

④ 输出耦合电容不良。采用替换法检查输出耦合电容。

维修提示

对于老彩电，先调场线性电位器，如果调整无效，再检查锯齿波形成电容和场线性校正电路。

（2）光栅顶部压缩且有数条密集的回扫线

这种故障原因是场输出级升压电路（泵电源电路）有问题，引起场逆程脉冲电压下降，形成上部回扫线，多为升压电容不良，或者升压二极管不良。对这两个元件可采用替换法检查，因为有的性能参数下降不容易测量出来。

4.4.5 场不同步故障

这种故障的现象是：图像仅在垂直方向向上或向下移动，而在水平方向能呈现完整的图像，如图 4-35 所示。

PANDA

图 4-35 场不同步的现象

场不同步的故障原因有：一是场振荡电路没有被场同步脉冲同步；二是场振荡频率偏移太大。

① 调节场同步电位器，若能使图像瞬间同步稳定，则表明场振荡电路基本正常，只是场同步信号分离电路出了问题。对于 TA 两片机，测量 TA7698AP㉘脚（场同步信号输入端）电压是否正常。若所测电压不正常，则查场同步分离电路。

② 调节场同步电位器，若图像不能瞬间同步稳定，则为场振荡频率偏移大。对于 TA 两片机，则查场频电位器有无接触不良，C501、C502 是否漏电，R515、R516 有无开路或变值，TA7698AP 内场振荡电路是否不良。

4.4.6 场回扫线故障

(1) 故障分析

场回扫线故障现象是在屏幕上出现从上到下有十几、二十条白线，或者只有在屏幕的上方有数根密集的白线。出现场回扫白线，就意味着在场回扫期间电子束没有截止，在屏幕中留下了扫描的痕迹。电视机中消除场回扫线的办法是将场回扫脉冲送到场消隐电路，使场回扫期间电子束截止，因此，由场扫描电路引起的场回扫线，就是场输出级送出的场回扫脉冲幅度不够，或者根本就没有送出。故障都在场输出级电路，可能的原因如下。

① 场输出级送出回扫脉冲的电路故障，就是几只阻容元件。

② 逆程扫描供电电压不正常，导致逆程脉冲幅度大大降低，有的是泵电源电路，就要重点检查泵电源升压二极管和升压电容器（图 4-12 中的 VD451 和 C451），泵电源出现故障就没有升压，在输出电源供电脚就没有升压波形。

(2) 检修思路和方法

主要采用波形检查法检查场输出级逆程脉冲的幅度和是否送到消隐电路，用电压检查法检查场逆程供电电压，泵电源有没有升压，用替换法检查升压元件是否性能不良，这样比较容易找到故障元件。

4.4.7 场输出级 IC 主要引脚功能

为方便读者掌握场扫描故障维修，特把常用的大屏幕电视机场输出级 IC 及主要引脚功能收集到表 4-6 中。

表 4-6 常用场输出级 IC 主要功能引脚及典型电压 单位：V

型号	场输出级电源供电	地	泵电源	正向输入端	反向输入端	输出端
AN5534	⑦/27	⑧	⑪/27,⑧/1.3	②/1		⑩/16
AN5539	⑥/26	①	③/26,⑦/1.8	④/2.5	⑤/2.5	②/13
AN5521	⑦/25	①	⑥/1.2	④/1.0		②/13
TA8427K	⑥/27	①	③/28,⑦/1.9	④/1.0		②/14.8
LA7831/2/3	⑥/27	①	③/28,⑦/1.9	④/1.0		②/14.8
TDA8172	②/28	④	⑥/27.8,③/0.9	⑦/2.7	①/2.6	⑤/13.7
TDA8178F	②/24	④	⑥/24.5	①/1.0		⑤/14.7
TDA8351Q	⑧/46,④/16.7	⑬、⑦		①/2.3	②/2.3	⑤/7.8,⑨/8.2
TDA8351AQ	⑧/46,④/15.4	⑦		①/2.3	②/2.3	⑤/7.2,⑨/7.4
TDA8179S	②/15,④/-15		⑥/19.8,③/-15.5	⑦/0	①/1.8	⑤/0
TDA8354Q	⑦/45,⑩/15.5	⑧、⑥		⑫/1.2	⑪/1.2	⑤/8,⑨/8
STV9379	②/15.7,④/15.7		⑥17.4,③-13.6	⑦/1.3	①/1.3	⑤/0
STV9306	⑥/26	⑧	⑩/27	⑤/3.7		⑨/12.5
UPC1498H/1488H	⑥/28.7	①	③/28.9,⑦/2.0	④/0.9		②/17.7
CD9632	⑥/24	①	③/25,⑦/1.5	④/0.8		②/13

注：引脚典型电压值是在某一机型中测量得到，不同机型有一定差异，应大家灵活处理；场频信号输入端有的只有一个端，就归在正向输入端里了；有正、负电源供电的芯片就是 OCL 电路，其余的都是 OTL 电路，均有泵电源电路；有两组正电源，且有一组比较高（比如 40V 以上），这个电源就是逆程电源，就没有泵电源电路。

Chapter 5

第5章 公共通道

5.1 公共通道电路的结构和组成

5.1.1 公共通道电路的结构

公共通道也叫高、中频处理电路，是指图像和伴音信号共同经过的电路，由高频调谐电路和中频通道两大部分组成。其中高频调谐电路主要由高频头、遥控选台电路构成。中频通道主要由预中放、声表面波滤波器（SAWF）和集成电路内的中频放大器和视频检波器等构成。图 5-1 是典型的公共通道实物图。公共通道中的高频头、声表面波滤波器外形较特殊，

公共通道是指图像和伴音信号同时经过的电路，主要包括高频头、预中放、声表面波滤波器、图像中频放大器、视频检波、自动增益控制(AGC)、自动频率微调(AFT)以及预视放等电路。这部分电路出现故障主要影响图像质量、图像对比度和清晰度、彩色稳定性以及伴音的质量和音量等

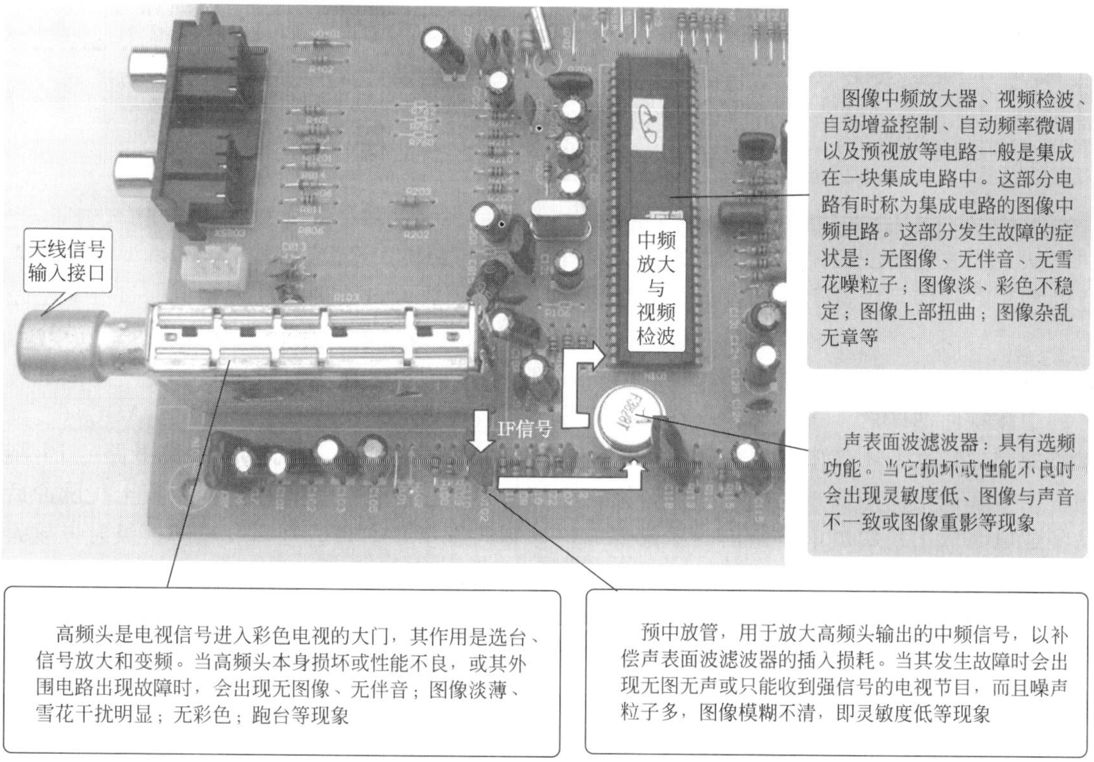

天线信号输入接口
中频放大与视频检波
IF信号
图像中频放大器、视频检波、自动增益控制、自动频率微调以及预视放等电路一般是集成在一块集成电路中。这部分电路有时称为集成电路的图像中频电路。这部分发生故障的症状是：无图像、无伴音、无雪花噪粒子；图像淡、彩色不稳定；图像上部扭曲；图像杂乱无章等
声表面波滤波器：具有选频功能。当它损坏或性能不良时会出现灵敏度低、图像与声音不一致或图像重影等现象
高频头是电视信号进入彩色电视的大门，其作用是选台、信号放大和变频。当高频头本身损坏或性能不良，或其外围电路出现故障时，会出现无图像、无伴音；图像淡薄、雪花干扰明显；无彩色；跑台等现象
预中放管，用于放大高频头输出的中频信号，以补偿声表面波滤波器的插入损耗。当其发生故障时会出现无图无声或只能收到强信号的电视节目，而且噪声粒子多，图像模糊不清，即灵敏度低等现象

图 5-1　公共通道元器件组装结构（LA76931 超级单片彩电）

很容易识别与辨认。

5.1.2 公共通道电路组成方框图与信号流程

公共通道组成方框图如图 5-2 所示。

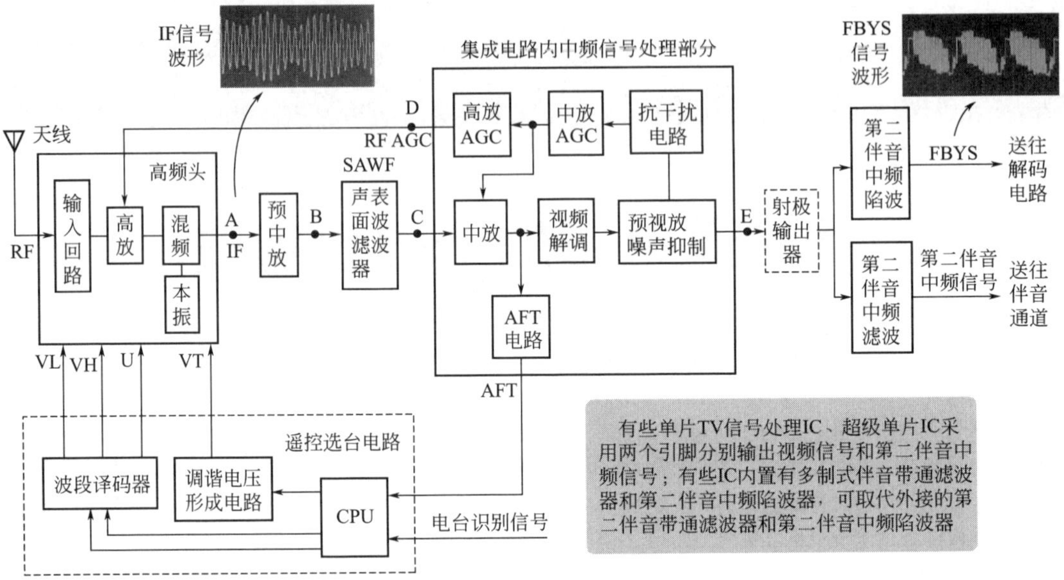
IF信号
波形
集成电路内中频信号处理部分
FBYS
信号
波形
天线
D
RF AGC
SAWF
高频头
高放
AGC
中放
AGC
抗干扰
电路
RF
输入回路
高放
混频
本振
A
IF
预中放
B
声表面波滤波器
C
中放
视频解调
预视放
噪声抑制
E
射极输出器
AFT
电路
第二伴音中频陷波
FBYS
送往解码电路
第二伴音中频滤波
第二伴音中频信号
送往伴音通道
VL
VH
U
VT
AFT
遥控选台电路
波段译码器
调谐电压
形成电路
CPU
电台识别信号
有些单片TV信号处理IC、超级单片IC采用两个引脚分别输出视频信号和第二伴音中频信号；有些IC内置有多制式伴音带通滤波器和第二伴音中频陷波器，可取代外接的第二伴音带通滤波器和第二伴音中频陷波器

公共通道检修关键点

关键点	高频头IF输出端(A)	预中放输出端(B)	图像中频放大器输入端(C)	RF AGC输出端(D)	视频信号输出端(E)
关键点在故障检查时的作用	用万用表$R\times1$k挡，红笔接地，黑笔触碰A点，观察屏幕上有无噪粒子闪动，以判别是A点以前电路，还是A点以后电路有故障	用万用表$R\times1$k挡，红笔接地，黑笔触碰B点，观察屏幕上有无噪粒子闪动，以判别是B点以前电路，还是B点以后电路有故障	用万用表$R\times1$k挡，红笔接地，黑笔触碰C点，观察屏幕上有无噪粒子闪动，以判别是C点以前电路，还是C点以后电路有故障	用万用表测量D点在接收较强信号与无信号时的直流电压的变化，以判别AGC电路是否正常	用万用表测E点在接收较强信号与无信号时的直流电压的变化，以判别集成块是否有视频信号输出

图 5-2　公共通道电路组成方框图和检修关键点

从天线收到的或经闭路线传送来的高频电视信号（RF）送到高频头，高频头从众多频道的高频电视信号中选出所需频道的信号，然后由高频放大电路进行放大，再通过混频电路把放大后的信号变换为中频信号（IF）后输出。高频头输出的中频信号加至预中放进行放大，以补偿声表面波滤波器（SAWF）的插入损耗。中频信号在声表面波滤波器内部形成特定的中频特性曲线后，送到集成电路内的图像中频放大器（简称中放），经具有 AGC（自动增益控制）特性的图像中频放大器放大后，送往视频解调电路（或称视频检波电路）。由视频解调器解调出的图像视频信号和伴音第二中频信号经过视频放大与噪声抑制掉干扰脉冲后从集成电路输出。集成电路输出的图像视频信号和伴音第二中频信号一般还经一级射极放大器后分为两路传送：一路经第二伴音中频陷波器，去掉第二伴音中频信号后的图像视频信号（即彩色全电视信号，用 FBYS 表示）送往彩色解码电路及同步分离电路；另一路经第二伴音带通滤波器取出第二伴音中频信号送伴音通道。有些机型，在高频头 IF 输出端与预中放之间还接有多制式中频特性选择控制电路，以满足多制式接收中频信号处理要求。

视频放大器输出的视频信号，另一路送往 AGC 电路得到 AGC 电压，加至图像中频放大器进行增益控制，又由高放 AGC 电路延迟放大后输出高放 AGC（RFAGC）电压，并送到高频头的AGC端，用于控制高频头内高放管的增益。AGC电路还设置了抗干扰电路，以提高AGC电路的抗干扰能力。

中频放大器输出的中频信号，另一路经90°移相后加到自动频率调整（AFT）电路，产生的AFT控制电压输出到微处理器的AFT输入引脚。输入到微处理器的AFT电压，在自动搜索时用于确定精确调谐点，以便能存台；在播放时用于微处理器对高频头的调谐电压进行微调，使高频头本机振荡频率稳定，从而保证不跑台。

5.2 高频调谐电路的结构与故障维修精讲

高频调谐电路主要由高频头、遥控选台电路构成。高频头是电视信号进入电视机的大门，其性能的好坏和技术指标的高低，都将直接影响到彩电能否接收到电视节目信号，收到电视节目的多少以及接收到的图像、彩色和伴音质量的好坏。

5.2.1 高频头的作用和简要工作过程

（1）高频头的作用

① 选台——从天线接收到的众多频道的高频电视信号（RF）中，选择出欲接收频道的高频电视信号，即选择频道。

② 信号放大——将选出的微弱高频电视信号进行放大，以提高灵敏度和信噪比。

③ 变频——将接收的任何一个频道的高频电视信号变换成一固定的中频电视信号。

（2）简要工作过程

高频头主要由输入电路、高频放大器、本机振荡器和混频器四部分组成，参见图5-2。它的简要工作过程是：天线接收到的众多频道的高频电视信号（RF）送入高频头的输入电路，由输入电路筛选出欲接收频道的电视信号，送入高频放大器进行放大，放大后的高频电视信号与本机振荡器产生的本振信号一起送入混频器，从而得到一个固定的中频电视信号（IF），最后输出并送到中频通道去放大。彩电在接收不同电视制式的电视信号时，高频头输出中频电视信号的载频可能不同。以我国彩电制式（PAL.D制式）为例，高频头输出的中频电视信号（IF）包含了38MHz的图像中频信号、31.5MHz的伴音中频信号（即第一伴音中频信号）和33.57MHz的色度中频信号三部分。

高频头所处理的信号频率很高，又有高频振荡电路，会产生电磁辐射，为了避免影响机内其他部分的正常工作，通常将这一部分电路单独做在一个金属盒中屏蔽起来，内部电路通过天线信号输入接口和几个引脚与外部电路相连接。

5.2.2 高频头的种类

彩电中使用的是电调谐高频头，其种类较多，在更换时需注意原高频头是哪种类型的。

（1）电压合成式高频头、频率合成式高频头

彩电中使用的高频头，按调谐原理的不同，可分为电压合成式（VS）高频头和频率合成式（FS）高频头两大类。电压合成式高频头的型号很多，如TDQ-2、TDQ-3、TDQ-5B6M、ET-5CE-V01等。普通彩电中大量采用的仍是电压合成式高频头，而高档彩电中多采用频率合成式高频头。

（2）CATV高频头

早期的彩电中，都是采用VHF/UHF全频道高频头（即老式高频头），如TDQ-2高频头、最早生产的TDQ-3高频头（后期生产的TDQ-3高频头是CATV高频头）。这种高频头只能接收用正规频道传送的各套（1～68频道）电视节目，而不能接收用增补频道传送的电视节目。增补频道是指在5～6和12～13频道之间的闲置频率范围内设置的电视频道，它用于有线电视系统，总共可以设置37个增补频道。

CATV高频头（CATV是有线电视系统的符号）也称为增补频道高频头，如TDQ-3B6、TDQ-5B6M、CGL-5V6、VS1-1G5-DK、ET-5CE-V01等。CATV高频头不仅能接收全部正规频道传送的电视节目，而且还能接收用增补频道传送的电视节目。

另外，高频头还有一些分类。按天线信号引入接口长度的不同可分为长颈高频头和短颈高频头。对于电压合成式高频头而言，按供电电压来分，有+12V供电、+9V供电和+5V供电之分。早期彩电采用+12V或+9V供电的高频头（如TDQ-3、TDQ-3B6等），现在基本上采用的是+5V供电的高频头（如VS1-1G5-DK、TDQ-5B6M、ET-5CE-V01等）。

5.2.3 电压合成式高频头

5.2.3.1 高频头引脚功能

高频头内部电路及结构较复杂，并采用贴片元件，维修有一定困难，内部元器件损坏后一般采用整体更换的方法，因此，这里不再详细介绍其内部结构和各组成部分的工作原理，而只对目前常用的电压合成式CATV高频头引脚功能和信号来向和去向作些说明。

常用的电压合成式高频头（常称为普通高频头）有6～10个引脚，不同型号的高频头，引脚命名可能不同。图5-3是两种常用的高频头引脚符号。

XINWEIDA
TDQ-3
IF
BM
AFC
BL
AGC
BH
BT
BU

(a) TDQ-3高频调谐器(短颈)引脚符号

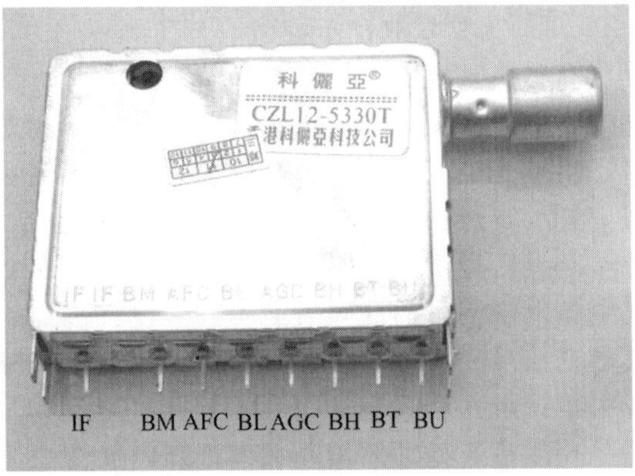
科儷亞
CZL12-5330T
IF
BM
AFC
BL
AGC
BH
BT
BU

(b) 科俪亚CZL12-5330T高频调谐器(长颈)引脚符号

图5-3 高频头外形和引脚

① BM（或+B，或VCC、MB）端 是高频头的供电端。无论接收哪一个频段的电视节目信号，此端子上都应加上正常的工作电压。高频头的工作电压有12V、9V、5V之分。

② AGC（或标为RFAGC）端 此端子是中频通道送来的高放自动增益控制（RFAGC）电压输入端。此端子输入的电压用于控制高频头内高放电路的增益。中频通道设有AGC检测电路，当输入信号增大到超过某一值后，AGC检测电路通过对视频信号进行检测，得到一个与视频信号成正比的AGC直流控制电压，先使中放AGC电路启控，降低中放增益；当输入信号太大，超出中放AGC的控制范围后，才输出高放AGC电压并送到高频头的AGC端（或RFAGC）端，使高放AGC启控，降低高频头内的高放电路增益。这样，当输入信号在某一容许范围内时，使中放通道输出的视频信号基本保持在一定的范围之

内，以保证图像稳定、清晰。

③ 频段转换控制端　我国无线发射的电视频道分为 VHF-L、VHF-H、VHF-U 三个频段（也称波段），分别简称为 L、H、U 段。L 段覆盖 1～5 频道；H 段覆盖 6～12 频道；U 段覆盖 13～68 频道。高频头接收哪一频段的电视节目是由加在频段转换控制端的电压来确定的。高频头的频段转换控制端有 3 个（如 TDQ-3、VS1-1G5-DK 等）或者 2 个（如 TEL-E4-805A、CGL-5V6 等）。对于 3 个频段转换控制端的，通常标为 VL、VH、U 或 BL、BH、BU；对于 2 个频段转换控制端的，通常标为 L/H、U/V（这种高频头内部含有频段译码器）。

④ VT 或 BT 端　此端子是高频头调谐电压输入端。调谐电压通常为 0～30V。改变 VT（或 BT）电压，就能改变高频头内部选频电路频率，从而选择不同频道。

⑤ IF 端　此端子是高频头的中频信号输出端。

⑥ AFT 端（或标为 AFC 端）　此端子是高频头的自动频率控制电压输入端。有些高频头有这个端子，而有些高频头省去了这个端子。对于有 AFT 端的高频头，该端子外接电路有两种电路结构形式：一种是中放电路送来一个 AFT 电压加到高频头的 AFT 端，校正高频头本振频率（因为电视机工作时，电源电压或温度的变化会使高频头本振频率产生漂移，造成高频头输出的中频发生偏离，会引起图像色饱和度变化，伴音噪声增加、图像上有噪波，甚至无图无声，即跑台），从而保证本振频率稳定不变，使高频头输出的中频稳定，避免出现跑台故障，这是非遥控彩电所采用的电路结构形式；另一种电路结构形式是用分压电阻对 12V 电源电压进行分压后得到一个 6V 左右的固定偏压（对 12V 高频头而言），加到高频头的 AFT 端，这是部分遥控彩电所采用的电路结构形式（这种遥控彩电采用数字式 AFT 方式，AFT 电压加到微处理器，微处理器将 AFT 电压叠加到 VT 电压上，频道调谐和自动频率微调合二为一）。

5.2.3.2 选台电路

高频头虽然做成一个独立的部件，并通过引脚安装在主电路板上，但是，应用时只靠高频头本身，不能独立完成调谐的任务，为了使高频头能正常工作，还增加了一些附加电路，如频段切换和调谐电压产生电路，稳定本振频率的自动频率微调（AFT）电路等。遥控彩色电视机中，高频头的工作状态受到微处理器的控制，因此，电视频道的调谐（搜索）和记忆，必须由微处理器、高频头以及有关电路共同配合才能完成。电调谐高频头性能的好坏和技术指标的高低，遥控选台电路的工作情况都将直接影响到彩电能否接收到电视节目信号，收到电视节目的多少以及接收到的图像、彩色和伴音质量的好坏。

遥控彩电大多采用电压合成式调谐系统。在自动搜索选台时，选台系统会自动进行频段变换和调谐电压的变化，选出电视节目后便自动停止，并把频段信息和调谐电压的信息自动存储在存储器中，然后继续再搜索，直到把所有正在播放的电视节目都调出来，并全部存入存储器中为止。选台电路应由四部分组成，即由调谐电压（BT）控制、频段选择、电台识别信号和频率自动微调等接口电路组成。

典型的高频头应用电路如图 5-4 所示。该机采用 CGL-5V6 电压合成式高频头，工作电源电压为＋5V，频道调谐和自动频率微调合二为一，均用②脚 BT 来完成，频段切换采用 2 位 BAND1（即 U/V，③脚）、BAND2（即 L/H，④脚）来完成。

（1）频段切换控制电路

由微处理器 N701 的㉟、㊱脚输出频段选择控制电压，直接加至高频头的 L/H、U/V 端。当接收 VHF-L 频段的 TV 节目时，N701 的㉟脚呈现高电平（H），而㊱脚呈现低电平

高频头及其外围电路故障症状：
①无图像、无伴音；②图像淡、雪花干扰明显；③无彩色；④图像漂移，即跑台等

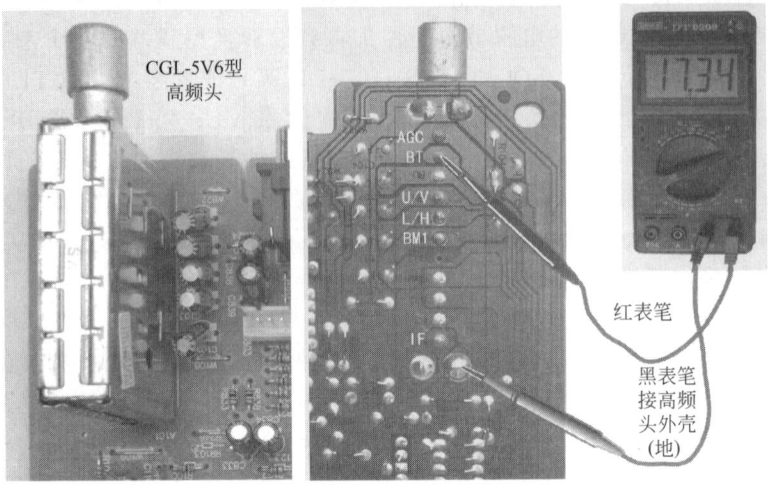
CGL-5V6型
高频头
AGC
BT
U/V
L/H
BM1
IF
红表笔
黑表笔
接高频
头外壳
（地）

高频头检测方法：

对于普通高频头，主要检查各引脚的电压判断故障范围，如果引脚电压正常，则是高频头内部故障，否则是供电电路和微处理器控制电路的故障。

测量高频头的频段切换电压，若不正常，应检查频段切换电路和微处理器控制电路；测量高频头调谐电压，正常时在0～30V变化，若不正常，应检查微处理器和调谐电压形成电路；测量高频头AGC电压，若不正常，应检查中放输出的RF AGC电压

CGL-5V6型高频头引脚功能和维修数据

符号	功　能	在路电阻/kΩ		电压/V	
		红笔测	黑笔测	静态	动态
IF	中频输出端	0.1	0.1	0	0
BM	高频头工作电压	0.35	0.5	4.94	4.92
L/H	频段切换控制电压输入2	4.3	5	0	0
U/V	频段切换控制电压输入1	4.3	5	5.07	5.07
BT	调谐电压输入端	14.5	55	5.87	5.87
AGC	高放自动增益电压输入端	6.4	28	4.05	1.8

注：
1. 自动搜索时BT端电压应在0.5～30V之间变化，而在接收某频道电视节目时为某一稳定电压值，其电压的高低与接收频道有关
2. L/H端为+5V，U/V端为0V时高频头工作于VL频段；L/H端为0V，U/V端为5V时高频头工作于VH频段；L/H、U/V端均为 +5V 时高频头工作于U频段
3. 一般高频头的RF AGC电压为反向电压，即调谐器输出的中频信号越大时，RF AGC信号电压越低

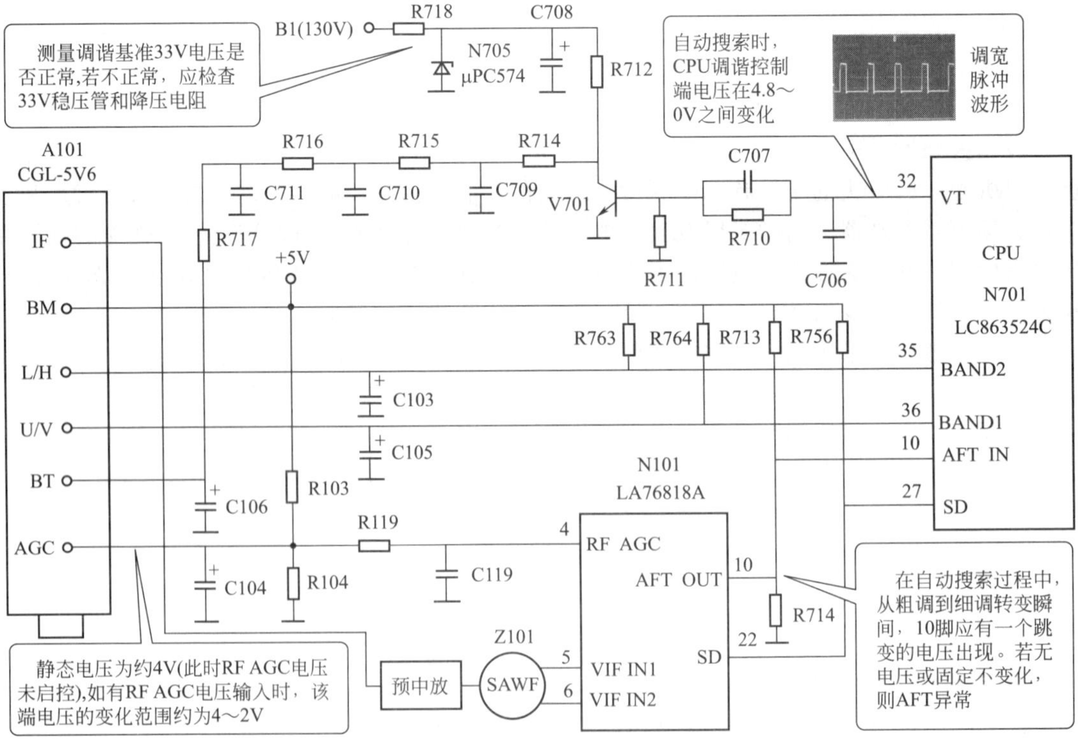
测量调谐基准33V电压是否正常,若不正常，应检查33V稳压管和降压电阻
B1(130V)
R718
C708
N705
μPC574
R712
自动搜索时，CPU调谐控制端电压在4.8～0V之间变化
调宽脉冲波形
A101
CGL-5V6
R716
R715
R714
C711
C710
C709
V701
C707
R710
R711
C706
R717
+5V
IF
BM
L/H
U/V
BT
AGC
R763
R764
R713
R756
C103
C105
R103
C106
C104
R104
R119
C119
32
VT
CPU
N701
LC863524C
35
BAND2
36
BAND1
10
AFT IN
27
SD
N101
LA76818A
4
RF AGC
AFT OUT
10
R714
22
SD
Z101
SAWF
预中放
5
VIF IN1
6
VIF IN2
静态电压为约4V(此时RF AGC电压未启控),如有RF AGC电压输入时，该端电压的变化范围约为4～2V
在自动搜索过程中，从粗调到细调转变瞬间，10脚应有一个跳变的电压出现。若无电压或固定不变化，则AFT异常

图 5-4　典型的高频调谐电路解析和故障维修要点

(L)，加到高频头对应端子上，使高频头工作在 VHF-L 频段；当接收 VHF-H 频段的 TV 节目时，N701 的㉟脚呈现低电平（L），㊱脚呈现高电平（H），使高频头工作在 VHF-H 频段；当接收 UHF 频段的 TV 节目时，N701 的㉟脚和㊱脚均呈现高电平（H），使高频头工作在 UHF 频段。

（2）调谐电压形成电路

微处理器 N701 的㉜脚为调谐电压控制端。当电视机进行搜索选台时，N701 的㉜脚输出调宽脉冲（PWM），首先经由 C706、R710、C707、R711 组成的 RC 网络滤波后，送至调谐电压形成电路中的电压转换管（也称倒相放大管）V701 的基极。调谐电压的电源供电，由整机电源输出的 130V 电压，经 R718 降压，N705 稳压，C708 滤波，产生 33V 的电压，经 R712 加到 V701 的集电极。当 N701 的㉟脚输出 4.8～0V 变化的电压加到 V701 基极时，使 V701 的导通状态受到控制，从而改变 V701 的导通内阻对 33V 形成不同的分压，在 V701 集电极得到 0.5～30V 的变化电压，再经由 R714～R717、C709～C711、C106 组成的 RC 滤波电路滤波后，形成直接控制电压加到高频头的 BT 端，进行电视频道选择。

（3）电台识别信号（SD）和自动频率微调（AFT）电路

输入到微处理器的电台识别信号，用于微处理器判定机器目前是否接收到信号，以便执行相应的控制，例如自动搜索时执行搜到电视节目放慢搜索速度，播放时执行无信号蓝屏静噪和无信号 10min 左右关机等控制。自动频率微调（AFT）电压由中放电路产生后送到微处理器的 AFT 输入端。AFT 信号在遥控彩色电视机中，主要有两个作用：一是用于在自动搜台过程中，根据 AFT 电压的变化量，确定整机最佳调谐点，以保证预置频道的频率准确性；二是在收看电视节目过程中，当高频头输出的图像中频信号偏离 38MHz 时，中放电路输出的 AFT 电压加到微处理器 CPU，经 CPU 处理后自动微调调谐电压（CPU 将输入的 AFT 电压转换为 ΔVT 电压，并在内部叠加至 VT 电压上后输出），从而微调高频头内高放谐振频率和本振频率，最终保证 38MHz 中频信号的频率保持不变，以避免播放时出现频率漂移（跑台）的现象。

微处理器 N701 的㉗脚为电台识别信号（SD）输入脚，电台识别信号由小信号处理 LA76818A 的㉒脚送来。微处理器 N701 的⑩脚为 AFT 信号输入脚，AFT 信号由 LA76818A 的⑩脚送来。在自动搜索时，当搜到节目后，就会有电台识别信号送入 CPU 的㉗脚，CPU 就认为已经接收到一个电视节目信号，就会自动使㉜脚的调谐输出电压变化速度放慢，即搜索速度下降。此时，微处理器再根据中频电路送来的 AFT 电压的变化量确认最佳调谐点，以保证整机预置频道的准确性。当微处理器判断调谐准确时，将最佳调谐点的调谐电压等信息存入到存储器 E^2PROM 中。

（4）高放 AGC 电路

高放 AGC 的静态电压由 R103、R104 分压决定，从＋5V 分得约 4V 的电压，保证在 RFAGC 电压启控前，能得到 4V 左右的直流电压，使高频头的高放级得到最大增益。在正常收看时，当中频 AGC 因输入信号幅度过大而使中放增益已降至最低，仍不能使解调后的全电视信号达到最佳状态时，高放 AGC 将起控，并由 N101 的④脚输出 RFAGC 电压送至高频头的 AGC 端，4V 电压将会向下变化，使其内部的高放增益下降，使高频头输出的 IF 信号幅度减小，最终保证视频解调电路输出的视频信号幅度稳定。高频头的 RFAGC 一般为反向电压，即高频头输出的中频信号越大时，RFAGC 电压越低。该机中，高放 AGC 的起控点由 I^2C 总线数据设定。

5.2.4 频率合成式高频头

频率合成式（FS）高频头采用先进的数字锁相环技术进行频率控制，因此，它具有调谐精度高，选台速度快，频率稳定性高，频率覆盖面广等优点。

频率合成式高频头可以看成是普通电压合成式高频调谐器再增加一个数字锁相环频率控制电路构成，封装在同一金属盒内。它与外界连接端有：两组电源（+33V 调谐电压、+5V数字锁相环 PLL 工作电压）或三组电源（+33V、+5V、+12V 或 9V）、RFAGC 电压和 I^2C 总线。中放通道输出的 RFAGC 电压送到高频头的 AGC 端，控制高频头内高放电路的增益，这与电压合成式高频头相同。CPU 通过 I^2C 总线控制高频头进行频段、频道切换；当高频头输出的图像中频信号偏离 38MHz 时，中放通道输出的 AFT 电压送到微处理器，微处理器马上通过 I^2C 总线控制高频头改变分频系数，改变高频头内部高放、本振电路的频率，让输出的图像中频信号回到 38MHz，这样就能使输出的图像中频信号稳定在 38MHz。

常用的频率合成式高频头有 EC346LX1、TDF-3M3S、TDQ-6B1-MA 等。图 5-5 是 TDF-3M3S 型高频头在康佳 P2971S 彩电中的应用电路。

5.2.5 高频调谐电路故障分析与检修

(1) 维修提示

高频头调谐电路出现故障时，一般表现为：收不到电视信号，图像淡、雪花干扰明显，伴音噪声变大，无彩色；图像漂移（跑台）等。不过，中频电路出现故障，也会表现出上述的现象。这里着重讲高频头及其相关电路的故障。

① 确定故障范围　首先应区分是高频调谐电路故障，还是中频通道故障。这可以将电视机的蓝屏功能消除后（具体方法后面介绍），观察电视机屏幕上噪粒子的多少来判断故障范围。若光栅上无噪粒子（一片白光栅）或噪粒子稀、淡、少，故障一般在中频通道；若光栅上噪粒子密、浓、大，故障一般在高频头及其相关电路。

当采用以上方法仍不能确定故障范围时，则可以采用万用表干扰法检查，其方法是：焊开与高频头 IF 输出端子相连的信号耦合电容（图 5-5 中的 C101）的一个脚，用万用表 $R\times$1k 挡，红表笔接地，黑表笔碰击预中放管的基极，观察屏幕上是否有噪扰粒子闪现，若有噪扰粒子闪现，则为高频头及其外围电路故障；若无噪扰粒子闪现，则为后续电路（包括预中放、声表面波滤波器、图像中频处理电路等）故障。

② 检修方法　高频调谐电路引起的故障，其原因往往是高频头本身不良，供电异常，高频头外围电路损坏或引脚焊接不良等。

对于普通高频头，主要检查各引脚的电压判断故障范围，如果引脚电压正常，则故障在高频头本身，否则是供电电路和微处理器控制电路故障。对于频率合成式高频头，还应检查 I^2C 总线是否正常。另外，对于总线控制的彩电，无论是采用普通高频头还是采用频率合成式高频头，有时需要检查与高频头有关的总线数据设置是否有错。

不同的机型，与高频头有关总线项目名称可能不同，如有些机型有“TUNER”（即高频头选择，通常有 FS、VS 两个选项）和“U. BAND”（即高频头 U 段电平选择，有高、低电平两个选项）两个项目，而有些机型只有“BAND OPTION”（即波段控制选择，通常有：译码器；高频头 2 位，即 L/H、U/V；高频头 3 位，即 BL、BH、BU 等选项）一个项目。

(2) 故障检修流程

图 5-6 为高频头和选台电路故障检修流程。

VD102(W574)为33V稳压电路，为高频头提供调谐电压。当其不良或损坏，会出现跑台或无台故障

Z101、Z102构成准分离输入电路。所谓准分离输入电路是指从高频头输出的图像中频信号与第一伴音中频信号，分别利用图像声表面波滤波器、伴音声表面波滤波器分开，再分别送入TV小信号处理电路内相互独立的图像中频和伴音中频信号处理电路进行信号处理， 可消除图像与伴音的相互干扰，明显改善和提高图像质量和伴音质量

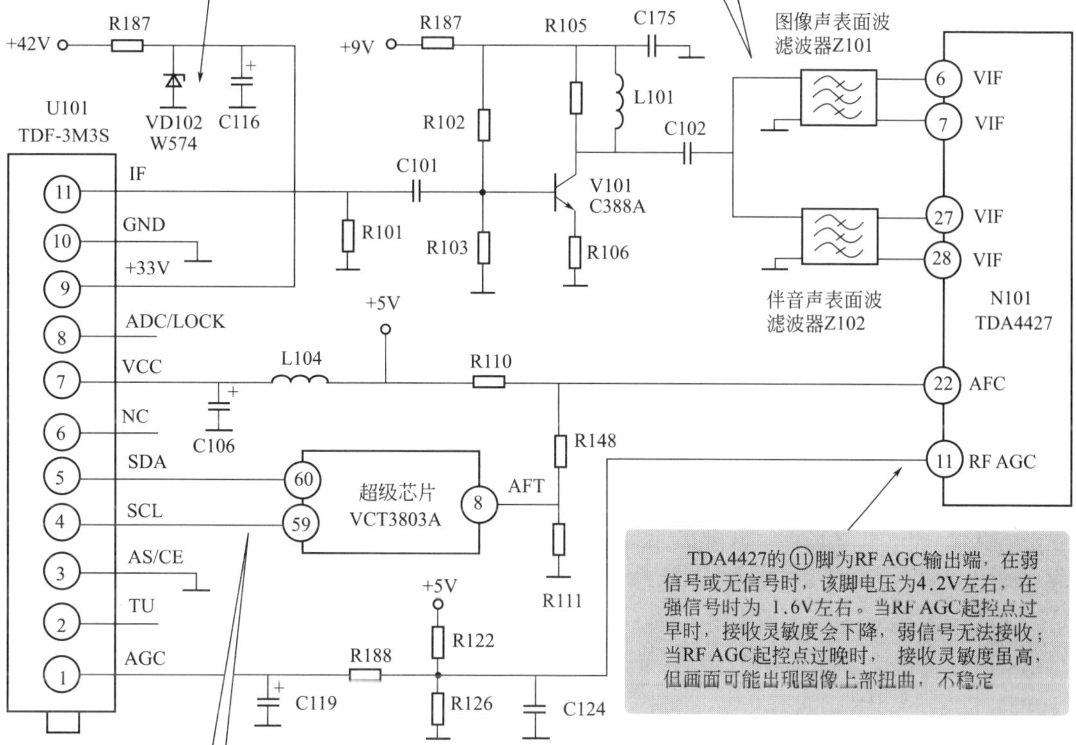

+42V
R187
VD102
W574
C116
U101
TDF-3M3S
IF
GND
+33V
ADC/LOCK
VCC
NC
SDA
SCL
AS/CE
TU
AGC
+9V
R187
R105
C175
L101
R102
C102
C101
V101
C388A
R101
R103
R106
图像声表面波
滤波器Z101
伴音声表面波
滤波器Z102
VIF
N101
TDA4427
+5V
L104
R110
C106
AFC
R148
RF AGC
超级芯片
VCT3803A
AFT
R111
+5V
R122
R188
C119
R126
C124

TDA4427的⑪脚为RF AGC输出端，在弱信号或无信号时，该脚电压为4.2V左右，在强信号时为 1.6V左右。当RF AGC起控点过早时，接收灵敏度会下降，弱信号无法接收；当RF AGC起控点过晚时， 接收灵敏度虽高，但画面可能出现图像上部扭曲，不稳定

U10l高频头的④脚为SCL时钟线控制端、⑤脚为SDA数据线控制端，因此，这种高频头的频段、频道选择及节目搜索就不再像传统机型那样，需要由频段译码和调谐扫描来完成，而是通过I²C总线及控制软件来完成

频率合成式高频头故障检查方法：

频率合成式高频头的故障症状与电压合成式高频头的故障症状相同， 如无图像无声，图、声不清晰，个别频道节目收不到，跑台等。 检修时若怀疑高频头有故障，首先检查两组电源电压是否正常，若不正常， 应查供电电路；然后检查RF AGC电压是否正常，若不正常，应查RF AGC提供电路；再检查I²C总线有无开路或对地短路；若经上述检查均为正常，应更换高频头试之

TDF-3M3S型高频头维修数据

引脚	符 号	功 能	对地电阻/kΩ		电压/V		
			红笔接地	黑笔接地	待机	无信号	有信号
1	AGC	RF自动增益控制端	7.5	17	0	4.4	2.0
2	TU	调谐电压测试端	∞	∞	0	0	0
3	AS/CE	地址选择，本机接地	0	0	0	0	0
4	SCL	I²C总线时钟线	9.0	12	4.8	4.6	4.6
5	SDA	I²C总线数据线	9.0	11	4.8	4.7	4.7
6	NC	未用	∞	∞	0	5.0	5.0
7	VCC	电源输入端	350Ω	350Ω	0	5.0	5.0
8	ADC/LOCK	未用	∞	∞	0	0	0
9	+33V	调谐电压输入端	80	9.5	31.5	32.5	32.5
10	GND	接地端	0	0	0	0	0
11	IF	中频信号输出端	100Ω	100Ω	0	0	0

图 5-5 TDF-3M3S 型频率合成式高频头应用电路解析和故障维修要点

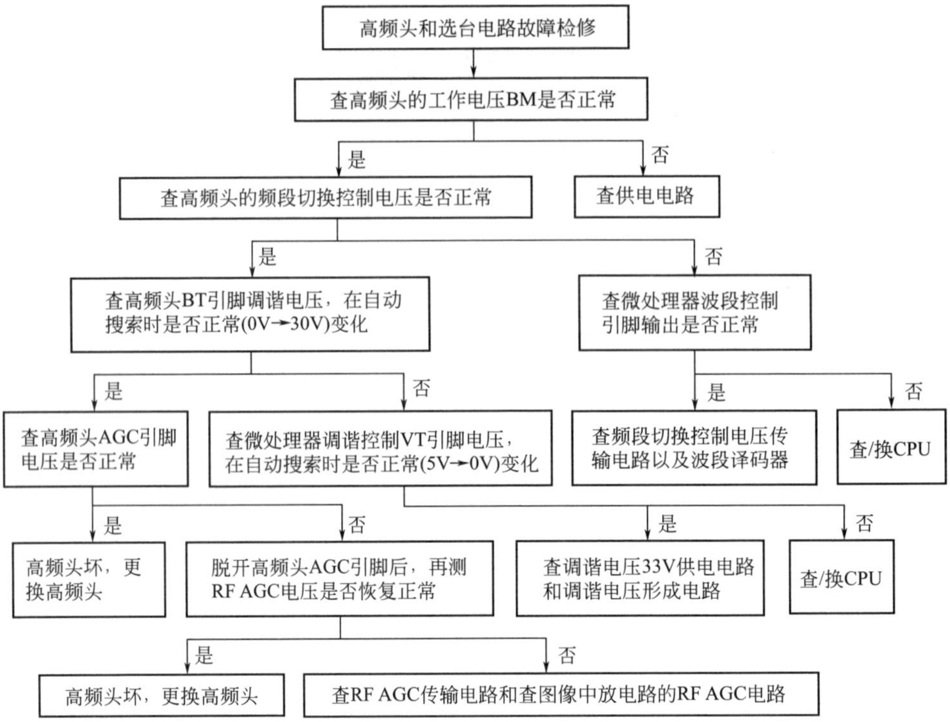
高频头和选台电路故障检修
查高频头的工作电压BM是否正常
是
否
查高频头的频段切换控制电压是否正常
查供电电路
是
否
查高频头BT引脚调谐电压，在自动搜索时是否正常(0V→30V)变化
查微处理器波段控制引脚输出是否正常
是
否
查高频头AGC引脚电压是否正常
查微处理器调谐控制VT引脚电压，在自动搜索时是否正常(5V→0V)变化
是
否
查频段切换控制电压传输电路以及波段译码器
查/换CPU
是
否
高频头坏，更换高频头
脱开高频头AGC引脚后，再测RF AGC电压是否恢复正常
是
否
查调谐电压33V供电电路和调谐电压形成电路
查/换CPU
是
否
高频头坏，更换高频头
查RF AGC传输电路和查图像中放电路的RF AGC电路

图 5-6 高频头和选台电路故障检修流程

下面对流程图作几点说明。

① 检查高频头供电电压。+5V（或+12V）供电一般不会有问题，若电压过低，一般是外围滤波电容漏电或高频头内部短路损坏所致。采用逐一断开滤波电容和高频头的 BM 端，若电压恢复正常即说明被断开的元器件有问题。

② 检查频段切换电压。对于 VL、VH、U 或 BL、BH、BU 三个频段切换引脚的，正常时应为其中一个引脚为高电平（+12V或+5V），另两个引脚为低电平（一般为 0V），并能够切换。对于两个频段切换引脚的 L/H、U/V，正常时应为其中一个引脚为高电平（+12V或+5V），另一个引脚为低电平（一般为 0V），或者两个引脚均为高电平，并能够切换。

加在高频头的频段切换电压，有些机器是由微处理器直接输出送来的，有些机器则是由微处理器输出的频段切换控制信号经频段译码器（如 LA7910 等）转换后得到的。如果高频头的频段切换电压异常，则应检查微处理器波段控制引脚是否有控制信号输出，以及检查频段译码器及其外围电路。但需注意的是：新型总线控制机型，如果微处理器波段控制电压输出异常，可能是微处理器损坏，但也有可能是与“TUNER”（高频头选择）、“BANDOPTION”（波段控制选择）总线数据设定错误。检修时，应先使机器进入维修状态，查看这些数据设置是否正确，确定无误后，方可判定微处理器损坏。

频段译码器及其外围电路的检查方法如图 5-7 所示。

③ 检查 BT（或 VT）电压。对于各频道均收不到台、收台少、跑台等故障，可能故障点为 BT 电压不正常。检查时，将机器置于自动搜索状态，同时监测高频头 BT 端电压是否能在 0～30V 之间变化。若不能，则应检查 BT 电压形成电路（参见图 5-4）。

BT 电压不正常，有多种情况：一是始终为 30V 左右，无变化，这多为产生 BT 电压的倒相放大管 V701 无偏置电压或 N701 的㉜脚（VT 控制端）无 PWM 波输出或未加到有些微处理器只有两个脚输出频道选择控制信号，如果采用的是BU、BH、BL三个频段切换引脚的高频头，还需要一个频段切换电路。频段切换电路大多采用频段译码集成电路，常用的频段译码器如DBL2044、LA7910等

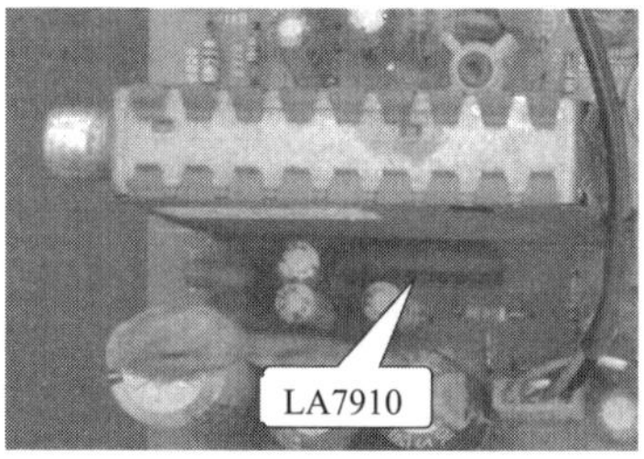
LA7910

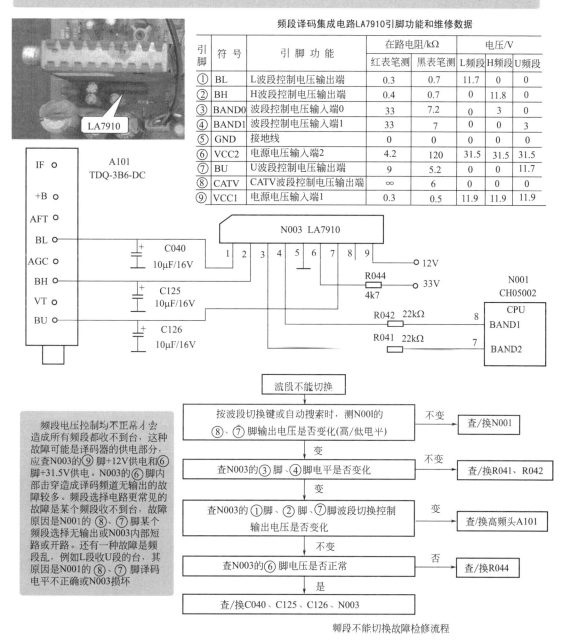

频段译码集成电路LA7910引脚功能和维修数据

引脚	符号	引脚功能	在路电阻/kΩ		电压/V		
			红表笔测	黑表笔测	L频段	H频段	U频段
①	BL	L波段控制电压输出端	0.3	0.7	11.7	0	0
②	BH	H波段控制电压输出端	0.4	0.7	0	11.8	0
③	BAND0	波段控制电压输入端0	33	7.2	0	3	0
④	BAND1	波段控制电压输入端1	33	7	0	0	3
⑤	GND	接地线	0	0	0	0	0
⑥	VCC2	电源电压输入端2	4.2	120	31.5	31.5	31.5
⑦	BU	U波段控制电压输出端	9	5.2	0	0	11.7
⑧	CATV	CATV波段控制电压输出端	∞	6	0	0	0
⑨	VCC1	电源电压输入端1	0.3	0.5	11.9	11.9	11.9

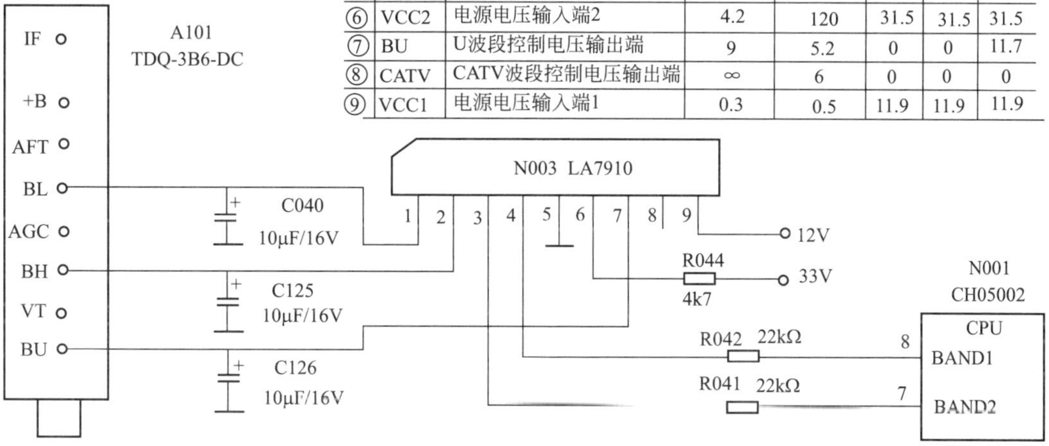
IF
+B
AFT
BL
AGC
BH
VT
BU
A101
TDQ-3B6-DC
C040
10μF/16V
C125
10μF/16V
C126
10μF/16V
N003 LA7910
1 2 3 4 5 6 7 8 9
12V
R044
4k7
33V
N001
CH05002
CPU
R042 22kΩ
8
BAND1
R041 22kΩ
7
BAND2

频段电压控制均不正常才会造成所有频段都收不到台，这种故障可能是译码器的供电部分，应查N003的⑨脚+12V供电和⑥脚+31.5V供电。N003的⑥脚内部击穿造成译码频道无输出的故障较多。频段选择电路更常见的故障是某个频段收不到台，故障原因是N001的⑧、⑦脚某个频段选择无输出或N003内部短路或开路。还有一种故障是频段乱，例如L段收U段的台，其原因是N001的⑧、⑦脚译码电平不正确或N003损坏

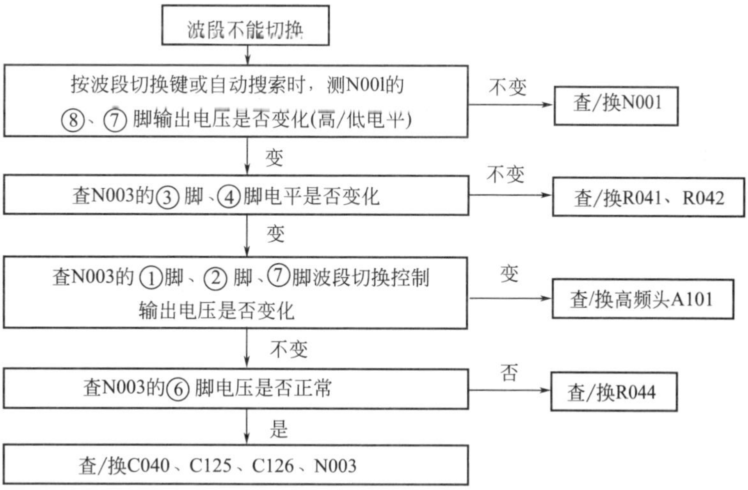
波段不能切换
按波段切换键或自动搜索时，测N001的⑧、⑦脚输出电压是否变化(高/低电平)
不变
查/换N001
变
查N003的③脚、④脚电平是否变化
不变
查/换R041、R042
变
查N003的①脚、②脚、⑦脚波段切换控制输出电压是否变化
变
查/换高频头A101
不变
查N003的⑥脚电压是否正常
否
查/换R044
是
查/换C040、C125、C126、N003

频段不能切换故障检修流程

图 5-7 频段译码器电路解析和故障维修要点（长虹 D2966A 彩电）

V701，或 V701 开路。若无 PWM 波输出，多为 N701 的㉜脚内部有问题，即 N701 损坏。N701 的㉜脚有输出，应重点检查 R710 及 V701 是否开路。另一种情况是 BT 电压为 0V 或很低，其原因为外围电容 C106、C711、C710、C709 短路或漏电，或 V701c、e 两极间短路，或+33V 稳压管短路，以及高频头 BT 端内部短路、漏电。这时可断开 BT 端，若调谐电压恢复正常，则为高频头 BT 端内部击穿。还有一种情况是 BT 电压始终在 0～5V 之间微微变化，这时多为+33V 电压未加到调谐电路，其原因是 R718 开路或 N705 短路，无

+33V加至V701。有时也会因高频头BT端内部漏电造成调谐电压无法升高，仅在0至十几伏之间变化，此时表现为收不到各频段高端的节目。

另外还有一种情况是BT电压不稳定，这会造成收到台后跑台。对于跑台故障，一般BT电压在短时间内变化不太明显，因此，检查时最好是用数字万用表长时间监测BT电压是否稳定。若不稳定，为区分是中放电路原因还是调谐部分的原因，可断开高频头BT端，若BT电压变为稳定，则是调谐器BT端内部漏电；若BT电压仍有波动，一是调谐电压形成电路有问题，多为V701性能不良，外围电容有漏电，二是送入微处理器的AFT“S”形电压异常，也会造成N701的㉜脚VT电压PWM波变化，导致BT电压变化。

④ 检查高频头AGC（或RFAGC）端电压。该端输入的RFAGC电压用作控制高频头内部高放增益。若高频头AGC端静态电压很低，将造成高放AGC提前起控，引起增益下降、图像灵敏度低，严重时收不到台。若高放AGC静态电压过高，将造成滞后起控，使中放解调信号幅度过大，引起同步头压缩，图像上部扭曲，严重时会使行场不同步。高频头AGC端电压异常，一般来说是RFAGC电路故障，而高频头故障的可能性较小，应重点检查滤波电容C104、C119和分压电阻R103、R104，以及图像中频电路输出的RFAGC电压是否正常。

如果以上检查，高频头的外电路均正常，说明故障在高频头本身，应更换高频头。

5.2.6 更换高频头的技术要领

（1）高频头的拆卸和安装

将高频头从电路板上拆下时，需电烙铁和吸锡器配合使用，将引脚及外壳接地端子上的焊锡都除尽后才能轻轻拔出，拔出时不能用力过猛，也不能左右摇动；将新的高频头装入电路时，应注意插到底，以保证高频头与整机印制板有良好的连接。

（2）高频头的代换

高频头的型号较多，要更换原型号的高频头往往有困难，因此，维修时经常需采用其他型号的高频头来进行代换。代换高频头应注意以下几点。

① 确认原高频头是电压合成式还是频率合成式高频头，判断的简单方法是打开高频头外壳，看内部有没有晶振，如果没有，一般是电压合成式高频头。同时还应确认原高频头的供电电压是多少，可以根据电路图来判断，也可以测量主板上BM端电压来判断。另外，还需确认原高频头频段转换控制引脚是两个还是三个，以及有无ATF引脚等。

② 选用代换用的高频头时，应首先考虑外形大小和安装尺寸、引脚功能以及引脚排列顺序与原来的高频头相同。如果用来代换的高频头与原高频头外形不一样，只是脚位不能直接插入，可将电视主板上的高频头引脚焊盘用导线连接到高频头对应的引脚上，然后想办法将高频头固定即可。

③ 对于某些特殊高频头，一时无法找到合适的高频头来代换，可购买万能高频头来代换。

5.3 中频通道电路的结构和故障维修精讲

5.3.1 中频通道电路的结构和组成

从高频头中频输出端开始到预视放为止，这一段公共通道称为中频通道（或称中频电路、中放电路等）。中频通道的作用是将高频头输出的中频信号进行放大，再进行视频解调（检波）处理，得到彩色全电视信号（视频信号）和第二伴音中频信号，分别去解码电路和伴音通道。中频通道主要放大图像中频信号，而对伴音中频放大量小（防止伴音干扰图像），所以中频通道也常称为图像中放通道或图像中频电路。整机选择性、灵敏度、稳定性等主要技术指标几乎都取决于中频通道，它对彩色图像的正确重现和稳定十分重要。

中频通道的组成部分主要有：预中放、声表面波滤波器、中频放大器、视频解调（检波）、消噪声（ANC）、自动增益控制（AGC）、自动频率微调 AFT 以及预视放等电路。除预中放和声表面波滤波器外，大部分电路都集成于集成电路内部。多片机、两片机的中频通道主要由预中放、声表面波滤波器、图像中放集成块及其外围元件组成。单片彩电、超级单片彩电的中频通道主要由预中放、声表面波滤波器、单片 TV 小信号处理 IC 或超级单片 IC 内部的中频信号处理电路部分及相关外围元件组成。图 5-8 是 LA76818 单片彩电的中频通道实物图。超级单片彩电的中频通道实物图参见图 5-1。

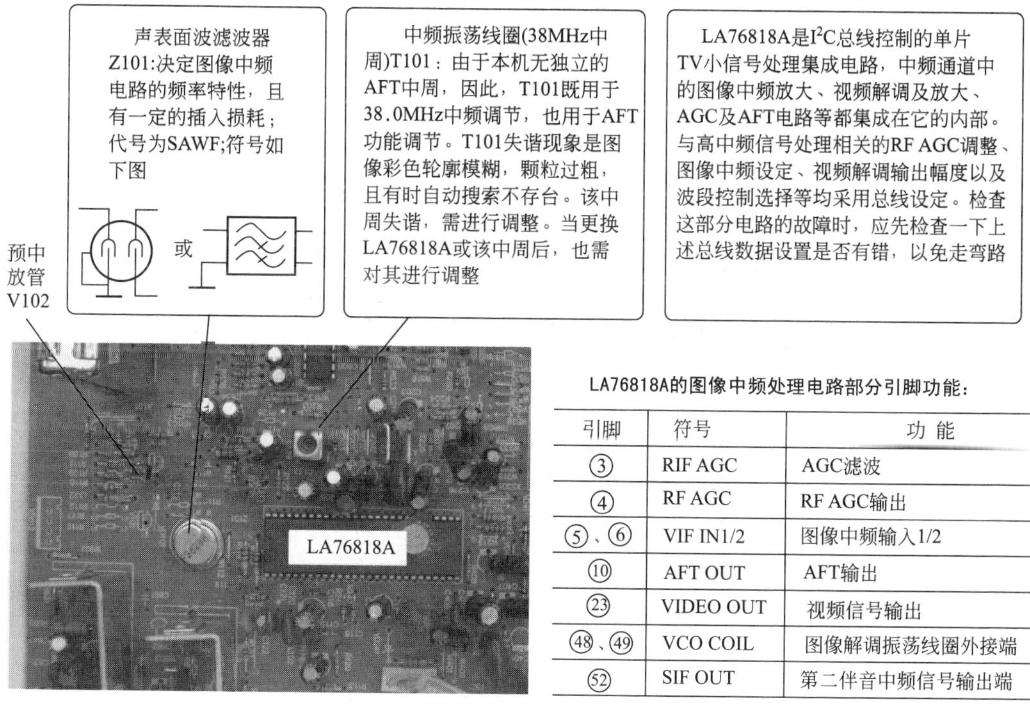
声表面波滤波器Z101:决定图像中频电路的频率特性，且有一定的插入损耗；代号为SAWF;符号如下图
或
预中放管V102
中频振荡线圈(38MHz中周)T101：由于本机无独立的AFT中周，因此，T101既用于38.0MHz中频调节，也用于AFT功能调节。T101失谐现象是图像彩色轮廓模糊，颗粒过粗，且有时自动搜索不存台。该中周失谐，需进行调整。当更换LA76818A或该中周后，也需对其进行调整
LA76818A是I²C总线控制的单片TV小信号处理集成电路，中频通道中的图像中频放大、视频解调及放大、AGC及AFT电路等都集成在它的内部。与高中频信号处理相关的RF AGC调整、图像中频设定、视频解调输出幅度以及波段控制选择等均采用总线设定。检查这部分电路的故障时，应先检查一下上述总线数据设置是否有错，以免走弯路
LA76818A

LA76818A的图像中频处理电路部分引脚功能：

引脚	符号	功 能
③	RIF AGC	AGC滤波
④	RF AGC	RF AGC输出
⑤、⑥	VIF IN1/2	图像中频输入1/2
⑩	AFT OUT	AFT输出
㉓	VIDEO OUT	视频信号输出
㊽、㊾	VCO COIL	图像解调振荡线圈外接端
㊾	SIF OUT	第二伴音中频信号输出端

图 5-8　中频通道元件组装结构

5.3.2　中频通道电路精讲

5.3.2.1　预中放和声表面波滤波器

在高频头与集成电路中频处理电路之间，接有预中放和声表面波滤波器。这部分电路常称为前置中频处理电路，如图 5-9 所示。

（1）预中放

预中放电路由晶体管 V102 以及外围电路构成。其中 C110 为输入耦合电容，R108、R109 为 V102 的基极偏置电阻，V102 的发射极接有交直流负反馈电阻 R111，C111 为高频旁路电容。对于预中放电路，除了要求有足够的增益外，还要求具有足够的带宽，以保证图像中频通道具有足够的带宽。V102 集电极负载电感 L122 上并联电阻 R110 是用来降低回路

故障症状：①无图像、无伴音、雪花噪粒子很淡；②图像淡、无彩色、雪花干扰明显；③声图不一致或图像重影等

维修提示：检查前置中频处理这段电路，可采用感应法，注入干扰信号的顺序为：A101的IF输出端→V102 b极→V102 c极→Z101的输入端→N101的⑤、⑥脚。若在某一点干扰信号出现于屏幕上，则说明此后电路工作正常，故障出在前级。此法在检修因RF信号阻断而导致的一片白光栅故障时，更为有效，可迅速确认故障部位

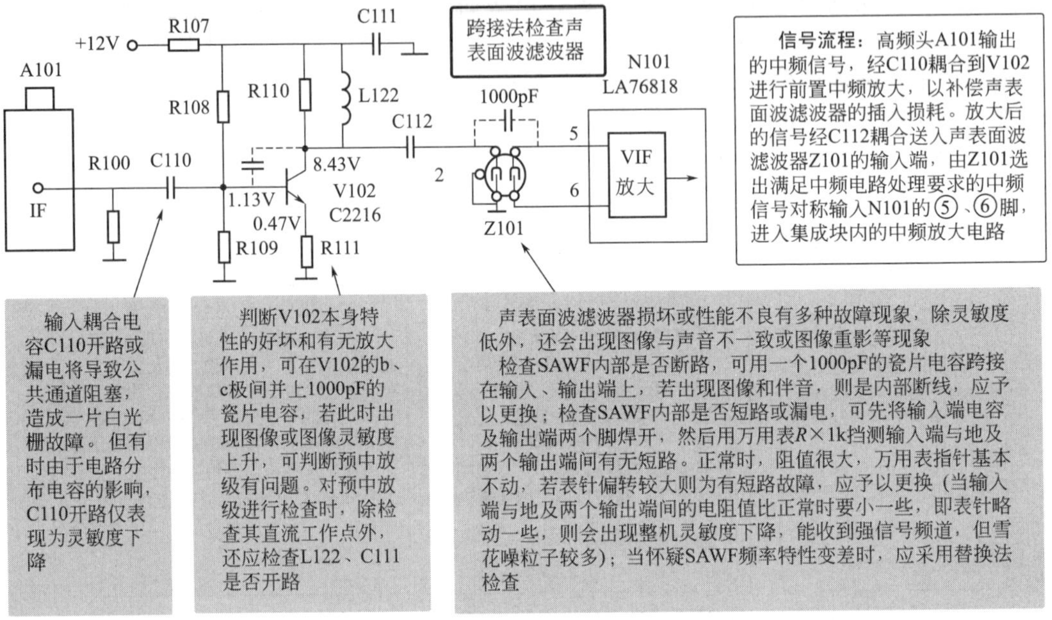

+12V
R107
C111
跨接法检查声表面波滤波器
N101
LA76818
A101
R108
R110
L122
1000pF
C112
R100
C110
8.43V
V102
C2216
1.13V
0.47V
R109
R111
IF
5
6
2
VIF
放大
Z101
信号流程：高频头A101输出的中频信号，经C110耦合到V102进行前置中频放大，以补偿声表面波滤波器的插入损耗。放大后的信号经C112耦合送入声表面波滤波器Z101的输入端，由Z101选出满足中频电路处理要求的中频信号对称输入N101的⑤、⑥脚，进入集成块内的中频放大电路
输入耦合电容C110开路或漏电将导致公共通道阻塞，造成一片白光栅故障。但有时由于电路分布电容的影响，C110开路仅表现为灵敏度下降
判断V102本身特性的好坏和有无放大作用，可在V102的b、c极间并上1000pF的瓷片电容，若此时出现图像或图像灵敏度上升，可判断预中放级有问题。对预中放级进行检查时，除检查其直流工作点外，还应检查L122、C111是否开路
声表面波滤波器损坏或性能不良有多种故障现象，除灵敏度低外，还会出现图像与声音不一致或图像重影等现象
检查SAWF内部是否断路，可用一个1000pF的瓷片电容跨接在输入、输出端上，若出现图像和伴音，则是内部断线，应予以更换；检查SAWF内部是否短路或漏电，可先将输入端电容及输出端两个脚焊开，然后用万用表R×1k挡测输入端与地及两个输出端间有无短路。正常时，阻值很大，万用表指针基本不动，若表针偏转较大则为有短路故障，应予以更换（当输入端与地及两个输出端间的电阻值比正常时要小一些，即表针略动一些，则会出现整机灵敏度下降，能收到强信号频道，但雪花噪粒子较多）；当怀疑SAWF频率特性变差时，应采用替换法检查

图 5-9　预中放和声表面波滤波器电路解析和故障维修要点

Q 值，使预中放具有足够的带宽。

（2）声表面波滤波器

声表面波滤波器（SAWF）用于选取 38MHz 图像中频信号、33.57MHz 色度中频和 31.5MHz 第一伴音中频（对 31.5MHz 信号有很大衰减），同时抑制高频头输出的邻频道干扰信号。这里所说的中频频率是我国的 PAL. D 制式的（为叙述方便，下文中一般也是主要针对我国的 PAL. D 制式而言），对于其他制式的中频信号，其载频可能不同。

声表面波滤波器是由超声波换能器组成。SAWF 是一个无源带通滤波器，本身没有放大能力，还存在一定的损耗。为补偿 SAWF 的插入损耗，通常需要在它的前面增加一级预中放电路。

5.3.2.2　集成电路的图像中频信号处理部分

集成电路内图像中频部分主要包括图像中频放大、视频解调（检波）及放大、AGC 及 AFT 电路。下面以 LA76818 单片集成电路内图像中频电路部分为例介绍，有关电路如图 5-10所示。

（1）图像中频放大电路

集成电路内的中频放大电路，主要是放大 38MHz 图像中频信号（VIF），而对 30.5MHz 第一伴音信号放大量小，故中频放大又称为图像中放。N101 内部的中频放大器，放大增益受中放 AGC 电路的控制，从而使输出信号幅度恒定。经图像中频放大后的中频信号送往视频检波电路。

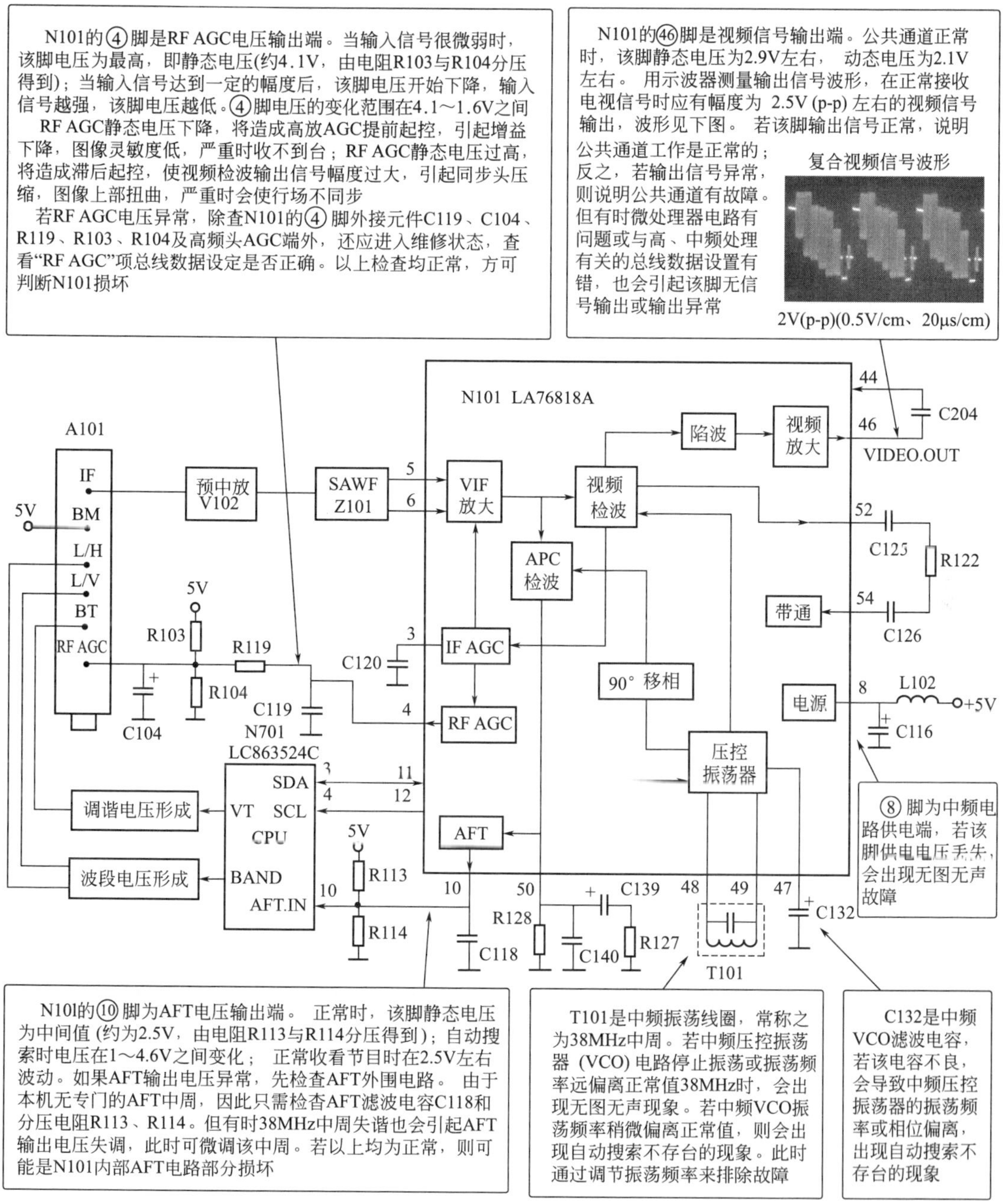

N101的④脚是RF AGC电压输出端。当输入信号很微弱时，该脚电压为最高，即静态电压(约4.1V，由电阻R103与R104分压得到)；当输入信号达到一定的幅度后，该脚电压开始下降，输入信号越强，该脚电压越低。④脚电压的变化范围在4.1～1.6V之间
RF AGC静态电压下降，将造成高放AGC提前起控，引起增益下降，图像灵敏度低，严重时收不到台；RF AGC静态电压过高，将造成滞后起控，使视频检波输出信号幅度过大，引起同步头压缩，图像上部扭曲，严重时会使行场不同步
若RF AGC电压异常，除查N101的④脚外接元件C119、C104、R119、R103、R104及高频头AGC端外，还应进入维修状态，查看“RF AGC”项总线数据设定是否正确。以上检查均正常，方可判断N101损坏
N101的㊻脚是视频信号输出端。公共通道正常时，该脚静态电压为2.9V左右，动态电压为2.1V左右。用示波器测量输出信号波形，在正常接收电视信号时应有幅度为2.5V (p-p) 左右的视频信号输出，波形见下图。若该脚输出信号正常，说明公共通道工作是正常的；反之，若输出信号异常，则说明公共通道有故障。但有时微处理器电路有问题或与高、中频处理有关的总线数据设置有错，也会引起该脚无信号输出或输出异常
复合视频信号波形
2V(p-p)(0.5V/cm、20μs/cm)
N101 LA76818A
A101
IF
BM
L/H
L/V
BT
RF AGC
5V
预中放 V102
SAWF Z101
VIF 放大
视频 检波
陷波
视频 放大
APC 检波
IF AGC
RF AGC
90° 移相
压控 振荡器
AFT
带通
电源
44
46
C204
VIDEO.OUT
52
C125
R122
54
C126
8
L102
+5V
C116
5
6
3
4
11
12
10
50
48
49
47
R103
R119
R104
C104
C119
C120
N701
LC863524C
SDA
SCL
VT
CPU
BAND
AFT.IN
调谐电压形成
波段电压形成
R113
R114
C118
R128
C140
C139
R127
T101
C132
⑧脚为中频电路供电端，若该脚供电电压丢失，会出现无图无声故障
N10l的⑩脚为AFT电压输出端。正常时，该脚静态电压为中间值(约为2.5V，由电阻R113与R114分压得到)；自动搜索时电压在1～4.6V之间变化；正常收看节目时在2.5V左右波动。如果AFT输出电压异常，先检查AFT外围电路。由于本机无专门的AFT中周，因此只需检查AFT滤波电容C118和分压电阻R113、R114。但有时38MHz中周失谐也会引起AFT输出电压失调，此时可微调该中周。若以上均为正常，则可能是N101内部AFT电路部分损坏
T101是中频振荡线圈，常称之为38MHz中周。若中频压控振荡器 (VCO) 电路停止振荡或振荡频率远偏离正常值38MHz时，会出现无图无声现象。若中频VCO振荡频率稍微偏离正常值，则会出现自动搜索不存台的现象。此时通过调节振荡频率来排除故障
C132是中频VCO滤波电容，若该电容不良，会导致中频压控振荡器的振荡频率或相位偏离，出现自动搜索不存台的现象

图 5-10 集成电路的图像中频处理电路解析和故障维修要点（LA76818 单片 IC）

（2）视频检波电路

视频检波有两个功能：一是对 38MHz 图像中频信号进行检波，得到 0～6MHz 彩色全电视信号（或称视频信号）；二是将 38MHz 图像中频信号与 31.5MHz 第一伴音中频信号进行差拍，得到 6.5MHz 第二伴音中频信号。

LA76818A 内部的视频检波电路采用锁相环（PLL）同步检波方式。LA76818A 的㊽、㊾脚外接的 LC 谐振网络 T101（T101 常称为 38MHz 图像中周）与内部电路构成压控振荡器（VCO），产生同步检波所需的 38MHz 开关脉冲信号。压控振荡器的振荡频率和相位受

APC 鉴相器产生的直流误差电压控制。中放电路输出的图像中频信号除送视频检波电路外，还有一路送 APC 鉴相器的一个输入端，VCO 振荡器输出的正弦波信号经 90°移相后送 APC 鉴相器的另一个输入端。APC 鉴相器将这两种输入信号进行频率和相位比较，产生误差电流，经㊿脚外接元件（C140、C139、R127、R128）低通滤波平滑成直流误差电压，用于控制压控振荡器的振荡频率和相位。调节 T101，使压控振荡器的谐振频率与图像中频（38MHz）一致，这样才能使检波输出不失真，且输出幅度最大。㊼脚外接元件 C132 为 VCO 振荡滤波电容，用于保证压控振荡器产生的振荡信号相位准确。

经视频检波后，得到视频信号和第二伴音中频信号。视频检波有多路输出信号：其中一路从52脚输出，送往伴音通道；另一路送入内置的陷波电路（即第二伴音中频陷波电路），去除不同制式的第二伴音中频信号得到视频信号，由㊻脚输出，再从㊹脚返回到 LA76818A 内部的 TV/AV 视频切换电路。

本机图像中频、视频解调幅度、伴音中频陷波频率微调均由 I^2C 总线数据设定。

（3）AGC 电路

AGC 电路的作用是控制中放电路以及高频头内高放电路的增益，保证输出的视频信号幅度恒定。LA76818 内视频检波的输出信号，一路送至 AGC 检测电路，检出的信号经③脚外接滤波电容 C120 滤波后，产生中放 AGC 直流控制电压（IFAGC），去控制中频放大电路的增益，输入信号越强，控制中放电路的增益下降越多。C120 容量大小对中放 AGC 的时间常数有影响。当中放 AGC 因输入信号幅度过大而使中放增益已降至最低，但信号幅度仍过大时，高放 AGC 将起控，由④脚输出 RFAGC 电压送到高频头 AGC 控制端，使高频头内高放级的增益下降，改变高频头 IF 端输出信号强度，最终使视频检波输出信号幅度基本保持不变，获得清晰稳定的图像。本机高放 AGC 的起控电平由 CPU 通过 I^2C 总线来设定。

（4）AFT 电路

当因传输原因或高频电路的频漂，造成接收频率或本振频率发生偏移时，需由 AFT 电路进行校正，防止产生“跑台”的故障。

本机中，由于 N101 内集成有准确的 90°移相电路，因此压控振荡器调谐电路也可作为 AFT 电路的调谐电路，仅用一个 38.0MHz 调谐电路就可完成通常要由两个调谐回路的 38MHz 调整和 AFT 调整，这样可省去一个 AFT 专用的调谐电路。在 LA76818A 内，APC 鉴相器产生的误差信号经 AFT 电路，产生自动频率微调 AFT 电压（有些电路图上标为 AFC），从⑩脚输出，并送往微处理器。⑩脚外接元件 C118 为 AFT 电压滤波电容。送到微处理器的 AFT 电压，一方面作为自动搜索过程中记忆的依据；另一方面根据图像中频信号偏离 38MHz 的程度，修正微处理器输出的 VTPWM 方波脉宽，从而改变高频头 BT 端调谐电压，达到改变本振频率的目的，使高频头输出的图像中频更接近 38MHz。

5.3.3 中频通道故障维修精讲

5.3.3.1 预中放和声表面波滤波器故障维修要点

参见图 5-9。预中放级除要保证其直流工作点外，还应要求交流回路无故障。因此，检查时首先检查预中放管 V102 各极电压，以推断该管是否工作于放大状态。若该管电压异常，查其供电和偏置元件，使其各极电压恢复正常即可，但有时也可能是预中放管本身损坏。如果该管各极电压正常，还应检查集电极负载电感 L122 是否开路和高频旁路电容 C111 是否开路，因为这两者中任一元件开路，将使预中放级增益下降，出现图像淡、无彩色、雪花噪粒子明显的现象。

SAWF 损坏或特性不良所表现出的故障现象多种多样，常见故障现象有：无图像、无伴音（内部短路或断路）；灵敏度低（内部损耗过大或漏电）；接收图像有重影或图像与声音不一致（频率特性变差）；图像无彩色（色度中频吸收过量）；图像杂乱不同步（频带过窄）等。

5.3.3.2 集成电路的图像中频处理部分故障维修要点

集成电路的图像中频处理部分检修关键点的状态参见图 5-10。

（1）中频信号输入端

中频信号输入端一般有两个，正常情况下两端的直流电压完全相等。当用万用表 $R\times1k$ 挡在这两端注入干扰信号时，屏幕上应出现明显的水平干扰条纹，且扬声器中应出现明显的噪声干扰。如果两个输入端直流电压有差异或异常，一般便可肯定输入回路有开路或某脚脱焊。如两端子电压相等但偏离正常值较多，则有可能是电源电压异常，或外部接点对地短路或 SAWF 漏电等。否则应怀疑 TV 信号处理集成电路损坏。

（2）视频信号输出端

从集成电路的视频信号输出脚所输出的信号是否正常，可以判断整个公共通道工作正常与否。该脚输出信号是正极性（同步头向下）的视频信号，包含有直流分量，该脚输出的视频信号幅度越大，其直流分量也越低。利用该脚直流电压的这种变化规律可以用万用表测量该脚在接收电视信号（动态）与无信号（可置于空频道，即静态）时的直流电压的变化，判断是否有视频信号输出。若动态与静态的电压无变化，说明无视频信号输出。若有示波器，可用示波器观察该脚输出信号的波形来判断整个公共通道的工作是否正常。

（3）IF AGC 滤波端和 RF AGC 电压输出端

AGC 电路发生故障，一般有两种情况。一是 AGC 输出电压过高（彩电高频头大多采用负向 AGC），使 RF AGC 或 RF AGC 与 IF AGC 都失控。一般若只有 RF AGC 失控，仅产生图像上半部扭曲现象；若 RF AGC 与 IF AGC 均失控，则整幅图像杂乱无章。这种故障通过测量 AGC 滤波脚和 RF AGC 电压输出脚电压可以立即判明。二是 AGC 输出电压过低，使高频头内高频放大电路的增益或图像中放电路增益下降。若仅 RF AGC 电压低，则故障现象为图像淡、雪花噪粒子明显；若 RF AGC 与 IF AGC 电压均低，则会出现有光栅、无图像、无伴音及无雪花噪粒子或图像淡及行、场不同步的现象。

IF AGC 滤波端外接 AGC 滤波电容，该脚直流电压能在一定范围内变化，该脚电压的高低，反映出输入信号的强弱。如 LA76818A 的③脚，当输入到集成块内部图像中放的信号很弱时，该脚电压为最低值（约 1.6V），此时图像中放的增益为最高。随着输入信号幅度增加，该脚电压也会增大，强信号时接近 4V，此时控制图像中放的增益为最小。③脚电压一般在 1.5～4V 之间变化；在正常收看某一固定节目时，电压无大的变化。检修时，若测得该脚的电压太低，则应检查其外接 AGC 滤波电容是否严重漏电或短路，若 AGC 正常，则应判定集成块内部的 AGC 电路损坏。

RF AGC 输出引脚电压大小是随输入集成电路的 IF 信号大小而变化的。当输入信号很微弱时，该脚电压为最高，即静态电压（使用 12V 高频头的大多为 7.5V 左右，使用 5V 高频头的大多为 4V 左右）；当输入信号达到一定的幅度后，该脚电压开始下降，输入信号越强，该脚电压越低。若测得该脚电压异常，则应先检查该脚至高频头 AGC 端之间电路中的元件，再检查 RF AGC 起控点的调整是否正常。RF AGC 起控点的调整有两种方式：一种是 RF AGC 电位器调整方式，老式彩电采用这种方式；另一种是“RF AGC”总线调整方式，I^2C 总线控制彩电采用这种方式。当 RF AGC 电位器调整不正确或“RF AGC”总线数据设定不恰当，就会出现 RF AGC 电压太低或太高的情况，从而导致 RF AGC 起控太早或太晚。当 RF AGC 起控太早，就会造成整机灵敏度下降，在接收弱信号电视节目时图像雪花噪粒子严重；当 RF AGC 起控太晚，就会造成接收强信号频道时图像上部扭曲或整幅图像不稳。

(4) AFT 电压输出端

AFT 电路出现故障，将会无 AFT 输出电压或输出错误，会导致跑台和自动搜索不存台等故障。

判断是否是 AFT 电路故障的方法是：通过遥控器操作，将"AFT 开/关"项设置为"关"状态（有些机型采用 AFT 机械式开关，则将此开关拨到 OFF 位置），用手动调谐调节图像，若图像能变清晰，则为 AFT 电路故障；否则，就不是 AFT 电路故障。

AFT 输出引脚的静态电压由外接电阻分压确定，自动搜索时和播放时在静态电压上下波动。在接收到电视信号，调谐完全正确时（即输入图像中放的中频信号频率准确为 38.0MHz），该脚输出 AFT 控制电压为中间值；当中频输入信号频率高于或低于 38.0MHz 时，该脚输出的 AFT 控制电压增加或降低。

若 AFT 输出电压异常，应先检查集成电路 AFT 输出端至 CPU 的 AFT 输入端之间电路，如果这部分电路无问题，则需对集成电路与 AFT 有关的外围电路作检查，重点对 38.0MHz 中周和 AFT 中周内的小管状电容作认真检查（单片 TV 信号处理 IC 没有专用的 AFT 中周）。如确认发黑，应拆除小管状电容，查资料换同容量的电容，或者干脆换新的正品免调试中周（这种中周出厂时经过严格较准，一般上机后不需要统调）。若 AFT 外围电路无问题，调节 38.0MHz 中周以及 AFT 中周无效，大多为 TV 信号处理 IC 不良。

超级单片 IC 和有部分单片 TV 小信号处理 IC 没有 AFT 信号输出端子，AFT 信号是靠 I^2C 总线来传送。

单片 TV 小信号处理 IC、超级单片 IC 的中频信号处理部分检查关键引脚见表 5-1 所列。

表 5-1 单片 TV 小信号处理 IC、超级单片 IC 的中频信号处理部分检查关键引脚

IC 型号	中频信号输入端	RFAGC 输出	中频 AGC 滤波	AFT 输出	视频信号输出	第二伴音中频输出
TDA8362	45、46	47	48	44	7	7
LA7680/LA7681	7、8	46	10	44	42	42
LA7687/LA7688	47、48	50	46	7	8	8
LA76810/LA76818	5、6	4	3	10	46	52
LA76930/LA76931	63、64	61	2		60	1
OM8370/OM8373	23、24	27			38	38
OM8838	48、49	54	53		6	6
TB1231/TB1238	6、7	8	9	4	47	47
TB1240	6、7、4	8	9	1	47	52
M52340SP	6、7	3	4	1	52	52
NN5198/NN5199	18、19、21	22	25	23	36	27
TMPA8803	41、42	43			30	31
TMPA8859	41、42	43			30	31
TMPA8893	41、42	43			30	31

5.3.3.3 中频电路的调整

(1) 高频头 AGC（RF AGC 电压）的调整

当电视机出现图像上部扭曲，同步不良，信号强时工作不正常、噪声大等现象时，可能需要对 RF AGC 电压进行调整。另外，当更换 RF AGC 调整电位器、高频头或 TV 小信号处理 IC 后，也可能需要调整 RF AGC，使图像最佳。调整方式有两种：一种是 RF AGC 电位器调整；另一种是“RF AGC”总线数据调整。调整方法如图 5-11 所示。经调整后，接收当地信号最强的电视台和信号最弱的电视台，应图像、伴音正常，信噪比无明显变化。

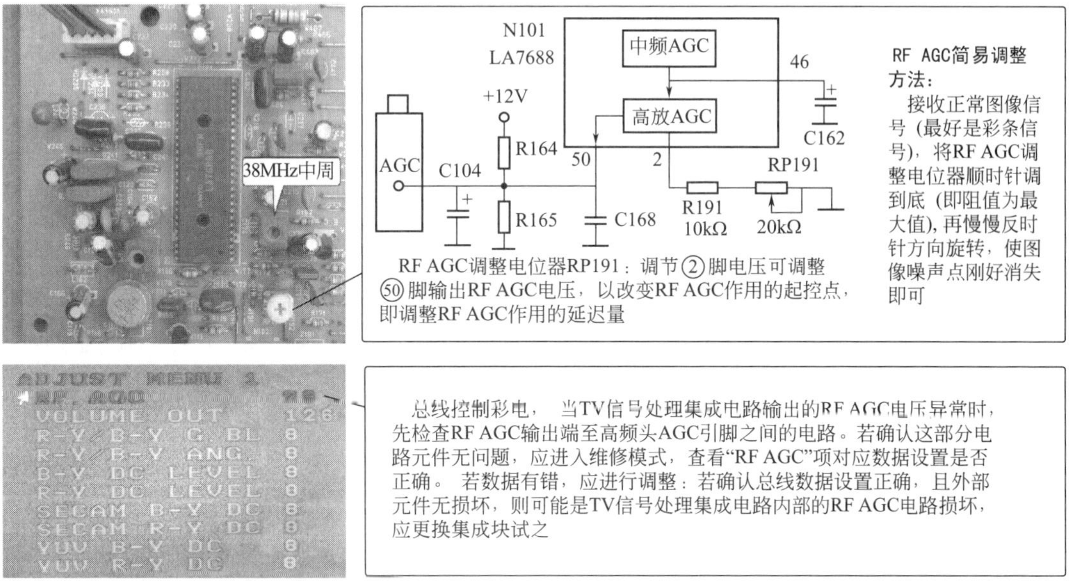
38MHz中周
N101
LA7688
中频AGC
高放AGC
46
+12V
C162
AGC
C104
R164
R165
50
2
C168
RP191
R191
10kΩ
20kΩ
RF AGC调整电位器RP191：调节②脚电压可调整⑩脚输出RF AGC电压，以改变RF AGC作用的起控点，即调整RF AGC作用的延迟量
RF AGC简易调整方法：
接收正常图像信号（最好是彩条信号），将RF AGC调整电位器顺时针调到底（即阻值为最大值），再慢慢反时针方向旋转，使图像噪声点刚好消失即可
ADJUST MENU 1
VOLUME OUT
R-Y/B-Y G. BL
R-Y/B-Y ANG.
B-Y DC LEVEL
R-Y DC LEVEL
SECAM B-Y DC
SECAM R-Y DC
YUV B-Y DC
YUV R-Y DC
总线控制彩电，当TV信号处理集成电路输出的RF AGC电压异常时，先检查RF AGC输出端至高频头AGC引脚之间的电路。若确认这部分电路元件无问题，应进入维修模式，查看“RF AGC”项对应数据设置是否正确。若数据有错，应进行调整；若确认总线数据设置正确，且外部元件无损坏，则可能是TV信号处理集成电路内部的RF AGC电路损坏，应更换集成块试之

图 5-11　RF AGC 电压的调整方法

（2）AFT 电压的调整

对于跑台和自动搜索时节目号不翻转故障，可能需要进行 AFT 调整。当更换 TV 信号处理集成块或 38MHz 中周后，也可能需要进行 AFT 调整，否则电视机不能正常搜索存台。

多片机（包括两片机）中，中频通道采用一块独立的图像中放集成块，并且有两个中周，一个 38MHz 中周，一个 AFT 中周。进行 AFT 调整时，应先调整 38MHz 中周，再调整 AFT 中周（一般需要反复调整几次才能调好）。

单片 TV 小信号处理集成块的中频信号处理部分，有些只有一个 38MHz 中周，比如 TDA8361/62、LA7687/88、LA76810/18、TB1238/40，而有些则连 38MHz 中周也没有，比如 TDA8841（OM8838）、TDA8843（OM8839），也没有 AFT 信号输出端子，AFT 信号是靠 I^2C 总线来传送。超级单片 IC，也没有 38MHz 中周，也没有 AFT 信号输出端子，同时还没有电台识别信号输出端子，这两种信号都是由内部电路传送到内置的 CPU。

对于只有一个 38MHz 中周的中频信号处理电路，调整方法是：先调图像中频 38MHz 功能，再调 AFT 功能调整。下面以 LA7688 的中频电路为例介绍其简易调整方法，相关电路如图 5-12 所示。

找一较优良的正常彩电（注意选择冷底板彩电），用细同轴电缆线的芯线将该机高频头 IF 输出端连接至待调整彩电预中放输入耦合电容，同时将待调彩电高频头 IF 输出脚与印制板脱开，同轴电缆的屏蔽线接两机器的地；让正常彩电接收一个质量好的中等强度电视节目，用数字万用表测中放 AGC 电压滤波端㊻脚电压，此时㊻脚电压从 3.6V（静态）上升到 4.5V 左右；将 T171 中周磁芯旋出，再逐渐由外向内旋入，此时电感量应由小到大变化，谐振频率从高到低变化，当电压指示最小时再往回旋出半周，此时电压指示略增（万用表指

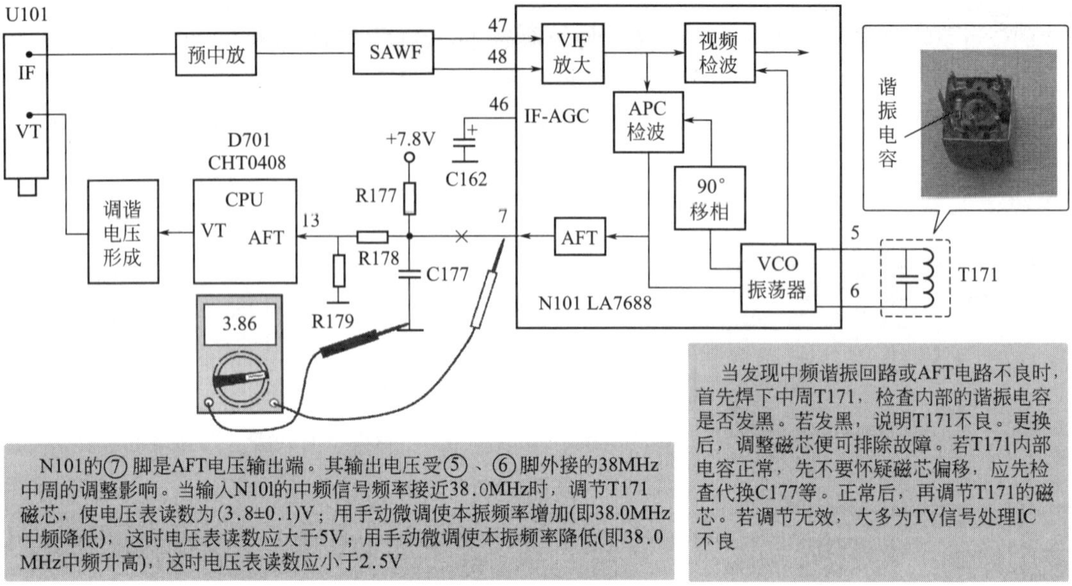
U101
IF
VT
预中放
SAWF
47
48
VIF
放大
视频
检波
46
IF-AGC
APC
检波
D701
CHT0408
+7.8V
C162
90°
移相
谐
振
电
容
CPU
R177
调谐
电压
形成
VT
AFT
13
7
AFT
R178
C177
VCO
振荡器
5
6
T171
R179
N101 LA7688
3.86
当发现中频谐振回路或AFT电路不良时，首先焊下中周T171，检查内部的谐振电容是否发黑。若发黑，说明T171不良。更换后，调整磁芯便可排除故障。若T171内部电容正常，先不要怀疑磁芯偏移，应先检查代换C177等。正常后，再调节T171的磁芯。若调节无效，大多为TV信号处理IC不良
N101的⑦脚是AFT电压输出端。其输出电压受⑤、⑥脚外接的38MHz中周的调整影响。当输入N101的中频信号频率接近38.0MHz时，调节T171磁芯，使电压表读数为(3.8±0.1)V；用手动微调使本振频率增加(即38.0MHz中频降低)，这时电压表读数应大于5V；用手动微调使本振频率降低(即38.0MHz中频升高)，这时电压表读数应小于2.5V

图 5-12　AFT 电压的简易调整方法

示最低时，谐振频率在 35～36MHz，将磁芯旋出半周，则谐振频率将升至 38.0MHz 附近)；将焊开的高频头 IF 端重新焊接好，此时，如果图像很清晰，则说明 T171 已谐振在 38.0MHz 图像中频附近。

焊开 LA7688 的⑦脚，给 CPU 的 AFT 电压输入端⑬脚加 2.5V 左右直流电压（若有 AFT 开关，可将该开关置于 AFT 关状态）；打开电视机电源，接收本地电视台信号，用手动微调使电视机准确调谐，使高频头输出中频信号频率尽可能接近 38.0MHz；用数字万用表测 N101 的⑦脚电压，调节 T171 磁芯，使电压表读数为（3.8±0.1）V（约为电源电压的一半）；用手动微调使本振频率增加，即 38.0MHz 中频降低（降低 0.1MHz），这时电压表读数应大于 5V；用手动微调使本振频率降低，即 38.0MHz 中频升高（升高 0.1MHz），这时电压表读数应小于 2.5V。反复上述调整，直到测得的电压满足要求为止。

5.4　超级单片彩电公共通道电路剖析和故障维修精讲

超级单片彩电的公共通道与前面介绍的单片彩电公共通道在结构方面和工作原理方面基本上是相同的，但也存在着一些差异，主要表现在：超级单片 IC 的图像中频处理电路部分，不仅无外接的 AFT 中周，同时也无外接的中频振荡线圈（38MHz 中周）；超级单片 IC 大多无 AFT 输出引脚和电台识别信号（SD）输出引脚，中频电路部分输出的 AFT 控制电压信号和行一致性检测电路输出的电台识别信号经集成块内部输送到内置的微处理器。

5.4.1　LA76931 超级单片彩电公共通道电路剖析和故障维修精讲

LA76931 超级单片彩电的公共通道元器件组装结构参见图 5-1，电路如图 5-13 所示。LA76931 超级单片 IC 与中频处理部分有关的引脚功能及维修数据见表 5-2。

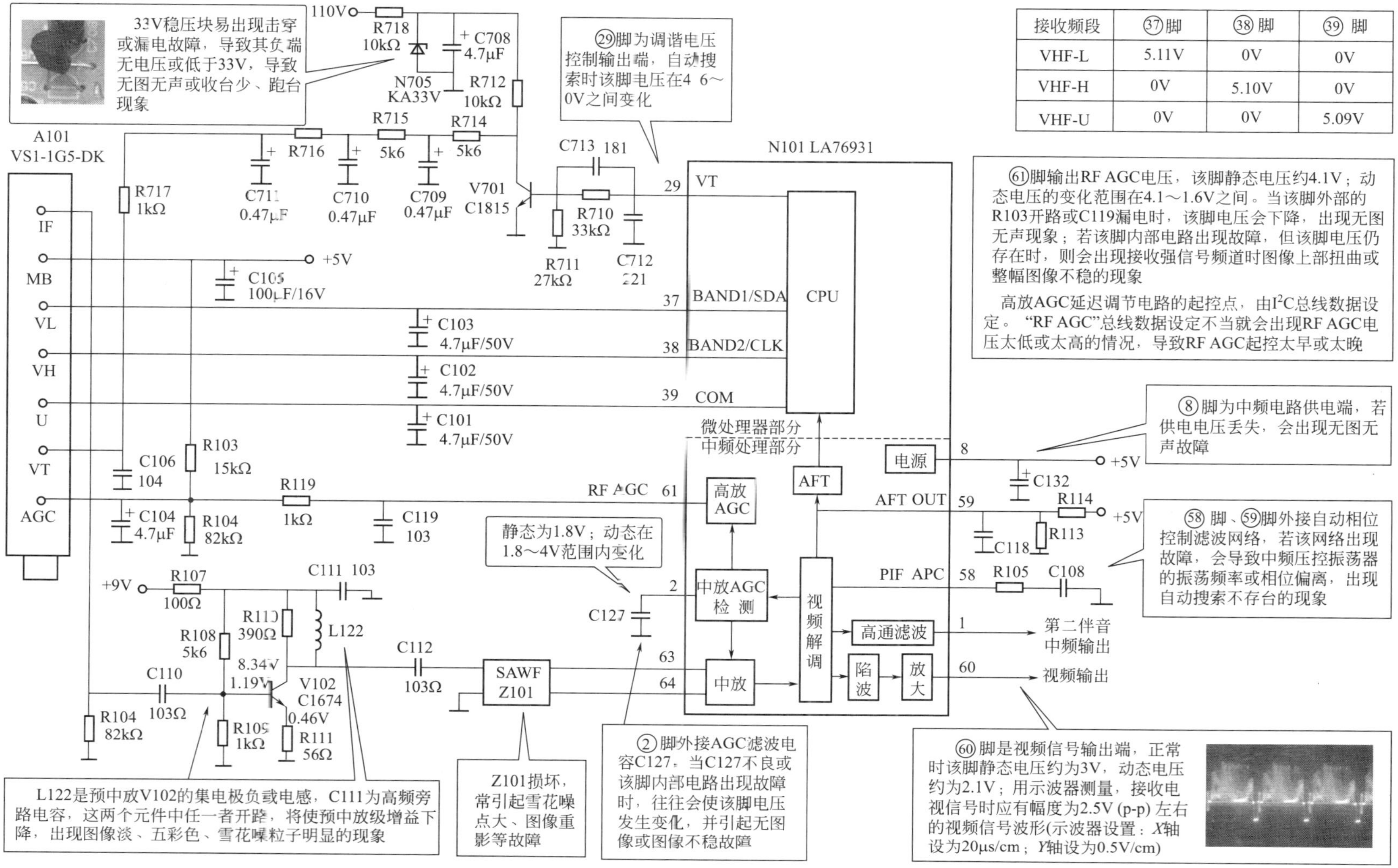
33V稳压块易出现击穿或漏电故障，导致其负端无电压或低于33V，导致无图无声或收台少、跑台现象
110V
R718 10kΩ
C708 4.7μF
N705 KA33V
R712 10kΩ
R715 5k6
R714 5k6
R716
A101 VS1-1G5-DK
IF
MB
VL
VH
U
VT
AGC
R717 1kΩ
C711 0.47μF
C710 0.47μF
C709 0.47μF
V701 C1815
㉙脚为调谐电压控制输出端，自动搜索时该脚电压在4 6～0V之间变化
C713 181
R710 33kΩ
R711 27kΩ
C712 221
+5V
C105 100μF/16V
C103 4.7μF/50V
C102 4.7μF/50V
C101 4.7μF/50V
N101 LA76931
29 VT
37 BAND1/SDA
38 BAND2/CLK
39 COM
CPU
微处理器部分
中频处理部分
C106 104
R103 15kΩ
C104 4.7μF
R104 82kΩ
R119 1kΩ
C119 103
RF AGC 61
高放AGC
静态为1.8V；动态在1.8～4V范围内变化
+9V
R107 100Ω
R108 5k6
C111 103
R110 390Ω
L122
C110 103Ω
8.34V
1.19V
V102 C1674
0.46V
R109 1kΩ
R111 56Ω
R104 82kΩ
C112 103Ω
SAWF Z101
C127
2
63
64
中放AGC检测
中放
视频解调
高通滤波
陷波
放大
AFT
电源
8
C132
+5V
AFT OUT 59
R114
R113
C118
PIF APC 58
R105
C108
1 第二伴音中频输出
60 视频输出
L122是预中放V102的集电极负载电感，C111为高频旁路电容，这两个元件中任一者开路，将使预中放级增益下降，出现图像淡、五彩色、雪花噪粒子明显的现象
Z101损坏，常引起雪花噪点大、图像重影等故障
②脚外接AGC滤波电容C127，当C127不良或该脚内部电路出现故障时，往往会使该脚电压发生变化，并引起无图像或图像不稳故障
⑥⓪脚是视频信号输出端，正常时该脚静态电压约为3V，动态电压约为2.1V；用示波器测量，接收电视信号时应有幅度为2.5V (p-p) 左右的视频信号波形(示波器设置：X轴设为20μs/cm；Y轴设为0.5V/cm)
⑥①脚输出RF AGC电压，该脚静态电压约4.1V；动态电压的变化范围在4.1～1.6V之间。当该脚外部的R103开路或C119漏电时，该脚电压会下降，出现无图无声现象；若该脚内部电路出现故障，但该脚电压仍存在时，则会出现接收强信号频道时图像上部扭曲或整幅图像不稳的现象
高放AGC延迟调节电路的起控点，由I²C总线数据设定。“RF AGC”总线数据设定不当就会出现RF AGC电压太低或太高的情况，导致RF AGC起控太早或太晚
⑧脚为中频电路供电端，若供电电压丢失，会出现无图无声故障
⑤⑧脚、⑤⑨脚外接自动相位控制滤波网络，若该网络出现故障，会导致中频压控振荡器的振荡频率或相位偏离，出现自动搜索不存台的现象

接收频段	㊲脚	㊳脚	㊴脚
VHF-L	5.11V	0V	0V
VHF-H	0V	5.10V	0V
VHF-U	0V	0V	5.09V

图 5-13 LA76931 超级单片彩电的公共通道电路解析和故障维修要点

表 5-2 LA76931 超级单片 IC 的中频处理部分引脚功能与维修数据

引脚	名 称	功 能	对地电阻/kΩ		电压/V	
			红笔测	黑笔测	无信号	有信号
①	SIF OUTPUT	伴音中频信号输出	5.1	6.2	2.44	2.45
②	IFAGC	图像中频 AGC	5	6	1.93	2.54
⑧	IF VCC	中频电路+5V 供电	1.3	1.3	4.84	4.89
㉙	TUNER(VT)	调谐电压控制输出	4	15	4.24	4.25
㊲	BAND1	波段转换控制(L)	4	14.3	5.10	5.11
㊳	BAND2	波段转换控制(H)	4	14	0	0
㊴	COM	波段转换控制(U)	4	14	0	0
58	PIFAPC	自动相位控制滤波	4.8	5.6	2.35	2.48
59	AFTOUT	自动相位控制滤波	4	6.1	4.59	2.10
60	VIDEO OUT	视频信号输出	0.8	0.7	3.00	2.06
61	RF AGC	高放 AGC 输出	5	14.6	4.11	2.00
62	IFGND	中频电路部分地	0	0	0	0
63	IFIN1	中频信号输入 1	5.1	5.5	2.83	2.82
64	IFIN2	中频信号输入 2	5.1	5.5	2.84	2.83

高频头 A101 在 LA76931 输出的 RFAGC 电压、BAND 波段控制电压以及 PWM 调谐电压的作用下，在其内部将闭路线或天线送来的高频电视信号经频道选择、高频放大、变频处理后，从其 IF 端输出 38MHz 的图像中频信号和伴音中频信号。该信号经 C110 耦合送到以 V102 为核心的前置中放电路进行放大，以补偿声表面波滤波器的插入损耗。前置中放 V102 输出的中频信号经 C112 耦合送到声表面波滤波器 Z101 的输入端，经选频后得到满足中频幅频特性的中频信号对称输入到 LA76931 的63、64脚。在 LA76931 内部，中频信号先经中频器放大，该中频放大器的增益受中放 AGC 电路的控制。放大后的中频信号直接进入视频解调电路，检出复合全电视信号（视频信号）和第二伴音中频信号，一路送入内置的陷波器，去除第二伴音中频信号后得到视频信号，放大后从60脚输出；另一路送入内置的高通滤波器，以取出第二伴音中频信号，从①脚输出。LA76931 的58脚外接元件 R105、C108 为视频解调电路的低通滤波元件。

视频解调电路输出的全电视信号一路送入中放 AGC 检测电路，当输入信号增大到超过某一值后，中放 AGC 检测电路通过对视频信号进行检测，得到一个与视频信号成正比的 IFAGC 直流控制电压，首先使中放 AGC 电路起控，降低中放增益；当输入信号太大，超出中放 AGC 的控制范围后，才从61脚输出高放 AGC（RF AGC）电压并送到高频头的 AGC 端，使高放 AGC 起控，降低高频头内的高放电路增益。这样，当输入信号在某一容许范围内时，使中放通道输出的视频信号基本保持在一定的范围之内，以保证图像稳定、清晰。LA76931 的②脚为中频 AGC 滤波端，外接电解电容 C127 的容量决定中频 AGC 电路的响应速度。高放 AGC 延迟调节电路的起控点，由 I^2C 总线数据设定。

LA76931 的自动频率调整（AFT）控制电路全部集成在其内部。AFT 电路输出的自动频率微调（AFT）电压经内部直接送到内置微处理器 CPU，此信号在自动搜索时作为搜索选台时调谐是否准确的判断依据，而在正常收看时用于自动微调 VT 控制电压，达到微调高频头内本振频率的目的，最终保证 38MHz 中频信号的频率保持不变，避免出现自动搜索时不停台和收看电视节目时频率漂移的现象。

5.4.2 高、中频二合一调谐电路剖析和故障维修精讲

近几年生产的“数字高清”彩电，大多采用了一种新型的高、中频二合一调谐器（即高、中频二合一调谐电路）。这种调谐器是将高、中频处理电路装在一个独立的金属小盒内，通过十多个引脚与外部电路相连，其外形与传统高频头极为相似。常用的高、中频二合一调谐器有 TDQ-587-FM3W、FVD-6/136CW 等。

图 5-14 是 FVD-6/136CW 型高、中频二合一调谐器在创维 21T98HT 数字高清彩电中的实物图和应用电路。该高频头共有 13 个引脚，引脚功能见表 5-3。

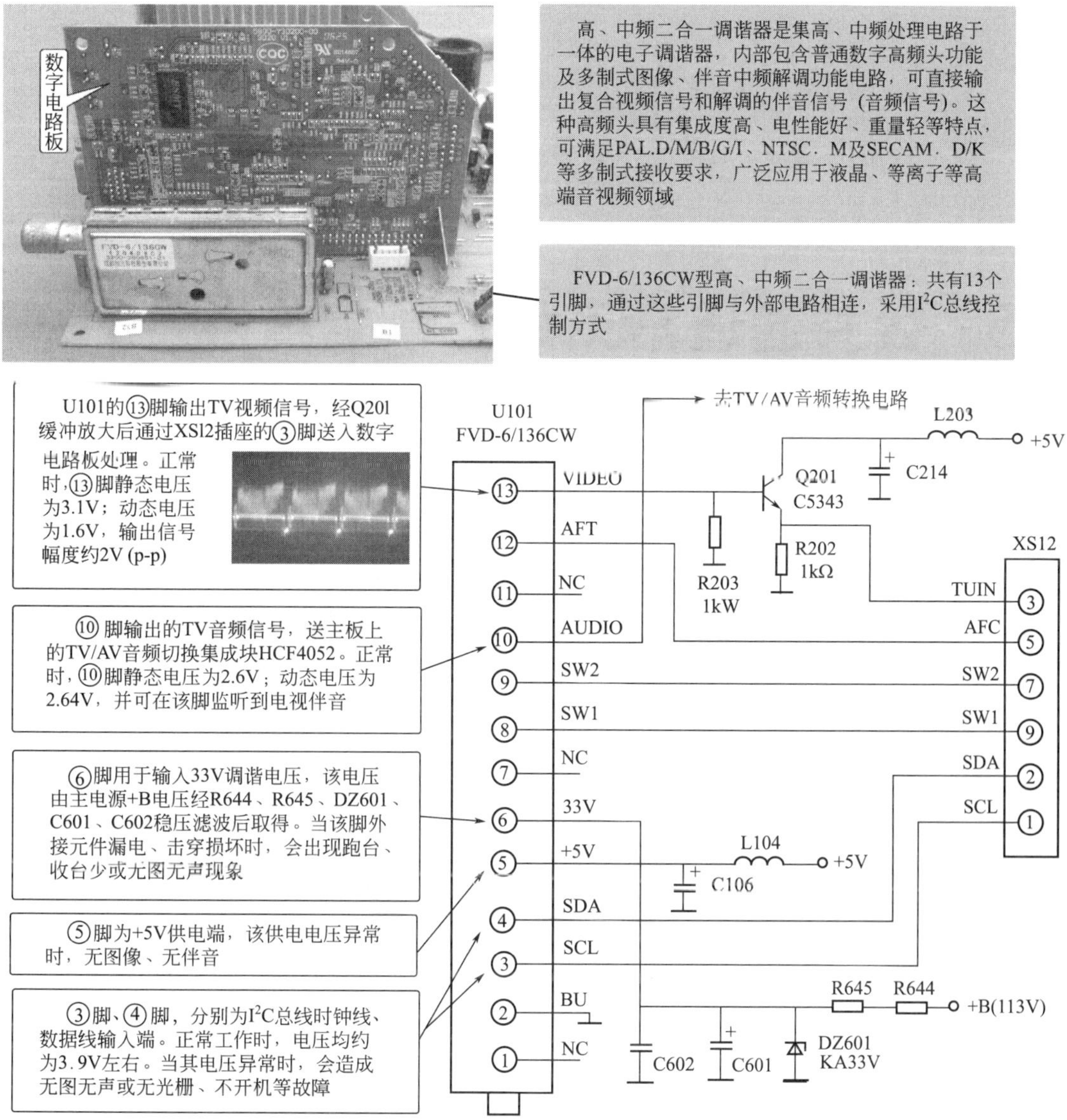
数字电路板
高、中频二合一调谐器是集高、中频处理电路于一体的电子调谐器，内部包含普通数字高频头功能及多制式图像、伴音中频解调功能电路，可直接输出复合视频信号和解调的伴音信号（音频信号）。这种高频头具有集成度高、电性能好、重量轻等特点，可满足PAL.D/M/B/G/I、NTSC．M及SECAM．D/K等多制式接收要求，广泛应用于液晶、等离子等高端音视频领域
FVD-6/136CW型高、中频二合一调谐器：共有13个引脚，通过这些引脚与外部电路相连，采用I²C总线控制方式
U101的⑬脚输出TV视频信号，经Q201缓冲放大后通过XS12插座的③脚送入数字电路板处理。正常时，⑬脚静态电压为3.1V；动态电压为1.6V，输出信号幅度约2V (p-p)
⑩脚输出的TV音频信号，送主板上的TV/AV音频切换集成块HCF4052。正常时，⑩脚静态电压为2.6V；动态电压为2.64V，并可在该脚监听到电视伴音
⑥脚用于输入33V调谐电压，该电压由主电源+B电压经R644、R645、DZ601、C601、C602稳压滤波后取得。当该脚外接元件漏电、击穿损坏时，会出现跑台、收台少或无图无声现象
⑤脚为+5V供电端，该供电电压异常时，无图像、无伴音
③脚、④脚，分别为I²C总线时钟线、数据线输入端。正常工作时，电压均约为3.9V左右。当其电压异常时，会造成无图无声或无光栅、不开机等故障
U101
FVD-6/136CW
VIDEO
AFT
NC
AUDIO
SW2
SW1
NC
33V
+5V
SDA
SCL
BU
NC
去TV/AV音频转换电路
L203
+5V
C214
Q201
C5343
R202
1kΩ
R203
1kW
XS12
TUIN
AFC
SW2
SW1
SDA
SCL
L104
+5V
C106
R645
R644
+B(113V)
C602
C601
DZ601
KA33V

图 5-14 FVD-6/136CW 型高、中频二合一调谐器应用电路解析和故障维修要点（创维 21T98HT 数字高清彩电）

表 5-3 FVD-6/136CW 型高、中频一体化调谐器引脚功能及电阻值、电压值

引脚	符号	功能	在路电阻/kΩ		电压/V	
			红笔测	黑笔测	静态	动态
①	—	未用	5	6	3.95	3.92
②	BU	调谐电压(该机接地)	0	0	0	0
③	SCL	I^2C 总线时钟线	2.4	4.5	3.86	3.91
④	SDA	I^2C 总线数据线	2.3	4.5	3.94	3.93
⑤	+5V	工作电压输入端	1	1	4.97	4.97
⑥	33V	调谐电压输入端	4.8	50	32.1	32.0
⑦	—	未用	0	0	0	0
⑧	SW1	系统制式控制 1	2.2	2.4	0	0.20
⑨	SW2	系统制式控制 2	2	2.3	4.00	4.00
⑩	AUDIO	音频信号输出	4.6	5.5	2.61	2.44
⑪	NC	未用	∞	∞	4.18	0
⑫	AFT	自动频率微调	5	6	0.48	2.22/1.90
⑬	VIDEO	视频信号输出	0.5	0.5	3.07	1.65

5.5 公共通道常见故障维修精讲

5.5.1 公共通道故障维修思路和技巧

公共通道出现故障时一般表现为：无图像、无伴音，图像清晰度差，图像正常、伴音有杂音，跑台，自动搜索不存台等。

公共通道是机器故障的高发部位，因公共通道处理的均为高、中频小信号，使用一般的修理仪表，如万用表、示波器等，较难直观地得出结论，使得检修难度增大。检修公共通道的另一困难在于，整个通道中各单元电路之间的关联性较大，不易分开。故检修时应熟悉公共通道的流程和工作原理，并掌握相应的检修方法和手段，否则检修较困难。公共通道中信号的基本流程是：高频电视信号→高频头→高频头输出 IF 信号→预中放→声表面波滤波器→集成块内部的中放和解调电路。公共通道除信号流程电路外，还有一些相关电路：一是 CPU 部分的调谐和频段控制电路；二是中放电路输出的 AFT “S” 形电压送至 CPU 部分。可用一些特定的方法对通道的故障部位进行判别。

判断故障是否出在公共通道，常用 AV 信号输入和检测方法。当 AV 状态工作正常时，才可认为故障点在公共通道，即高频头、中频信号处理电路、微处理器与调谐选台有关的电路、波段切换电路等电路中；若 TV、AV 状态均无图无声，故障部位在 TV/AV 转换电路及之后部位。

检查公共通道故障，很多时候需要先关闭蓝屏功能后来观察搜台情况和屏幕上噪粒子的情况，让故障本来面目暴露出来，以便确认故障类型和确定故障部位。

另外，I^2C 总线控制彩电，高中放电路很多项目受控于 I^2C 总线数据，在拆开机器检查前，应首先检查一下与高、中频处理相关的 I^2C 总线项目的数据，如 RF AGC 调整

(RF. AGC)、视频解调输出幅度（VIDEO. LEVEL）、图像中频设定（VIF. SYS. SW）、AV输入选择（AV. OPTION）、电台识别信号方式选择、高频头选择及波段控制选择（BAN-DOPTION）等，以免走弯路。

5.5.2 蓝屏

蓝屏故障是指屏幕上显示亮度适中的纯净蓝光栅或厂家设计的开机画面。蓝屏故障实质是“无图无声”或“图声异常”，使CPU检测不到代表有节目信号存在的“电台识别信号”而执行蓝屏静噪。这是彩电的第二大故障，故障率仅次于“三无”。

(1) 故障原因

① 高频头及其供电和选台条件不正常，无法接收、选台、放大、变频而不能输出正常的38MHz图像中频信号。

② 中频通道（包括预中放、声表面波滤波器、图像中放、视频检波、预视放、AGC、AFT等）出现故障，不能正常放大、解调出视频信号；或送往高频头的AGC电压异常，使高频头不能正常工作，或送往CPU的AFT电压不正常，CPU认为调谐不正确（不是最佳状态）而不存台并执行蓝屏静噪。

③ TV/AV切换电路出现故障，不能对TV/AV状态的信号进行正常切换或传输。

④ 电台识别信号（能代表有无电台存在的高低电平或脉冲）形成、传输电路故障，CPU“认为”无台而执行蓝屏静噪、静音和无信号5～15min自动待机。

⑤ 存储器失去供电或损坏，不能对正常搜索到的节目进行存储（记忆）而无法在下次开机时再现图声。

⑥ 总线控制的彩电，与中频处理相关的总线数据丢失或变化，使相应电路不能正常工作。

(2) 取消蓝屏的方法

遥控彩电，具有无信号自动蓝屏（或显示厂家开机画面）的功能。在检修故障时，为了方便检修中观察噪粒子和收台情况，往往需要将蓝屏功能暂时取消。取消蓝屏的方法有下面几种。

① 利用遥控器调出“系统设置”菜单，再选中“背景开关”项（通常有开/蓝屏/黑屏选项），设置为“关”，即可取消蓝背景或黑屏静噪功能。

② 断开微处理器的消隐端子、蓝屏控制端子取消蓝屏。

③ 模拟电台识别信号输入微处理器，人为解除蓝屏静噪和静音。微处理器电台识别方式有两种，即同步脉冲识别和高低电平识别方式。对于采用高低电平识别方式的微处理器，可将微处理器的电台识别信号输入脚（通常标为SD）通过一个电阻接至+5V电源上或接地，将该脚强制为高电平或低电平，此时微处理器认为有信号输入，从而解除蓝屏静噪功能，同时也解除静音功能。对于采用同步脉冲识别方式的微处理器，则需从外部引入频率为15～16kHz的方波脉冲［信号幅度选在4.5～5V（p-p）即可，不要超过6V（p-p）］来取消蓝屏。常见CPU取消蓝屏的方法见表5-4。

表5-4 常见CPU取消蓝屏的方法

彩电CPU	电台识别信号输入脚	静噪静屏	消隐输出脚	蓝字符输出脚	备注
M37210M3-508SP	18	50	49	50	断开49、50脚取消蓝屏
PCF84C641	34				34脚蓝屏时0V，雪花时5V

续表

彩电 CPU	电台识别信号输入脚	静噪静屏	消隐输出脚	蓝字符输出脚	备　注
LC863324	33		25	24	
LC863524	27		22	21	
LC864525	43	1	30	29	蓝背景开时，1 脚输出低电平； 蓝背景关时，1 脚输出高电平
LC864512	43	40	30	29	40 脚高电平时，无蓝背景。低电平时，29 脚输出高电平，27、28 脚输出低电平，蓝背景开
LC863532	33		25	24	
MN15287	29	38			断开 38 脚取消静屏
TMP87CK38N	36		25	24	
M34300N4-721SP		4			断开 4 脚取消蓝屏
M37211M2-526SP	32	45			45 脚蓝屏时 0V，雪花时 5V
CTV222S. PRC1	34		24	25	34 脚蓝屏时 0V，雪花时 5V
CHT0602	28	17			17 脚高电平时蓝屏，低电平时雪花
MN1871274	28	17			17 脚低电平时蓝屏，高电平时无蓝背景
Z90230	26		25	22	

（3）检修流程

蓝屏故障可按图 5-15 所示流程进行检查。

5.5.3 TV 无图像、无伴音，有光栅

（1）维修提示

当彩电出现无图无声故障时，首先应转为 AV 信号输入检查，确认 TV 无图无声还是 TV 和 AV 均无图无声。若仅是 TV 无图无声，说明故障发生在公共通道；若 TV 和 AV 均无图无声，则说明故障在中频通道之后部分。

对于 TV 状态无图无声故障，检修时应将蓝背景关闭后，仔细观察光栅上噪粒子的密度、深浅及大小。从天线回路、高频头、预中放、声表面波滤波器至图像中频放大及检波电路，故障部位越在后面，光栅上的噪粒子越稀、淡、小；而故障部位越在前，光栅上的噪粒子越密、浓、大。若天线回路或 RF AGC 电路出故障，噪粒子成为很密而浓的黑底白噪粒子、噪粒子圆而突出；若高频头或预中放电路、声表面波滤波器出故障，噪粒子为白底黑噪粒子，噪粒子稀、淡、小；若 TV 信号处理集成块的中频电路部分（图像中放或检波电路）出故障，光栅上将无噪粒子出现，而是一片白光栅。由此，可以很方便地把故障范围缩小。

当故障范围较大，例如出现无图像、无伴音，有较稀、淡的噪粒子时，要判断故障的所在，最方便的方法是万用表干扰法，即用万用表 $R\times1$k 挡，一根表笔接地，另一根表笔依次触碰集成电路的 IF 信号输入端、预中放管集电极、基极（此时，需断开高频头 IF 输出端），分别观察屏幕上是否有噪粒子闪现，就可以进一步缩小故障寻找的范围。

（2）故障检修流程

无图像、无伴音，但有光栅故障可按图 5-16 所示流程进行检查（以图 5-13 电路为例）。

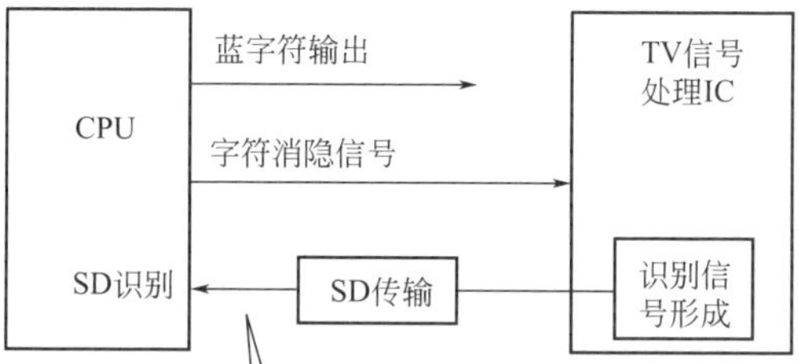
CPU
蓝字符输出
字符消隐信号
SD识别
SD传输
TV信号
处理IC
识别信
号形成

蓝背景

熊 猫 电 子
雪花噪粒子

电台识别信号(SD)有两种形式，即高低电平式和脉冲计数式。有些总线彩电还可以通过电台识别方式总线数据设置来确定采用哪一种方式，对于这种机型，也需要检查该项总线数据设置与实际电路是否相符。电台识别信号一般在TV信号处理IC内（行一致性检测电路或同步分离电路）产生。电台识别信号能否产生与图像中频38MHz谐振回路正常与否有密切关系

消隐信号可使字符区域挖底，使字符更清晰，也可用作蓝屏时使屏幕信号消隐。取消蓝屏时，若只将CPU的蓝字符输出引脚脱开，而不将消隐引脚脱开，屏幕可能出现黑屏

彩电出现无图无声、蓝屏静噪故障时，只要将蓝屏取消，故障的本来面目就会表现出来。若取消蓝屏后，出现了清晰的图像，说明故障在电台识别信号传输和产生电路；若屏幕上是一片白光栅，几乎无噪粒子，说明故障在TV信号处理集成块的中频处理部分或之后的TV/AV切换、视频信号处理电路；若屏幕上出现噪粒子稀、淡、小，说明故障在高频头、预中放、SAWF；若屏幕上出现噪粒子很密、很浓，说明故障在天线回路或RF AGC电路，也有可能是高频头有故障。确定故障范围后，便可方便地使用干扰法及电压法、电阻测量法来找到故障所在。若不取消蓝屏，就难以观察到搜台情况和判断故障范围，干扰法也无用武之地

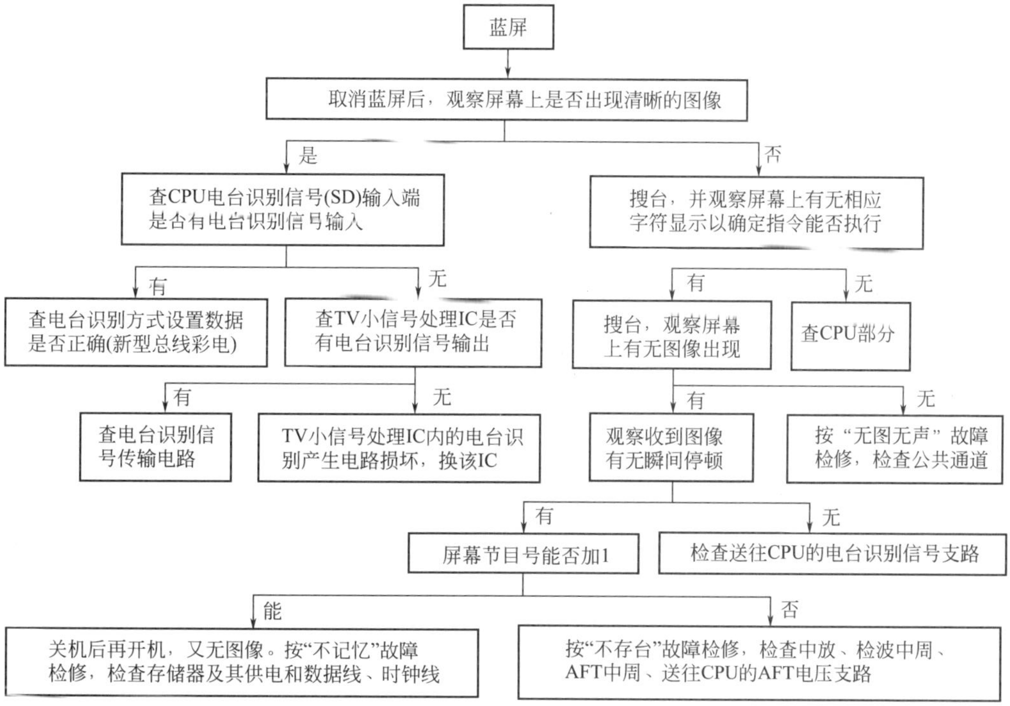
蓝屏
取消蓝屏后，观察屏幕上是否出现清晰的图像
是
否
查CPU电台识别信号(SD)输入端是否有电台识别信号输入
搜台，并观察屏幕上有无相应字符显示以确定指令能否执行
有
无
查电台识别方式设置数据是否正确(新型总线彩电)
查TV小信号处理IC是否有电台识别信号输出
有
无
搜台，观察屏幕上有无图像出现
查CPU部分
有
无
查电台识别信号传输电路
TV小信号处理IC内的电台识别产生电路损坏，换该IC
有
无
观察收到图像有无瞬间停顿
按“无图无声”故障检修，检查公共通道
有
无
屏幕节目号能否加1
检查送往CPU的电台识别信号支路
能
否
关机后再开机，又无图像。按“不记忆”故障检修，检查存储器及其供电和数据线、时钟线
按“不存台”故障检修，检查中放、检波中周、AFT中周、送往CPU的AFT电压支路

图 5-15 蓝屏故障维修提示和检修流程

5.5.4 图像淡、雪花点多

(1) 维修提示

图像淡、雪花噪点明显是整机灵敏度下降的表现。这种故障与无声、无图、有噪粒子（较浓、密或较浅、淡）的故障有一定的联系。有些故障在接收信号较弱的电视台信号时，出现无声、无图、有噪粒子现象，而在接收较强的电视台信号时可能出现图像淡、雪花噪粒子明显的故障现象。

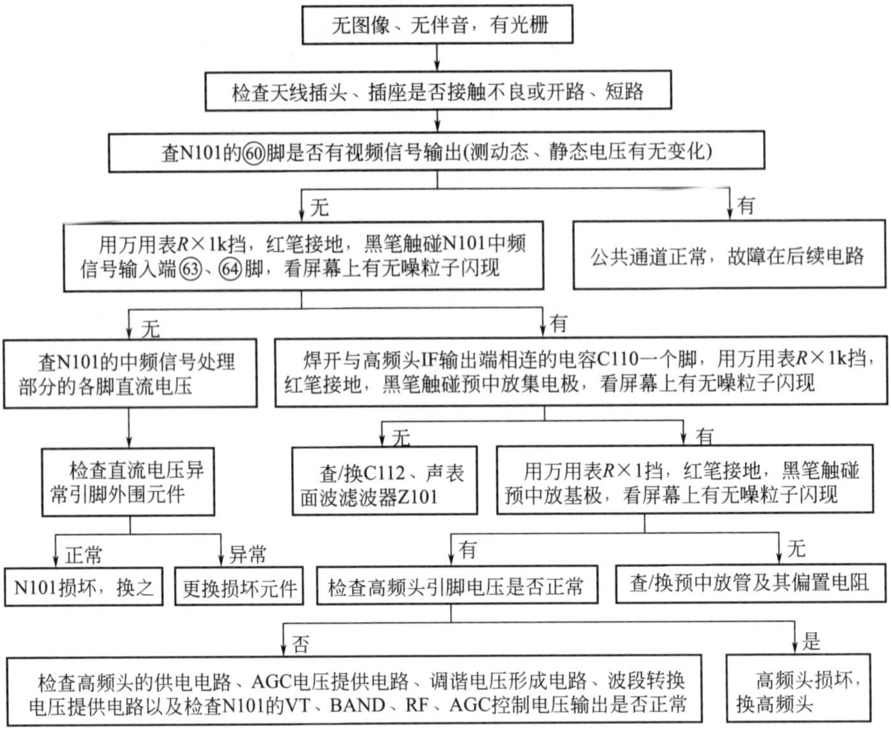
无图像、无伴音，有光栅
检查天线插头、插座是否接触不良或开路、短路
查N101的⑥脚是否有视频信号输出(测动态、静态电压有无变化)
无
有
用万用表R×1k挡，红笔接地，黑笔触碰N101中频信号输入端⑥③、⑥④脚，看屏幕上有无噪粒子闪现
公共通道正常，故障在后续电路
无
有
查N101的中频信号处理部分的各脚直流电压
焊开与高频头IF输出端相连的电容C110一个脚，用万用表R×1k挡，红笔接地，黑笔触碰预中放集电极，看屏幕上有无噪粒子闪现
检查直流电压异常引脚外围元件
无
有
查/换C112、声表面波滤波器Z101
用万用表R×1挡，红笔接地，黑笔触碰预中放基极，看屏幕上有无噪粒子闪现
正常
异常
有
无
N101损坏，换之
更换损坏元件
检查高频头引脚电压是否正常
查/换预中放管及其偏置电阻
否
是
检查高频头的供电电路、AGC电压提供电路、调谐电压形成电路、波段转换电压提供电路以及检查N101的VT、BAND、RF、AGC控制电压输出是否正常
高频头损坏，换高频头

图 5-16 TV 无图像、无伴音，有光栅故障检修流程

造成图像淡、雪花噪点多故障的原因是公共通道增益不够，但也不排除输入到电视机的信号强度不足的原因。引起公共通道增益不够的原因有：高频头灵敏度低；中频通道增益不够，如预中放管不良，使预中放级增益下降，或者声表面波滤波器开路或不良，使信号衰减很大；RFAGC 电路不正常，使 RFAGC 电压较低，从而使高频头内高放级增益严重降低；TV 小信号处理 IC 的中频电路部分有故障。

(2) 故障检修流程

图像淡、雪花噪点多故障可按图 5-17 所示流程进行检查。

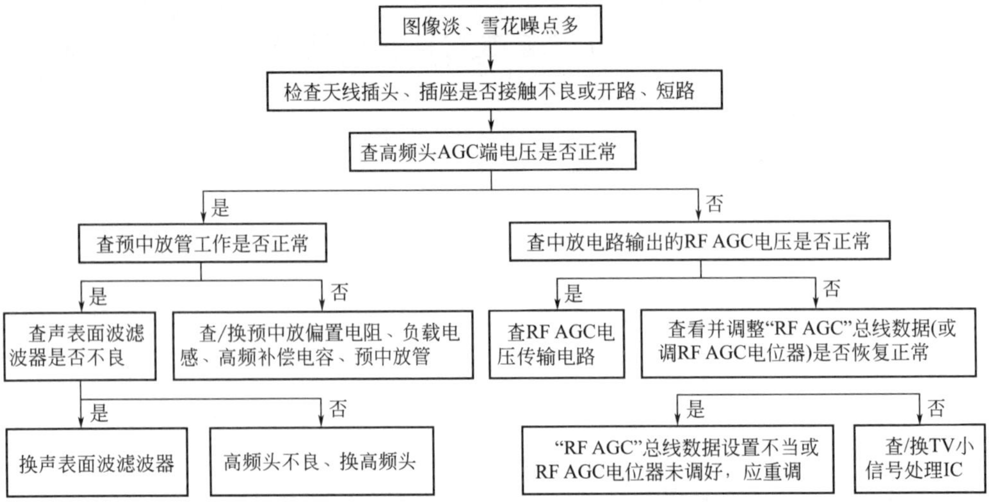
图像淡、雪花噪点多
检查天线插头、插座是否接触不良或开路、短路
查高频头AGC端电压是否正常
是
否
查预中放管工作是否正常
查中放电路输出的RF AGC电压是否正常
是
否
是
否
查声表面波滤波器是否不良
查/换预中放偏置电阻、负载电感、高频补偿电容、预中放管
查RF AGC电压传输电路
查看并调整“RF AGC”总线数据(或调RF AGC电位器)是否恢复正常
是
否
是
否
换声表面波滤波器
高频头不良、换高频头
“RF AGC”总线数据设置不当或RF AGC电位器未调好，应重调
查/换TV小信号处理IC

图 5-17 图像淡、雪花噪点多故障检修流程

5.5.5 收台少或某频段收不到电视节目信号

（1）维修提示

收台少或某频段收不到电视节目信号故障，是指每一个频段的高端（或低端）均收不到台，而接收低端（或高端）时图、声正常，或某一个频段无图无声，而接收其他频段图、声正常。

这种故障现象，一般是高频头 BT（VT）供电电路、频段切换电路、高频头内电路故障所致。若所有频段均接收不到高端或低端的电视节目信号（即频道覆盖范围窄），则为调谐电压形成电路故障所致；若某一个频段无图像、无伴音，则为频段切换电路或高频头内部该波段电路故障所致。对于采用总线控制的彩电，当波段选择设置数据不当时，也会出现无某频段工作电压的现象，从而导致某频段收不到台。

（2）故障检修流程

收台少或某频段收不到电视节目信号故障可按图 5-18 所示流程进行检查。

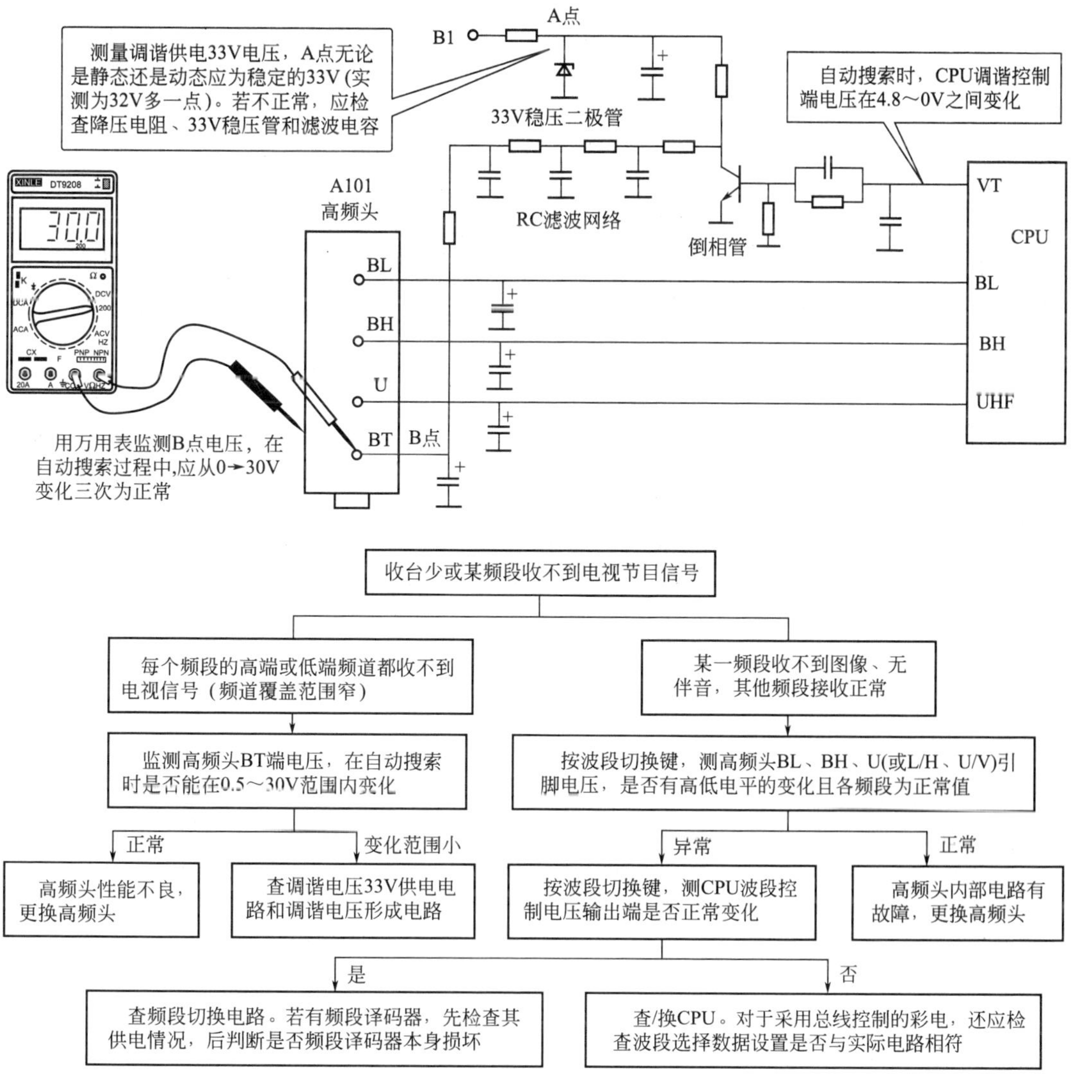
测量调谐供电33V电压，A点无论是静态还是动态应为稳定的33V (实测为32V多一点)。若不正常，应检查降压电阻、33V稳压管和滤波电容
B1
A点
33V稳压二极管
自动搜索时，CPU调谐控制端电压在4.8～0V之间变化
RC滤波网络
倒相管
A101
高频头
BL
BH
U
BT
B点
VT
CPU
BL
BH
UHF
XINLE DT9208
用万用表监测B点电压，在自动搜索过程中,应从0→30V变化三次为正常
收台少或某频段收不到电视节目信号
每个频段的高端或低端频道都收不到电视信号（频道覆盖范围窄）
某一频段收不到图像、无伴音，其他频段接收正常
监测高频头BT端电压，在自动搜索时是否能在0.5～30V范围内变化
按波段切换键，测高频头BL、BH、U(或L/H、U/V)引脚电压，是否有高低电平的变化且各频段为正常值
正常
变化范围小
异常
正常
高频头性能不良，更换高频头
查调谐电压33V供电电路和调谐电压形成电路
按波段切换键，测CPU波段控制电压输出端是否正常变化
高频头内部电路有故障，更换高频头
是
否
查频段切换电路。若有频段译码器，先检查其供电情况，后判断是否频段译码器本身损坏
查/换CPU。对于采用总线控制的彩电，还应检查波段选择数据设置是否与实际电路相符

图 5-18 收台少或某频段收不到电视节目信号故障检修流程

5.5.6 跑台

跑台（即逃台）故障是指刚开机时能够正常收看电视节目，工作一段时间后，图像逐渐不稳定、伴音噪声增大，直到图像消失。将故障彩电重新调谐后，又可收看，但不久后又出现上述故障现象。

（1）故障原因

彩电搜台简要过程是：当彩电进行自动搜台时，CPU 首先输出波段控制电压，经波段译码器，产生 VHF-L、VHF-H、UHF 三个波段控制电压，加到高频头相应引脚上（有些机型是 CPU 输出的波段控制电压直接加到高频头相应引脚上）。同时 CPU 输出脉宽调制电压，经外部调谐电压形成电路放大、平滑处理形成 0～30V 的调谐电压，加到高频头 VT（BT）端子，控制内部变容二极管进行调谐。当收到信号时，高频头便有 38MHz 中频信号输出，经预中放、SAWF 进入集成电路的中频电路，经中放、视频解调，解调出视频信号，再经解码电路内同步分离电路分离出复合同步信号，此信号再经外部电路整形送入 CPU 电台识别（SD）端子，CPU 据此信号判断已收到电视信号，并放慢输出的调谐脉宽宽度，即减慢 VT 电压的变化速度，并检查中放送来的 AFT 电压，与 CPU 内部设定的最佳调谐电压比较，直到二者相同时，说明调谐准确。CPU 马上命令将该频道所有调谐数据存入存储器中，随后节目号加 1，继续进行下一个频道搜索。

导致跑台的故障的根本原因是高频头 VT（或 BT）端子电压不稳或中放电路送至 CPU 的 AFT 电压不正常或高频头不良。其故障点较多，主要有：①高频头不良；②38MHz 图像中周或 AFT 中周失谐（早期的彩电才有 AFT 中周），主要是内附的管状谐振电容漏电，这是产生跑台的主要原因；③TV 小信号处理 IC 内部的 AFT 电路损坏；④33V 调谐稳压管不良；⑤调谐电压形成电路元件不良；⑥CPU 的 AFT 端子基准电压不稳；⑦存储器不良，导致存储的频道数据发生变化；⑧电视机调谐控制按键漏电；等等。

（2）维修提示和检修流程

跑台故障可按图 5-19 所示流程进行检查。

下面对流程图进行一些说明。

多片机、两片机的中频通道一般既有 38MHz 中周，又有 AFT 中周。单片机的中频通道，有的只有一个 38MHz 中周，如 TDA8361/62、LA7687/88、LA76810/18 等，而有的则连 38MHz 中周也没有，也没有 AFT 电压输出端子，AFT 信号是靠 I^2C 总线来传送的，如 TDA8843（OM8839）。超级单片机，也没有 38MHz 中周和 AFT 中周，也没有 AFT 电压输出端子，AFT 信号是靠 I^2C 总线来传送的。

方法与技巧

当怀疑高频头 BT 端子内部漏电引起跑台故障时，可脱开高频头 BT 引脚与印板焊点，用万用表 $R\times10k$ 挡，黑表笔接高频头 BT 端子，红表笔接高频头外壳，阻值正常时为无穷大。若阻值不为无穷大，说明高频头内部有问题。还可以在 BT 电压与高频头 BT 引脚之间串一只微安表（可用万用表 10μA 挡代替）试机，正常情况下电流应小于 1μA。如果电流有变化或为几微安以上，说明高频头内部有问题。

5.5.7 图像重影

图像重影故障现象是水平方向出现多个不完全重叠的图像。该故障现象和彩色图像与黑

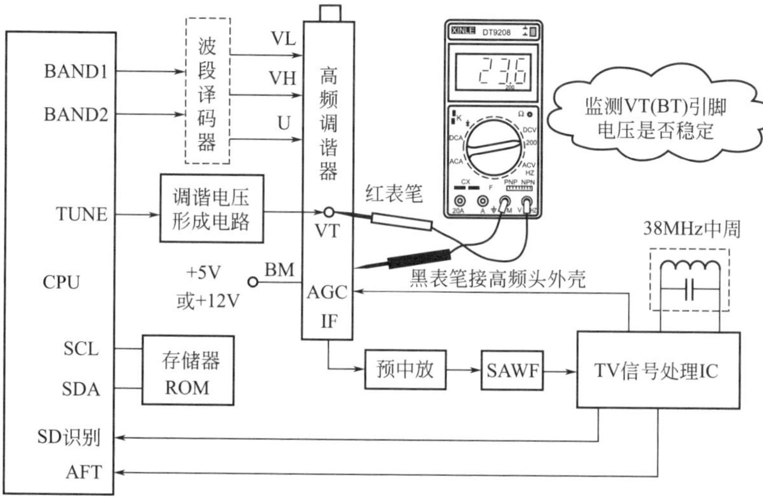
BAND1
BAND2
TUNE
CPU
SCL
SDA
SD识别
AFT
波段译码器
VL
VH
U
高频调谐器
调谐电压形成电路
VT
AGC
IF
BM
+5V
或+12V
存储器
ROM
红表笔
黑表笔接高频头外壳
监测VT(BT)引脚电压是否稳定
38MHz中周
预中放
SAWF
TV信号处理IC

维修提示：

跑台故障与高频头内电路、调谐电压形成电路和AFT电路等电路有关

检修时，选中一个电台，检测高频头的调谐电压，如果调谐电压稳定不变，频道调好后又自动跑掉，则为高频头性能不良。相反，如果调谐电压不稳定，故障部位在调谐电压形成电路或者AFT电路中。另外，换台的瞬间图像和伴音良好，然后逐渐变坏，则是AFT电路故障

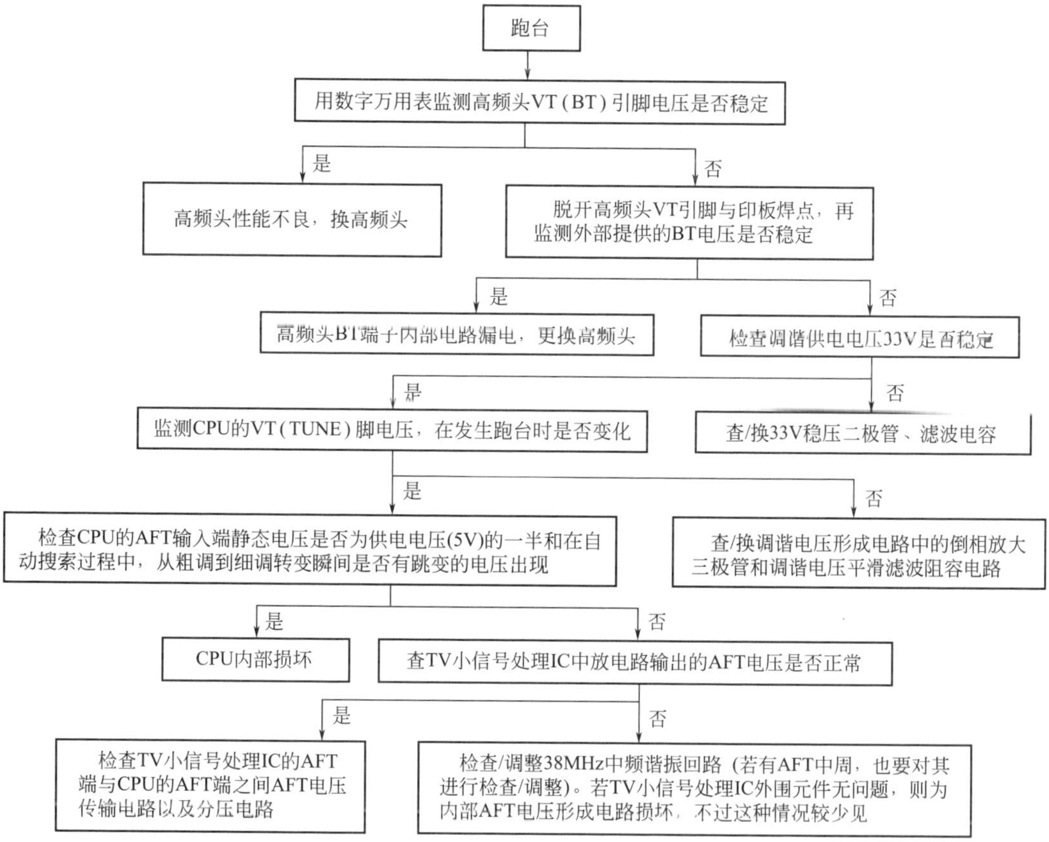
跑台
用数字万用表监测高频头VT（BT）引脚电压是否稳定
是
否
高频头性能不良，换高频头
脱开高频头VT引脚与印板焊点，再监测外部提供的BT电压是否稳定
是
否
高频头BT端子内部电路漏电，更换高频头
检查调谐供电电压33V是否稳定
是
否
监测CPU的VT（TUNE）脚电压，在发生跑台时是否变化
查/换33V稳压二极管、滤波电容
是
否
检查CPU的AFT输入端静态电压是否为供电电压(5V)的一半和在自动搜索过程中，从粗调到细调转变瞬间是否有跳变的电压出现
查/换调谐电压形成电路中的倒相放大三极管和调谐电压平滑滤波阻容电路
是
否
CPU内部损坏
查TV小信号处理IC中放电路输出的AFT电压是否正常
是
否
检查TV小信号处理IC的AFT端与CPU的AFT端之间AFT电压传输电路以及分压电路
检查/调整38MHz中频谐振回路（若有AFT中周，也要对其进行检查/调整）。若TV小信号处理IC外围元件无问题，则为内部AFT电压形成电路损坏，不过这种情况较少见

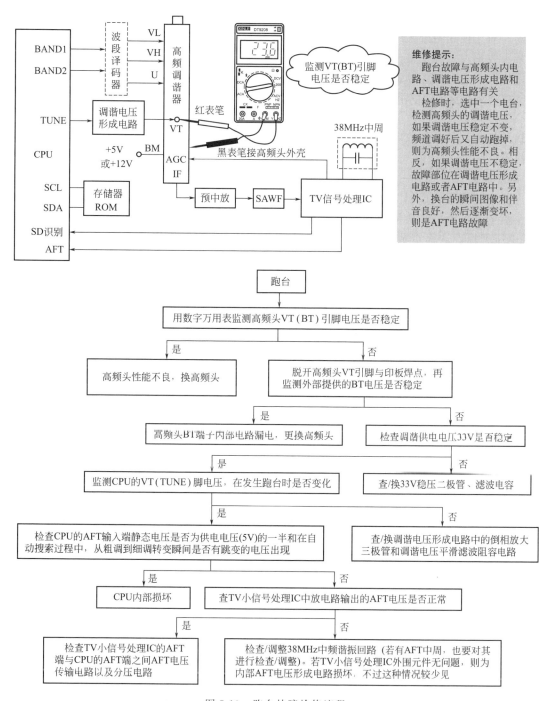

图 5-19 跑台故障检修流程

白图像不重合故障现象极为相似，应仔细判别。检查时，先将色饱和度调至最小，看黑白图像是否还存在重影，即可作出判断。若将色饱和度调至最小，黑白图像还有重影，但无彩色镶边，则属于图像重影故障；若将色饱和度调至最小，黑白图像没有重影，也无彩色镶边，则是彩色图像与黑白图像不重合故障（故障原因是亮度信号与色差信号不是同时到达基色矩阵电路而导致的，此类故障将在后面介绍）。

图像重影故障一般为声表面波滤波器性能不良引起，检查时，可采用跨接法，即用一容

量为1000pF的电容跨接在声表面波滤波器输入与输出端之间或直接替换声表面波滤波器加以判断。对于使用室外天线接收的机器，应考虑到接收环境的影响而引起的重影现象，主要是电视天线不良，或安装位置、高度、方位不当而引起的，使得天线接收了直射电视信号和经障碍物反射来的同一频道的电视信号。应想方设法尽可能减少反射的电视信号接收。

5.5.8 图像上部扭曲、站不稳

这种故障现象是接收电视信号时，伴音正常、图像对比度强，但图像上部扭曲、有站不稳的感觉。

（1）故障原因

图像对比度强，说明图像视频检波输出的视频信号幅度较大；图像上部扭曲，说明在场同步头后的几行行同步头被切割而造成每场开始的一些行失步。行同步头被切割是由于RF AGC电压失控，从而造成高频头、中高放级输出信号太强，使图像中放工作于非线性区所致。

RF AGC电压失控的原因如下。

① 高频头高放级双栅场效应管的RF AGC控制栅开路或RF AGC电压输入至RF AGC控制栅的通路上有故障。这种故障一般只出现在VHF各频道或UHF各频道，而不太可能在VHF及UHF频道同时出现这种故障。

② RF AGC电位器虚焊、接触不良或未调好。

③ 集成电路LA7688内RFAGC电路故障，使RF AGC输出电压失控。常见有LA7688的㊿、②脚短路。集成电路LA7688不良，可用万用表测量脚电压来鉴别。

④ RFAGC滤波电容C104、C168不良。

（2）维修提示和检修流程

故障检修方法如下。

① 首先接收VHF及UHF各频道试试，看故障是否只发生在VHF频道或UHF频道。若是这样，则故障在高频头内部；否则，就不是高频头故障。

② 检查RF AGC电位器RP191。可以用手压RP191，看图像是否有变化，能否恢复正常。若有变化或能恢复正常，则为RP191虚焊或接触不良。

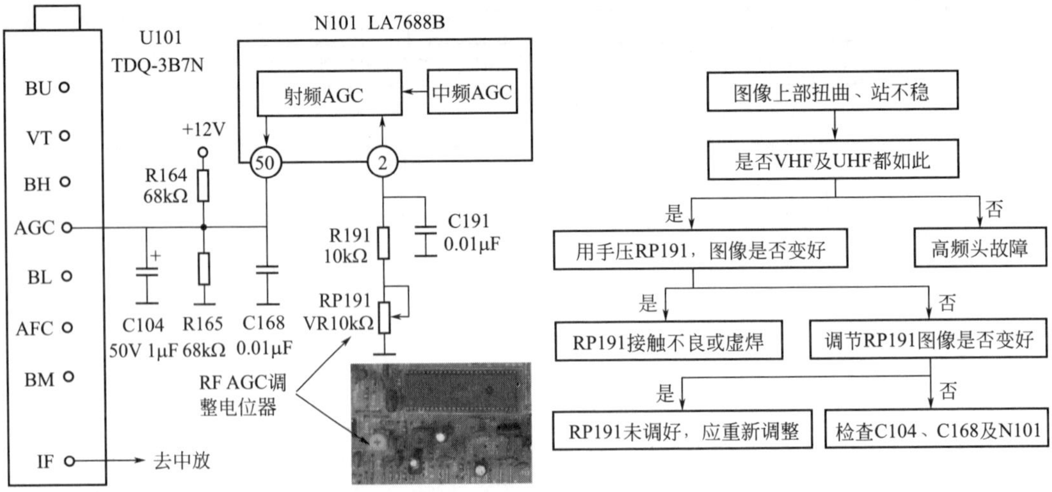
U101
TDQ-3B7N
BU
VT
BH
AGC
BL
AFC
BM
IF
去中放
N101 LA7688B
射频AGC
中频AGC
+12V
R164
68kΩ
50
2
R191
10kΩ
C191
0.01μF
C104
50V 1μF
R165
68kΩ
C168
0.01μF
RP191
VR10kΩ
RF AGC调
整电位器
图像上部扭曲、站不稳
是否VHF及UHF都如此
是
否
用手压RP191，图像是否变好
高频头故障
RP191接触不良或虚焊
调节RP191图像是否变好
RP191未调好，应重新调整
检查C104、C168及N101

图5-20 图像上部扭曲、站不稳故障维修要点和检修流程

③ 调节 RF AGC 电位器 RP191，观察图像能否恢复正常，能恢复正常，则为 RP191 未调好。调 RP191 的方法是，接收一个信号较强的频道，顺时针方向转动 RP191，直至图像开始扭曲，然后再退回一点即可。

④ 检查 RF AGC 滤波电容 C104 及 C168，可用替换法试验。若换上后图像恢复正常，则为 C104 或 C168 电容不良。

⑤ 检查 LA7688 的㊿、②脚电压是否正常，若不正常，则为 LA7688 损坏。

图 5-20 是图像上部扭曲、站不稳故障维修要点和检修流程。

Chapter 6

第 6 章 TV/AV切换、制式转换电路和伴音通道

6.1 TV/AV 切换电路

6.1.1 TV/AV 切换电路的构成

新型彩电大都设有 TV/AV（电视/音频、视频）信号切换电路，它的作用是选择进入视频通道和伴音通道的信号种类。TV 信号是由电视机内部中频通道和伴音中频电路产生的视频信号和音频信号，又有内部信号之称。AV 信号是由外部其他音、视频设备（如机顶盒、视盘机等）送来的视频信号和音频信号，又有外部信号之称。

TV/AV 切换电路由 TV/AV 切换控制、TV/AV 信号切换、AV 端子、TV/AV 信号传输几部分电路组成，如图 6-1 所示。

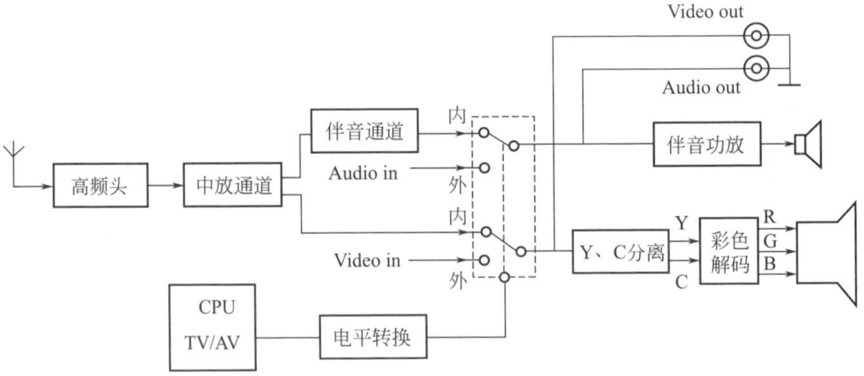

Video out
Audio out
伴音通道
内
Audio in
外
伴音功放
高频头
中放通道
内
Y
R
彩色
解码
G
B
Video in
Y、C分离
外
C
CPU
TV/AV
电平转换

图 6-1　TV/AV 切换电路原理示意图

TV/AV 切换控制由 CPU 担任。控制方式有两种：一种是模拟控制方式，即 CPU 的 AV 端（TV/AV 切换控制脚）输出高或低电平，加到被控电路（电子开关），从而实现 TV/AV 音频和视频切换的目的；另一种是采用 I^2C 总线控制。

TV/AV 信号切换包括视频切换和音频切换两部分。有些机器，TV/AV 视频和音频切换都是通过模拟开关集成块内部的电子开关来实现的；单片机、超级单片机的 TV/AV 视频和音频切换一般采用单片 TV 信号处理集成块、超级单芯片内部的视频选择开关和音频选择开关来实现。

AV 端子是目前最普遍的一种视频、音频接口，一般由三个独立的 RCA 插头（又叫莲花插头）组成，其中的黄色插口连接混合视频信号，白色插口连接左声道声音信号，红色插口连接右声道声音信号。S 端子也是非常常见的端子，它将亮度和色度信号分开传送，避免了混合视频信号输出时亮度和色度的相互干扰，因而图像质量优于 AV 信号。S 端子实际上是一种五芯接口，由两路视频亮度信号、两路视频色度信号和一路公共屏蔽地线共五条芯线组成。需注意的是 S 端子不能传送声音的讯号，因此，还需要一组单独的音频连接线。电视机背后的 AV 接口和 S 端子如图 6-2 所示。

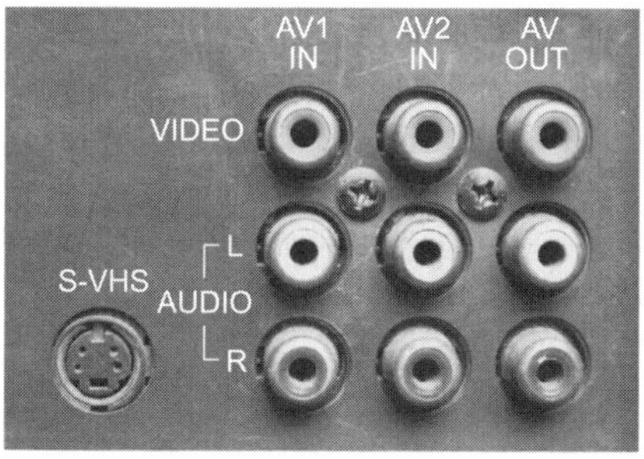
AV1
IN
AV2
IN
AV
OUT
VIDEO
L
S-VHS
AUDIO
R

为了区别AV端子的不同功能，常用不同的颜色来区分。黄色端子代表视频端子（VIDEO），用来传送视频信号，红色和白色端子代表音频端子（AUDIO），其中白色端子用来传送单声道的音频信号或者双声道的左声道（L）信号，红色端子用来传送双声道的右声道（R）信号。IN表示信号输入，OUT表示信号输出

S端子（S-VHS）是一种分为亮度（Y）信号和色度（C）信号进行传输的端子，该端子内部还加有开关控制，这种输入方式可以大大提高图像的清晰度

外接音视频输入线接反，或AV1、AV2接线与电视机工作状态不一致，都会出现AV蓝屏故障；视频插座接触不良会出现AV蓝屏或图像质量差故障；音频插座接触不良会出现AV无声音故障

图 6-2　AV 接口和 S 端子

6.1.2 TV/AV 切换电路精讲

TV/AV 切换电路主要由控制部分和电子开关组成。TV/AV 切换电路所采用的电子开关主要有两种：一种是模拟开关集成电路，如 TC4053、TC4066、LC4066、TDA8440 等；另一种是单片 TV 信号处理 IC（或超级单芯片）内部的视频开关、音频开关。

（1）采用模拟开关集成电路的 TV/AV 切换电路

长虹 C2151KV 型机 TV/AV 切换电路如图 6-3 所示。该电路采用模拟开关集成电路 LC4066B 实现 AV 信号与 TV 信号的切换。LC4066B 为四路单刀单掷模拟开关集成电路，⑤、⑥、⑫、⑬脚为开关控制端。当控制端加上高电平时，相应开关接通；当控制端加上低电平时相应开关断开。整个模拟开关的工作状态受微处理器 D701 ㊲脚输出的视频开关控制（TV/AV 信号）控制。AV 状态时 D701 ㊲脚输出高电平；TV 状态时 D701 ㊲脚输出低电平。

当用本机键或用遥控 TV/AV 键使整机工作在 AV 状态时，CPU D701 ㊲脚输出高电平，控制信号分成两路：一路经 R256 加到 VD255 正端，使 VD255 导通，R255 经 VD255、C255 交流接地，使 R255 并接在色带通滤波器（L251、C251、C252）两端，阻尼电阻减小，使色带通滤波器 Q 值降低，色带通滤波器带宽增加，以满足非标准色度选通需要，改善 AV 状态时彩色质量；另一路经 R812 后再分成以下两路控制信号。

第一路控制信号经 R810 加到倒相开关管 V810 的基极，其集电极输出低电平加到 LC4066B 第四个开关的控制端⑫脚和 VD801 二极管的负端，使⑫脚控制的开关断开，切断 TV 视频信号而无输出。同时 VD801 导通使 N101 ⑩脚被钳位到低电平，N101 处于图像、伴音同时静噪状态，即关闭 TV 图像、伴音通道，减小 AV 状态时 TV 视频、伴音对 AV 图像、伴音的干扰。在 AV 状态又无 AV 视频信号输入时，屏幕处于黑屏，伴音处于静音状态。

第二路控制信号加到 N801 的⑤脚、⑥脚、⑬脚，由于 N801 的⑤脚、⑥脚、⑬脚为高电平，则其控制的开关保持导通。由 AV 端子 X821 输入的 AV 视频信号由 R802、C801 耦

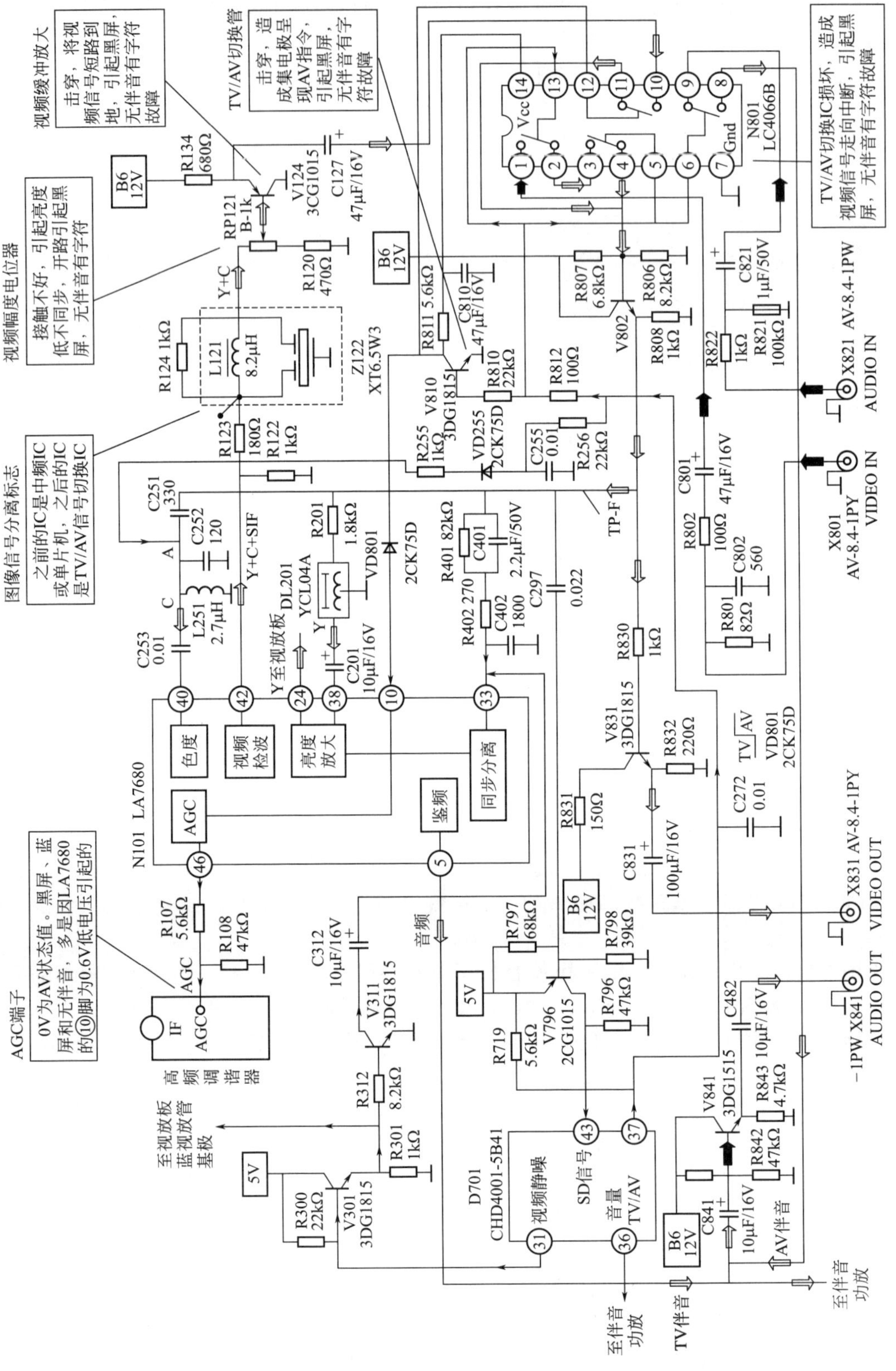
视频缓冲放大
击穿，将视频信号短路到地，引起黑屏，无伴音有字符故障
TV/AV切换管
击穿，造成集电极呈现AV指令，引起黑屏，无伴音有字符故障
TV/AV切换IC损坏，造成视频信号走向中断，引起黑屏，无伴音有字符故障
视频幅度电位器
接触不好，引起亮度低不同步，开路引起黑屏，无伴音有字符
图像信号分离标志
之前的IC是中频IC或单片机，之后的IC是TV/AV信号切换IC
AGC端子
0V为AV状态值。黑屏、蓝屏和无伴音，多是因LA7680的⑩脚为0.6V低电压引起的
N101 LA7680
D701 CHD4001-5B41
N801 LC4066B
X821 AV-8.4-1PW AUDIO IN
X801 AV-8.4-1PY VIDEO IN
X831 AV-8.4-1PY VIDEO OUT
X841 -1PW AUDIO OUT
至视放板蓝视放管基极
至伴音功放
TV伴音
AV伴音

图 6-3 长虹 C2151KV 型机 TV/AV 切换电路

合加到N801①脚，再从②脚输出加到③脚，再从④脚输出加到射随器V802的基极，由V802射极输出，此视频信号分别加到N101的同步分离电路㉝脚、色度信号输入电路㊵脚、亮度输入电路㊳脚。X821输入的音频信号由R822、C821耦合输入加到N801⑨脚，再从⑧脚输出，送音频功率放大器去进行功率放大。

当整机置于TV工作状态时，CPUD701㊲脚输出低电平，此控制信号分为两路送：一路经R256使VD255截止，解除N101的图像、伴音同时静噪状态，恢复图像、伴音电路正常工作；另一路经R812后，再分成两路，一路加到N801⑤脚、⑥脚、⑬脚，使对应三个模拟开关切断，切断AV输入的视频信号和音频信号，使电视机工作在TV状态，第二路经R810使倒相开关管V810截止，集电极输出的高电平加到LC4066B ⑫脚，使N801 ⑩脚、⑪脚接通。由射随器V124射极输出的TV视频信号，从⑩脚输入、⑪脚输出，加到射随器V802的基极，其射极输出的TV视频信号分别加到N101同步分离、色通道、亮通道。

（2）采用TV信号处理集成电路内部的音频、视频开关的TV/AV切换电路

单片TV信号处理集成电路、超级单芯片大多内藏音频选择开关和视频选择开关，TV/AV音频和视频切换是由微处理器控制，在单片TV信号处理集成电路、超级单芯片内部进行。下面以图6-4所示的长虹A2116型机（A6机芯）TV/AV切换电路为例介绍。

从LA7688N ⑧脚输出的视频信号及第二伴音中频的混合信号，经第二伴音中频带通滤波器去掉视频信号，取出第二伴音中频信号，交流耦合加到LA7688N ①脚。第二伴音中频信号在LA7688N内部经限幅放大、PLL调频检波得到音频信号，音频信号经音频放大后加到内藏音频选择开关，同时AV输入的音频信号从⑫脚输入也加到音频选择开关。音频选择开关在①脚输入TV/AV控制电压控制下，按需要选择TV（内）音频信号或AV（外）音频信号从51脚输出。51脚输出的音频信号可直接送到音频功率放大器，或经音频处理电路处理后再送到音频功率放大器。

LA7688N的Y/C分离色度信号带通滤波器、色度信号陷波器、TV/AV开关等都集成在集成电路内。色度带通滤波器、色度信号陷波器、TV/AV开关等，都在①脚输入AV/TV/SECAM切换直流控制电压控制下进行工作。

从LA7688N ⑧脚输出的视频信号及第二伴音中频的混合信号，经第二伴音中频陷波器处理后，加到⑩脚；AV端子输入的CVBS信号加到⑭脚；S端子输入时，亮度信号Y加到⑭脚，色度信号C加到⑬脚。当①脚电压在0～2.6V之间时，视频切换开关选择⑩脚输入CVBS信号进行处理；当①脚电压在2.9～5V之间时，选择⑭脚输入的外CVBS信号进行处理。TV/AV视频切换开关选择输出的内CVBS信号或外CVBS信号送到色带通滤波器和陷波器，同时还经⑯脚输出CVBS信号，作为AV端子输出CVBS信号，另外还送到同步分离电路，分离出行/场复合同步信号。

6.1.3 TV/AV切换电路故障检修精讲

（1）TV/AV切换电路检修方法

1）跨接法　蓝屏（有些为黑屏）、无伴音故障原因很多，其中，TV/AV切换电路发生故障比较常见。判断故障是否发生在TV/AV切换电路，常采用跨接法来确定。

对于图6-3所示电路，TV状态下，用一只1～10μF电容跨接于LA7680的㊷脚和㊳脚，并断开CPU（CHD4001-5B41）的㉛脚外接V301静噪管基极试机，如果故障消失，可判断故障在TV/AV切换电路。再把电容跨接到LC4066B的⑩、⑪脚间试机，逐步缩小故障范围。

2）测量电压法　测量TV/AV切换电路各引脚的工作电压，并与正常值比较，可判断

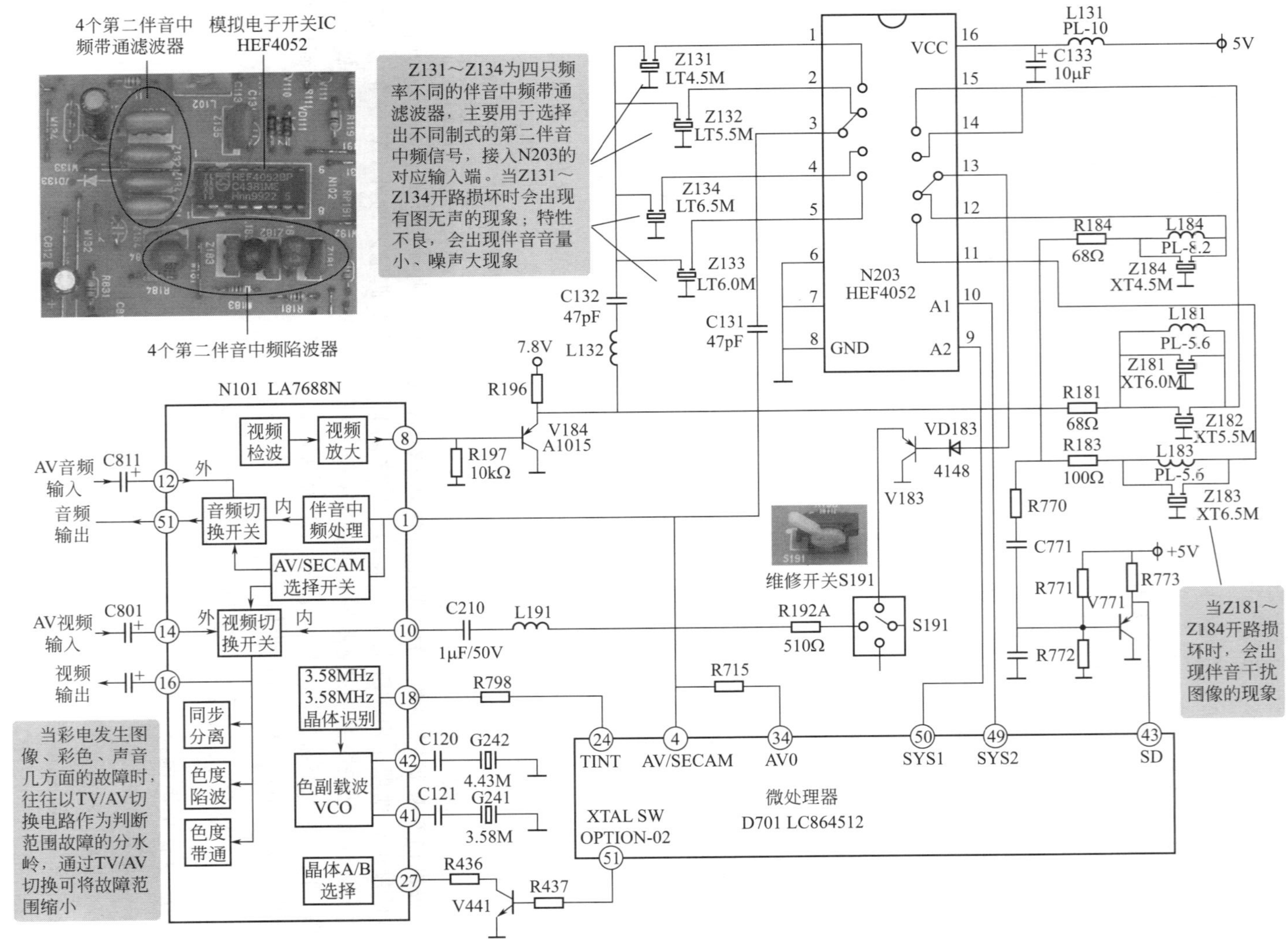
4个第二伴音中频带通滤波器
模拟电子开关IC HEF4052
4个第二伴音中频陷波器
Z131～Z134为四只频率不同的伴音中频带通滤波器，主要用于选择出不同制式的第二伴音中频信号，接入N203的对应输入端。当Z131～Z134开路损坏时会出现有图无声的现象；特性不良，会出现伴音音量小、噪声大现象
当Z181～Z184开路损坏时，会出现伴音干扰图像的现象
当彩电发生图像、彩色、声音几方面的故障时，往往以TV/AV切换电路作为判断范围故障的分水岭，通过TV/AV切换可将故障范围缩小
N203 HEF4052
VCC
GND
A1
A2
L131 PL-10
C133 10μF
5V
Z131 LT4.5M
Z132 LT5.5M
Z134 LT6.5M
Z133 LT6.0M
C132 47pF
L132
C131 47pF
R184 68Ω
L184 PL-8.2
Z184 XT4.5M
L181 PL-5.6
Z181 XT6.0M
R181 68Ω
Z182 XT5.5M
R183 100Ω
L183 PL-5.6
Z183 XT6.5M
7.8V
R196
V184 A1015
R197 10kΩ
VD183 4148
V183
维修开关S191
S191
R192A 510Ω
R770
C771
+5V
R771
V771
R773
R772
N101 LA7688N
视频检波
视频放大
AV音频输入
C811
外
内
音频切换开关
伴音中频处理
音频输出
AV/SECAM选择开关
AV视频输入
C801
视频切换开关
视频输出
C210 1μF/50V
L191
3.58MHz 3.58MHz 晶体识别
R798
R715
同步分离
色度陷波
色度带通
色副载波VCO
C120 G242 4.43M
C121 G241 3.58M
晶体A/B选择
R436
V441
R437
TINT
AV/SECAM
AV0
SYS1
SYS2
SD
XTAL SW OPTION-02
微处理器 D701 LC864512

图 6-4　长虹 A2116 型机（A6 机芯）的 TV/AV 切换电路和制式转换电路

电路工作是否正常。

测量CPU的TV/AV切换电压输出脚，如有高低电平变化为正常，如无，故障在CPU及外围电路。

测量切换电路控制电压输入端，如无高低电平变化，故障在电平转换电路。

测量开关集成电路各引脚的工作电压，如与正常值有明显差异，故障在开关集成电路。

（2）TV/AV切换电路故障分析

通道上某一个控制开关失效或短路，将造成AV/TV/S端子中某种状态无输出，而电子开关损坏将造成整个信号损失或无输出。

1）TV状态正常，AV状态无图像、无伴音

故障原因：①外接音视频输入线接反；②TV/AV切换控制电压不正常；③切换电路有故障。

2）AV状态正常，TV状态无图像、无伴音

故障原因：①TV/AV切换控制电压不正常；②切换电路有故障；③预视放输出的彩色全电视信号传输电路有故障。

6.2 制式转换电路

彩色电视信号的制式包括彩色制式和伴音制式。彩色制式有PAL、NTSC和SECAM三种，伴音制式主要有D/K、B/G、I和M四种。我国的电视制式为PAL-D/K制，即彩色制式为PAL制，伴音制式为D/K制。

6.2.1 制式转换电路的组成和作用

制式转换电路由中频特性切换、第二伴音中频输入信号切换、伴音中频陷波器切换、解码电路切换等电路组成。制式转换电路的控制信号主要来自CPU制式控制输出端或来自自动制式识别电路输出的控制信号。

（1）中频特性切换

① 在图像中放电路输入端设置两个声表面波滤波器，一个用于处理色副载波为4.43MHz、伴音中频为6.5MHz、5.5MHz、6.0MHz、4.5MHz的PAL/SECAM制信号，另一个用于处理色副载波为3.58MHz，伴音中频为4.5MHz的NTSC制信号。

② 使用一个声表面波滤波器，在高频调谐器中频信号输出端至预中放级之间并入1～2个中频滤波器（LC谐振吸收电路），与声表面波滤波器配合产生满足NTSC制和PAL制信号要求的中频特性曲线。

（2）第二伴音中频输入信号切换（伴音制式切换）

多制式电视机，当接收D/K广播电视信号时，第二伴音中频信号频率为6.5MHz；当接收B/G制广播电视信号时，第二伴音中频信号频率为5.5MHz；当接收I制广播电视信号时，第二伴音中频信号频率为6MHz；当接收M制广播电视信号时，第二伴音中频信号频率为4.5MHz。为此，一般电视机需使用D/K、B/G、I、M制鉴频器分别对各制式第二伴音中频信号进行调频（FM）解调，或采用变频方式将6.5MHz、6.0MHz、5.5MHz、4.5MHz第二伴音中频信号变成某一中频信号，例如变成6.0MHz第二伴音中频信号进行调频解调，这样使用一个6.0MHz鉴频器即可完成多制式伴音解调，但增加了变频电路，使电路设计复杂，成本增加。

有些机芯，如A6机芯，采用免调试PLL调频解调电路，D/K、B/G、I、M制第二伴音中频信号可直接加到LA7688的PLL调频解调电路输入端，自动完成各制式伴音信号的解调，使设计简化。伴音制式切换主要是伴音中频带通滤波器切换，即利用制式切换电路逐个选择6.5MHz、6.0MHz、5.5MHz、4.5MHz四种伴音中频带通滤波器。

（3）伴音中频陷波器切换

伴音中频陷波器用以滤除预视放电路输出的视频信号中的第二伴音中频信号，减小伴音对图像的干扰，常见电路有两种形式。

① 将6.5MHz、5.5MHz、6.0MHz三种陷波器并联或串联起来，再与4.5MHz的陷波器并联，形成两条支路。

② 将4.5MHz、6.5MHz、5.5MHz、6.0MHz四种伴音中频陷波器并联，利用制式切换电路逐个选择。

（4）色副载波频率选择

PAL制和NTSC制有4.43MHz和3.58MHz两种副载波，SECAM制为顺序-同时制，接收时不需要恢复副载波，因此，应根据接收的是PAL制还是NTSC制信号，选择副载波频率。

（5）解码电路切换

当接收NTSC制信号时，需要进行色调调整，而PAL制不需要，当接收SECAM制信号时，要设置SECAM专用鉴频器。因此彩色电视机要根据接收信号的制式不同，选择不同的解码电路。

（6）行场扫描电路的调整

由于制式不同，行场扫描频率不同，彩色电视机要根据接收信号的制式，相应地改变行频、场频、场中心和行相位等。

（7）制式控制

制式控制电路用于输出制式切换控制信号，使电视机工作在相应状态。

控制方法有两种：一种是手动控制法；另一种是自动控制法。

6.2.2 典型电路精讲

长虹A2116型机的制式转换电路参见图6-4。

（1）伴音中频滤波器和伴音中频陷波器切换

伴音中频滤波器和伴音中频陷波器切换主要由双通道四选一制式开关HEF4052（N203）、第二伴音中频带通滤波器Z131～Z134和伴音中频陷波器Z181～Z184组成，主要用于选择不同制式的第二伴音中频信号和滤除不同制式的第二伴音中频信号（选择彩色全电视信号）。

从TV信号处理电路N101（LA7688N）⑧脚输出的视频信号和第二伴音中频信号混合信号经V184射随后成五路：第一路经C132交流隔直后加到并接的第二伴音中频滤波器Z131～Z134的输入端，经这四个带通滤波器分别选出4.5MHz（M制）、5.5MHz（B/G制）、6.0MHz（I制）、6.5MHz（D/K制）第二伴音中频信号，加到N203①、②、⑤、④脚；第二路经R183加到Z183陷波器的输入端，经Z1836.5MHz陷波后，CVBS信号加到N203⑪脚；第三路经R181加到并联连接的陷波器Z181、Z182的输入端，经Z1816.0MHz陷波、Z1825.5MHz陷波后，CVBS信号加到N203⑭、⑮脚；第四路经R184加到Z184的输入端，经Z1844.5MHz陷波后，CVBS信号加到N203⑫脚；第五路经R770、C771耦合加到同步分离电路 V771 的基极，经同步分离后从 V771 发射极输出正极性复合同步脉冲，作为 TV 工作状态有无信号的识别信号，加到微处理器 D701 的 SD（识别信号）输入端㊸脚。

信号源的选择受 N203⑨、⑩脚的电平控制，只要分别将伴音中频滤波器和伴音中频陷波器对应地接入 N203 的输入端，N203③、⑬就分别输出不同伴音制式的伴音中频信号（SIF）和视频（CVBS）信号。N203⑨、⑩脚的电平受微处理器 D701㊿、㊾脚的电平控制。

在微处理器 D701 控制下，HEF4052 ③脚输出的 4.5MHz、5.5MHz、6.0MHz、6.5MHz 第二伴音中频信号，经 C131 隔直耦合加到 LA7688N 第二伴音中频信号输入端①脚，再作进一步伴音调频解调处理。HEF4052 ⑬脚输出的经第二伴音中频陷波后的 CVBS 信号，经开关二极管 VD183 加到射随器 V183 的基极，经 V183 缓冲隔离后，CVBS 信号从 V183 射极输出，经维修开关 S191 及 R192A、C210 后，加到 LA7688N 的 TV 信号输入端⑩脚，经内部的视频选择开关，再作进一步处理。

（2）彩色制式切换

LA7688N 内色通道电路，色带通滤波器选择输出的色度信号 C，在 LA7688N 内色解调电路中，按照自动彩色制式识别结果，由微处理器 D701�51脚及㉔脚输出控制信号，分别控制 V441 和 LA7688N ⑱脚，使 LA7688N 工作在 PAL 状态或 NTSC 状态，色度信号 C 在 LA7688N 内色通道中按 PAL 或 NTSC 标准解调处理。

LA7688N ⑱脚既是 PAL/NTSC 开关控制端选择输入端，同时也是 NTSC 色调控制端。LA7688N ⑱脚直流电压控制其内部解码电路的切换。LA7688N ⑱脚电压受微处理器 D701 ㉔脚控制。D701 ㉔脚 TINT（色调）控制直流电压输出端及 PAL/NTSC 开关控制电压输出端。当 D701 ㉔脚为低电平时，LA7688N ⑱脚为低电平，工作在 PAL 制，此时色调控制不起作用；当 D701 ㉔脚为高电平时，LA7688N ⑱脚为高电平（>1V），工作在 NTSC 制，此时微处理器输出控制电压到⑱脚进行色调控制。彩色制式的切换还受 LA7688N ①脚电压控制，当该脚电压为 1.7～3.8V 时，工作在 PAL/NTSC 制模式，当该脚电压为 0～1.3V 及 4.1～5V 时，工作在 SECAM 制模式，但需要 LA7688N 与 SECAM 制专用解码电路（如 LA7642 等）配合工作才能完成。

（3）色副载波频率选择

LA7688N ㉗脚是多功能引脚，一是电台识别信号输出端，二是彩色副载波晶振选择控制端，三是 SECAM 制解码器所需的 4.43MHz 时钟输出端。LA7688N ㉗脚外接 V441 受 D701 �51脚控制。当 D701 �51脚为高电平时，V441 导通，LA7688N ㉗脚通过 R436、V441 流出电流，选择㊷脚外接 4.43MHz 晶体接入色副载波 VCO 电路，产生 4.43MHz 色副载波；D701 �51脚为低电平时，V441 截止，R436 不接地，不从 LA7688N ㉗脚流出电流，选择㊶脚外接 3.58MHz 晶体接入色副载波 VCO 电路，产生 3.58MHz 色副载波。

6.2.3 制式转换电路故障检修精讲

（1）检修方法

① 观察法　当遇到无彩色、伴音噪声大，或图像正常、伴音噪声大时，人为调整伴音制式和彩色制式，看能否恢复正常，如恢复正常，说明故障是因为操作不当造成的人为故障。

② 电压测量法　按压制式选择键，用万用表测量 CPU 制式控制输出端的电压，看有无高低变化。如无变化，故障在 CPU 及外围电路，若有变化，测量制式切换电路的工作状态看是否变化，若不变，故障在切换电路。

（2）常见故障检修

1）图像正常，伴音噪声大

故障原因：①伴音制式设置错误；②伴音制式切换电路故障；③CPU 及外围电路故障，输出切换控制电压错误。

2）有图像、无彩色（伴音噪声大）

故障原因：①彩色制式设置错误；②制式切换电路故障；③CPU 及外围电路故障，输出切换控制电压错误；④多制式解码电路损坏。

6.3 伴音通道电路精讲

6.3.1 伴音通道的组成

伴音通道的作用是从预视放送来的视频信号和第二伴音中频信号混合信号中选出第二伴音中频信号，然后对其进行限幅放大，解调（鉴频）出音频信号，并加以放大后去推动扬声器发声。

从原理上讲，伴音通道应是从天线信号输入到喇叭的整个电路，但从维修的角度来讲，通常是指预视放级以后的伴音信号单独经过的电路。伴音通道主要是由带通滤波器、中频限幅放大器、伴音鉴频器、音量控制电路、伴音静噪电路、音频功率放大器和扬声器组成，如图 6-5 所示。有些机器，在伴音中频处理电路与音频放大器之间还增设有音频处理电路。

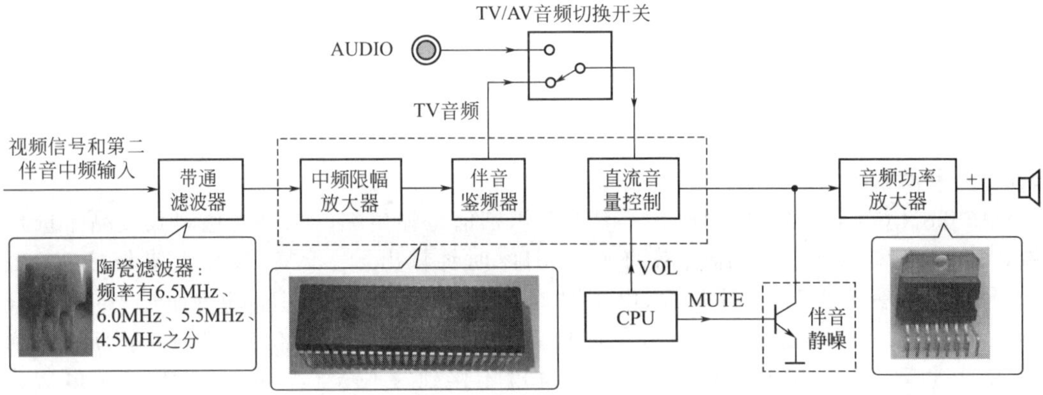
TV/AV音频切换开关
AUDIO
TV音频
视频信号和第二
伴音中频输入
带通
滤波器
中频限幅
放大器
伴音
鉴频器
直流音
量控制
音频功率
放大器
陶瓷滤波器：
频率有6.5MHz、
6.0MHz、5.5MHz、
4.5MHz之分
VOL
CPU
MUTE
伴音
静噪

图 6-5 伴音通道基本组成方框图

（1）带通滤波器

这里所说的带通滤波器是第二伴音中频信号带通滤波器的简称，也叫伴音中频滤波电路。其作用是将视频检波器输出的视频信号滤除掉，取出 6.5MHz（或 6.0MHz、5.5MHz、4.5MHz，下同）的第二伴音中频信号。

带通滤波器大多采用三端陶瓷滤波器。多制式彩电为满足多制式接收的需要，通常采用 6.5MHz、6.0MHz、5.5MHz、4.5MHz 的多个三端陶瓷滤波器，并与电子开关集成电路（如 CD4053 等）一起组成第二伴音中频切换电路，用于选择不同伴音中频制式的第二伴音中频信号。单片机、超级单片机中，由于大多数单片 TV 小信号处理集成电路、超级单芯片内部集成有第二伴音中频带通滤波器，因此，不再采用独立的三端陶瓷滤波器。

(2) 中频限幅放大器

中频限幅放大器的主要作用是对 6.5MHz 伴音中频信号进行放大，并抑制大幅度的干扰信号。

(3) 伴音鉴频器

伴音鉴频器也称伴音解调器，其作用是从 6.5MHz 的第二伴音中频调频信号中解调还原出音频信号。

伴音中频放大电路和伴音解调器都是集成在 TV 小信号处理集成电路内部，有时这两部分合称为伴音中频处理电路或伴音（中频）解调电路。

(4) 音频功率放大器

音频功率放大器的作用是对音频信号进行功率放大，以激励扬声器重现电视伴音。音频功率放大器大多采用集成电路，这类集成电路称为伴音功放集成电路，其型号繁多，如 AN5265、TDA2003、TDA2616、TDA7495 等。其中，AN5265、TDA2003 为单声道音频功放集成电路；TDA2616、TDA7495 为双声道音频功放集成电路。

(5) TV/AV 音频切换电路

TV/AV 音频切换电路的作用是切换伴音功率放大器的输入信号，选择机内的 TV 伴音信号，还是选择机外的 AV 输入音频信号。TV/AV 音频切换可以采用电子开关集成电路（如 CD4052、HEF4053 等），也可采用单片 TV 小信号处理集成块、超级单芯片内部的切换开关，有少数机型还采用了音频处理器（如 TDA9859 等）内部的切换开关，或者采用伴音功放集成电路（如 LA4285 等）内部的选择开关。对于有多路 AV 输入端的机器，AV1、AV2 的音频选择一般都采用电子开关集成电路，如 CD4052、TC4053 等进行切换。

(6) 音频控制电路

彩电中采用直流音量控制电路，即用音量控制直流电压去控制音量的大小。有些机器，音量控制电路在伴音功放集成块内部，如 AN5265、TDA7057AQ、TDA7495/96 等功放集成电路内部均有直流音量控制电路；有些机型，音量控制电路在单片 TV 小信号处理集成电路（或超级单芯片）内部；也有些机型，伴音通道增设有一块音频处理集成电路（或称音频控制集成电路，如 TDA1526、TDA8425 等），用于调节音量、高音、低音、平衡。遥控彩电的音量调节受 CPU 的控制，也有两种控制方式：一种是 PWM 模拟控制方式，即 CPU 的 VOL 端（音量控制脚）输出音量控制 PWM 信号，经滤波电路平滑成直流电压，加到被控电路（功放集成块，或 TV 小信号处理集成块，或音频处理器）的音量控制端，从而实现音量控制的目的；另一种是 I^2C 总线控制方式。

(7) 伴音静噪（静音）控制电路

当电视机在未接收到信号（包括电视信号和 AV 信号），或转换频道瞬间以及按下遥控器静音键（MUTE）时，将音频信号或干扰信号对地短路，不使伴音信号或干扰信号进入功率放大级，则喇叭就无声音（这种静音电路称为旁路式静音电路）；当在正常接收节目时，伴音静噪电路让伴音信号进入功率放大器，进行功率放大，然后去驱动扬声器。以上各种静音状态均由 CPU 的 MUTE 端控制，有时称为系统静音。大部分彩电的伴音静噪电路还具有开/关机静噪功能，即在开机、关机瞬间静音。有些机器，采用具有静噪功能的伴音功放集成电路如 TDA2616、TDA8943 等，如在静音时，功放集成电路自动关断功放级输出，达到静音的目的（这种静音电路称为切断式静音电路）。

6.3.2 LA76931 超级单片机伴音通道精讲

（1）实物图解和电路图解

图 6-6 是 LA76931 超级单片机的伴音通道实物图，图 6-7 是其电路图。该机芯的伴音通道主要分为两大部分：一部分为伴音中频信号处理电路，它主要在 LA76931 内部完成；另一部分为伴音功放电路及静音控制电路。

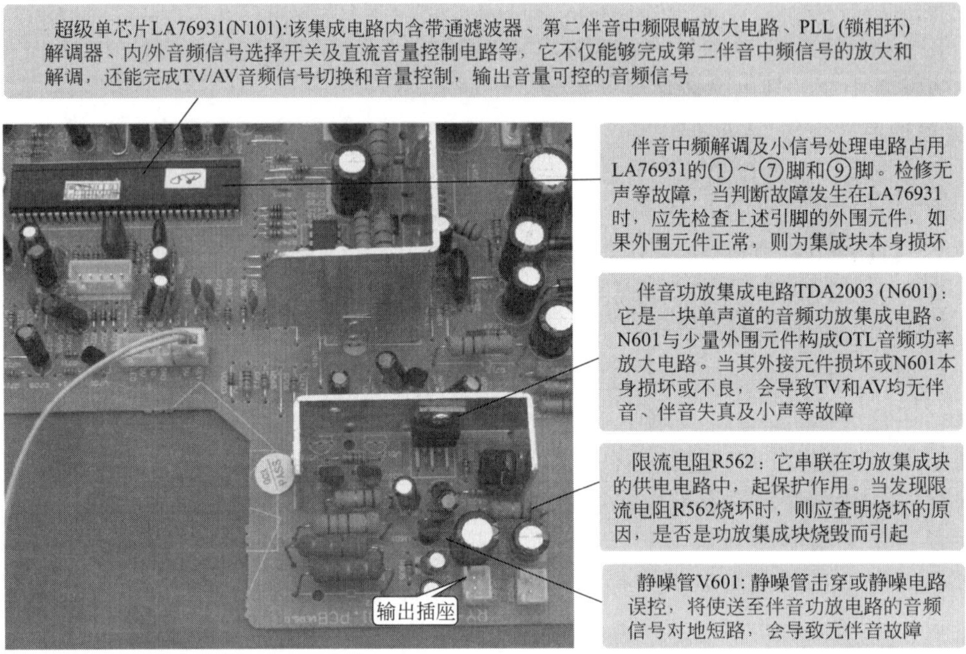
超级单芯片LA76931(N101):该集成电路内含带通滤波器、第二伴音中频限幅放大电路、PLL (锁相环) 解调器、内/外音频信号选择开关及直流音量控制电路等，它不仅能够完成第二伴音中频信号的放大和解调，还能完成TV/AV音频信号切换和音量控制，输出音量可控的音频信号
伴音中频解调及小信号处理电路占用LA76931的①～⑦脚和⑨脚。检修无声等故障，当判断故障发生在LA76931时，应先检查上述引脚的外围元件，如果外围元件正常，则为集成块本身损坏
伴音功放集成电路TDA2003 (N601)：它是一块单声道的音频功放集成电路。N601与少量外围元件构成OTL音频功率放大电路。当其外接元件损坏或N601本身损坏或不良，会导致TV和AV均无伴音、伴音失真及小声等故障
限流电阻R562：它串联在功放集成块的供电电路中，起保护作用。当发现限流电阻R562烧坏时，则应查明烧坏的原因，是否是功放集成块烧毁而引起
静噪管V601: 静噪管击穿或静噪电路误控，将使送至伴音功放电路的音频信号对地短路，会导致无伴音故障
输出插座

图 6-6　LA76931 超级单片机的伴音通道元件组装结构

（2）伴音中频信号处理电路和 TV/AV 音频切换电路

该机芯中，伴音中频信号处理和 TV/AV 音频切换主要在 LA76931 内部完成，有关引脚及其功能见表 6-1。

表 6-1　LA76931 与伴音通道有关的引脚功能及维修数据

引脚	名称	功能	对地电阻（$R\times1\text{k}\Omega$）		电压/V	
			红笔测	黑笔测	无信号	有信号
①	SIFOUTPUT	伴音中频信号输出	5.1	6.2	2.44	2.45
③	SIFINPUT	伴音中频信号输入	5.2	6	3.11	3.11
④	FMFIL	伴音鉴频滤波	5.2	6	2.03	2.06
⑤	FMOUT	伴音音频信号输出	4.8	5.8	2.48	2.44
⑥	AUDIOOUT	伴音音频信号输出	5	5.6	2.28	2.31
⑦	SNDAPC	伴音中频自动相位滤波	5	5.8	2.21	2.24
⑨	AUDIOIN	外部音频信号输入	1.3	6.3	2.46	2.42
㉓	MUTE	静音控制信号输出	3.8	15	3.13	0.02

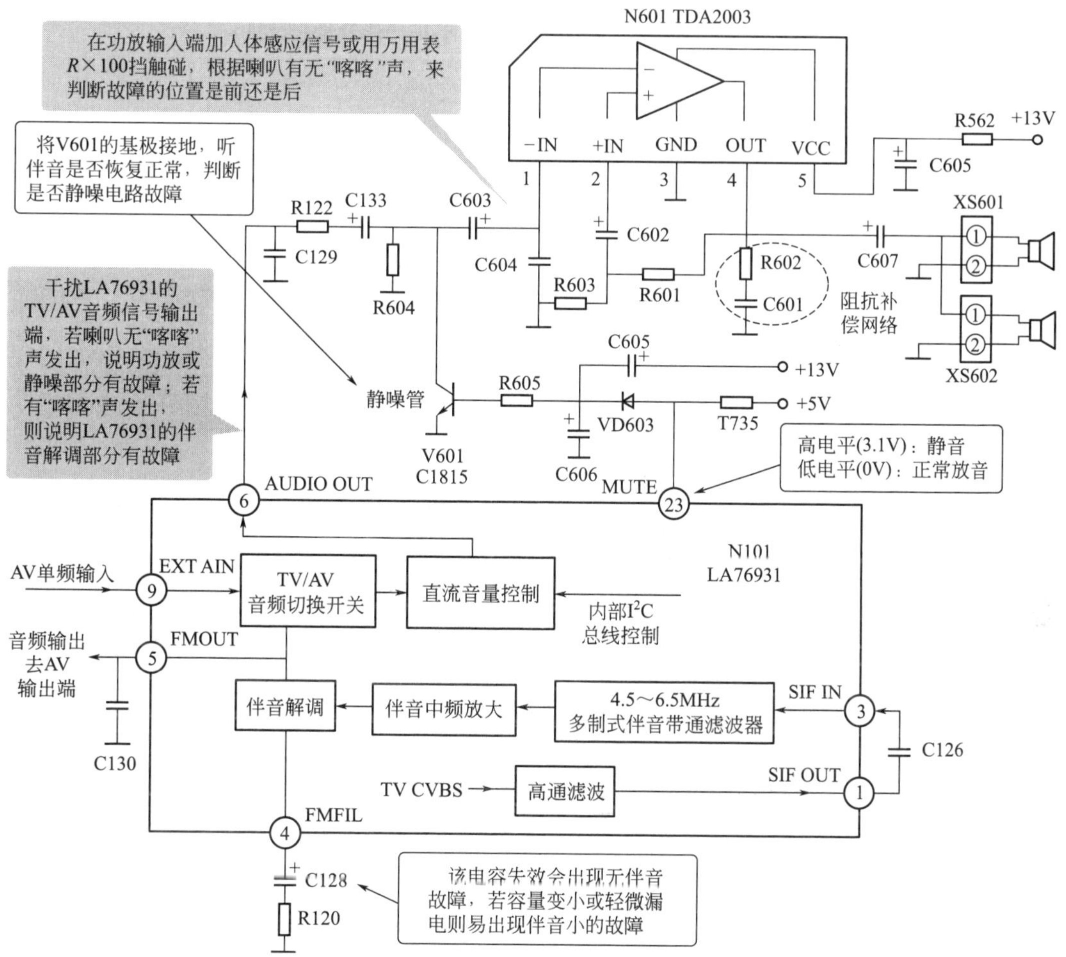
N601 TDA2003
在功放输入端加人体感应信号或用万用表R×100挡触碰，根据喇叭有无"喀喀"声，来判断故障的位置是前还是后
将V601的基极接地，听伴音是否恢复正常，判断是否静噪电路故障
干扰LA76931的TV/AV音频信号输出端，若喇叭无"喀喀"声发出，说明功放或静噪部分有故障；若有"喀喀"声发出，则说明LA76931的伴音解调部分有故障
−IN
+IN
GND
OUT
VCC
R562
+13V
C605
XS601
R122
C133
C603
C129
C602
C604
R604
R603
R601
R602
C601
C607
阻抗补偿网络
XS602
静噪管
R605
+13V
+5V
VD603
T735
V601
C1815
C606
高电平(3.1V)：静音
低电平(0V)：正常放音
AUDIO OUT
MUTE
N101
LA76931
AV单频输入
EXT AIN
TV/AV
音频切换开关
直流音量控制
内部I^2C
总线控制
音频输出去AV输出端
FMOUT
伴音解调
伴音中频放大
4.5～6.5MHz
多制式伴音带通滤波器
SIF IN
C126
C130
TV CVBS
高通滤波
SIF OUT
FMFIL
C128
R120
该电容失效会出现无伴音故障，若容量变小或轻微漏电则易出现伴音小的故障

图 6-7 LA76931 超级单片机的伴音电路

在 LA76931（N101）中，视频解调所获得的全电视信号，经高通滤波器取出第二伴音中频信号并从 N101 的①脚输出，再经外接电容 C126 耦合送入 N101 的③脚，在其内部先经多制式（4.5～6.5MHz）带通滤波器，取出不同制式的第二伴音中频信号，再进行伴音中频限幅放大后送到免调试的 PLL 解调电路进行解调（鉴频），得到电视伴音音频信号。N101 的④脚外接电容 C128 为伴音解调电路的滤波电容。伴音解调电路输出的音频信号分两路输出：一路直接从⑤脚输出，并送音频输出接口；另一路送 TV/AV 音频信号切换开关电路。

TV/AV 音频信号切换电路有两路输入信号：一路是由伴音解调电路送来的 TV 音频信号；另一路是从 N101 ⑨脚输入的 AV 音频（外部音频）信号。TV/AV 开关通过 I^2C 总线进行控制。在 TV 状态时，音频切换开关接通 TV 音频信号；在 AV 状态时，音频切换开关接通 AV 音频信号。TV/AV 音频信号经 TV/AV 转换开关切换后，由音量控制电路进行音量调节控制。音量控制由超级单芯片内置微处理器通过 I^2C 总线实现。音频信号经音量控制后，从 N101 ⑥脚输出，送到后级的伴音功放电路。

（3）伴音功放及静音控制电路

伴音功放电路由 N601（TDA2003）及外围元件组成。TDA2003 为单通道功率放大电路，其引脚功能及维修数据见表 6-2 所示。

表 6-2 音频功放集成电路 TDA2003 引脚功能及维修数据

引脚	名称	功能	对地电阻(R×1kΩ)		电压/V
			红笔测	黑笔测	
①	-IN	反相信号输出	71	6.8	1.40
②	+IN	同相信号输入	4.8	13.7	0.79
③	GND	接地	0	0	0
④	OUT	输出	0.1	0.1	6.08
⑤	VCC	电源	2.8	8.5	13.31

从 LA76931 的⑥脚输出的伴音信号经 R122、C133、C603 耦合到 N601（TDA2003）的①脚，由 N601 内部放大电路进行放大后的信号从④脚输出，由电容 C607 隔直后经接插件 XS601、XS602 送至扬声器，使其还原出声音。

静音电路主要由静噪管 V601 构成，受控于微处理器的㉓脚输出静音控制（MUTE）信号。按遥控器 MUTE 键，N101 ㉓脚输出约 3V 的高电平，控制 V601 饱和导通，将送 N601 ①脚的噪声信号或音频信号短路到地，实现静音。自动搜索时、转换频道瞬间以及无信号输入电视机时，N101 ㉓脚也输出高电平，实现静音。

6.3.3 长虹 A2116 型机（A6 机芯）伴音通道精讲

长虹 A2116 型机（A6 机芯）采用单片 TV 信号处理集成电路 LA7688，其伴音通道大体上可以分成三个部分：第二伴音中频切换电路、伴音中频处理电路、音频功率放大电路，如图 6-8 所示。

(1) 伴音制式切换电路

第二伴音中频切换电路主要由双通道 4 选 1 电子开关 HEF4052（N203），伴音中频滤波器 Z131～Z134 等组成。主要用于选择不同伴音中频制式的信号源。

LA7688 ⑧脚输出的视频信号和第二伴音中频信号，经射随器 V184 缓冲输出，经耦合电容 C132 加到第二伴音中频带通滤波器 Z131、Z132、Z133、Z134 的输入端。Z131（4.5MHz）、Z132（5.5MHz）、Z133（6.0MHz）、Z134（6.5MHz）选出 4.5MHz、5.5MHz、6.0MHz、6.5MHz 第二伴音中频信号，分别加到伴音制式选择开关 HEF4052 的一组开关的输入端①、②、⑤、④脚。伴音制式选择控制信号由微处理器 D701 ㊾、㊿脚输出的不同电平组合来对 N203 进行控制。经 N203 选出 6.5MHz（或 4.5MHz 等）第二伴音中频信号从③脚输出，送往后续电路进行处理。

A2116 型机伴音制式无自动识别功能，在开机后正常工作或自动搜索选台时，伴音制式强制在 D/K 制，即 6.5MHz 伴音状态，彩色制式可自动识别。因此，当收看 B/G、I 或 M 制节目时，需用遥控器制式键或本机键进行制式选择，否则会出现图像正常而无伴音，或伴音质量很差的情况。

(2) 伴音中频处理电路

伴音中频处理电路由单片 TV 信号处理集成电路 LA7688 及少量的外围元件构成。LA7688 用于伴音通道的引脚及其功能见表 6-3。

陶瓷滤波器损坏，伴音中频信号不能进入HEF4052，无伴音中频信号送到伴音中频放大器，发生伴音无声故障
怀疑陶瓷滤波失效时，可在陶瓷滤波器的输入端①脚与输出端③脚之间连接一只33～82pF的电容器，使伴音中频信号不经陶瓷滤波器选频而直接进入HEF4052。这时，如果有伴音，但杂音大，说明陶瓷滤波器失效
陶瓷滤波器参数变化，会使送到后级电路的伴音中频信号太弱，出现噪声大的现象。可作替换检查判断

第二伴音中频切换电路，用于选择不同伴音中频制式的第二伴音中频信号。伴音中频信号在该电路中被阻断，会出现TV无伴音的故障。三端陶瓷滤波器性能不良，会出现伴音失真、杂音大故障

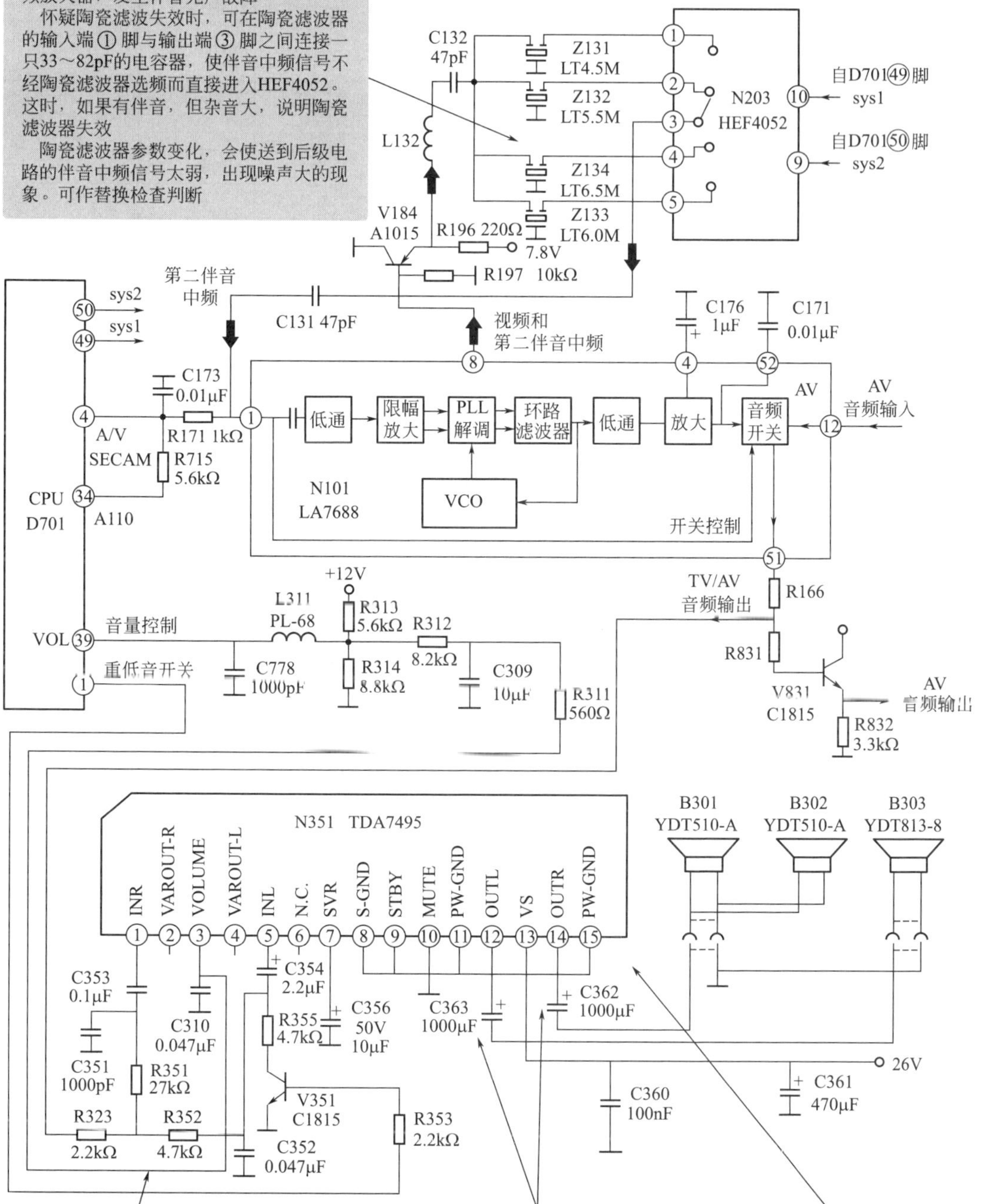

C132 47pF
Z131 LT4.5M
Z132 LT5.5M
Z134 LT6.5M
Z133 LT6.0M
N203 HEF4052
自D701㊾脚 sys1
自D701㊿脚 sys2
L132
V184 A1015
R196 220Ω
7.8V
R197 10kΩ
第二伴音中频
C131 47pF
视频和第二伴音中频
C176 1μF
C171 0.01μF
sys2
sys1
C173 0.01μF
R171 1kΩ
A/V SECAM
R715 5.6kΩ
CPU D701 A110
低通
限幅放大
PLL解调
环路滤波器
低通
放大
音频开关
AV
AV 音频输入
VCO
N101 LA7688
开关控制
+12V
TV/AV 音频输出
R166
L311 PL-68
R313 5.6kΩ
R312 8.2kΩ
音量控制
VOL
C778 1000pF
R314 8.8kΩ
C309 10μF
R311 560Ω
重低音开关
R831
V831 C1815
R832 3.3kΩ
AV 音频输出
N351 TDA7495
INR VAROUT-R VOLUME VAROUT-L INL N.C. SVR S-GND STBY MUTE PW-GND OUTL VS OUTR PW-GND
B301 YDT510-A
B302 YDT510-A
B303 YDT813-8
C353 0.1μF
C354 2.2μF
C356 50V 10μF
C363 1000μF
C362 1000μF
C310 0.047μF
C351 1000pF
R351 27kΩ
R355 4.7kΩ
V351 C1815
26V
C360 100nF
C361 470μF
R323 2.2kΩ
R352 4.7kΩ
C352 0.047μF
R353 2.2kΩ

检查无伴音、小声、音量不可调等故障时，应注意测量TDA7495的③脚音量控制直流电压。正常时应随音量控制键连续按动在0～6.5V之间连续变化。若始终为0V，则会导致功放无输出；若始终为某一固定电压，则会出现音量不可调的故障。这应检查CPU的VOL引脚电压和音量控制电压形成电路中的元件

输出引脚电压偏低很多，可检查输出电容C363、C362是否漏电，如果完好，就可能是集成块损坏。特别注意：输出电容短路，会使集成块功耗增加，时间长了容易损坏集成块

伴音功放集成块的检修关键点：供电引脚、音频输出引脚。功放IC有音量控制脚的，该脚电压也是检修关键点

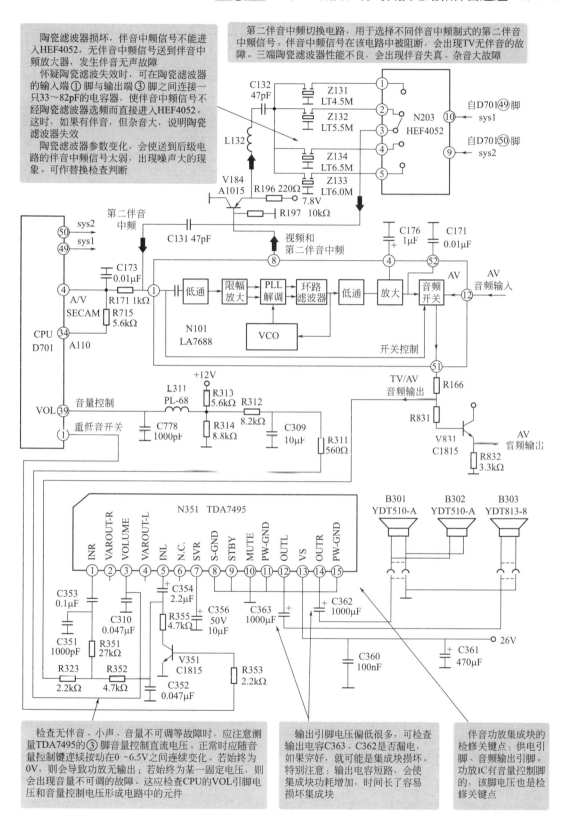

图6-8 长虹A2116型机（A6机芯）的伴音通道电路

表 6-3　LA7688 与伴音通道有关的引脚功能及维修数据

引脚	符号	功能	对地电阻(R×1kΩ)		电压/V
			红笔测	黑笔测	
①	AV/SECAMSIFIN	伴音中频输入;AV/TV/SECAM 切换控制	5.4	6.0	内 1.7～2.6 外 2.9～3.8
④	AUDIOFILTER	音频滤波	7.0	8.8	3.7
⑧	DETOUT	视频检波输出	6.2	7.8	2.8
⑫	EXTAUDIOIN	AV 音频信号输入	7.2	8.4	4.6
⑤①	AUDIOOUT	音频信号输出	6.6	7.2	3.7
⑤②	FMDETOUT	FM 解调输出/外接去加重电容	6.8	7.9	3.7

由伴音中频制式切换电路 N203 ③脚输出的第二伴音中频信号，经 C131 耦合后从①脚送入 LA7688 内的伴音处理电路。在 LA7688 内部，第二伴音中频信号经限幅放大后送到免调试的 PLL 解调电路进行解调，得到电视伴音音频信号，即内（TV）音频信号。内（TV）音频信号经⑤②脚外接去加重电容 C171 进行去加重处理后，送到 LA7688 内的音频内（TV）/外（AV）选择开关作为内（TV）音频信号。外音频即 AV 输入音频信号由 AV 端子输入，经 R811、C811 耦合加到 LA7688 的外音频信号输入端⑫脚，送到内/外音频选择开关。音频选择开关受 LA7688 ①脚输入的 TV/AV 开关控制信号控制，该脚为 0～2.6V 时选择内音频；2.9～5V 时选择外音频信号从⑤①脚输出。

LA7688 ⑤①脚输出的内或外音频信号分成两路：一路经 R831 加到射随器 V831 的基极，经 V831 缓冲隔离后从射极输出，送往 AV 端子音频输出端，作为 AV 音频信号输出；第二路分别经 C353、C354 加到音频功率放大器 TDA7495（N351）的输入端①脚和⑤脚，送入 N351 内进行功率放大。

（3）功率放大器

长虹 A2116 型机中，采用 TDA7495 作音频功率放大器。TDA7495 引脚功能和维修数据见表 6-4。

表 6-4　TDA7495 引脚功能和维修数据

引脚	功能	对地电阻(R×1kΩ)		电压/V
		红笔测	黑笔测	
①	音频输入(R 路)	5.8	8.5	13.9
②	VAR 输出(R 路)	5.8	50	13.9
③	音量控制端	5.6	12	6.6
④	VAR 输出(L 路)	5.9	45	13.9
⑤	音频输入(L 路)	569	10	13.9
⑥	空脚	∞	∞	0
⑦	滤波	4.8	13	13.9
⑧	接地	0	0	0
⑨	备用(辅助)	0	0	0
⑩	静音控制(本机接地)	0	0	0
⑪	接地	0	0	0
⑫	音频输出(L 路)	4.4	14.5	13.9
⑬	电源输入(+26V)	3.3	60	28.1
⑭	音频输出(R 路)	4.4	16	13.9
⑮	接地	0	0	0

LA7688 的㉛脚输出的 TV 或 AV 音频信号，经 R351 后分成两路，分别经 R351、C353 和 R352、C354 加到 TDA7495 音频信号输入端①脚和⑤。加到⑤脚的音频信号幅度受 V351 工作状态的控制，控制信号来自微处理器 D701 ①脚低音扩展开关控制信号输出端。当低音扩展时，D701 ①脚输出高电平，使 V351 饱和导通，输入 N351 ⑤脚的音频信号经 R355、V351 的 c-e 极到地，适当降低幅度后再经 C354 加到 TDA7495 ⑤脚，这样适当降低低音音量，使声音听起来清晰柔和。当重低音关时，D701 ①脚输出低电平，V351 截止，对 N351 ⑤脚输入无影响。

输入 TDA7495 的音频信号，经内部电路进行音量控制、功率放大后分别从⑫、⑭脚输出，经 C363、C362 耦合后推动扬声器发声。

（4）音量控制和静音控制

该机音量控制采用模拟量控制方式。TDA7495 ⑫脚、⑭脚输出信号大小，受③脚音量控制端的直流电压控制，③脚直流电压高，音量大；③脚直流电压低，音量小。③脚音量控制电压受微处理器 D701 ㊴脚（VOL 端）控制。D701 ㊴脚输出音量控制 PWM 信号（调宽脉冲），经 R312、C309、R311、C310 平滑滤波后成为直流音量控制电压，加到 TDA7495 ③脚用来调节伴音音量的大小。

该机静音控制仍利用微处理器的 VOL 引脚，而不像其他机器那样需要用 CPU 的一个单独 MUTE 引脚。当切换频道、自动/半自动搜索选台、TV/AV 切换期间等，微处理器 D701 ㊴脚音量控制端输出低电平，使伴音功放 N351 ③脚音量控制直流电压输入端为低电平，使伴音功放几乎无输出，起到静音的作用，静音时间约为 200ms。当按遥控器静音键时，微处理器 D701 ㊴脚输出低电平，伴音功放无输出，电视机处于静音状态。再次按遥控器静音键，则电视机消除静音状态，进入正常工作状态。当电视机处于静音状态后，若不再按静音键，则电视机将一直处于静音状态。这点与频道切换等自动静音 200ms 是不同的。

6.4 伴音通道故障检修精讲

6.4.1 伴音通道的关键元器件检测

（1）扬声器检测

彩色电视机使用的扬声器种类很多，有高音扬声器、低音扬声器和超重低音扬声器几种。

扬声器常见故障有：完全无声、发音微弱、声音沙哑失真和有机械噪声等。

① 完全无声、发音微弱。完全无声可能是音圈烧坏或引线开路；音轻，则可能是音圈局部短路、纸盆或定心弹簧板受潮变形失去弹性，或磁隙失常而导致擦音圈。对扬声器进行在路检测，用万用表“$R\times1$”挡碰触、测量扬声器的两引线端子，观察表针指示数的同时聆听扬声器有无“喀喀”声响，如图 6-9 所示。标称阻抗为 8Ω 的扬声器，用万用表测得的直流电阻大约为 7.5Ω。若测得阻值明显大于标称阻抗，说明扬声器存在断路故障。若表针指示数远低于标称阻抗，或阻值接近正常但听不到“喀喀”声，则应断开扬声器的一根（或拔下接插件）再测，若此时正常，说明外接电路有短路性故障。若阻值仍过小，则说明扬声器音圈已烧毁。若音圈阻值正常而“喀喀”声极微，可能是扬声器退磁，应进行替换检查判断。

将万用表拨至“$R\times1$”挡，用表笔碰触扬声器引出线焊片两端，这时应能听到“喀喀”声。如果听不到“喀喀”声，则是扬声器损坏。如果听到的声音较小，则有两种可能：一种是测量扬声器的音圈阻值，如果和正常值8Ω相差不远，则可能是音圈被卡住或进有异物；另一种是音圈阻值大于8Ω甚至于二十欧以上，极有可能是音圈有霉断。扬声器声音时有时无，一般是扬声器的引出线霉断但还未断离

图 6-9　扬声器的检测方法

② 声音沙哑失真。这类故障的原因有两种：一是扬声器本身故障（振动系统受损或脱胶引起）；二是功率放大器输出失真。可用同规格的扬声器试之判定。

③ 有机械噪声。原因有：引线相碰；引线与其他部件相碰；振动系统机械损坏；音圈位置不正；音圈变形；有灰尘及铁屑进入磁隙等。排除引线相碰的情况下，仍有机械噪声，应更换扬声器。

（2）陶瓷滤波器的检测

陶瓷滤波器是由具有压电性能的陶瓷——锆（钛）酸铝作材料制成，制成特定几何尺寸的薄片，其外形很像瓷介电容器。在一块晶片上可以做出两个及两个以上的电极，所以陶瓷滤波器有二极、三极或更多极的形式。三极式结构（三端陶瓷滤波器）的外形、符号和幅频特性（以 6.5MHz 为例）如图 6-10 所示，其中①脚为输入端，②脚为公共端，③脚为输出端。陶瓷滤波器在电视机中用于伴音通道的带通滤波、鉴频等。电视机中伴音通道使用的带通滤波器有 6.5MHz、6MHz、5.5MHz 和 4.5MHz 等几种标准频率。6.5MHz 带通滤波器的型号有 L6.5M、SFE6.5M、F6.5M 等。

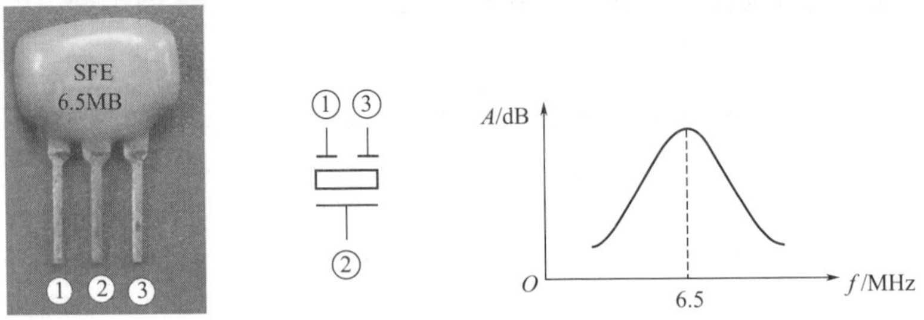
SFE
6.5MB
① ② ③
① ③
②
A/dB
O
6.5
f/MHz

(a) 外形　(b) 符号　(c) 幅频特性

图 6-10　三端陶瓷滤波器的外形、符号和幅频特性

陶瓷滤波器的电气性能很像石英晶体。它具有一定的固定频率（与几何尺寸有关），当陶瓷滤波器两端加的信号电压频率与其固有频率一致时，会产生机械振动，这时陶瓷滤波器相当于一个谐振电路。

陶瓷滤波器的检查方法：①电阻法，用万用表 $R\times1\text{k}$ 挡测量三端陶瓷滤波器输入端、

输出端与公共端（接地端）两两之间的阻值，正常应为无穷大，否则，说明内部有短路或漏电的故障；②代换法。

6.4.2 伴音通道故障检修思路和方法

伴音通道常见故障有：图像正常而无伴音或伴音较小，声音失真，伴音噪声大，音量失控等。

对伴音噪声大、伴音失真及音量失控等故障，故障范围较小，比较容易检修。而对于有图像无伴音及伴音轻这两种故障，其故障范围涉及整个伴音通道和系统控制电路。压缩故障范围的方法如下。

（1）TV/AV 功能转换操作法

检修伴音方面的故障，往往以 TV/AV 切换电路作为判断故障的分水岭，因此，检修时可利用 TV/AV 功能转换操作法来压缩故障范围。若 TV 伴音异常，可将机器转换到 AV 状态，通过 AV 插孔输入 AV 音视频信号，看 AV 伴音是否正常；反之，若 AV 伴音不正常，则转换到 TV 状态，接收电视信号，看 TV 伴音是否正常。如果 TV、AV 伴音均不正常，则故障发生在两者的共用电路部分（一般功放电路是共用的）；反之，故障则发生在声音异常的那种状态专用电路部分，这种方法对各类伴音故障都适用。

对于采用双声道输出方式的机型，检查时还应区分是 L、R 两个声道都不正常还是只一个声道不正常。如果只是某一个声道不正常，故障一般在 L、R 两路信号分开进行处理的电路，对接收电视信号来说，故障应在伴音解调之后的电路部分，即在音频处理电路、功放电路等电路，不需要检查伴音中频处理电路及以前的电路。

（2）信号注入法

检查无伴音或伴音轻故障最有效、快速的方法是信号注入法，常采用干扰法（通常有两种，一种是万用表触及法，另一种是人体感应信号注入法）。采用干扰法检查时，应在输入大线（RF）信号的情况下进行，否则 CPU 将实施静音控制，可能造成误判。检查时，先将电视机的音量开大，然后手持金属镊子沿伴音通道信号流程从后往前触碰各关键检查点，根据喇叭是否发出“喀喀”声来判断故障范围及部位（这种方法主要用于冷机板的机器）。也可采用万用表触及法，即用万用表 $R\times100$ 挡，红表笔接地，黑表笔间断接触干扰点，如图 6-11 所示。伴音通道的关键检查点主要有：伴音功放集成块的音频信号输入端，音频处理电路（如果有此部分）的输出、输入端，伴音中频处理电路的音频输出端（有些 TV 信号处理 IC 无此引脚）、TV/AV 切换电路的音频输出端和输入端等。而对伴音中频放大和鉴频部分，虽然有时也可采用干扰法来判断是否信号被阻断，但对鉴频器失调等导致的无声故障，

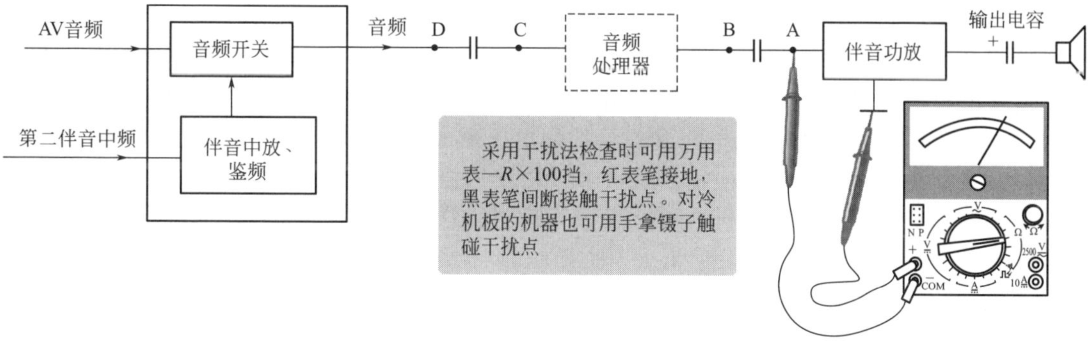
AV音频
音频开关
第二伴音中频
伴音中放、鉴频
音频
D
C
音频处理器
B
A
伴音功放
输出电容
采用干扰法检查时可用万用表—R×100挡，红表笔接地，黑表笔间断接触干扰点。对冷机板的机器也可用手拿镊子触碰干扰点
COM

图 6-11　干扰法检查伴音通道示意图

干扰法检查不一定奏效，可结合采用电压测量法和元件替换法检查。

6.4.3 图像正常，但无伴音故障

（1）故障原因

无伴音故障原因主要有以下几方面。

① 伴音通道中的中频信号处理电路、TV/AV 音频切换电路、伴音功放电路和喇叭任一处发生故障，都可能使伴音信号中断，出现无伴音故障。如果伴音通道还有第二伴音中频切换电路、音频信号处理电路，这两个单元电路发生故障也会造成本故障。

② 静噪电路故障，如静噪管击穿或静噪电路误控，使送至伴音功放电路的音频信号对地短路，或使伴音功放电路关断其信号输出，从而造成无伴音。

③ 音量控制电路出现故障。

由此可见，无伴音故障范围不仅涉及伴音信号的传输通道，同时还涉及微处理器音量控制、TV/AV 转换以及静音控制电路。

（2）检修思路和方法

当彩电出现有图无声故障时，由于故障涉及范围广，一般应先采用 TV/AV 功能切换操作法和干扰法来缩小故障范围，然后再对可疑的电路进行进一步的检查，如用电压、电阻法对被怀疑部位（如集成电路）进行重点检查，查找故障是集成电路还是有关外围元件，最终找到故障点。检修步骤及方法如下。

1）检查扬声器及其插座连线

①检查扬声器有无损坏；②检查扬声器连接导线、插座是否接触不良或开路；③有外接扬声器插座的机型，检查扬声器内接/外接转换开关及其位置是否正常。

2）检查伴音功放　伴音功放集成块的供电电压较高，一般在 15V 以上，且输出电流也比较大，较易损坏。判断伴音功放集成块好坏的方法是：①检查伴音功放 IC 的供电是否正常，若不正常，检查供电电路；②在供电电压正常的情况下，测量音频输出引脚电压，看是否等于电源电压的一半。正常时，应约为电源电压的一半。若远离此值，则先查外接元件，若外接元件正常，说明功放集成块损坏。功放 IC 有音量控制脚的，当音频输出引脚电压不正常时，还应检查音量控制脚电压。

3）检查静音控制电路有无误动作　找到静噪管，将其基极接地，听伴音是否恢复正常，判断是否静噪电路故障。

判断 CPU 是否执行静音而造成无伴音的方法是重新进行自动搜索，若搜索到的节目能锁存，就能表明 CPU 的同步信号反馈电路工作正常。

4）检查音量控制电路　遥控彩电中，微处理器 CPU 对音量的控制采用了两种方式：一种是模拟量控制方式，即 CPU 有一个用于音量控制的引脚，电路图上标为 VOL，VOL 引脚输出调宽脉冲信号（PWM），经滤波成直流电压，去控制音量放大器的增益，从而达到控制音量的目的；另一种是 I^2C 总线控制方式。对于微处理器采用模拟量控制音量的机器，应测量 CPU 的 VOL 引脚输出电压和音量控制电压形成电路中的元件，参见图 6-8。对于采用 I^2C 总线控制音量的机器，应重点检查 I^2C 总线是否有开路现象，而超级芯片，一般采用芯片内部的 I^2C 总线，无需进行这项检查。有些 I^2C 总线控制的机型，还需进入 I^2C 总线软件调整维修模式，查看“FMLEVEV（伴音解调幅度）”项、“FMGAIN（伴音增益设置）”项对应参数设置是否正确。

5）检查音频信号处理电路　对于有音频信号处理电路的机型，检查该电路有无性能不良。图 6-12 所示的电路，在伴音中频电路与伴音功放电路之间增加了一个以音频处理器

TDA9859 为核心的音频信号处理电路，用作伴音处理。TDA9859 可将输入的三组双路音频信号（一组 TV 伴音和两组 AV 伴音）进行选择，并进行高音、低音、平衡和音量控制等。当其损坏或外围元件有故障，会出现 TV/AV 均无声的故障。检修时，可用一个 1μF/50V 的电解电容直接跨接其③、⑱脚和⑤、⑮脚，确认是否是此部分故障。对这部分电路检查时，应重点检查其与 CPU 之间的总线电路是否正常。也有采用模拟量控制的音频处理器。

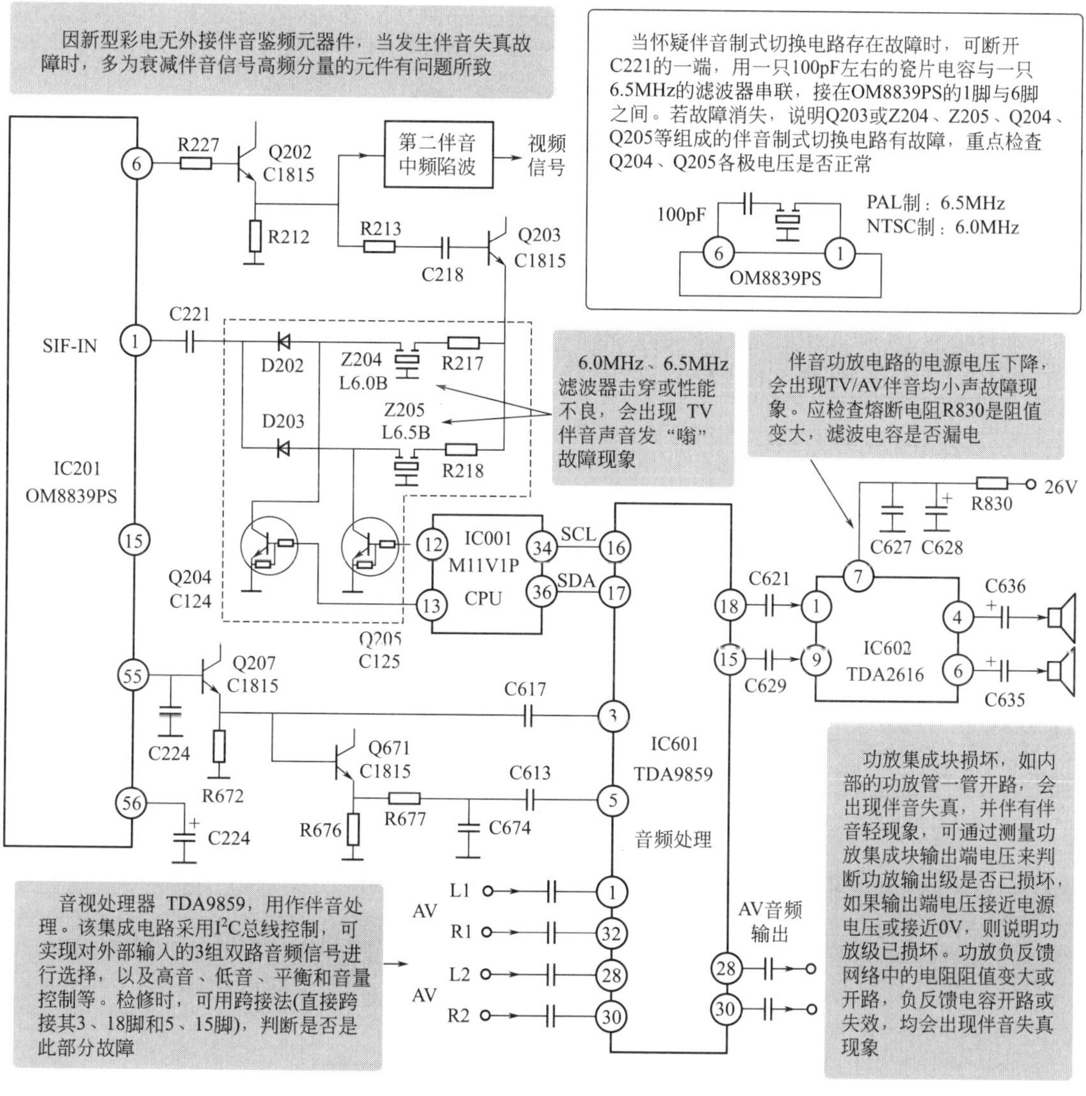
因新型彩电无外接伴音鉴频元器件，当发生伴音失真故障时，多为衰减伴音信号高频分量的元件有问题所致
当怀疑伴音制式切换电路存在故障时，可断开C221的一端，用一只100pF左右的瓷片电容与一只6.5MHz的滤波器串联，接在OM8839PS的1脚与6脚之间。若故障消失，说明Q203或Z204、Z205、Q204、Q205等组成的伴音制式切换电路有故障，重点检查Q204、Q205各极电压是否正常
100pF
PAL制：6.5MHz
NTSC制：6.0MHz
OM8839PS
R227
Q202
C1815
第二伴音中频陷波
视频信号
R212
R213
C218
Q203
C1815
C221
SIF-IN
D202
Z204
L6.0B
R217
D203
Z205
L6.5B
R218
6.0MHz、6.5MHz滤波器击穿或性能不良，会出现 TV 伴音声音发"嗡"故障现象
伴音功放电路的电源电压下降，会出现TV/AV伴音均小声故障现象。应检查熔断电阻R830是阻值变大，滤波电容是否漏电
IC201
OM8839PS
Q204
C124
Q205
C125
IC001
M11V1P
CPU
SCL
SDA
R830
26V
C627 C628
C621
C636
IC602
TDA2616
C629
C635
Q207
C1815
C224
C617
R672
Q671
C1815
C613
IC601
TDA9859
R676
R677
C674
音频处理
功放集成块损坏，如内部的功放管一管开路，会出现伴音失真，并伴有伴音轻现象，可通过测量功放集成块输出端电压来判断功放输出级是否已损坏，如果输出端电压接近电源电压或接近0V，则说明功放级已损坏。功放负反馈网络中的电阻阻值变大或开路，负反馈电容开路或失效，均会出现伴音失真现象
音视处理器 TDA9859，用作伴音处理。该集成电路采用I²C总线控制，可实现对外部输入的3组双路音频信号进行选择，以及高音、低音、平衡和音量控制等。检修时，可用跨接法(直接跨接其3、18脚和5、15脚)，判断是否是此部分故障
AV
L1
R1
L2
R2
AV音频输出

图 6-12 有音频处理器的伴音通道

6）检查 TV/AV 切换电路 对于 CPU 采用开关量控制的 TV/AV 切换电路的机型，应重点检查 CPU 的 TV/AV 控制引脚输出电平是否正常，控制信号传输电路是否畅通。若有 AV1、AV2 控制引脚的，这两脚也要检查。对于 CPU 采用总线控制的机型，应检查总线电路是否正常。

7）检查伴音中频处理电路 伴音中频处理电路一般包括第二伴音中频限幅放大和第二伴音中频解调（鉴频）电路。这部分电路主要集成在集成块的内部，外接元件很少。新型彩电，一般只接有伴音中频自动滤波电容、鉴频滤波电容、FM 解调输出去加重电容，应重点检查这几个电容。老式彩电，集成块内部的伴音解调（鉴频）电路一般外接鉴频线圈（也有

采用 6.5MHz 三端陶瓷滤波器的)，应重点检查这些元件。对于有伴音制式切换电路的机型，还应检查其有无误动作。

LA76931 超级单片机有图像、无伴音故障检修流程如图 6-13 所示（见图 6-7），LA7688 单片机有图像、无伴音故障检修流程如图 6-14 所示（见图 6-8）。

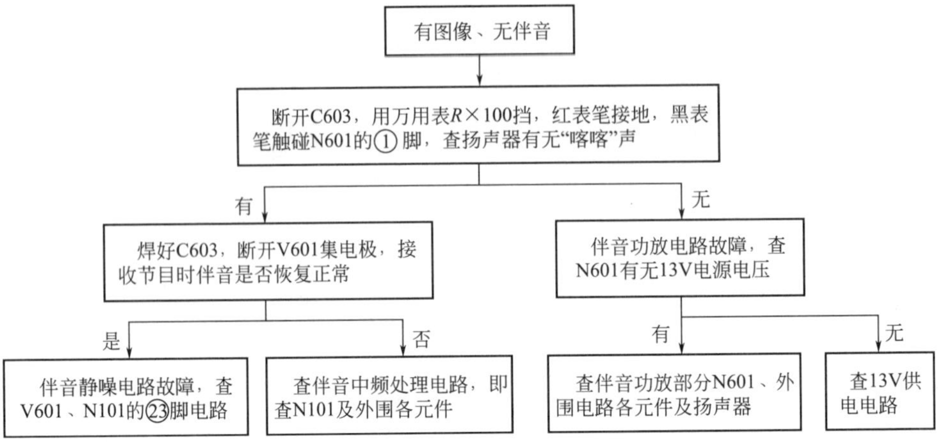
有图像、无伴音
断开C603，用万用表R×100挡，红表笔接地，黑表笔触碰N601的①脚，查扬声器有无“喀喀”声
有
无
焊好C603，断开V601集电极，接收节目时伴音是否恢复正常
伴音功放电路故障，查N601有无13V电源电压
是
否
有
无
伴音静噪电路故障，查V601、N101的㉓脚电路
查伴音中频处理电路，即查N101及外围各元件
查伴音功放部分N601、外围电路各元件及扬声器
查13V供电电路

图 6-13　LA76931 超级单片机有图像、无伴音故障检修流程

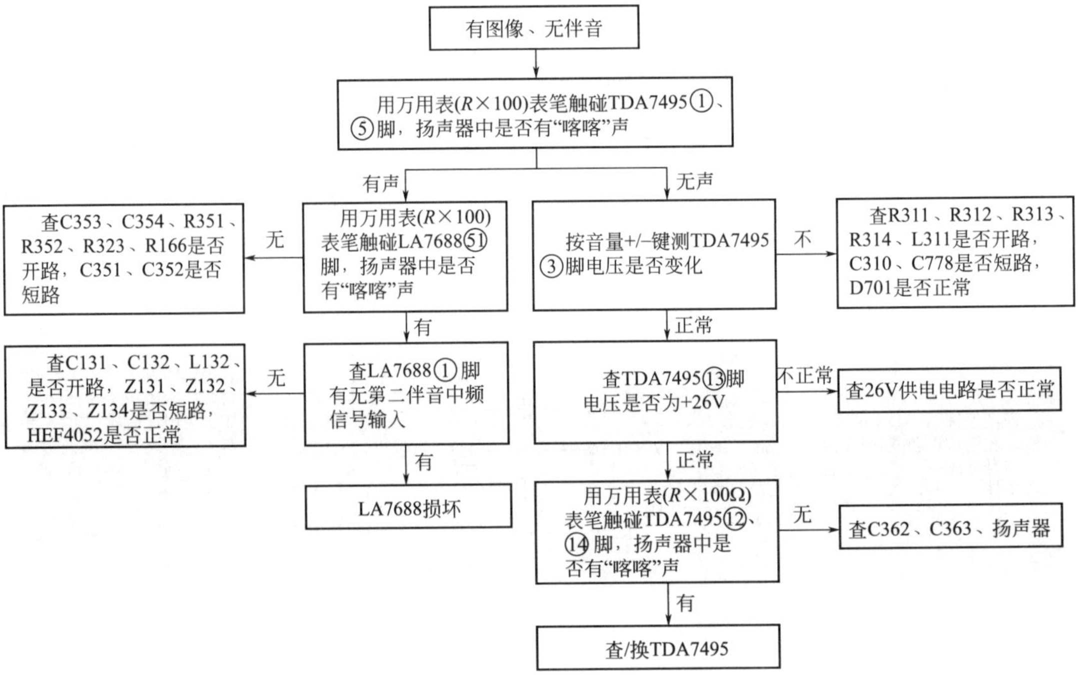
有图像、无伴音
用万用表(R×100)表笔触碰TDA7495①、⑤脚，扬声器中是否有“喀喀”声
有声
无声
查C353、C354、R351、R352、R323、R166是否开路，C351、C352是否短路
无
用万用表(R×100)表笔触碰LA7688㉛脚，扬声器中是否有“喀喀”声
按音量+/–键测TDA7495③脚电压是否变化
不
查R311、R312、R313、R314、L311是否开路，C310、C778是否短路，D701是否正常
有
正常
查C131、C132、L132、是否开路，Z131、Z132、Z133、Z134是否短路，HEF4052是否正常
无
查LA7688①脚有无第二伴音中频信号输入
查TDA7495⑬脚电压是否为+26V
不正常
查26V供电电路是否正常
有
正常
LA7688损坏
用万用表(R×100Ω)表笔触碰TDA7495⑫、⑭脚，扬声器中是否有“喀喀”声
无
查C362、C363、扬声器
有
查/换TDA7495

图 6-14　LA7688 单片机有图像、无伴音故障检修流程

6.4.4　声音小

检查时，应仔细听伴音小的同时是否还伴有声音失真、杂音大等故障，通常有以下两种情况。

（1）声音小，但音质好

此故障范围与无伴音相同，但检修难度略大。其常见故障原因及处理方法如下。

① 伴音功放电路电源电压降低，必然造成输出功率不足，从而出现声音小的故障，应检查其供电电路。

② 音量控制电路异常，这种故障主要发生在采用模拟音量控制的机型。音量控制直流电压变化范围变小，会造成音量调不到最大，应检查 CPU 输出的 VOL 控制电压和音量控制电压形成电路。

③ 伴音信号传输通路中的耦合电容容量变小、电阻阻值变大等（如图 6-7 中的 R122 阻值变大、耦合电容 C133 和 C603 容量变小），会使信号衰减过大，出现伴音音量小故障。信号耦合电容一般采用替换法检查。

（2）声音小，且声音失真、杂音大

① 扬声器质量不好。更换扬声器后试机。

② 音频信号输出电容（图 6-7 中的 C607）干枯，容量减小。采用替换法检查。

③ 检查伴音功放电路。重点检查伴音功放电路的负反馈网络中的电阻、电容（图 6-7 中的 R601、R603、C602）是否开路或变质，以及检查功放集成块是否损坏或不良（主要是内部的功放管单边开路）。

④ 检查静音控制电路中元件（图 6-7 中的 V601）是否漏电、变质，这种故障通常发生在采用旁路式静音电路的机型中。静音控制电路中元件漏电、变质造成的故障通常表现为伴音音量时大时小，伴有失真现象。

⑤ 检查伴音解调电路。第二伴音中频鉴频电路的元器件性能不良，使“S”曲线中心频率偏离 6.5MHz（对 PAL 制而言），就会出现伴音音量小或失真的故障现象，应检查鉴频线圈是否性能不良、损坏或未调谐好。这种故障主要发生在采用伴音鉴频线圈的机型中，如图 6-15 所示的 TA 两片机的伴音解调电路。新型彩电伴音解调电路无外接的伴音鉴频线圈，当发生此类故障现象时，多为衰减伴音信号高频分量的元件有问题或元器件损坏所致。

老式彩电，伴音失真故障部位比较集中，一般是伴音鉴频线圈未调好，伴音功放电路的负反馈电阻阻值变大或开路，或伴音功放集成电路本身不良。伴随音鉴频线圈的问题一般是鉴频线圈的电感变值或内附的管状电容变值、漏电等，使调谐频率偏移，造成伴音失真。维修时可用无感螺钉旋具调节鉴频线圈的磁芯，将鉴频网络调回到原谐振频率，使听到伴音既响又不失真（重调鉴频线圈虽能暂时排除故障，但可能使用一段时间后鉴频线圈又会失谐，最好还是更换新的鉴频线圈）。如调节无效，应更换新的鉴频线圈

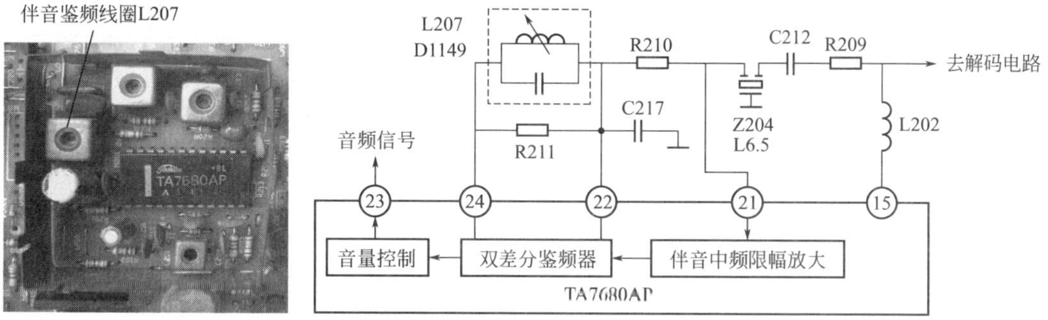
伴音鉴频线圈L207
L207
D1149
R210
C212
R209
去解码电路
C217
Z204
L6.5
L202
音频信号
R211
23
24
22
21
15
音量控制
双差分鉴频器
伴音中频限幅放大
TA7680AP

图 6-15 TA 两片机声音小且失真故障检修图解

⑥ 对于采用多种伴音制式，并具有自动切换或手动切换电路的机型，如果制式设置不正确或自动切换电路发生故障，均会造成伴音失真和音量减小故障。应检查制式设置是否正确，自动切换电路是否正常。另外，6.5MHz、6.0MHz、4.5MHz 滤波器性能不良或击穿，也会出现伴音声音发“嗡”的现象，对其检查通常采用替换法，用万用表检测不易判断其性能好坏。

⑦ 对于采用总线实现立体环绕声、音调、音量、平衡等项控制的彩电，应检查总线电

路是否正常。

另外，高频调谐器不良，声表面波滤波器的频率特性不良，中频 38MHz 谐振电路失谐，也会出现此类故障。在排除伴音通道和系统控制电路出现故障可能的前提下，可以检查高频调谐器、声表面波滤波器、中频 38MHz 谐振电路等。

6.4.5 伴音噪声大

此故障表现为在正常伴音信号中伴有噪声或交流声。

检修此故障时，可选用以下方法压缩故障范围。

方法一：通过 TV/AV 切换来判断产生噪声的大体部位。

方法二：通过调节音量来判断产生噪声的大体部位。若将音量调到最小噪声也不消失，则说明噪声源在音量控制电路之后的电路；若噪声随音量变化，则说明噪声源在音量控制之前的电路。

（1）正常伴音信号中伴有噪声或交流声，音量关小时更明显

由于噪声大小不受音量调节的影响，所以故障是在音量控制以下的电路，即音频放大电路中引入的。产生噪声的原因有以下几个方面。

① 音频放大电路自激。对于图 6-8 所示的电路，在音频放大电路中为防止自激，在电路中引入了 C351、C356 等相位校正元件，如这些元件失效，便可能产生自激。

对于图 6-7 电路，功放 IC 的音频输出端还接有 C601、R602 构成的阻抗补偿网络，用以补偿扬声器的感抗成分，可有效抑制高频自激，防止损坏功放 IC。如这些元件失效，便可能产生自激。

② 音频放大电路电源纹波太大。图 6-8 中的 C361、C360 是＋26V 的滤波电容，如果这两个电容失效就可能引起交流声。

③ 集成电路音量控制端感应到交流干扰信号。为消除音量控制端子上感应的干扰信号，图 6-8 中，在功放集成块 TDA7495 ③脚上接有 C310 滤波电容。如果 C310 失效，干扰信号便将通过音量控制端子加到音频放大电路中，产生噪声。

（2）TV 状态有噪声，音量关小时噪声消失

由于噪声随音量变化，则说明噪声源在音量控制之前的电路，应重点检查伴音中频滤波器、伴音限幅中放和鉴频的相关元件。

图 6-8 中，伴音中频滤波器（Z131～Z134）参数发生变化，使输入到伴音中频处理电路的 6.5MHz（或 6.0MHz 等）伴音中频信号太弱，经放大后，仍不能达到限幅电平所致。更换这几只陶瓷滤波器试之。

对于单片 TV 信号处理 IC 和超级单片 IC 来说，伴音限幅中放和鉴频在集成块内部，大多没有外接元件，只能通过更换集成块解决。对于 TA7680AP 的伴音中频处理电路（图 6-15），可能是 TA7680AP ㉒、㉔脚外接的伴音鉴频线圈参数发生变化，伴音鉴频线圈参数变化时，还会产生伴音失真。可以先进行调节，看故障是否能消除。如调节无效，应更换新的鉴频线圈。

6.4.6 音量失控

该故障表现为开机后音量很大或很小，且不受音量按键的控制。

（1）故障原因

彩色电视机中，通常是采用电子音量控制电路来调节音量的，因此音量失控的故障既可能出在音量控制电路，又可能是伴音通道集成电路内部可控增益放大器故障造成的。在遥控彩电中，音量是由按键发出指令，经微处理器识别、处理、输出脉冲宽度可变的信号，通过接口电路形成连续可变的直流电压进行控制的。因此，按键、微处理器以及接口电路有故障，都会造成伴音失控。

（2）检修思路和方法

了解故障机的音量控制方式和引起故障的外部原因，将有利于快速判断故障。

检修此故障时，可选用以下几种方法。

① 首先用直观法检查音量控制插头有无脱落、断线和接触不良的故障。

② 宜用直流电压检查法来判断故障部位。按下音量“+”或“－”键，检测被控制端（伴音通道集成电路音量控制端）和微处理器输出脚的直流电压是否跟随增、减，就可判断故障是出在被控 IC 内部、接口电路还是微处理器。

③ 观察屏幕显示的字符或水平绿长条，有助于判断故障部位。若音量显示正常，故障出在微处理器之后。

④ 然后用电阻法来发现故障元件，必要时用替代法检查。

对于采用总线实现立体环绕声、音调、音量、平衡等项控制的彩电，应检查总线电路是否正常。

6.4.7 伴音功放 IC、TV 信号处理 IC 主要引脚功能

为让读者能够举一反三、触类旁通，快速掌握伴音类故障的检修方法，下面将常用的伴音功放集成电路引脚和单片 TV 信号处理集成电路、超级芯片用于伴音中频处理的引脚进行了归类，见表 6-5 和表 6-6 所列。

表 6-5 常用伴音功放集成电路引脚功能速查

型号	电源供电	地	正向输入	反向输入	选择模式（静音控制）	VOL	输出
AN5265	1、9		2	6	3	4	8
LA6225	5	3	2	1			4
LA2485	10	2		1		5	9
TDA1006	5	3	2	1			4
TDA1521A	5、7	3	1、9	2、8			4、6
TDA2003	5	3	2	1			4
TDA2611A	1	3、6	7	9			2
TDA2616	7	5		1、9	2		4、6
TDA7057AQ	4	6、9、12	3、5			1、7	8、10、11、13
TDA7495/96	13	11	1、5		10	3	12、14
TDA8943SF	2	8	4	5	7		1、3

表 6-6 常见超级芯片、单片 TV 信号处理集成电路部分引脚功能速查

型号	伴音中频输出	伴音中频输入	伴音解调滤波	外部音频输入	音频输出	静音控制
TDA9370/73	38	32	29	35	44	62
TDA9380/83		32		35	44	
TMPA8803	31	33	34	32	28	56

续表

型号	伴音中频输出	伴音中频输入	伴音解调滤波	外部音频输入	音频输出	静音控制
TMPA8823/27		33		32	28	
TMPA8829		33			38	
TMPA8807		33			38	
TMPA8873	31	33	34	32	28、29	61
TMPA8859	31	33	34		38	56
TMPA8893	31	33	34	22、32	28、29	61
LA76930/31	1	3	4	9	5、6	23
LA7687/88	8①	1		12	51	
LA76810/18	52	54	53	51	1、2	
OM8839	6①	1		2	15	
TDA8361/62	7①	5		6	1、50	
TB1231/38	47	53	56	55	1、2	
M5234OSP	52①	2	33		46	

① 视频信号和第二伴音中频信号输出引脚。

Chapter 7

第7章 彩色解码电路

7.1 解码电路的组成和基本原理

7.1.1 解码电路的基本组成和基本原理

彩色电视机中，各种视频、音频信号均输入到TV/AV切换电路，经过切换后的音频信号输出到伴音通道，切换后的视频信号输出到解码电路。

解码电路也叫解码器，或亮度、色度信号处理电路，是彩电的重要组成部分，也是较复杂的部分。其作用是对彩色全电视信号进行分离、解调，还原出红（R）、绿（G）、蓝（B）三基色信号。

解码电路由四大部分组成：亮度通道、色度通道、副载波恢复电路和基色矩阵电路。我国彩电采用PAL彩色制式，PAL制解码电路的简化原理框图如图7-1所示。由TV/AV切换电路输出的彩色全电视信号先通过色/亮分离电路把亮度信号Y与色度信号C（或F）分离，亮度信号送亮度通道进行处理，获得满足条件的亮度信号送往基色解码矩阵（也称为基色矩阵电路）。色度信号C送色度通道进行处理，获得的红色差R-Y信号和蓝色差B-Y信号也送往基色解码矩阵，这两个色差信号与亮度信号一起进行矩阵运算，还原出红（R）、绿（G）、蓝（B）三基色信号并经放大后送至彩色显像管。色度通道除了需要色度信号外，还需要与发送端同频同相的0°和90°副载波才能正常工作，这两个信号由副载波恢复电路提供。副载波恢复电路除了需要色同步信号外，还需两个外来控制脉冲才能正常工作：一个是

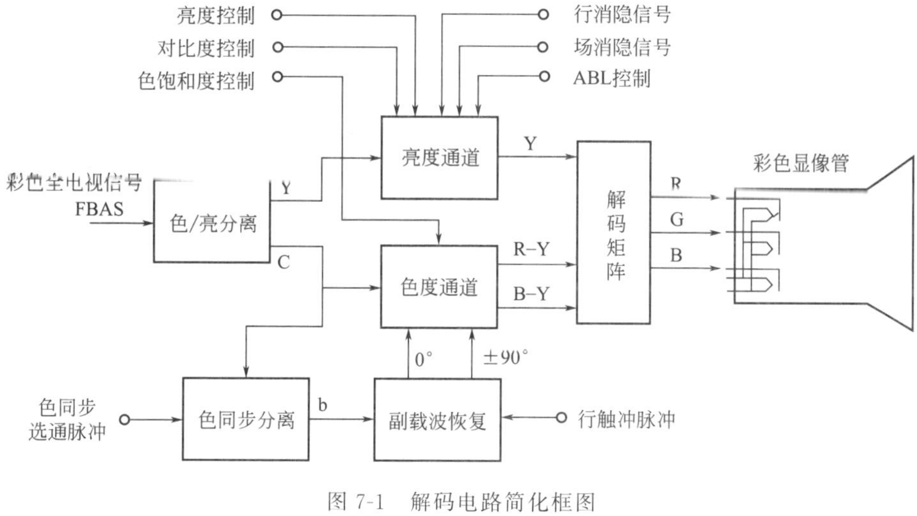

亮度控制
对比度控制
色饱和度控制
行消隐信号
场消隐信号
ABL控制
彩色全电视信号
FBAS
色/亮分离
Y
C
亮度通道
Y
色度通道
R−Y
B−Y
解
码
矩
阵
R
G
B
彩色显像管
0°
±90°
色同步
选通脉冲
色同步分离
b
副载波恢复
行触冲脉冲

图7-1 解码电路简化框图

色同步选通脉冲，它来自同步分离电路；另一个是行触发脉冲，它由行输出电路提供。为了方便用户调节图像亮度、色饱和度，亮度通道还需要亮度控制和对比度控制信号，色饱和度还需要色饱和度控制信号，这些控制信号由遥控电路提供。

解码电路的大部分电路已集成在集成块的内部。两片机采用了单独的一块解码集成块（内部还含有扫描小信号形成电路），如 TA7698 和 μPC1403 等。而单片机、超级单片机则采用单片 TV 信号处理集成电路、超级单片集成电路内的解码电路部分。解码电路有两种电路程式：一种是只将亮度通道、色度通道、副载波恢复电路三大部分做在解码集成块内（这里为叙述方便，将单片 TV 信号处理 IC 和超级单片 IC 均称为解码集成块），解码集成块输出三个色差信号（R-Y、G-Y、B-Y）和亮度信号（Y），而基色矩阵电路则由末级视放输出电路兼任，这类解码集成电路有 TA7698、μPC1403 等，也有少数的单片 TV 信号处理集成电路如 LA7680/LA7681、LA7687 等属于这类；另一种是将亮度通道、色度通道、副载波恢复电路和基色矩阵电路四大部分都集中在解码集成块内，解码集成块输出三个基色信号（R、G、B），这类解码集成电路较多，大多数的单片 TV 信号处理集成电路（如 LA7688、LA76810 等）和超级单片集成电路（如 LA76931、TMPA8893 等）都属于这类。多制式彩色电视机采用多制式解码电路，解码电路与彩色制式有关的电路及其工作状态需随接收信号的彩色制式不同而转换。

7.1.2 两代解码电路比较

我国彩电采用 PAL 彩色制式，先后涌现了两代解码电路，20 世纪 90 年代中期以前的彩电采用第一代解码电路，90 年代中期之后的彩电采用第二代解码电路。这两代解码电路的结构形式及对色度信号的解调过程略有不同。

7.1.2.1 第一代解码电路

第一代解码电路的元器件组装结构和 PAL 制解码器原理框图如图 7-2 所示。由 TA7698、TA8783、μPC1403、LA7680/81 等组成的解码电路均属于第一代解码电路。下面对各组成部分电路作些说明。

（1）亮度通道

亮度通道也叫亮度信号处理电路，其作用是从彩色全电视信号中把亮度（Y）信号选出来，将其放大、延时、恢复直流电平、勾边，经亮度与对比度控制后，送至基色矩阵电路与三个色差信号相加，还原出三个基色信号。当接收黑白电视信号时，因黑白电视信号中没有色度信号，解码系统的色度通道自动关闭，只有亮度通道输出亮度信号，激励显像管获得黑白图像。亮度通道主要由 4.43MHz 色副载波陷波电路、亮度延时线电路、多级视频放大电路及一些辅助电路（如勾边电路、钳位电路、亮度、对比度控制电路、自动亮度控制 ABL 电路）等组成。

① 4.43MHz 色副载波陷波器的作用是滤除彩色全电视信号中的色度信号分量，选出亮度信号，使图像不致出现 4.43MHz 的副载波网纹干扰。

② 亮度延时电路的作用是将亮度信号产生约 0.6μs 的延迟。由于色度信号是通过比亮度通道频带宽度窄的色度电路而传送到显像管的，因此色度信号就比亮度信号延迟约 0.6μs，它使黑白图像上附加上的颜色出现在黑白图像的右边。所以，要将亮度信号进行延迟，使它与色度信号到达显像管的时间一致。

③ 勾边电路又称水平轮廓校正电路，其作用是用来补偿因副载波陷波对亮度信号的高频分量的影响，使图像清晰度得以改善。

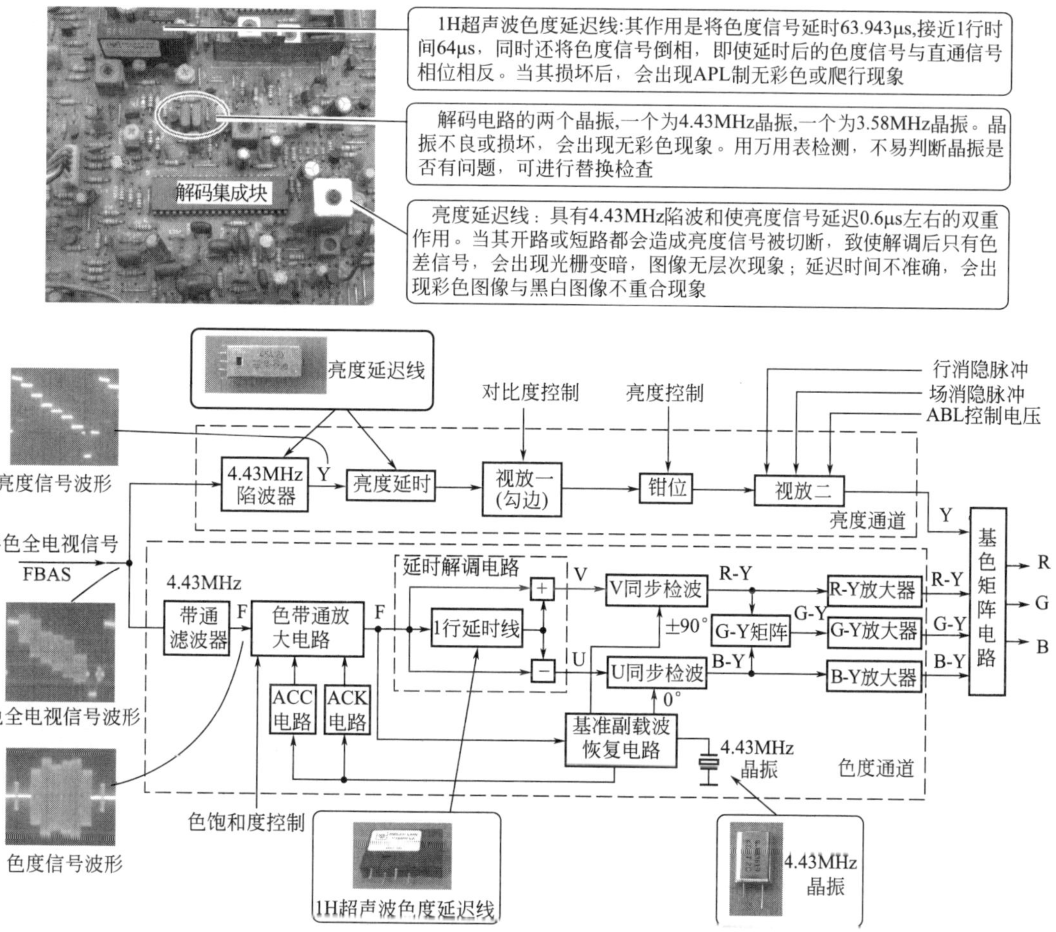
1H超声波色度延迟线：其作用是将色度信号延时63.943μs，接近1行时间64μs，同时还将色度信号倒相，即使延时后的色度信号与直通信号相位相反。当其损坏后，会出现APL制无彩色或爬行现象
解码电路的两个晶振，一个为4.43MHz晶振，一个为3.58MHz晶振。晶振不良或损坏，会出现无彩色现象。用万用表检测，不易判断晶振是否有问题，可进行替换检查
解码集成块
亮度延迟线：具有4.43MHz陷波和使亮度信号延迟0.6μs左右的双重作用。当其开路或短路都会造成亮度信号被切断，致使解调后只有色差信号，会出现光栅变暗，图像无层次现象；延迟时间不准确，会出现彩色图像与黑白图像不重合现象
亮度延迟线
对比度控制
亮度控制
行消隐脉冲
场消隐脉冲
ABL控制电压
亮度信号波形
4.43MHz 陷波器
Y
亮度延时
视放一 (勾边)
钳位
视放二
亮度通道
Y
彩色全电视信号
FBAS
4.43MHz
带通滤波器
F
色带通放大电路
F
延时解调电路
1行延时线
V
U
V同步检波
U同步检波
R-Y
G-Y
B-Y
±90°
0°
G-Y矩阵
R-Y放大器
G-Y放大器
B-Y放大器
基色矩阵电路
R
G
B
彩色全电视信号波形
ACC电路
ACK电路
基准副载波恢复电路
4.43MHz 晶振
色度通道
色度信号波形
色饱和度控制
1H超声波色度延迟线
4.43MHz 晶振

图 7-2　第一代解码电路的元器件组装结构和 PAL 制解码器原理框图

④ 钳位电路的作用是为了恢复亮度信号中被亮度通道中的耦合电容所失去的直流分量，从而保证正确地重现图像的明暗层次。这是因为亮度信号中含有直流成分和交流成分，其中交流成分用来反映图像的内容（显示什么样的图像），直流成分用来反映图像的背景亮度。如果亮度通道中存在着耦合电容，则会隔离直流成分，使亮度信号丢失直流，这样会造成图像背景亮度不正常。

⑤ 自动亮度控制（限制）电路，即 ABL 电路，其作用是当图像亮度过高时，显像管阳极将有很大的束电流流过，会造成高压和行输出电路过载，为了防止这种情况的发生，采用自动亮度限制来加以保护。

⑥ 逆程消隐电路的作用是使行、场扫描逆程期间不出现回扫线。

⑦ 对比度调节是通过改变亮度信号放大器增益，从而改变输出图像信号的幅度来控制对比度的强弱变化的。幅度大时，对比度强；反之，对比度弱。

亮度调节是通过改变钳位电路中的参考电平的高低来控制亮度的。因为钳位电平的高低表示黑色消隐电平的高低，消隐电平越高，则显像管阴极电位越高，光栅就越暗。

普通遥控彩电，亮度、对比度控制采用模拟量控制方式，由微处理器的亮度、对比度控制引脚分别输出亮度、对比度控制 PWM（脉冲宽度调制）信号，经外接 RC 元件滤波形成亮度、对比度控制直流控制电压，分别加到解码块的亮度、对比度控制引脚，改变其电压大小，即可实现亮度、对比度的调整。I^2C 总线控制的彩电，CPU 通过 I^2C 总线发送亮度、对

比度控制数据，控制解码块内部电路完成亮度、对比度的调整。

（2）色度通道

色度通道又称为色度信号处理电路，其作用是从彩色全电视信号中取出色度信号，并把它还原成色差信号。色度通道主要由色带通放大电路、延时解调电路和同步解调电路等组成。

① 由于色度信号的载频为4.43MHz，所以在色度信号处理电路的输入端需要设置4.43MHz带通滤波器，只让（4.43±1.3）MHz的色度信号（含色同步信号）通过。

② 色带通放大电路的作用是，将选出的色度信号放大到延时解调电路所需的电平。该放大器的增益要同时受色饱和度控制电路和自动色饱和度控制（ACC）电路的控制，其工作与否还要受“消色”电路的控制。

③ 色饱和度控制电路的作用是，控制色带通放大电路的增益，从而调整其输出的色度信号幅度。遥控彩电中，色饱和度控制方式有两种：一种是模拟电压控制方式，即由微处理器输出色饱和度控制PWM脉冲信号，经RC滤波电路平滑成色饱和度控制直流电压后去改变色度放大器的增益，从而改变图像色彩浓度；另一种是I^2C总线控制方式。

④ 自动色饱和度控制电路即ACC电路，其作用是自动控制色带通放大电路的增益，使色度信号幅度与亮度信号幅度保持原有的比例关系，以便准确地重现彩色图像。

⑤ 自动消色（ACK）控制电路简称“消色”电路，该电路主要用来控制色度通道的通断，其作用类似一个开关。若输入色度信号正常，ACK电路将色度通道接通；当输入色度信号幅度小时，ACK电路控制色度通道关闭，色度信号不能通过，屏幕上无彩色（只显示黑白图像），可避免微弱色度信号干扰图像，另外，在接收黑白电视信号时或色副载波恢复电路出现故障时，ACK电路也控制色度通道关闭。

⑥ 延时解调电路（梳状滤波器），其作用是将色度信号F分解为F_U（即U信号）和F_V（即V信号）两个正交分量，因此，这个电路也称为U/V分离电路。延时解调电路主要由1行延时线、加法器和减法器组成。早期的彩电都采用玻璃超声延迟线，使得延时解调电路中的直通色度信号与延迟色度信号需进行相位平衡和幅度平衡等调整。新型彩电则采用1H自校正集成基带延迟线，在色度信号处理电路上，不需任何调整。

⑦ 同步解调（检波）电路的作用是从正交平衡调幅波中解调出原来的调制信号，即从色度分量F_U和F_V中分别解调出色差信号R-Y、B-Y。

⑧ G-Y矩阵电路的作用是利用B-Y、R-Y色差信号按一定比例相加，恢复未传送的G-Y信号。

（3）副载波恢复电路

基准（色）副载波恢复电路也叫色同步电路，其作用是产生频率、相位严格与发送端副载波同步的基准副载波，为同步解调器提供所需的同步信号，同时还向ACC、ACK等电路提供有关辅助信号。基准副载波恢复电路主要由色同步选通电路、锁相环路（由鉴频器和副载波压控振荡器VCO及副载波放大、移相器构成）、PAL识别和PAL开关等电路组成。

色度通道简要工作过程是如下。

复合视频信号经4.43MHz带通滤波后，分离出色度信号（含色同步信号）。色度信号经带通放大后，一方面送至副载波恢复电路，另一方面送至延时解调电路。延时解调电路用来分离F_U信号和F_V信号，分离后的F_U信号和F_V信号分别送至U同步检波器和V同步检波器，分解出U信号和V信号。再分别经B-Y放大和R-Y放大后，使压缩的色差信号幅度得到恢复，然后送至基色矩阵电路。R-Y信号和B-Y信号还要各取出一部分，混合成一个G-Y信号，也送至基色矩阵电路。U同步检波器和V同步检波器所需的副载波信号，由副载波恢复电路产生，副载波频率和相位受色同步信号锁定，从而确保再生出来的副载波能满足同步检波的要求。

（4）基色矩阵电路

基色矩阵电路的作用是将色度通道送来的R-Y、G-Y、B-Y三个色差信号与亮度通道送来的亮度（Y）信号相加，得到R、G、B三基色信号。

基色矩阵有两种形式：一种是在集成块内，解码集成块输出三基色电信号，并将它们送至三个末级视放管基极；另一种是由三个末级视放管兼任，解码集成块输出的三个色差信号分别加至三个末级视放管的基极，解码集成块输出的亮度信号加至三个末级视放管的发射极，在三个末级视放管发射结完成色差信号与亮度信号的相加，产生三基色电信号。

7.1.2.2 第二代解码电路

第二代解码电路是在第一代解码电路的基础上改进而成的，采用了很多新的技术和新的电路。第二代解码电路的元器件组装结构和PAL制解码器原理框图如图7-3所示。由LA7688、LA76810/18、LA76931、OM8838等组成的解码电路均属于第二代解码电路。

与第一代解码电路相比，第二代解码电路主要有下面几个特点。

（1）亮度通道

亮度电路中增设了画质改善电路，如采用核化降噪、黑电平扩展、垂直轮廓校正和扫描速度调制等电路，大大改善了图像的质量和清晰度。黑电平扩展电路又称黑电平延伸电路，该电路能自动检测亮度信号中浅黑电平信号，再将浅黑电平信号向黑电平扩展，即将图像浅黑部分变成深黑，以提高图像的对比度，暗区的图像层次变得更加丰富，可消除图像模糊的感觉。核化降噪电路又称挖心电路，其作用是抑制亮度信号中幅度较小的噪声信号，而让幅度较大的有用信号通过。

另外，第二代解码电路的亮度通道，还将第一代解码电路色度陷波器、亮度延迟线等集成在解码块的内部。

（2）色度通道

第二代解码电路的色度通道中，采用了基带处理技术，即采用1H自校正集成基带延迟线，代替第一代解码器中的玻璃超声延迟线，这样使得解码电路不需任何调整。

1H基带延迟线是一种CCD（电荷耦合）的1H集成色度延迟线。它在不同彩色制式时起不同作用：在PAL制解码时，它对R-Y、B-Y信号进行1H时间（64μs）延迟作用，等同于普通的1H玻璃超声延迟线的作用；在NTSC制时，它起减小R-Y、B-Y信号相互串扰的作用；在SECAM制解码时，它起1H存储器的作用，即使每一行色差信号经存储处理后重复使用两次，以便把时分顺序传送的色差信号（每一行中只有一种色差信号存在的信号），转变成每行同时存在R-Y、B-Y信号，以便进行矩阵处理，恢复G-Y信号。采用1H基带延迟线与解码块配合使用，组成免调试PAL/NTSC制解码器，省去了第一代解码电路中繁琐的直通色度信号与延迟色度信号相位平衡和幅度平衡等调整，保证了解码的准确性和一致性。1H基带延迟线分为两种：一种是专用1H基带延迟线集成块，如TDA4661、TDA4665、LC89950等；另一种是内藏式1H基带延迟线，新型I^2C总线控制的单片TV信号处理集成电路（如LA76810、LA76818、OM8838等）和超级单片集成电路（如LA76931、TMPA8803、TDA9380/83等）都内藏有1H基带延迟线。

第二代解码电路的色度通道，采用基带处理技术，不再对F_U和F_V信号进行分离，而是直接对色度信号进行U、V同步检波，输出色差信号R-Y、B-Y。由于同步检波前未进行F_U和F_V分离，故产生的R-Y信号中含有B-Y失真分量，B-Y信号中也含有R-Y失真分

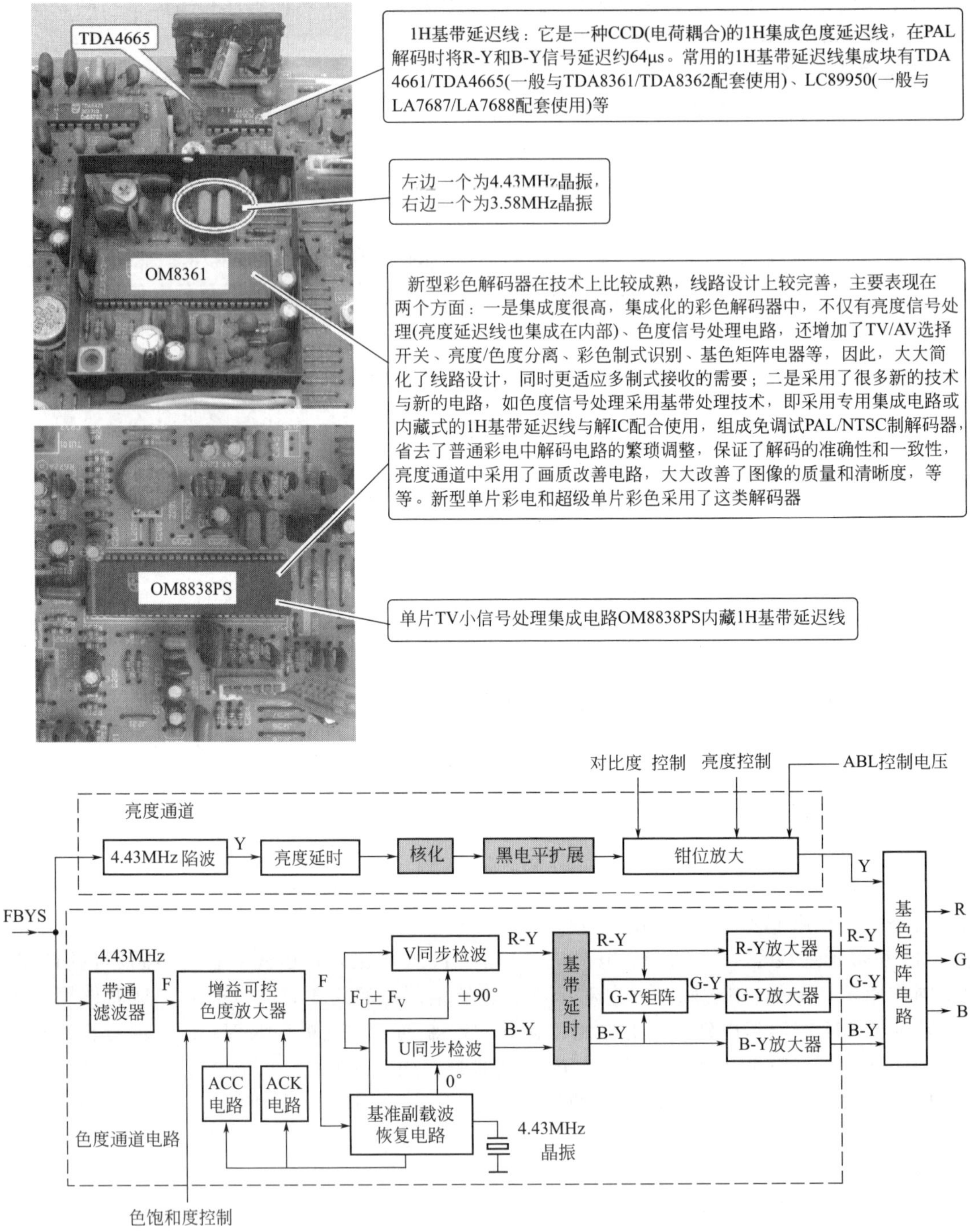
TDA4665
1H基带延迟线：它是一种CCD(电荷耦合)的1H集成色度延迟线，在PAL解码时将R-Y和B-Y信号延迟约64μs。常用的1H基带延迟线集成块有TDA4661/TDA4665(一般与TDA8361/TDA8362配套使用)、LC89950(一般与LA7687/LA7688配套使用)等
左边一个为4.43MHz晶振，右边一个为3.58MHz晶振
OM8361
新型彩色解码器在技术上比较成熟，线路设计上较完善，主要表现在两个方面：一是集成度很高，集成化的彩色解码器中，不仅有亮度信号处理(亮度延迟线也集成在内部)、色度信号处理电路，还增加了TV/AV选择开关、亮度/色度分离、彩色制式识别、基色矩阵电器等，因此，大大简化了线路设计，同时更适应多制式接收的需要；二是采用了很多新的技术与新的电路，如色度信号处理采用基带处理技术，即采用专用集成电路或内藏式的1H基带延迟线与解IC配合使用，组成免调试PAL/NTSC制解码器，省去了普通彩电中解码电路的繁琐调整，保证了解码的准确性和一致性，亮度通道中采用了画质改善电路，大大改善了图像的质量和清晰度，等等。新型单片彩电和超级单片彩色采用了这类解码器
OM8838PS
单片TV小信号处理集成电路OM8838PS内藏1H基带延迟线
对比度 控制
亮度控制
ABL控制电压
亮度通道
4.43MHz 陷波
Y
亮度延时
核化
黑电平扩展
钳位放大
Y
FBYS
4.43MHz
带通滤波器
F
增益可控色度放大器
F
$F_U \pm F_V$
V同步检波
±90°
R-Y
U同步检波
B-Y
0°
基准副载波恢复电路
4.43MHz 晶振
ACC电路
ACK电路
基带延时
R-Y
B-Y
G-Y矩阵
G-Y
R-Y放大器
G-Y放大器
B-Y放大器
R-Y
G-Y
B-Y
基色矩阵电路
R
G
B
色度通道电路
色饱和度控制

图 7-3 第二代解码电路的元器件组装结构和 PAL 制解码器的原理框图

量，通过带基延时处理后，失真分量便抵消掉了。

另外，还将色度带通滤波器也集成在解码块的内部。

7.1.3 多制式解码电路

PAL/NTSC 双制式彩电，应具有 PAL/NTSC 色度信号解码能力；PAL/NTSC/

SECAM 制式的彩电，应具有 PAL/NTSC/SECAM 色度信号解码能力。为此，要求多制式解码电路能进行彩色制式切换，改变相关电路的工作状态、特性、参数等，以满足每一种彩色制式的特殊要求。下面以 PAL/NTSC 双制式解码器为例，图 7-4 是 PAL/NTSC 双制式解码器原理框图。

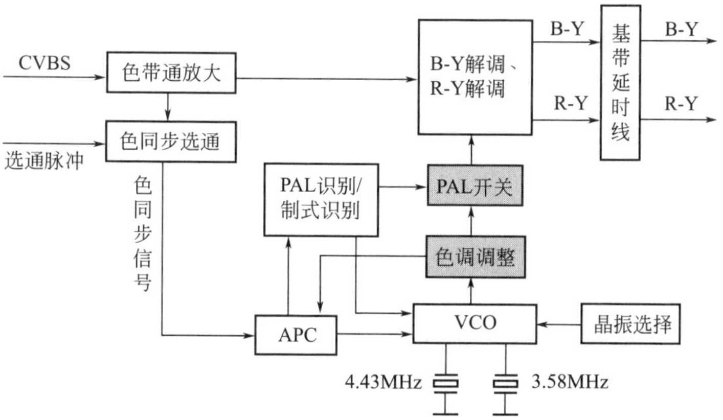
CVBS
色带通放大
色同步选通
选通脉冲
色同步信号
B-Y解调、R-Y解调
B-Y
R-Y
基带延时线
B-Y
R-Y
PAL识别/制式识别
PAL开关
色调调整
APC
VCO
晶振选择
4.43MHz
3.58MHz

图 7-4 PAL/NTSC 双制式解码器原理框图

(1) PAL 开关、梳状滤波器、色调调整电路的切换

不管哪种制式彩色全电视信号（视频信号）都是由亮度信号和色度信号组成。PAL、NTSC 和 SECAM 三种制式的视频信号中亮度信号基本相同，亮度通道可以共用（只需调整色度陷波器的中心频率和亮度延迟线的延迟时间），而色度信号则不同（主要是色副载波频率不同、色差信号的处理方式不同），故需要相应的色度通道来进行处理。但是，三种色度解码电路不是完全独立的，而是有机结合在一起的，某些单元电路可以共用，如色度信号放大、ACC、ACK、色差放大器和 G-Y 矩阵等电路都可以共用。但也有许多电路不能共用，必须单独设置，如 PAL 制色度解码器应有 PAL 开关，第一代 PAL 色度解码器还有梳状滤波器，而 NTSC 制色度解码器应有色调调整电路。对于 SECAM 制色度信号，其处理方法完全不同于 PAL 制和 NTSC 制，因此，必须设置 SECAM 制专用解码电路（常用的 SECAM 解码集成电路如 TDA8395、LA7642 等）。这些不共用的电路，其工作状态应随彩色制式的不同而进行切换，其切换受微处理器输出的彩色制式控制信号和自动彩色制式识别电路输出信号的控制。

(2) 色带通滤波器和色陷波器的切换

在解码器的输入端，设有 Y/C 分离电路，包括色带通滤波器和色陷波器。如果输入的是 PAL 制视频信号，要求色带通滤波器和色陷波器的中心频率为 4.43MHz；输入 NTSC 制视频信号，则要求为 3.58MHz。

(3) 色副载波恢复电路的切换

色副载波频率有两种：一种是 4.43MHz；另一种是 3.58MHz。色副载波恢复电路应能按彩色制式要求提供 4.43MHz 和 3.58MHz 副载波信号，一般可利用晶体管或二极管在 CPU 输出的制式切换开关控制信号控制下，选择 4.43MHz 或 3.58MHz 晶体接入副载波电路来实现。新型彩电，大多具有彩色制式自动识别功能，自动控制切换，不需另外切换。当然有的机型也可用遥控器进行强制转换。

现在很多新型 I^2C 控制的单片 TV 信号处理 IC、超级单片 IC 的色度信号处理电路只有一个 4.43MHz 晶振，NTSC 制色度信号解调所需的 3.58MHz 色副载波信号，可由集成块内部分频电路进行分频得到。也有一些超级单片 IC 如 TMPA8803、TMPA8893 等，无单独的彩色副载波频率发生器，即传统彩电中的彩色副载波晶振，R-Y、B-Y 同步解调所需的色副载波由系统中唯一的时钟振荡晶振如 8MHz 分频提供。

7.2 典型解码电路精讲

7.2.1 长虹 A3 机芯（LA7680）的解码电路

A3 机芯采用了三洋公司生产的 LA7680 或 LA7681 单片电视信号处理集成电路完成彩色电视机全部小信号处理功能，亮度信号处理、色度信号处理由 LA7680/LA7681 及其外围元件构成，集成电路输出三个色差信号和亮度信号，而基色矩阵电路由分立元件的末级视放电路兼任，属于第一代解码电路。LA7680/LA7681 两者功能完全相同，唯一区别是 LA7680 只能实现 PAL/NTSC 双制式色度解码，而 LA7681 集成电路能与 SECAM 解码器 AN5635 相接，实现 PAL/NTSC/SECAM 多制式色度解码。

LA7680 的解码部分电路如图 7-5 所示。TV/AV 转换电路输出的 TV 或 AV 视频信号，经射随器 V802 缓冲隔离后分成三路，分别加到 N101 的亮度信号处理、色度信号处理、同步分离电路。

（1）PAL/NTSC 制式切换电路

LA7680 可解调 PAL、NTSC 制信号。LA7680 内部无彩色制式自动识别电路，不能对输入的色度信号进行自动识别，启动相关的电路对输入的色度信号进行解调。色度信号解调电路对 PAL/NTSC 制的切换，由集成块外部电路强制进行。电路中 VD250、VD251 为色副载波切换控制二极管，切换由微处理器进行控制。制式切换控制电压加在 VD250、VD251 的正端和负端。PAL 制时，VD250 导通；NTSC 制时，VD251 导通。色副载波电路就这样在制式切换电路控制下，分别工作在 PAL/NTSC 制状态，为色度信号解调电路提供 4.43MHz 和 3.58MHz 色副载波信号。V941 为亮度通道色度信号 4.43MHz、3.58MHz 陷波器控制开关，V942 为色度通道 4.43MHz、3.58MHz 色度带通滤波器选择控制开关，V271 为制式控制开关（或称 NTSC 开关）。以上开关在微处理器的控制下，完成对与彩色制式有关电路的切换。

PAL 制时，在微处理器控制下，使 V271、V942、V941 截止。V271 截止，即 NTSC 开关断开，N101⑮脚对地开路，强制 N101 工作在 PAL 制状态；V942 截止，L942、C942 串联谐振电路不接入色带通滤波器，由 C251、C252、L251、R251 组成 4.43MHz 带通滤波器，满足 PAL4.43MHz 色带通要求；V941 截止，L941、C941 组成的 3.58MHz 串联谐振吸收电路不接入亮度通道，亮度通道由 DL201 中 4.43MHz 吸收电路去掉色度信号，取出亮度信号，实现亮度通道的 Y/C 分离。

NTSC 制时，在微处理器控制下，使 V271、V942、V941 饱和导通。V271 饱和导通，使 N101⑮脚经 R271 电阻接地，强制 N101 工作在 NTSC 制状态；V942 饱和导通，L942、C942 串联谐振电路一端接地，一端并在 4.43MHz 色带通滤波器两端，使带通滤波器变为 3.58MHz 带通滤波器，满足 NTSC 制色带通滤波器要求，取出 NTSC 制色度信号；V941 饱和导通，L941、C941 组成的 3.58MHz 串联谐振电路并接在 DL201 输入端吸收 3.58MHz 色度信号，仍由 DL201 作 NTSC 亮度信号的延迟。

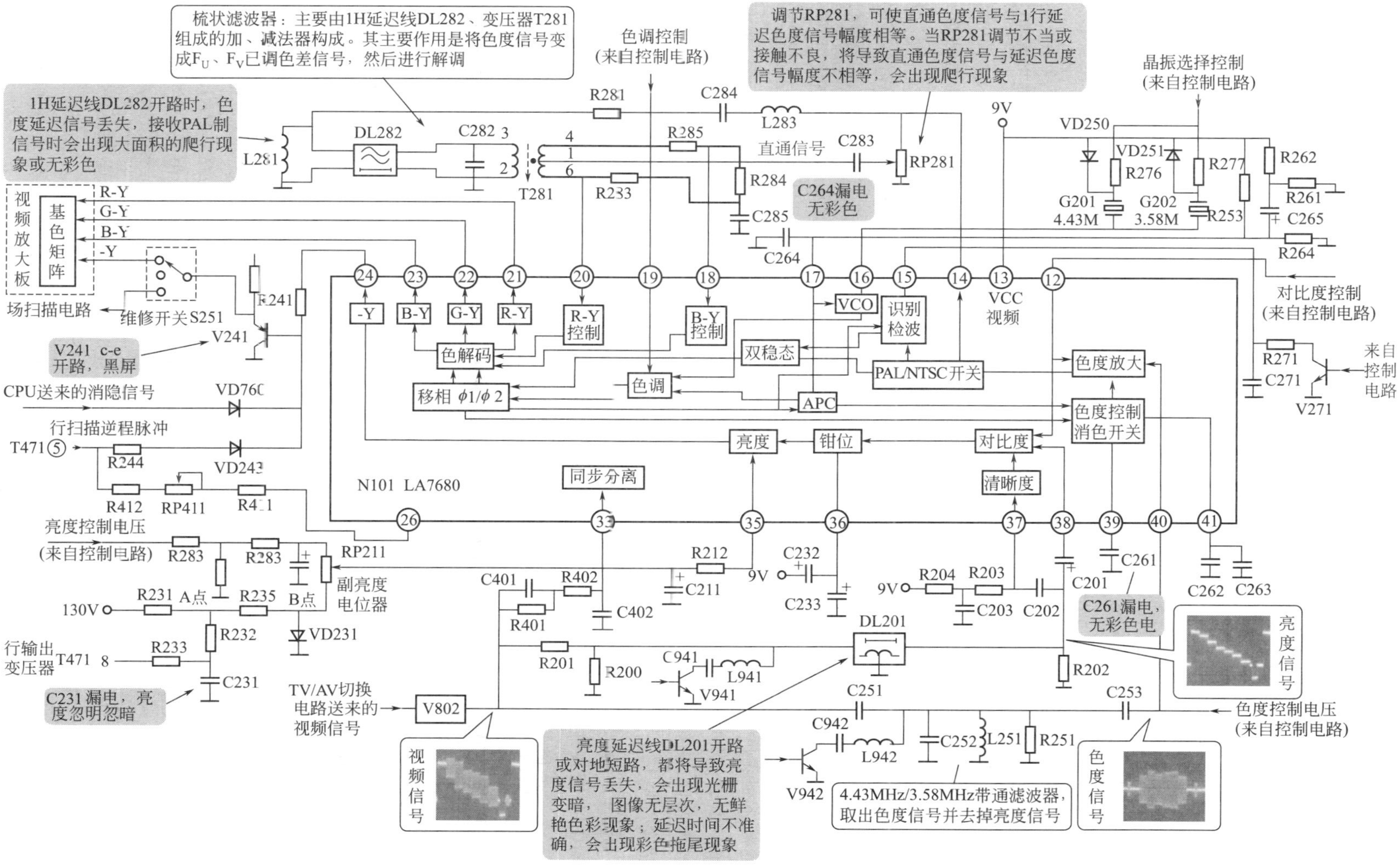
梳状滤波器：主要由1H延迟线DL282、变压器T281组成的加、减法器构成。其主要作用是将色度信号变成F_U、F_V已调色差信号，然后进行解调
1H延迟线DL282开路时，色度延迟信号丢失，接收PAL制信号时会出现大面积的爬行现象或无彩色
色调控制
(来自控制电路)
调节RP281，可使直通色度信号与1行延迟色度信号幅度相等。当RP281调节不当或接触不良，将导致直通色度信号与延迟色度信号幅度不相等，会出现爬行现象
晶振选择控制
(来自控制电路)
R281
C284
L283
9V
VD250
VD251
R277
R262
L281
DL282
C282
T281
R285
直通信号
C283
RP281
R276
G201
4.43M
G202
3.58M
R253
R261
C265
R233
R284
C285
C264漏电
无彩色
C264
R264
视频放大板
基色矩阵
R-Y
G-Y
B-Y
-Y
维修开关S251
场扫描电路
R241
V241
V241 c-e
开路，黑屏
VCC
视频
对比度控制
(来自控制电路)
VCO
识别检波
R-Y控制
B-Y控制
色解码
双稳态
PAL/NTSC开关
色度放大
R271
C271
V271
来自控制电路
CPU送来的消隐信号
VD760
色调
移相 φ1/φ2
APC
色度控制
消色开关
行扫描逆程脉冲
T471⑤
R244
VD243
亮度
钳位
对比度
同步分离
清晰度
R412
RP411
R411
N101 LA7680
亮度控制电压
(来自控制电路)
R283
RP211
副亮度电位器
R212
9V
C232
C233
C211
R204
R203
C203
C202
C201
C261
C262
C263
C261漏电，无彩色电
130V
R231
A点
R235
B点
R232
VD231
C401
R402
R401
C402
DL201
行输出变压器
T471 8
R233
C231
C231漏电，亮度忽明忽暗
R201
R200
C941
L941
V941
R202
亮度信号
TV/AV切换电路送来的视频信号
V802
C251
C253
色度控制电压
(来自控制电路)
视频信号
亮度延迟线DL201开路或对地短路，都将导致亮度信号丢失，会出现光栅变暗，图像无层次，无鲜艳色彩现象；延迟时间不准确，会出现彩色拖尾现象
C942
L942
V942
C252
L251
R251
4.43MHz/3.58MHz带通滤波器，取出色度信号并去掉亮度信号
色度信号

图 7-5　LA7680 的解码电路解析和故障维修要点

(2)亮度信号处理电路

亮度信号处理电路由LA7680⑫脚、㉔脚、㉟～㊳脚外接元件和集成块内部电路组成，包括直流钳位、图像锐度（或称图像清晰度）调节、亮度和对比度控制电路、ABL电路等。

在亮度通道中，V802射极输出的视频信号经R201加到亮度延迟线DL201。DL201具有4.43MHz陷波和使亮度信号延迟0.6μs左右的双重作用，以去掉亮度信号中的色度信号和保证亮度信号、色度信号同时达到基色矩阵电路，以减小色、亮延时差。DL201取出的信号分两路：一路经C201耦合由㊳脚送入N101内部电路；另一路经C202、R203一次微分后由㊲脚送入N101内部。㊲脚输入的一次微分信号再经N101内部微分电路进行二次微分后，再与㊳脚输入的亮度信号进行相加，得到具有适当前冲和后冲的亮度信号，即使亮度信号黑白跳变沿变得更陡峭，使图像具有勾边效果，更加清晰。经清晰度调整后的亮度信号，再送入对比度控制放大器，经⑫脚送入的对比度控制电压进行对比度调整后，亮度信号送到直流钳位电路，以恢复亮度信号中的直流分量。最后亮度信号由㉟脚送入的亮度控制直流电压进行亮度调节并在集成电路内加上场消隐脉冲后，从N101㉔脚输出负亮度信号(-Y)。㉔脚是多功能引脚，为亮度信号输入端，兼作行逆程脉冲输入端。行逆程脉冲经R244、VD243加到㉔脚，送入内部电路，作为行消隐脉冲，控制㉔脚－Y输出。N101⑫脚为对比度控制直流电压输入端，该脚输入电压是由微处理器输出的对比度控制PWM信号，经阻容元件滤波后产生的对比度控制直流电压，加到N101的⑫脚。改变⑫脚电压，即可改变N101内部对比度放大器的增益。N101的㉟脚为亮度控制直流电压输入端，亮度控制电压是由微处理器输出的亮度控制PWM信号，经阻容元件平滑滤波后产生的亮度控制直流电压提供，经副亮度电位器RP211加到N101的㉟脚。N101的㊱脚外接电容C232、C233为直流钳位电容。

由N101㉔脚输出的-Y信号，经R241加到射随器V241的基极，射随器输出的-Y信号送往显像管尾板上的末级视频放大电路（兼作基色矩阵电路），与输入末级视频放大电路的R-Y、G-Y、B-Y进行矩阵运算，产生R、G、B信号，放大后激励显像管阴极。

ABL电路控制的是N101亮度控制端㉟脚。当显像管束电流较小时，即正常亮度工作时，R231上压降较小，A点电位较高，使B点电位较高，二极管VD231导通，将B点电位钳到约0.7V，这时N101㉟脚控制电压只受微处理器输出的亮度控制电压控制，而ABL电路不起作用。当束电流超过额定值时，R231上压降增大，A点电位降低，使B点电位降低，则二极管VD231截止，失去钳位作用，于是副亮度电位器RP211下端电位随A点电位变化而变化，故N101㉟脚亮度控制端电压随A点电位变化而变化，这时ABL电路就起作用。在ABL电路起作用后，随着显像管束电流的增加，A点、B点电位进一步下降，使N101㉟脚电压相应降低，使图像亮度降低，这样就使显像管的束电流也随之下降，起到了自动亮度限制的作用，从而保护了高压整流电路、行输出电路及显像管。

(3)色度信号处理电路

色度信号处理电路由LA7680⑫～㉓脚、㊴～㊶脚外接元件和集成块内部电路组成，包括ACC放大器、ACK控制电路、色同步分离电路、APC电路、VCO电路、PAL开关、移相电路、双稳态触发器电路、同步解调电路、色差矩阵电路、制式识别电路和色调调整电路等。

PAL色度信号处理：来自TV/AV切换电路中V802射极输出的视频信号，经电容C251、C252、L251、R251组成的4.43MHz带通滤波器，取出色度信号并去掉亮度信号，即由带通滤波器进行Y/C分离后，色度信号经C253耦合，从N101（LA7680）的㊵脚送入集成电路内色度放大电路。放大后的色度信号经PAL/NTSC开关选择，PAL色度信号经缓冲级从⑭脚输出。⑭脚输出除受外加色饱和度控制电压控制外，还受来自集成块内的消色电路输出电压的控制。⑭脚输出的色度信号分成两路：一路经 RP281 调整色度信号的幅度后，由电容器 C283 耦合，作为直通信号加到变压器 T281 次级组成的加/减法器的中点①端；一路经 L283、C284、R281 加到 1H 延迟线 DL282 的输入端，经 1H 延迟后的色度信号由变压器 T281 耦合加到加/减法器的④端和⑥端。T281 次级④端与①端组成加法器，直通信号与延迟色度信号相加得到 2U 信号；⑥端与①端组成减法器，直通信号与延迟色度信号相减，产生 2V 信号。这样就把 PAL 色度信号分解成正交的两个 U/V 分量，即分解成已调制的 B-Y 色差信号和 R-Y 色差信号。U 信号经 R285、R284 分压加到 N101 的 B-Y 信号输入端⑱脚；V 信号从 T281⑥脚加到 N101 的 R-Y 信号输入端⑳脚。N101⑱脚输入的 B-Y 已调色差信号和⑳脚输入的 R-Y 已调色差信号，经 PAL/NTSC 开关选择后，分别加到 B-Y 同步解调器和 R-Y 同步解调器。同步解调器解调出的 B-Y、R-Y 色差信号各分出一路，送到色差矩阵电路，按一定比例相加恢复未传送的 G-Y 信号。这样便产生了 R-Y、G-Y、B-Y 三路色差信号，分别经低通滤波器滤除高次谐波成分后，分别从㉑脚、㉒脚、㉓脚输出。

LA7680㊵脚为色度信号输入端和色饱和度控制直流电压输入端，具有双重作用。㊵脚输入的色饱和度控制电压来自微处理器 D701 的㉜脚。⑮脚外接 C271 为识别检波电路的滤波电容（该脚还外接 NTSC 开关 V271）。㊴脚外接 C261 为 ACC 滤波电容。㊶脚外接消色电路的滤波电容。㉖脚也是多功能引脚，它是行逆程脉冲输入端、色同步脉冲（沙堡脉冲）输出端及 VCR 开关端。

同步解调器所需要的色副载波信号由集成块⑯、⑰脚外接元件和集成块内部相关电路组成的色副载波恢复电路产生。集成块⑯脚外接 4.43MHz 和 3.58MHz 晶振，由外接晶体选择电路选择 G201（4.43MHz 晶体）与 N101 内电路组成 4.43MHz 色副载波恢复 VCO 电路。⑰脚外接色副载波恢复电路的 APC 滤波电路。

NTSC 色度信号处理：来自 TV/AV 切换电路的 NTSC 制视频信号，经电容 C251、C252、L251、R251 及 L942、C942 串联谐振电路组成的 3.58MHz 色度带通滤波器，抑制掉亮度信号，取出色度信号，经 C253 耦合加到 N101 的色度信号输入端㊵脚，送入集成电路内。㊵脚端输入的 NTSC 色度信号经集成电路内色度放大及增益控制电路、ACC、ACK 等电路处理后，色度信号经 PAL/NTSC 开关选择，NTSC 色度信号直接送到 R-Y 同步解调器和 B-Y 同步解调器。同步解调器所需要的色副载波信号由色副载波恢复电路产生，⑯脚外接晶体选择电路选择 G202（3.58MHz 晶体）与 N101 内电路组成 3.58MHz 振荡器产生的 3.58MHz 参考色副载波信号。同步解调器解调出 B-Y、R-Y 色差信号。之后的工作过程与 PAL 制信号相同。⑲脚输入色调控制电压，调整 NTSC 信号解调相位，起到调整 NTSC 信号色调的作用。

提示

色调调整电路只在 NTSC 制工作状态起作用，而在 PAL 制工作状态不起作用；梳状滤波器 U/V 分离电路只在 PAL 制工作状态起作用，而在 NTSC 制工作状态不起作用，⑭脚无色度信号输出。

7.2.2 长虹 A6 机芯的解码电路

长虹 A6 机芯彩色电视机的解码电路由单片 TV 信号处理集成块 LA7687/LA7688 为核心构成，可以进行 TV/AV 切换、亮度信号处理、色度信号处理，但它必须与 LC899501H

基带延迟集成电路配合使用，才能完成 PAL/NTSC 制色度信号的处理。

LA7688 的视频信号处理部分元器件组装结构如图 7-6 所示，视频信号处理部分的电路如图 7-7 所示。

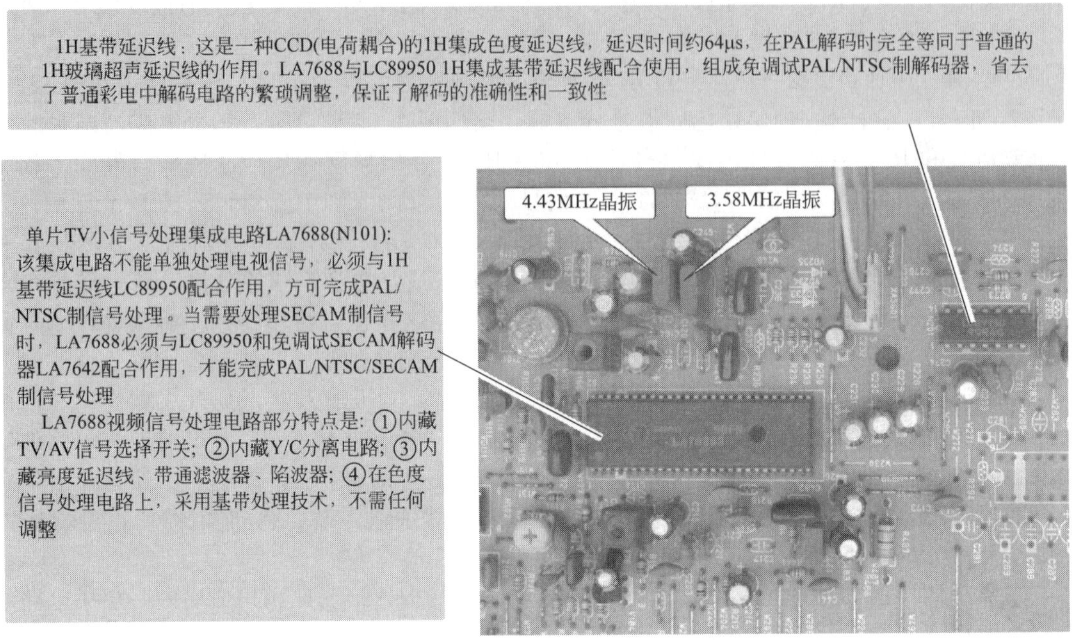
1H基带延迟线：这是一种CCD(电荷耦合)的1H集成色度延迟线，延迟时间约64μs，在PAL解码时完全等同于普通的1H玻璃超声延迟线的作用。LA7688与LC89950 1H集成基带延迟线配合使用，组成免调试PAL/NTSC制解码器，省去了普通彩电中解码电路的繁琐调整，保证了解码的准确性和一致性
单片TV小信号处理集成电路LA7688(N101)：该集成电路不能单独处理电视信号，必须与1H基带延迟线LC89950配合作用，方可完成PAL/NTSC制信号处理。当需要处理SECAM制信号时，LA7688必须与LC89950和免调试SECAM解码器LA7642配合作用，才能完成PAL/NTSC/SECAM制信号处理
LA7688视频信号处理电路部分特点是：①内藏TV/AV信号选择开关；②内藏Y/C分离电路；③内藏亮度延迟线、带通滤波器、陷波器；④在色度信号处理电路上，采用基带处理技术，不需任何调整
4.43MHz晶振
3.58MHz晶振

图 7-6　单片集成电路 LA7688 的元器件组装结构

（1）伴音中频陷波器切换电路

该电路由伴音中频陷波器 Z181～Z184、L181～L184、R181、R183、R184 和模拟开关集成电器 HEF4052（N203）的内部电路组成，参见图 6-4。在微处理器的控制下，通过切换伴音中频陷波器，可将伴音制式分别为 4.5MHz、5.5MHz、6.0MHz、6.5MHz 的伴音中频信号滤除掉，剩下 PAL 制或 NTSC 制的视频信号。以 PAL 制为例，说明各支路及元件的作用。

对于第二伴音中频为 6.5MHz 的 PAL 制电视信号，N203 的⑬脚与⑪脚连通。在 LA7688N（N101）内部，图像中频信号经过放大和解调，从⑧脚输出的视频信号和第二伴音中频信号混合信号经 V184 射极跟随器缓冲放大后，经隔离电阻 R183 到达 Z183 的左端，Z183 只对 6.5MHz 的伴音中频信号起陷波（对地短路）作用，0～6MHz 的视频全电视信号可通过 L183 传至下一级，从而完成信号的分离。其余支路与之类似，读者自行分析。

（2）视频选择开关及 Y/C 分离

TV/AV 视频信号选择、Y/C 分离都在 LA7688（N101）内自动完成。TV/AV 视频切换电路包括视频开关、色度开关及 S 开关等电路。TV 视频信号输入 N101⑩脚，AV 视频信号或 S-VHS 端子 Y 信号输入 N101⑭脚，S-VHS 端子 C 信号输入 N101⑬脚（⑬脚为多用端子，具有两种功能：一是清晰度控制直流控制电路输入端，输入直流控制电压为 0～5V，调节该脚电压可调整图像清晰度；二是 S-VHS 工作方式时，色度信号 C 输入端）。N101 内的视频选择开关在①脚输入 AV/TV-SECAM 开关直流电压控制下进行选择。N101①脚输入的开关控制直流电压受微处理器 D701④脚输出的 AV/SECAM 开关控制电压和㉞脚输出的 AV 控制直流电压控制。当 N101①脚电压为 0～1.3V 时，视频选择开关选择 TV 视频信号，工作在 SECAM 制状态；当①脚电压为 1.7～2.6V 时，视频选择开关选择 TV 视频信

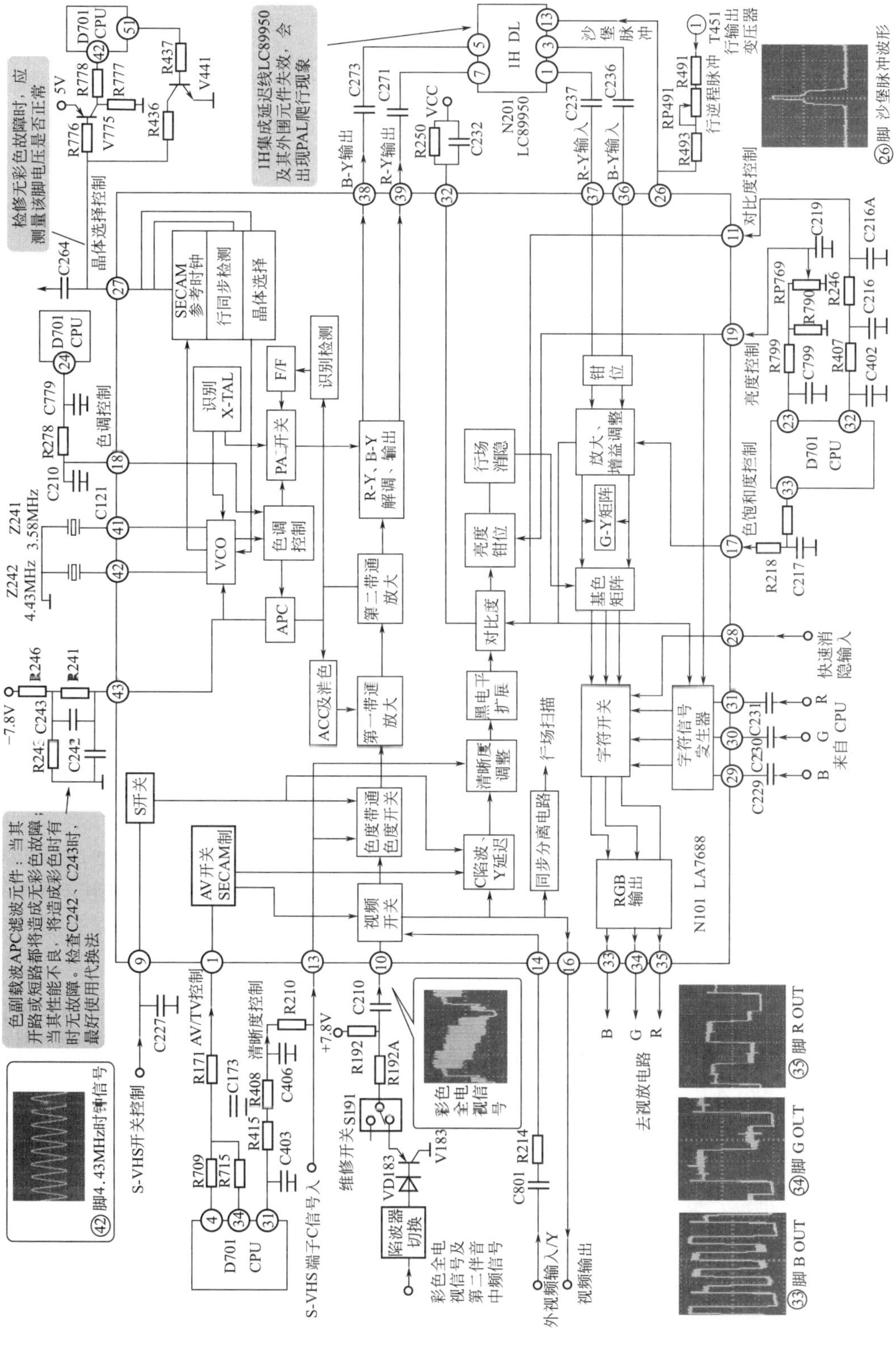
检修无彩色故障时，应测量该脚电压是否正常
1H集成延迟线LC89950及其外围元件失效，会出现PAL爬行现象
色副载波APC滤波元件：当其开路或短路都将造成无彩色故障；当其性能不良，将造成彩色时有时无故障。检查C242、C243时，最好使用代换法
42脚4.43MHz时钟信号
26脚 沙堡脉冲波形
33脚 B OUT
34脚 G OUT
35脚 R OUT
N101 LA7688
N201 LC89950
1H DL
D701 CPU
SECAM参考时钟
行同步检测
晶体选择
识别X-TAL
F/F
识别检测
VCO
色调控制
PA开关
APC
R-Y、B-Y解调、输出
第二带通放大
第一带通放大
ACC及消色
钳位
放大、增益调整
G-Y矩阵
基色矩阵
行场消隐
亮度钳位
对比度
黑电平扩展
清晰度调整
C陷波、Y延迟
色度带通色度开关
视频开关
AV开关SECAM制
S开关
同步分离电路
行场扫描
字符开关
字符信号发生器
RGB输出
去视放电路
来自CPU
快速消隐输入
晶体选择控制
色调控制
亮度控制
对比度控制
色饱和度控制
B-Y输出
R-Y输出
R-Y输入
B-Y输入
沙堡脉冲
行逆程脉冲
T451 行输出变压器
S-VHS开关控制
AV/TV控制
清晰度控制
S-VHS端子C信号入
维修开关S191
陷波器切换
彩色全电视信号及第二伴音中频信号
彩色全电视信号
外视频输入/Y
视频输出
Z242 4.43MHz
Z241 3.58MHz

图 7-7 LA7688 的 TV/AV 切换电路和解码电路解析和故障维修要点

号，工作在PAL/NTSC制状态；当①脚电压为2.9～3.8V时，视频选择开关选择AV视频信号，工作在PAL/NTSC制状态；当①脚电压为4.1～5V时，视频选择开关选择AV视频信号，工作在SECAM制状态。各种工作状态时，也选择相应的音频信号。

经LA7688内视频选择开关选择输出的TV或AV视频信号，在集成块内分成四路输送：第一路由⑯脚输出；第二路送到同步分离电路，取出复合同步信号；第三路加到4.43MHz或3.58MHz色带通滤波器，选出PAL（4.43MHz）或NTSC（3.58MHz）色度信号C，送到色通道作进一步处理；第四路送到色度陷波器和亮度延迟线，选出亮度信号Y，送到亮度通道作进一步处理。其中，LA7688⑯脚输出的视频信号，经V821射随后，作为线路输出视频信号。若电视机有SECAM功能，⑯脚输出的视频信号还加到SECAM解码器LA7642，进行SECAM解码处理。

在S-VHS工作状态，微处理器D701输出控制信号使LA7688S-VHS开关控制端⑨脚为低电平，LA7688工作在S-VHS状态，LA7688内S开关接通，色带通滤波器、陷波器被旁路不起作用，亮度信号直接送延迟电路，色度信号C直接送入色通道进行处理。

（3）亮度信号处理电路

A6机芯的亮度处理电路均在LA7688集成电路内。在LA7688内亮度通道中，视频信号经色度陷波器吸收色度信号，取出亮度信号Y，Y信号经延时（其延迟时间随信号的彩色制式不同自行调整）后送到清晰度调整电路、黑电平扩展电路，以提高图像的清晰度。黑电平扩展后的Y信号加到对比度控制和亮度控制电路，经对比度、亮度调整后的Y信号，加上行/场消隐信号后，送到R、G、B基色矩阵电路，与色差信号进行矩阵运算，产生R、G、B信号。L7688㉜脚外接R250、C232为黑电平扩展检测电路，改变电容容量大小，可改变扩展起始量大小。

LA7688⑬脚为清晰度控制直流电压输入端，其控制电压在0～5V之间变化，改变该脚电压大小可调整图像清晰度。⑬脚输入的直流控制电压是由微处理器D701㉛脚输出的清晰度控制PWM（脉冲宽度调制）信号，经外接RC积分电路积分平滑后得到的。LA7688⑪脚为对比度控制直流电压输入端，其控制电压在1～3.5V之间变化。微处理器D701㉜脚输出的对比度控制PWM信号，经外接RC积分电路变成直流控制电压，加到LA7688⑪脚，控制对比度。LA7688⑲脚为亮度控制直流电压输入端，其控制电压变化范围为0～5V，改变该脚电压大小可调整图像的亮度。微处理器D701㉓脚输出的亮度控制PWM信号，经外接RC积分电路滤波成直流电压，再经RP769副亮度调节，加到LA7688⑲脚，控制亮度。

（4）色度信号处理电路

PAL/NTSC制色度信号处理电路由LA7688、LC89950配合作用来完成。LA7688内的色度通道处理电路包括：色度开关及色度带通放大器；色度、色同步分离电路；4.43MHz/3.58MHz副载波压控制振荡器；自动相位检波器和控制器（APC电路）；消色、识别检波和放大器；U、V分量同步解调器和G-Y矩阵电路；用于PAL制的双稳态触发器及PAL开关；用于NTSC制的色调控制电路和用于SECAM制的4.43MHz时钟脉冲输出电路等。LA7688内色度通道电路中，色带通滤波器选择输出的色度信号C，在LA7688内按照自动彩色制式识别结果进行PAL或NTSC制标准解调处理。

当彩色制式自动识别结果为PAL制或4.43MHz副载波时，微处理器D701㊿脚输出高电平，使V441饱和导通，N101㉗脚经R436、V441接地，从N101㉗脚拉出电流，通过LA7688内晶体选择开关选择㊷脚外接4.43MHz晶体，接入集成电路内色副载波恢复VCO电路，产生4.43MHz色副载波。同时，D701㉔脚输出电压<1V，即LA7688⑱脚电压<1V，LA7688工作在PAL状态。这时，色度信号在LA7688内按PAL标准进行解调，解调

分离出的 R-Y、B-Y 色差信号，从 LA7688㊴脚和㊳脚输出，分别经 C271、C273 加到 1H 集成基带延迟线 LC89950 的⑦脚和⑤脚作进一步处理。LA7688㊸脚外接元件 R246、R241、R243、C242、C243 为内部 APC 电路的滤波元件，平滑误差电压后控制 VCO（压控振荡器）的频率和相位。

当彩色制式自动识别结果为 NTSC 制或 3.58MHz 副载波时，微处理器 D701㉑脚输出低电平，使 V441 截止，R436 不接地，不从 N101㉗脚拉出电流，LA7688 内晶体选择开关选择㊶脚外接 3.58MHz 晶体，接入集成电路内色副载波恢复 VCO 电路，产生 3.58MHz 色副载波。同时，D701㉔脚输出电压＞1V，即 LA7688⑱脚电压＞1V，使 LA7688 工作在 NTSC 状态，⑱脚输入直流电压起色调控制的作用。这时，色度信号在 LA7688 内按 NTSC 标准进行解调，解调分离出的 R-Y、B-Y 色差信号也从 LA7688㊴脚和㊳脚输出，加到 LC89950 的⑦脚和⑤脚。

1H 基带延迟电路 LC89950（N201），主要用于 PAL/SECAM 制色差信号的延迟处理和色差信号的自动校准。LC89950 在不同彩色制式时起不同作用。对⑦脚、⑤脚输入的 PAL R-Y、B-Y 色差信号来说，它起 1H 时间（64μs）延迟作用，经 1H 时间延迟后的 R-Y、B-Y色差信号分别从①脚和③脚输出，经 C237、C236 耦合，加到 LA7688㊲脚、㊱脚。对 NTSC 制色差信号来说，LC89950 起减小 R-Y、B-Y 信号相互串扰的作用。对 SECAM 制色差信号来说，LC89950 起 1H 存储器的作用，即使每一行色差信号经存储处理后重复使用两次，以便把时分顺序传送的色差信号（每一行中只有一种色差信号存在的信号），转变成每行同时存在 R-Y、B-Y 信号，以便进行矩阵处理，恢复 G-Y 信号。

(5) 色差/基色矩阵电路及 R、G、B 输入/输出电路

输入 LA7688㊲、㊱脚的延迟 1H 后的 R-Y、B-Y 色差信号，在内部的加法器中和未经延迟的 R-Y、B-Y 色差信号进行矢量相加，彻底解调出 PAL 制 R-Y、B-Y 色差信号，再分别送到 LA7688 内的 G-Y 色差矩阵电路，恢复 G-Y 色差信号。

色差矩阵电路输出的 R-Y、B-Y、G-Y 色差信号及亮度通道处理后的亮度信号 Y，一起送到 RGB 基色矩阵电路产生 R、G、B 三基色信号，加到 RGB 选择电路。微处理器送来的屏幕显示 B、G、R 信号从 LA7688㉙、㉚、㉛脚输入到 RGB 选择电路。RGB 选择电路在㉘脚（屏幕字符显示快速消隐脉冲输入端）输入的开关控制信号控制下选择视频 RGB 或字符 RGB 信号源。选择后的 RGB 基色信号，经 RGB 输出级放大后，由 LA7688㉟、㉞、㉝脚输出，并送视放末级。

微处理器 D701㉝脚输出的色饱和度控制 PWM 脉冲，经 RC 积分电路积分平滑成色饱和度控制直流电压，加到 LA7688⑰脚色饱和度控制端，用于控制色差信号的幅度，达到色饱和度控制的目的。N101⑰脚控制电压为 1～3V 可调。

D701㉚脚输出的快速消隐脉冲加到 LA7688㉘脚（屏幕字符显示快速消隐脉冲输入端）。

7.2.3 单片 TV 信号处理集成电路 LA76810 的解码电路

创维 4Y01 机芯系列彩色电视机的解码电路主要由单片 TV 信号处理集成电路 LA76810 及少量外围元件组成。LA76810 的视频处理电路主要由视频切换电路、亮度信号处理、色度信号处理及基色矩阵电路四大部分组成。这一部分电路元器件组装结构如图 7-8 所示，电路如图 7-9 所示。

(1) I²C 总线控制电路

IC201⑪、⑫脚与 CPU 对应引脚之间分别构成 I²C 总线的数据线（SDA）和时钟线（SCL）。该机芯的亮度、对比度、色饱和度等调整，以及音/视频信号滤波器、陷波器的中

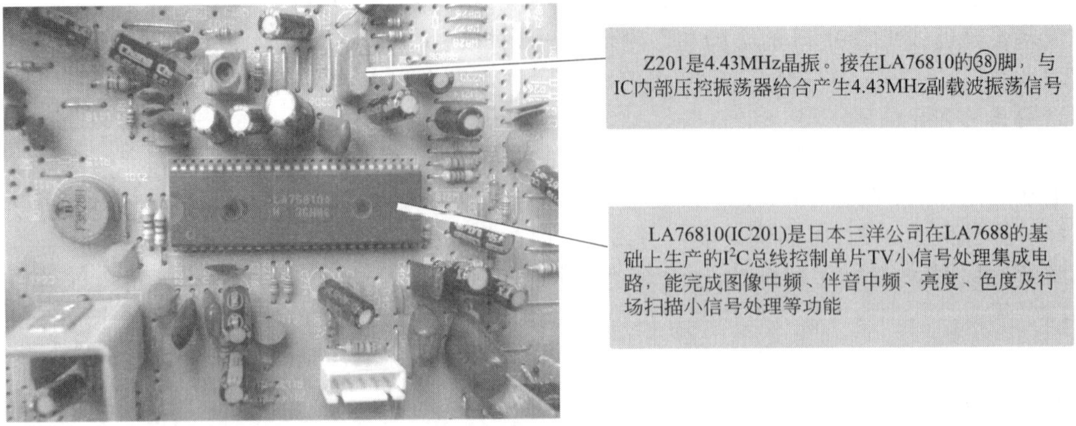
Z201是4.43MHz晶振。接在LA76810的㊳脚，与IC内部压控振荡器结合产生4.43MHz副载波振荡信号
LA76810(IC201)是日本三洋公司在LA7688的基础上生产的I^2C总线控制单片TV小信号处理集成电路，能完成图像中频、伴音中频、亮度、色度及行场扫描小信号处理等功能

单片LA76810的解码电路特点是：①自动校准频率的色度带通滤波器、陷波器和1H基带延迟线电路集成在LA76810芯片之中；②外接一个4.43MHz晶振就可以得到4.43MHz和3.58MHz两种基准副载波；③亮度、对比度、色饱和度等调整，都是由I^2C总线控制完成。另外，该机芯的黑白平衡调整，是在RGB驱动电路和内部通过I^2C总线进行的，它省去了传统彩电中的黑白平衡调整电位器

图 7-8　单片集成电路 LA76810 的元器件组装结构

心频率、基带延迟、白平衡的调整等参数的设置，都是由 I^2C 总线控制调整与设置。

（2）TV/AV 切换电路

AV 输入电路有两种设置：一是单路 AV 输入的 AV 信号（V、L、R），其中视频信号可直接送到 LA76810 内部进行 TV/AV 视频切换；另一种是双路（AV1、AV2）输入的 AV 信号，需设有 AV1、AV2 切换电路，经选择后的 AV 视频信号再送到 LA76810 内部进行 TV/AV 视频切换。

TV 与 AV 视频信号的切换是由 LA76810（IC201）内藏的视频开关来进行切换的，而切换的方式通过 I^2C 总线来控制。从 IC201㊻脚输出的 TV 视频（内视频）信号，经 R217、C230 送回㊹脚。从 AV 端子输入的视频（外视频）信号从㊷脚输入 IC201。这两路信号在块内经过各自的钳位电路后，送到 TV/AV 视频切换电路。经切换选择后的视频信号分为四路：一路从㊵脚输出，作为机内视频信号输出；其他三路在芯片内分别送往亮度通道、色度通道和同步分离电路。

（3）亮度通道

亮度信号处理电路主要由 LA76810 内部及少量外围元件组成。送往亮度通道的视频信号经过陷波电路（陷波电路根据微处理器发出的 I^2C 总线控制信号工作在各种彩色制式相对应的陷波频率），除去色度信号后取出亮度信号，亮度信号在块内经亮度延迟线延时后（其延迟时间能随信号的彩色制式不同自行调整），再送核化电路、黑电平延伸电路处理，这是为了进一步提高画面质量。经核化电路、黑电平延伸电路处理后的亮度信号送到亮度和对比度控制电路，亮度和对比度控制电路受 I^2C 总线控制。为了保证画面亮度稳定，LA76810⑬脚内部电路与该脚外围元件构成自动亮度限制电路（ABL 电路），图像亮度与⑬脚电压成反比关系。由于某种原因图像亮度增加时，显像管束电流增大，图中的 A 点电压降低，使⑬脚电压降低，图像亮度降低，这样就使显像管的束电流也随之下降，起到了自动亮度限制的作用，从而保护了高压整流电路、行输出电路及显像管。D203 是 ABL 钳位二极管，C209 为 ABL 滤波电容。IC201㊺脚外围元件 R272 为黑电平钳位电路外接元件。经过上述亮度处理的 Y 信号送到 R、G、B 基色矩阵电路。

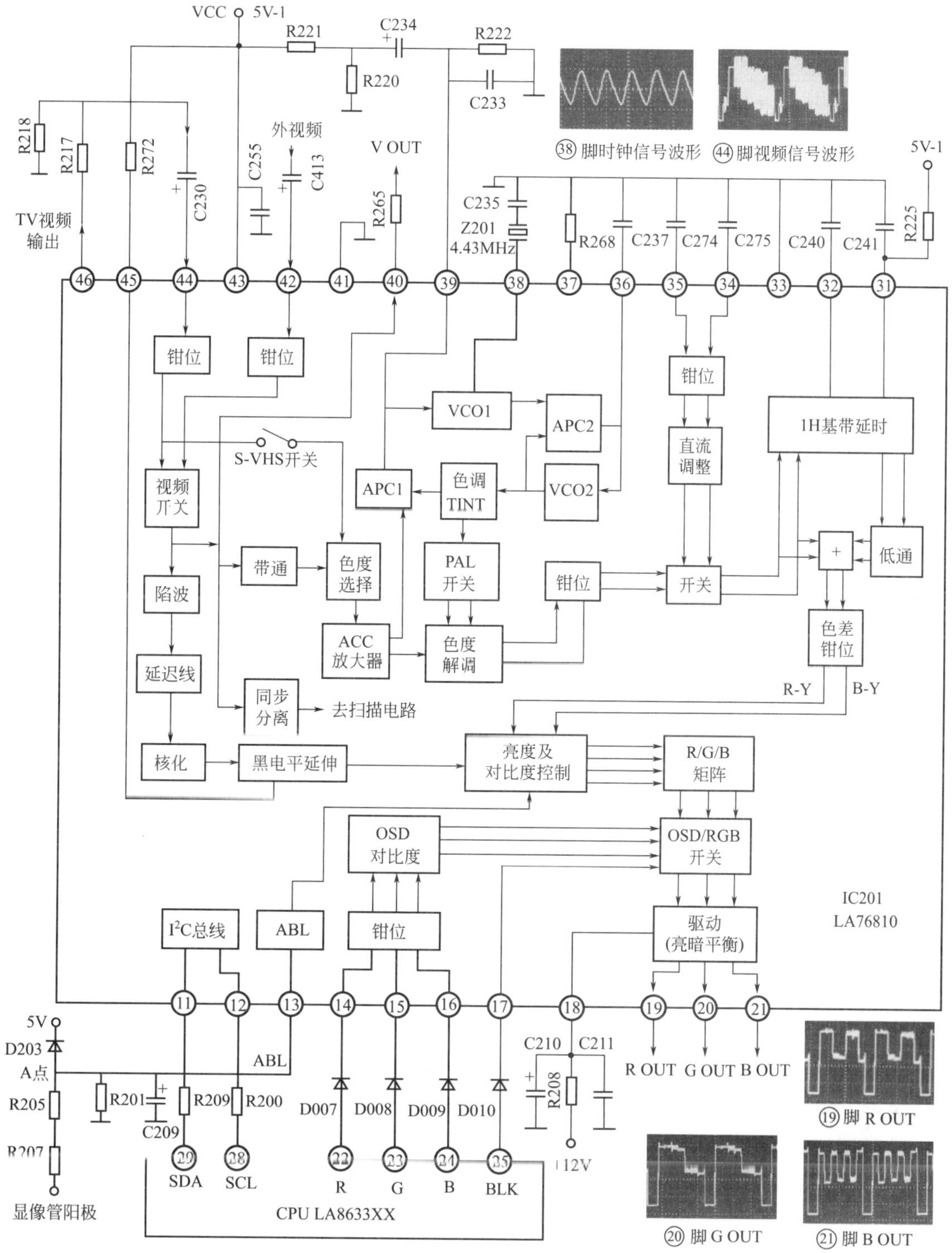
VCC
5V-1
R221
C234
R222
R220
C233
R218
R217
R272
C230
C255
外视频
C413
V OUT
R265
TV视频
输出
㊳脚时钟信号波形
㊹脚视频信号波形
5V-1
C235
Z201
4.43MHz
R268
C237
C274
C275
C240
C241
R225
钳位
钳位
钳位
S-VHS开关
视频
开关
VCO1
APC2
直流
调整
1H基带延时
APC1
色调
TINT
VCO2
带通
色度
选择
PAL
开关
钳位
开关
+
低通
陷波
ACC
放大器
色度
解调
色差
钳位
R-Y
B-Y
延迟线
同步
分离
去扫描电路
核化
黑电平延伸
亮度及
对比度控制
R/G/B
矩阵
OSD
对比度
OSD/RGB
开关
IC201
LA76810
I²C总线
ABL
钳位
驱动
(亮暗平衡)
5V
D203
A点
ABL
R205
R201
C209
R209
R200
D007
D008
D009
D010
C210
C211
R208
R OUT
G OUT
B OUT
⑲脚 R OUT
R207
SDA
SCL
R
G
B
BLK
12V
显像管阳极
CPU LA8633XX
⑳脚 G OUT
㉑脚 B OUT

图 7-9 LA76810 的 TV/AV 切换电路和解码电路

（4）色度通道

LA76810 的色度信号解调电路只对 PAL/NTSC 制色度信号进行解调。当需要处理 SECAM 信号时，LA76810 必须与 SECAM 解码器 LA7642 配合使用。LA76810 的色度信号解调电路主要包括色度带通滤波器、内外色度选择开关、ACC 和消色识别、色副载波恢复电路、色度解调、基带延迟电路、PAL/NTSC 制与 SECAM 制色差信号选择开关及两色差信号钳位电路等。

在 LA76810 内部，TV/AV 转换后的视频信号经过色带通滤波器后得到色度信号，色度信号经色度选择开关后送往自动色饱和度控制放大器（ACC 放大器）。ACC 放大器根据色度信号的强弱来调整电路的增益。经放大后的色度信号路一路送往自动相位控制电路（APC 电路），另一路送往色度信号解调电路。

送到 APC 电路的色度信号，首先经色同步分离电路将色同步信号分离出来，再把色同步信号与压控振荡器（VCO1）输出的振荡脉冲信号进行鉴相，即进行频率和相位比较，当两者相位和频率不同时，产生误差电压去控制压控振荡器的频率和相位，使压控振荡器产生的振荡脉冲频率和相位与色同步脉冲频率和相位一致。IC201㊳脚内部双 VCO 电路与该脚外接 4.43MHz 晶体组成色副载波恢复电路压控振荡器，产生的振荡脉冲信号既可作为 PAL 制色度信号解调所需的 4.43MHz 色副载波信号，也可由 IC201 内部分频电路进行分频得到 NTSC 制色度信号解调所需的 3.58MHz 色副载波信号。㊴脚外接元件 C233、C234、R222、R220、R221 为 APC1 环路滤波器，㊱脚外接 C237 为 APC2 的滤波电容。

色度信号解调电路对输入的色度信号进行彩色制式识别，识别结果启动相应的色差信号解调电路进入工作状态，从色度信号中解调出 R-Y、B-Y 色差信号。R-Y、B-Y 色差信号经过钳位后送到色差信号切换开关（SW）电路，与 IC201㉞、㉟脚输入的 SECAM 制 R-Y、B-Y 色差信号（图中电路未用，因此㉞、㉟脚经电容接地）在微处理器和彩色制式识别电路控制下进行切换，切换后输出对应制式下的 R-Y、B-Y 色差信号，一路送 1H 基带延迟线，另一路直接送往加法器。1H 基带延迟线工作状态受彩色制式识别电路和 CPU 控制，以适应不同彩色制式的要求。在接收 PAL 制或 SECAM 制信号时，1H 基带延迟线受控启动工作，但在不同彩色制式时起不同作用。对 PAL 制的色差信号起延迟 1H（64μs）时间作用，而对 SECAM 制的色差信号则起 1H 存储器作用。经 1H 基带延迟线处理后的 PAL 制或 SECAM 制色差信号由低通滤波器滤除信号中的高频成分后，送往加法器。当接收 NTSC 制信号时，1H 延迟线信号通道受控被切断，色差信号切换开关电路与加法器输入通道接通，此时色差信号切换开关输出的色差信号直接送往加法器。PAL/NTSC/SECAM 制色差信号经加法器控制电路处理后，输出 R-Y、B-Y 色差信号，并经对比度、亮度控制后，分两路送：一路直接送往 R、G、B 基色矩阵电路；另一路送往 G-Y 矩阵电路，产生 G-Y 色差信号并送往 R、G、B 基色矩阵电路。

（5）RGB 信号处理电路

在 LA76810 中，RGB 信号处理电路包括基色矩阵、RGB 开关、亮暗平衡自动校正电路。

亮度、色度信号处理电路送至 RGB 基色矩阵电路的亮度信号和三个色差信号，在 RGB 矩阵电路中按一定比例混合后，产生 R、G、B 三基色信号。该三基色信号送到屏幕显示输入开关（OSD 切换开关）电路，与从 IC201⑭、⑮、⑯脚输入的字符 R、G、B 信号（该信号是由 CPU 送来）相混合，这样，字符就可以镶嵌在图像的一定位置。IC201⑰脚为字符消隐信号输入端，字符消隐信号也是由 CPU 送来的。有字符显示期间，字符消隐信号为高电平，IC201 内部的 OSD 切换开关选择 RGB 字符信号镶嵌在图像的一定位置；无字符显示期间，字符消隐信号为低电平，IC201 内部的 OSD 切换开关选择 RGB 图像信号。OSD 切换开关选择出来的 RGB 字符信号、RGB 图像信号，经过驱动电路后，从 IC201⑲、⑳、㉑脚输出至末级视放电路。图像信号的黑白平衡调整，是在 RGB 驱动电路内部通过 I^2C 总线进行的，它省去了传统彩电中的黑白平衡调整电位器，这使得繁琐的黑白平衡调整变得十分简单，同时也避免了因为电位器使用时间太长，出现接触不良现象而造成的图像偏色问题。IC201⑱脚为 RGB 电路的电源端。

7.2.4 超级单片集成电路 LA76931 的解码电路

使用超级单片 LA76931 的彩电，其视频处理基本上都是在 LA76931 内部完成，外围元件极少。图 7-10 和图 7-11 分别是这部分电路的实物图和电路图。

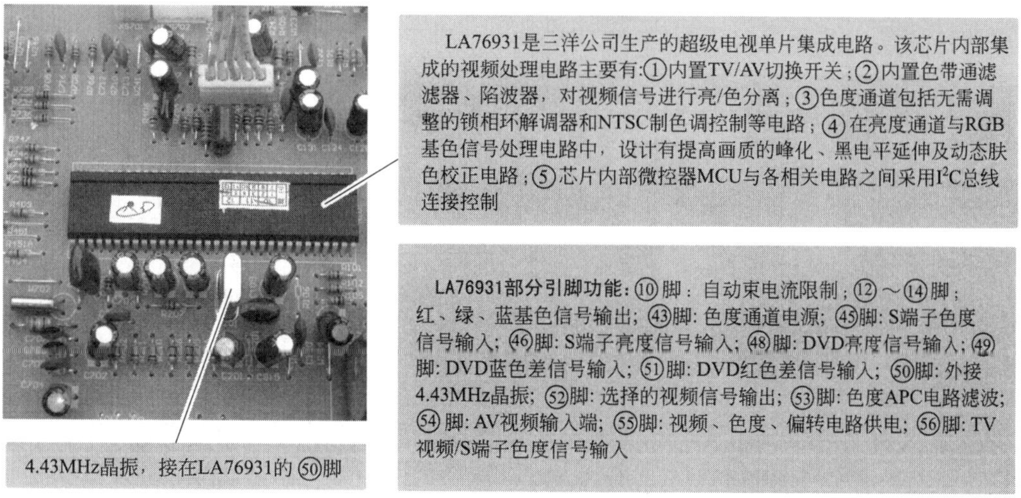
LA76931是三洋公司生产的超级电视单片集成电路。该芯片内部集成的视频处理电路主要有：①内置TV/AV切换开关；②内置色带通滤滤器、陷波器，对视频信号进行亮/色分离；③色度通道包括无需调整的锁相环解调器和NTSC制色调控制等电路；④在亮度通道与RGB基色信号处理电路中，设计有提高画质的峰化、黑电平延伸及动态肤色校正电路；⑤芯片内部微控器MCU与各相关电路之间采用I²C总线连接控制
LA76931部分引脚功能：⑩脚：自动束电流限制；⑫～⑭脚：红、绿、蓝基色信号输出；㊸脚：色度通道电源；㊺脚：S端子色度信号输入；㊻脚：S端子亮度信号输入；㊽脚：DVD亮度信号输入；㊾脚：DVD蓝色差信号输入；(51)脚：DVD红色差信号输入；㊿脚：外接4.43MHz晶振；(52)脚：选择的视频信号输出；(53)脚：色度APC电路滤波；(54)脚：AV视频输入端；(55)脚：视频、色度、偏转电路供电；(56)脚：TV视频/S端子色度信号输入
4.43MHz晶振，接在LA76931的㊿脚

图 7-10 超级单片 LA76931 元器件组装结构

（1）视频切换电路

LA76931（N101）超级单片集成电路内置视频开关、S-VHS（Y/C 分离输入）选择开关及 YUV 切换开关，可提供多路外部视频直接输入集成电路内部，在 I²C 总线控制下进行切换：第一路是 AV 视频输入，从(54)脚输入；第二路是 S 端子输入（Y/C 分离信号输入），来自 S 端子的亮度信号 Y 从㊻脚输入，色度信号 C 从㊺脚输入；第三路是 DVD 信号输入（YUV 分量信号输入），来自 DVD 接口的亮度信号 Y、U 信号（即 B-Y 信号，也标为 Cb）、V 信号（即 R-Y 信号，也标为 Cr），分别从㊽、㊾、(51)脚输入。TV 视频（内视频）则是由 LA76931 的中频电路从(60)脚输出，经 R101、C107 送回到(56)脚。N101 内置视频开关、S-VHS 选择开关和 YUV 切换开关，在 I²C 总线控制下进行切换选择。当机器工作于 TV 或 AV 状态时，视频开关切换后的 AV 或 TV 视频信号，分为四路送：第一路送往亮度信号处理电路；第二路送往色度信号处理电路；第三路送往行/场同步分离电路；第四路从(52)脚输出，并送视频输出插孔。

（2）亮度信号处理电路

经 N101 内置的视频开关切换后的 AV 或 TV 视频信号，首先进入色陷波电路取出亮度信号，然后送 Y 信号处理电路进行延迟、黑电平延伸、钳位、亮度和对比度控制等一系列处理，经处理后的 Y 信号送到 YUV 切换开关进行下一步处理。在 S-VHS 工作状态时，S-VHS 开关接通，则从 N101㊻脚输入的 Y 度信号直接加到 Y 信号处理电路，此时色陷波器不起作用。N101(57)脚外接的 R115、C115 为黑电平峰值检测滤波元件，在该脚内外电路的作用下，黑电平进行延伸处理，以提高图像的对比度。N101⑩脚内部电路与该脚外围元件构成自动亮度限制电路（ABL 电路），该电路的控制电压来自行输出变压器 T471⑨脚。

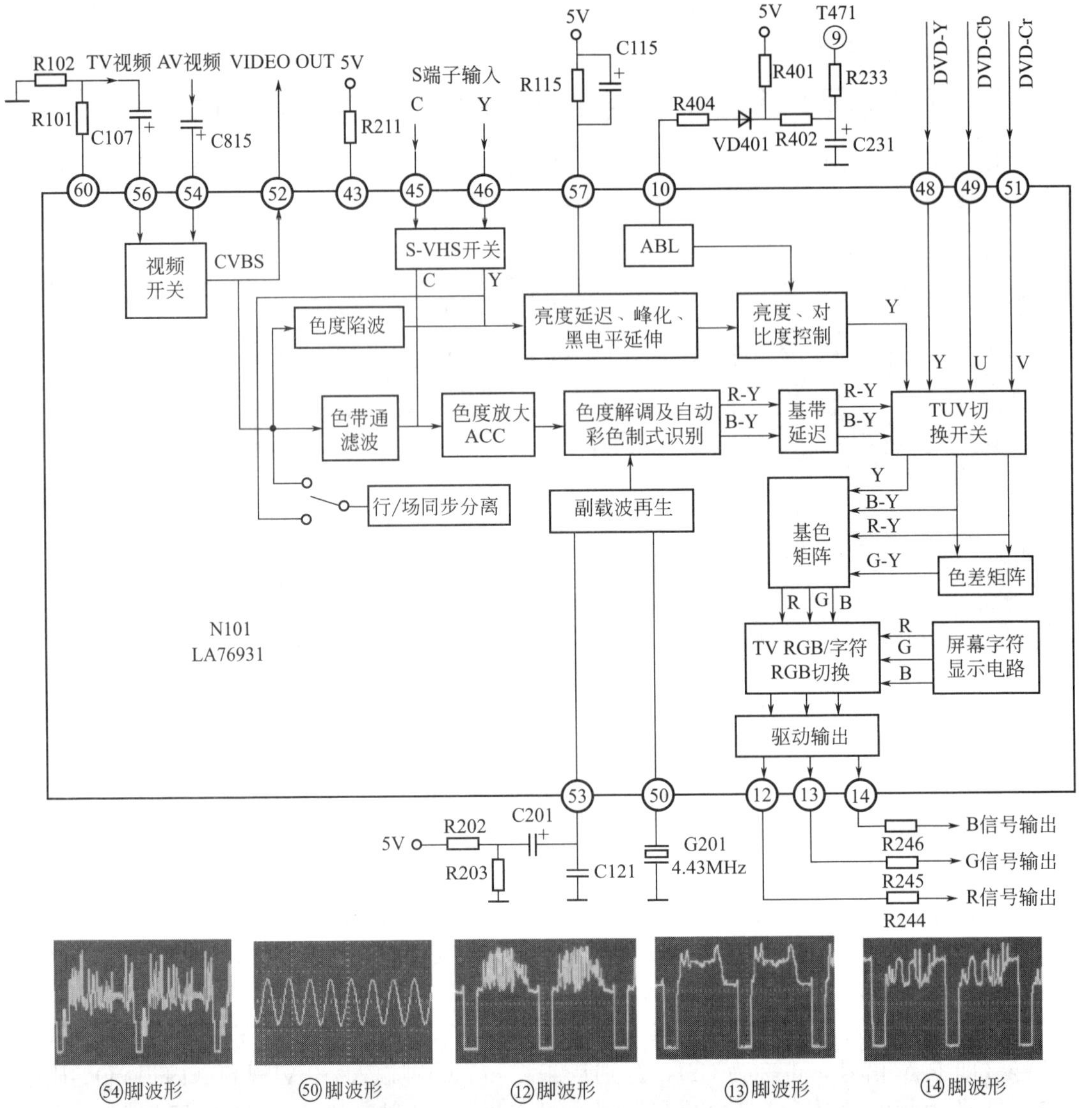

R102
TV视频
AV视频
VIDEO OUT
5V
S端子输入
C
Y
5V
C115
R115
5V
T471
⑨
R401
R233
R404
VD401
R402
C231
DVD-Y
DVD-Cb
DVD-Cr
R101
C107
C815
R211
60
56
54
52
43
45
46
57
10
48
49
51
视频开关
CVBS
S-VHS开关
ABL
色度陷波
亮度延迟、峰化、黑电平延伸
亮度、对比度控制
色带通滤波
色度放大ACC
色度解调及自动彩色制式识别
R-Y
B-Y
基带延迟
TUV切换开关
U
V
行/场同步分离
副载波再生
基色矩阵
G-Y
色差矩阵
R
G
B
N101
LA76931
TV RGB/字符RGB切换
屏幕字符显示电路
驱动输出
53
50
12
13
14
5V
R202
C201
R203
C121
G201
4.43MHz
R246
B信号输出
R245
G信号输出
R244
R信号输出
㊹脚波形
㊿脚波形
⑫脚波形
⑬脚波形
⑭脚波形

图 7-11 超级单片 LA76931 的视频处理电路

(3) 色度信号处理电路

在 LA76931 内色度信号处理电路中，TV 或 AV 视频信号经 4.43MHz 或 3.58MHz 色带通滤波器（视接收信号彩色制式而定）取出色度信号，送到自动色饱和度控制放大器（ACC 放大器）。在 S-VHS 工作状态时，S-VHS 开关接通，则从 N101㊺脚输入的色度信号直接加到 ACC 放大器，此时色带通滤波器不起作用。色度信号经放大及自动色饱和度控制后送色度信号解调电路。色度信号解调电路设有彩色制式自动检测器，该检测器能对输入的色度信号进行彩色制式自动识别，识别结果启动相应的色差信号解调电路进入工作状态，解调出 R-Y、B-Y 色差信号。色度信号解调所需的色副载波由色副载波恢复电路提供。色副载波恢复电路由 N101㊿脚外接 4.43MHz 晶振 G201 和内部电路组成，该电路既可产生 PAL 制色度解调所需的 4.43MHz 色副载波脉冲，也可分频产生 NTSC 制色度解调所需的 3.58MHz 色副载波脉冲。N101㊸脚外接元件 C121、C201、R202、R203 为 APC 滤波电路。解调出的 R-Y、B-Y 色差信号经内部一行基带延迟线延迟后，送 YUV 切换开关，与 N101

㊾、51脚送入的 U、V 分量进行选择。该 YUV 切换开关受 I^2C 总线控制，若机器目前状态为 TV，则该开关选择内部 Y、R-Y、B-Y 色差信号送往后级电路；若目前状态为 AV 端子中的 DVD 状态，则该开关选择㊽、㊾、51脚送入的 Y、U、V 分量送往后级。选择后的 Y、R-Y、B-Y 信号送至基色矩阵电路，同时，R-Y、B-Y 信号还各分出一路送到色差矩阵电路，产生 G-Y 色差信号，该信号也送基色矩阵电路。N101㊸脚为色度处理电路电源端。

（4）RGB 信号处理电路

在 LA76931 中，RGB 信号处理电路包括基色矩阵、RGB 开关、驱动输出电路、亮暗平衡自动校正电路。

在 RGB 矩阵电路中，亮度信号和三个色差信号按一定比例混合后，产生 R、G、B 三基色信号（即图像 RGB 信号），并送到 OSD 切换开关。在 OSD 开关电路中，在消隐信号的控制下，图像 RGB 信号与芯片内微控制系统送来的字符 RGB 信号进行切换选择，这样，字符就可以镶嵌在图像的一定位置。OSD 切换开关选择出来的字符 RGB 信号、图像 RGB 信号，经过驱动电路后，从 N101⑫、⑬、⑭脚输出，最后送往末级视放电路。另外，该机芯中，图像信号的黑白平衡调整，也是在 RGB 驱动电路内部通过 I^2C 总线进行的。

7.3 解码电路故障检修精读

7.3.1 解码电路的关键元器件检测

（1）第二伴音中频陷波器

TV 状态下，由于视频检波器输出的视频信号中混有第二伴音中频信号，所以必须先经过第二伴音中频陷波器滤除第二伴音中频信号，得到 0～6MHz 的彩色全电视信号（FBAS）。电视机中使用的第二伴音中频陷波器有 6.5MHz、6MHz、5.5MHz 和 4.5MHz 等几种标准频率。6.5MHz 陷波器的外形、符号和幅频特性如图 7-12 所示，其①脚为输入端，②脚为公共端，③脚为输出端。

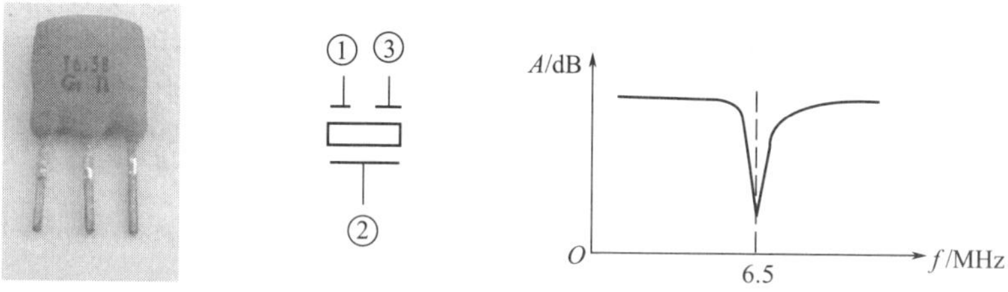
① ③
②
A/dB
O
6.5
f/MHz

(a) 外形　(b) 符号　(c) 幅频特性

图 7-12　6.5MHz 陷波器的外形、符号和幅频特性

陷波器检查方法：①电阻法，用万用表 $R\times 1k$ 挡测量陷波器输入端、输出端与公共端（接地端）两两之间的阻值，正常应为无穷大，否则，说明内部有短路或漏电的故障；②代换法。

（2）亮度延迟线

亮度延迟线是由电容和电感（LC）组成的多节网络电路，它在彩电电路中起着让亮度信号延时约 0.6μs 到达矩阵电路的作用，其目的是能与色度信号同时输入到矩阵电路中。亮度延迟线的外形和符号如图 7-13 所示。

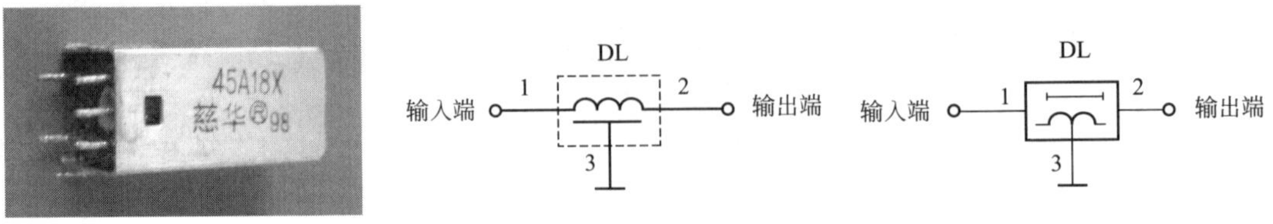
45A18X
DL
输入端
1
2
3
输出端
DL
输入端
1
2
3
输出端

(a) 外形　　(b) 第一种符号　　(c) 第二种符号

图 7-13　亮度延迟线的外形和符号

亮度延迟线无论是开路还是短路都会造成亮度信号被切断，致使解调后只有色差信号，会出现光栅变暗，图像无层次现象；亮度延迟线延迟时间不准确，会出现彩色图像与黑白图像不重合现象。

亮度延迟线的检查方法：亮度延迟线的输入端①与输出端②之间是导通的，直流电阻一般为 30～40Ω，而它们与公共端③是不通的。用万用表检测时，如果①、②端的电阻为无穷大，则表明延迟线开路；如①、③两端或②、③两端电阻为零或很小，就说明已短路。

（3）1H 超声波色度延迟线

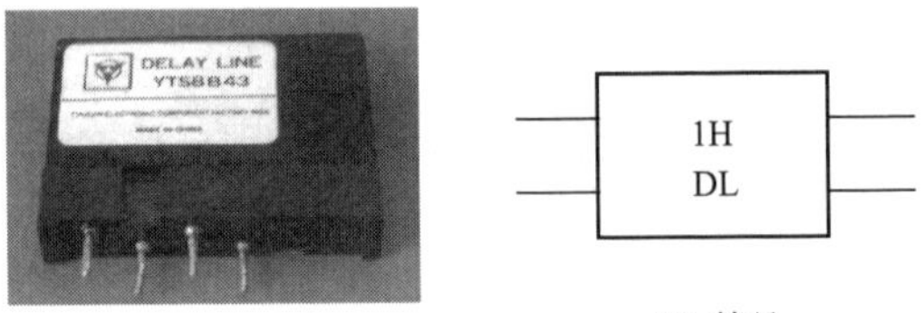
DELAY LINE
1H
DL

(a) 外形　　(b) 符号

图 7-14　1H 超声波色度延迟线的外形和符号

1H 超声波色度延迟线的作用是将色度信号延时 63.943μs，接近 1 行时间 64μs，同时还将色度信号倒相，即使延时后的色度信号与直通信号相位相反。超声波色度延迟线有 4 根引脚，两根为输入回路引脚，两根为输出回路引脚，其外形和符号如图 7-14 所示，通常标为 1HDL，DL 表示延时线，1H 表示 1 行。

1H 超声波色度延迟线损坏后，会出现 PAL 制无彩色或爬行现象。检测方法：用万用表 $R\times10k$ 挡，测量任意两脚之间的电阻，正常应为无穷大，若阻值很小则损坏。

（4）晶体

晶体即晶振，其全称是石英晶体谐振器。它是由很薄的石英晶体片做成的，晶体的外形有两端、三端、四端之分。彩色电视机中常用的是两端晶体，其外形、结构和符号如图 7-15 所示。

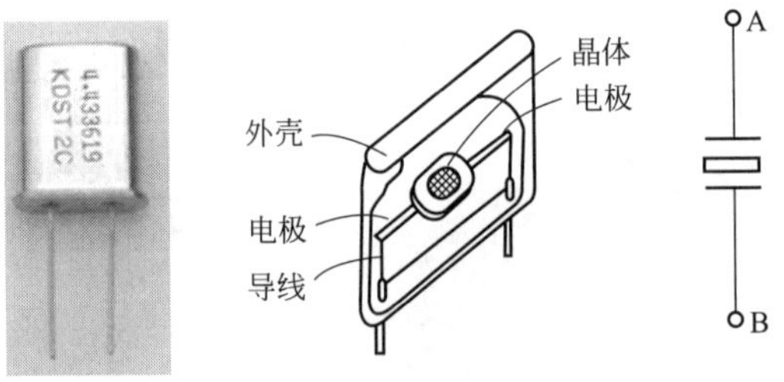
4.433619
KDST 2C
晶体
电极
外壳
电极
导线
A
B

(a) 外形　　(b) 结构　　(c) 符号

图 7-15　晶体的外形、结构和符号

晶体的检测方法：①电阻法，用万用表 $R\times10k$ 挡测量晶体两脚之间的电阻，应为无穷大，若实测电阻值不为无穷大甚至出现电阻为 0 的情况，说明晶体内部存在漏电或短路故障；②替换法，由于晶体的好坏很难用仪表直接测量，所以，判断晶体的好坏，最有效的办法还是用替换法检查。

7.3.2 解码电路检修方法和技巧

7.3.2.1 解码电路检测方法

对于解码电路的故障，常采用的检测法有直流电压检测法、示波器检测法、信号注入法、打开消色门法、色比法等。维修者可以根据不同的故障现象采用不同的检测方法，也可综合使用多种检测方法进行维修。例如，检修亮度信号丢失的故障，最好使用波形跟踪法和信号注入法；检修光栅过亮或过暗的故障最好使用直流电压检测法；检修无彩色的故障最好使用打开消色门法和波形跟踪法以及直流电压检测法；判断缺亮度信号、缺色、彩色失真的故障可使用色比法。

（1）直流电压检测法

直流电压检测法是检修集成电路的重要方法之一，与其他集成电路一样，集成化的解码器电路出现故障时，有关引脚的电压通常会有明显的变化。因此，可以用万用表测量引脚直流电压，将测得的电压与正常值相比较，能快速地找出故障之所在。

（2）信号注入法

维修解码电路的某些故障，如无图像或无黑白图像故障，以及彩色不正常故障，可以采用信号注入法来迅速缩小故障的范围。先将机器蓝背景置于“关”，然后将万用表打到 $R\times100$ 挡，红笔接地，黑笔触碰解码电路的有关信号输入、输出引脚，如视频信号输入引脚、亮度信号输入/输出引脚、色差信号输入/输出引脚，观察屏幕上有无干扰线或彩条干扰横条闪现。正常时，干扰视频信号输入引脚、亮度通道输入/输出引脚应有干扰线闪现（或亮暗闪变），干扰色度通道中色差信号输入/输出引脚，应有红-绿、蓝-绿干扰横条。光栅无闪动处，其后面的电路有故障。

（3）示波器检测法

有些彩色电视电原理图上标有许多关键点的波形，如彩条的全电视信号波形、亮度信号、色度信号和色同步信号波形、色差信号和基色信号波形等。这些信号波形的幅值在不同机型上有一定的差异，但其基本的形状是一致的。检修解码电路故障时，让电视机接收彩条信号（无彩条信号发生器时，也可接收电视信号），再用示波器检测一些检修关键点的信号波形，根据波形的有无及形状和幅度，以确定解码电路各部分的工作是否正常。采用这种检测方法可以准确而迅速地找出故障部分。

① 观察彩色全电视信号波形，以确定是否有正常的彩色全电视信号输入到解码电路。

② 观察亮度通道有关波形，判断亮度通道是否有正常的输入、输出信号。

③ 观察从彩色信号中分离出来的色度信号波形，确定解码电路是否有色度信号输入，是否滤除了亮度信号。

④ 观察色副载波恢复电路的有关波形，以判断色副载波振荡电路是否正常。

⑤ 观察解码集成电路、1H 基带延迟线输入、输出的色差信号波形，以判断同步解调电路、1H 基带延迟线工作是否正常。

⑥ 观察解码集成电路输出的三基色信号波形，以区分故障在解码电路还是在末级视放电路。

⑦ 观察同步信号处理电路的有关信号波形，如行逆程脉冲或沙堡脉冲信号波形等，以判断色同步处理电路工作是否正常。

如果没有示波器，而用万用表检修信号幅度很小的色度信号和色同步信号时，效果较差，有时还测不出来，建议维修者购买彩色信号寻迹器来使用。使用彩色信号寻迹器不需要接万用表作为指示，直接用了光二极管是否发光及发光的强弱作为色度信号大小的指示，使用起来格外方便、有效。

（4）打开消色门法

对于黑白图像正常而无彩色的故障现象，色度信号处理电路或色副载波形成电路发生故障时都可能产生。色度信号处理电路发生故障，色度信号传输受阻，造成无彩色现象。色副载波形成电路发生故障，有两种可能：一种是副载波不能形成；另一种是副载波信号的频率及相位偏离发送端的副载波信号。无论是副载波不能形成还是副载波的频率及相位有偏差，都会使消色识别检波电路有消色电压输出，使消色电路动作，色度通道就被关闭，从而造成无彩色。可见，色度信号处理电路故障所造成的无彩色，与副载波形成电路故障产生的无彩色现象，其机理是完全不同的。因此，在检修无彩色故障时，可以利用这些特点，用人为的方法打开消色门，再根据具体现象来缩小故障的范围。部分解码集成电路消色门开启方法见表 7-1 所示。

表 7-1　部分解码集成电路消色门开启方法

集成电路型号	开启电平	关闭电平	打开电压/V	打开方法
TA7698AP	高	低	8～9	12 脚通过 10kΩ 电阻接 12V
μPC1403	高	低	11.6	10 脚通过 10kΩ 电阻接 12V
LA7680/LA7681	高	低(小于 5.4V) 过高(大于 7V)	5.5～6.8	41 脚通过 22kΩ 可调电阻接 9V(13 脚)
TA8759	高	低	>5.1	22 脚通过 10kΩ 电阻接 12V
AN5095K/AN5195K	高	低	>2.8	4 脚通过 1kΩ 电阻接 5V

人为打开消色门的方法又叫“迫停消色法”。一般消色门电路的外接消色滤波电容上的电压，在消色门打开及关闭时是不一样的，有些解码块采用低电平打开，高电平关闭；有些解码块则采用高电平打开，低电平关闭。因此，对于低电平打开消色门的机型，可以在解码块的消色滤波端与地之间接一只 10～20kΩ 的电阻；对于高电平打开消色门的机型，可以在解码块的消色滤波端接一只 10～20kΩ 的电阻，另一端接 12V 电源上。打开消色门后，将出现图 7-16 所示的三种现象。

打开消色门后，将出现以下几种现象：
① 出现正常的彩色，这种现象说明是消色器误动作，一般是消色滤波电容不良引起的
② 图像仍然无彩色，这种现象说明色度通道存在开路性故障，或副载波再生电路根本不能产生副载波
③ 出现彩色不同步(色滚动、西藏裙现象)，这种现象说明色度通道畅通，只是副载波与色同步信号不同步，使解调出的色差信号的相位不断变化，造成屏幕上彩色翻滚，形成彩裙现象

(a) 彩条信号　　(b) 无彩色　　(c) 色不同步(色滚动、西藏裙)

图 7-16　打开消色门后出现的三种现象

另外，色比法（即比色法，又称颜色对比检查法）也是检查、分析各种彩色故障的一种行之有效的方法，将故障机所显示的彩条图像与标准彩条的颜色进行对比，从而判断故障部位。应用这种检查方法来判断故障部位已在第 2 章中已介绍过了，这里不再重复。

7.3.2.2　解码电路的关键检测点

解码电路的关键检测点较多，维修者应根据不同的故障现象，同时根据不同的电路结构来确定需要检查的关键点，而不是每种故障都要对下列的关键检测点逐一进行检查。

（1）解码集成电路的供电端

亮度通道供电端、PAL/NTSC 解调电路供电端、RGB 电路供电端是首先要检查的

关键。

（2）彩色全电视信号输入端

对于无图像故障，往往需要对解码块的彩色全电视信号输入端这一关键检测点作检查，确定是否有正常的彩色全电视信号输入到解码块，以判断故障在前级的公共通道，还是在解码电路部分（包括集成块内的视频切换电路）。该脚接收电视信号（动态）和不接收信号（静态）时的直流电压变化较小，因此，测量直流电压的方法对准确判断故障有一定的困难，在条件许可的情况下，最好用示波器检测法。当然，也可用万用表电阻挡作干扰信号注入法检查。

（3）亮度通道的关键检测点

① 亮度信号输入及输出引脚。检修亮度通道时，应抓住亮度信号传输线路、集成块的亮度信号输入及输出引脚，亮度通道的外围电路。一般通过对亮度信号的跟踪检查，很快就能锁定故障部位，再结合亮度通道的引脚电压及外围电路的检查，就可找到故障元器件。

② 自动亮度控制（ABL）脚即束电流检测输入端。ABL 电路工作不正常，轻者引起画面亮度变化（即内部 ABL 电路起作用），重者导致集成电路自我保护，出现无光栅现象。通过测量该引脚电压便能判断是否为 ABL 电路有故障。ABL 电路故障引起画面亮度变化的现象，在实际维修中其故障率较高。

③ 亮度控制、对比度控制引脚。亮度控制、对比度控制引脚的电压在调节亮度、对比度时应在一定电压范围内变化，若无明显变化，应检查微处理器及亮度控制、对比度控制电压形成电路。

（4）色度通道的关键检测点

① 色度信号输入、输出端　检修色度通道，抓住色度信号的传输路径，集成块的色度信号输入、输出端。检查时，最好是用示波器或彩色信号寻迹器来判断色度信号是否正常。

② 色差信号输入、输出端　对于采用 1H 集成基带延迟电路的色度通道，色差信号输出、输入端（TDA8362 的㉘～㉛脚、LA7688 的㊱～㊴脚）也应是关键检测点之一。由于这些引脚的直流电压在接收 PAL/NTSC 信号与无信号时基本无变化，这些引脚的直流电压很难判断有无信号输入、输出，通常应采用信号注入法或示波器检测法。

③ 三个基色信号或三个色差信号输出端　当出现无图像或缺某一基色（或色调不对）的故障时，可通过检测解码块三个基色信号（或三个色差信号）输出端的直流电压或用示波器检测输出波形，判断故障是在解码电路还是在末级视放电路。当此三脚直流电压偏低或波形幅度小，应在解码块及其外围的相关电路查找故障；若电压正常或波形正常，则说明故障在末级视放电路。测量时，最好脱开基色信号输出到末级视放电路（或色差信号输出到基色矩阵电路）的耦合元件，这样可以排除集成块外部的因素。R、G、B 基色信号或 R-Y、B-Y、G-Y 色差信号正常与否可以从这三个脚的直流电压上直接反映出来。因此，根据这三个脚各自的直流电压正常与否就可以判断解码块工作是否正常。这样，只需用万用表就可以确定解码块的正常工作状态了。正常时，当有信号输入时，这三个脚的直流电压大致相等，且随图像的变化而波动；无三基色（或三个色差信号）输出时，其直流电压也应基本相等，并与电路图的标称值相符（若处于蓝屏状态，B 信号输出引脚电压与另两个引脚的不同）。

④ 副载波振荡端　该端子是重要的波形检测端和电压检测端。副载波振荡端外接有晶振，晶振不良故障现象为无彩色或彩色时有时无。晶振的好坏难以用万用表进行判断，只能采用替换法来证实。应注意的是，有些机芯的色副载波不但用于色度解调，还用于分频产生行振荡脉冲，因而当晶体振荡器不正常时，轻者导致无彩色现象，重者导致无光栅。

⑤ 环路滤波（色度 PLL 滤波）端　色度通道的副载波再生电路中设有一个环路滤波端子，其外部接有一个 RC 网络，用来对 APC（鉴相器）输出的误差电压进行滤波，取出误

差电压的直流成分，控制副载波振荡器的频率和相位，使副载波的频率和相位准确。因此，通过测量环路滤波端，就可了解副载波再生电路的锁相情况。

⑥ 色饱和度控制引脚　色饱和度控制引脚的电压在调节色饱和度时应在一定电压范围内变化，若无明显变化，应检查微处理器及色饱和度控制电压形成电路。

另外，有些解码块还有晶振选择端、行逆程脉冲输入/沙堡脉冲输出端、黑电流检测输入端，这些也应是关键检测点。

方法与技巧

检修解码电路部分的一些故障不要忽略对系统控制电路及机器的软件设置进行检查。检修时应先进入维修状态，查看有关数据设置是否正确。对于亮度异常故障，查看 BT（亮度）项、SB 或者 S-BRT（副亮度）项、SUB. CONT（副对比度）项、BRGHT. ABL. TH（ABL 起控点）项、BRT. ABL. DEF（ABL 去加重）项等；对于无彩色或彩色异常故障，查看 SUB. COLOR（副色度）项、SUB. TINT（色调）项、CKILLOFF（消色）项等。

7.3.2.3 解码电路故障现象与故障部位关系

解码电路的常见故障有由亮度通道引起的亮度信号丢失、光栅亮度异常（太亮或太暗）、彩色镶边、对比度不够以及黑屏等故障，由色度通道引起的无彩色或彩色异常（彩色色调不对、缺色等）故障。解码电路的故障都具有明显的特征，所以可以从观察故障现象的特征入手，通过分析判断故障可能的范围，然后对有关电路进行深入检查，从而排除故障。解码电路故障现象与故障部位对应关系如表 7-2 所示。

表 7-2　解码电路故障现象与故障部位对应关系

现象	故障部位
亮度信号丢失	亮度信号传输电路、解码块内部的亮度处理部分损坏
光栅亮度异常	亮度通道（含亮度控制电路）、ABL 电路
彩色图像与黑白图像不重合	亮度延迟线、色度带通滤波器
黑白图像正常而无彩色	色带通滤波电路、色度通道、消色和识别电路、副载波恢复电路、色同步选通电路
彩色淡	ACC、色带通放大器增益低、幅频特性差
彩色不同步	APC、副载波振荡、色同步选通
色饱和度失控	ACC、遥控
彩色爬行	第一代解码器的延时解调电路；第二代解码器的基带延时电路
倒色	延时解调、副载波恢复
黑白图像中有彩色杂波干扰	消色电路
彩色拖尾	色饱和度过大、副载波频率偏离、色带通频带不够
彩色忽浓忽淡，有杂波	ACC、副载波不稳、延时解调
黑屏	亮度通道、ABL 电路、黑电流检测电路、行场逆程脉冲反馈及沙堡脉冲形成电路

7.3.3 有光栅、无图像、无伴音

（1）故障分析

有光栅、无图无声故障的部位一般在公共通道（包括高频通道和中频通道），但有时视频通道，如伴音中频制式选择陷波电路、TV/AV 视频切换电路发生故障，也会出现无图像、无伴音（遥控彩电具有无信号蓝屏静噪功能，中频通道输出的视频信号无法送到视频/

解码/扫描小信号处理集成电路，则不能形成正常的电台识别信号，CPU 将执行蓝屏静噪，同时执行伴音静音功能）。另外，遥控系统出现故障也可能引起无图像、无伴音。

（2）故障检修思路和方法

遥控彩电，无图无声故障通常表现为蓝屏，故检修这类故障时，应先取消蓝屏，观察屏幕上的噪波点的多少和大小来缩小故障范围。还可采用 AV 信号注入法缩小故障范围。公共通道有问题导致的无图像、无伴音故障的检修方法在第 5 章中已介绍过了，这里重点介绍视频处理电路造成无图无声故障的检修方法。

① 确定故障部位在信号系统还是在遥控系统。

② 确定故障部位在公共通道还是在视频通道。取消蓝屏后，如果屏幕上出现全屏的白光栅，而无噪粒子出现。这时可将万用表置 $R\times10$ 挡，红表笔接地，用黑表笔触碰中频通道的视频信号输出端，观察屏幕上光栅有无闪烁。若屏幕上有干扰横条出现，则说明视频通道畅通，故障在公共通道；反之，若屏幕上无反应，则故障在视频通道。

③ 当故障确定在视频通道后，采用 AV 信号注入法进一步缩小故障范围。再用干扰法（万用表置 $R\times10$ 挡）按视频信号流程从前往后或从后往前干扰，找出具体故障电路。对于 A6 机芯来说，视频通道造成的无图无声故障，主要发生在图 6-4 的电路中，重点检查 V184 至 LA7688N 的⑩脚之间的元件，特别是 V183 和维修开关 S191。

此故障可按图 7-17 所示的流程进行检修。

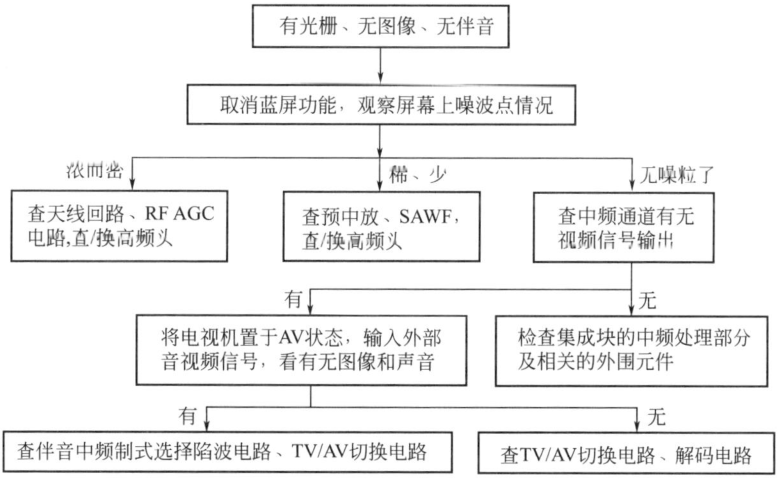

有光栅、无图像、无伴音
取消蓝屏功能，观察屏幕上噪波点情况
浓而密
稀、少
无噪粒了
查天线回路、RF AGC电路,直/换高频头
查预中放、SAWF，直/换高频头
查中频通道有无视频信号输出
有
无
将电视机置于AV状态，输入外部音视频信号，看有无图像和声音
检查集成块的中频处理部分及相关的外围元件
有
无
查伴音中频制式选择陷波电路、TV/AV切换电路
查TV/AV切换电路、解码电路

图 7-17 有光栅、无图像、无伴音故障检修流程

7.3.4 有光栅、无图像、有伴音

有伴音说明公共通道是正常的，多制式第二伴音中频陷波和选择电路、TV/AV 视频切换电路也是正常的（多制式第二伴音中频陷波和选择电路、TV/AV 视频切换电路发生故障，现象为蓝屏，且伴音静噪），故障应在解码电路或者视放电路。将机器置于 AV 状态，输入外部视频信号，若仍无图像，则可确定是解码电路或者视放电路的故障。三路视放电路同时出问题的可能性较小，故应重点检查解码电路，采用干扰法可迅速找到故障部位。此故障可按图 7-18 所示流程进行检修。有关电路参见图 7-7。

7.3.5 图像无层次、无鲜艳色彩（亮度信号丢失）

这种故障表现为光栅（图像）亮度低、模糊一片，对比度不够等，将色饱和度调到最

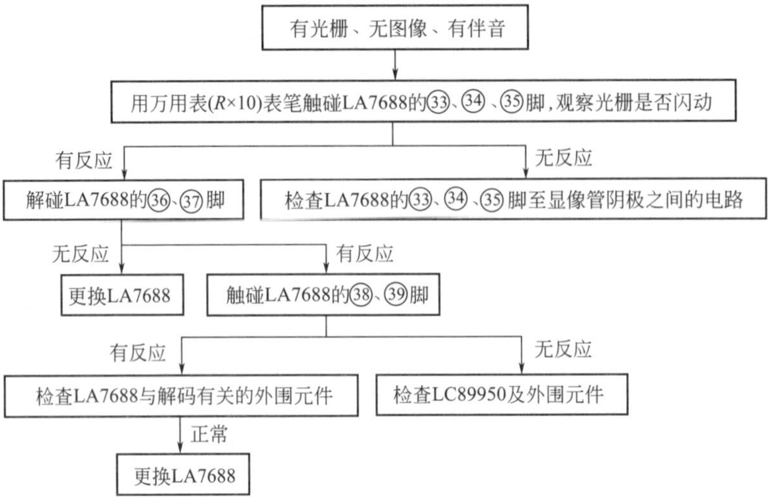

有光栅、无图像、有伴音
用万用表(R×10)表笔触碰LA7688的㉝、㉞、㉟脚，观察光栅是否闪动
有反应
无反应
解碰LA7688的㊱、㊲脚
检查LA7688的㉝、㉞、㉟脚至显像管阴极之间的电路
无反应
有反应
更换LA7688
触碰LA7688的㊳、㊴脚
有反应
无反应
检查LA7688与解码有关的外围元件
检查LC89950及外围元件
正常
更换LA7688

图 7-18　有光栅、无图像、有伴音故障检修流程（A6 机芯）

小，图像消失。这种故障现象与显像管管座受潮引起的亮度低、图像散焦现象极为相似，应注意区分。前者不会随时间的长短而发生变化，而后者则会随时间的推移而发生变化，即开机时亮度低、图像模糊现象较明显，但开机几分钟或数十分钟后，彩色图像会慢慢地变得清晰。

亮度信号传输电路阻断或集成电路内部亮度处理电路损坏，就会造成亮度信号丢失。检查这种故障时，用示波器对亮度信号进行跟踪检查，可快速判断出故障部位。若无示波器，则先对亮度延迟线、耦合电路进行检查，再判断集成块是否损坏。此故障的现象和故障维修要点如图 7-19 所示。

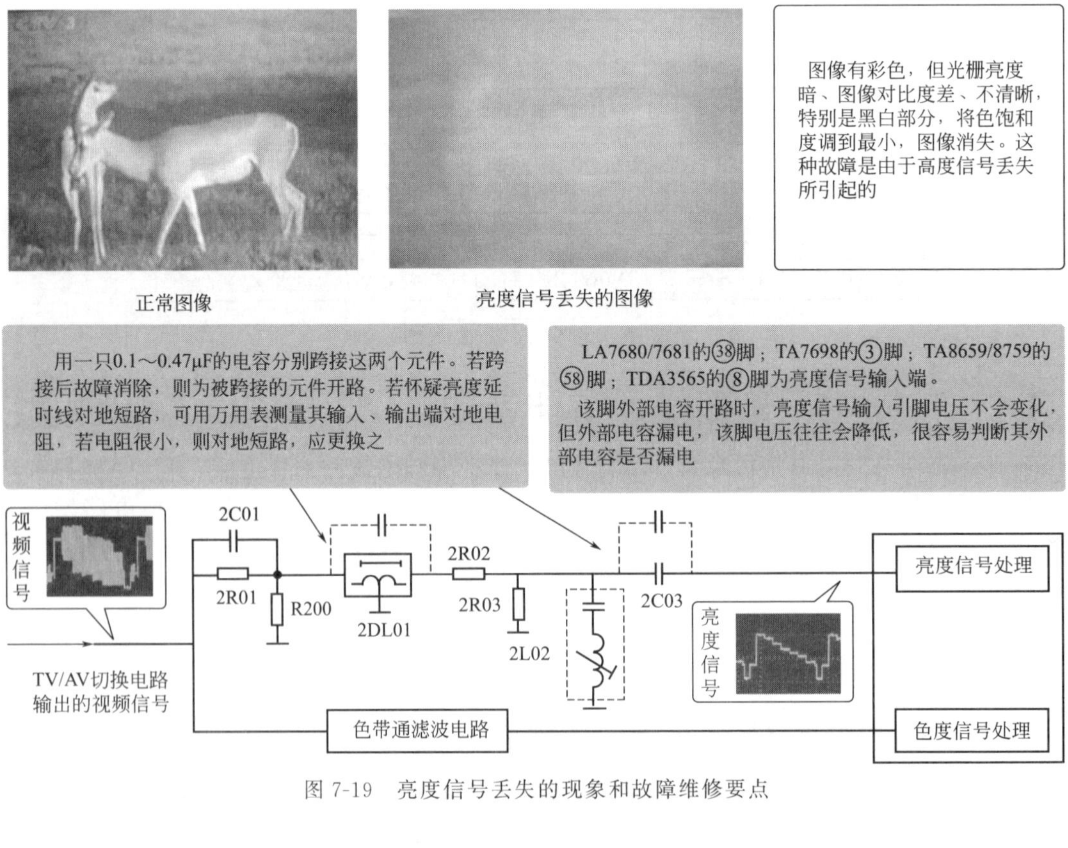

图像有彩色，但光栅亮度暗、图像对比度差、不清晰，特别是黑白部分，将色饱和度调到最小，图像消失。这种故障是由于高度信号丢失所引起的
正常图像
亮度信号丢失的图像
用一只0.1～0.47μF的电容分别跨接这两个元件。若跨接后故障消除，则为被跨接的元件开路。若怀疑亮度延时线对地短路，可用万用表测量其输入、输出端对地电阻，若电阻很小，则对地短路，应更换之
LA7680/7681的㊳脚；TA7698的③脚；TA8659/8759的㊿脚；TDA3565的⑧脚为亮度信号输入端。
该脚外部电容开路时，亮度信号输入引脚电压不会变化，但外部电容漏电，该脚电压往往会降低，很容易判断其外部电容是否漏电
视频信号
2C01
2R01
R200
2DL01
2R02
2R03
2L02
2C03
亮度信号
亮度信号处理
色度信号处理
色带通滤波电路
TV/AV切换电路输出的视频信号

图 7-19　亮度信号丢失的现象和故障维修要点

7.3.6 彩色图像与黑白图像不重合

亮度信号与色差信号不是同时到达基色矩阵电路，就会导致彩色图像与黑白图像不重合故障。这种故障应检查亮度延迟线是否短路以及检查其输入、输出端匹配电路是否失配，同时也应检查色带通滤波器频带宽度是否变窄。此故障的现象和故障维修要点如图 7-20 所示。

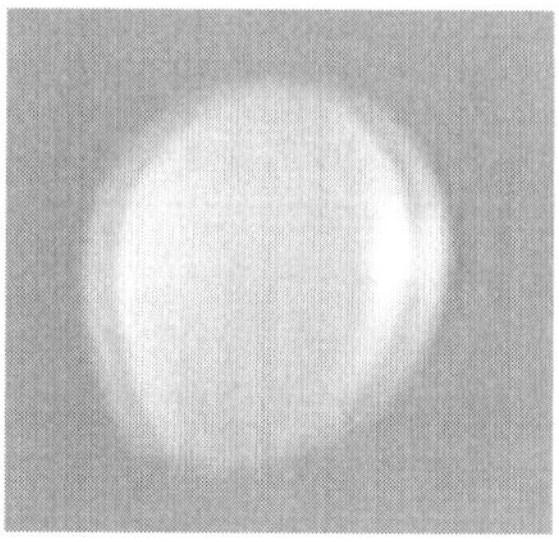

维修提示：

彩色图像与黑白图像不重合故障，应检查亮度延迟电路和色带通滤波器

检查此故障时，可将亮度延迟线输入、输出端短路，查看黑白图像与着色错位的宽度有无变化。若没有变化，就说明亮度延迟线有短路故障，应更换之；否则，说明亮度延迟线无问题，而可能是色带通滤波器频带宽度变窄造成的故障，则应进一步检查色带通滤波器，定能发现故障元件

图 7-20 彩色图像与黑白图像不重合的故障现象和故障维修要点

应注意的是，彩色图像与黑白图像不重合故障现象与图像重影、图像彩色镶边、彩色拖尾故障现象有相同之处，也有不同之处，应仔细判别。

彩色图像与黑白图像不重合故障现象与图像重影、图像彩色镶边、彩色拖尾故障现象有相同之处，也有不同之处，应仔细判别。这四种故障的现象与判别方法如表 7-3 所列。

表 7-3 彩色图像与黑白图像不重合、图像重影、图像彩色镶边、彩色拖尾故障比较

故障	重影	彩色图像与黑白图像不重合	彩色镶边	彩色拖尾
现象	水平方向出现多个不完全重叠的图像	彩色图像与黑白图像不重合，而且图像清晰度下降	接收彩色或黑白节目时，在屏幕边缘或整个屏幕出现彩色镶边，图像的轮廓线和色调变化交界处较明显	图像彩色向右溢出，并且长短不一
确定故障的依据	将色饱和度调至最小，黑白图像也有重影，但无彩色镶边	将色饱和度调至最小，黑白图像没有重影，也无彩色镶边	将色饱和度调至最小，也产生彩色镶边现象。接收黑白棋盘信号或井字形黑底白格信号时，出现互相错开的两种或三种颜色组成的线条格子，在格子中间部分仍显示黑白色	增大亮度、对比度，拖尾现象更严重
故障原因	①接收环境不佳； ②高频屏蔽或接地不良； ③声表面滤波器不良； ④图像轮廓校正电路	①亮度延迟线短路； ②色度带通滤波器频带宽度变窄	①偏转线圈发生轻动或移位； ②显像管会聚调节部件发生位移或磁性减弱而使会聚失调； ③显像管受过剧烈振动，造成显像管内部选色板等部件变形或位移	①180～200V 视放电源内阻增大(滤波电容容量降低、限流电阻增大、整流二极管不良)； ②加速极电压偏低； ③显像管老化或显像管阴极与灯丝之间漏电
故障处理措施	查天线输入系统、高频头及它们的屏蔽接地是否良好；查/换声表面波滤波器；查清晰度增强电路	查亮度延迟线(含周围元件)及色度带通滤波器	若显像管会聚调节部件、偏转线圈松动，重新调整后固定；查/换显像管	查视放电路工作电压、加速极电压；查显像管阴极对栅极或灯丝是否漏电；若显像管老化，可适当提高加速极电压，适当降低图像亮度和对比度

7.3.7 无彩色

（1）故障分析

图像无彩色的原因很多，涉及的范围很广，主要有以下几个方面的原因。

① 接收电视信号弱，色度信号幅度小引起消色电路动作。

② 公共通道增益低，导致色度信号小，引起消色电路动作。

③ 色度解码电路有故障。这部分的故障又有两种情况：一种是色度通道有故障，使色度信号中断而无彩色；另一种是副载波恢复电路有故障，解调电路不能正确解调或使消色电路动作而无彩色。

④ 遥控色饱和度控制电路损坏。

⑤ 制式识别电路不识别或识别错误，导致解码电路所工作的彩色制式状态与接收节目制式不一致，也会造成无彩色。

⑥ 设有 1H 基带延迟电路的机型，1H 基带延迟电路有故障，也会造成无彩色。

⑦ I^2C 总线控制的机型，机器的软件设置错误，也会造成无彩色。

（2）故障检修思路和方法

① 排除“假故障”和软件设置的问题。检修无彩色故障时，首先应排除接收信号弱、天线输入端接触不良、色饱和度关到最小、频率微调没有调整准确等几种情况。然后检查电视机（特别是彩色电视制式只能手动切换的机器）的彩色制式设置是否与接收信号制式一致，通过操作电视机的制式转换键，改变电视机的彩色制式观察有无彩色出现。对于 I^2C 总线控制的机型，还应进入维修模式，查看有关项的软件设置数据是否正确，如 SUBCOLOR（副色度）项、SUBTINT（色调）项、CKILLOFF（消色）项等。

② 确定是否因公共通道增益下降引起的消色。判断方法有多种：一是观察黑白图像，若黑白图像清晰，对比度强，且伴音正常，一般认为公共通道增益足够；二是用示波器测量中频通道输出的彩色全电视信号幅度是否达到 2V（p-p），若能达到，说明公共通道增益正常；三是通过 AV 插孔输入外部视频，若图像有彩色，表明色度通道正常，故障是公共通道增益下降，但也不排除第二伴音中频陷波电路、TV/AV 转换电路有故障。公共通道增益下降的原因有高频头性能下降，声表面波滤波器、预中放管和集成块的中频处理部分不良（包括外围元件）等。

③ 检查色度通道，如图 7-21 所示。在检查色度通道故障时，应区分是各种彩色制式均无彩色，还是只有某一种制式无彩色。在解码块内部，PAL/NTSC 制是共用一套解调系统，故当解码块内部及相关的外围元件损坏时，多表现为 P/N 制均无彩色；若只有一种制式无彩色，则多为相应的晶振损坏，或制式选择部分不良。

a. 确定是否为遥控色饱和度控制电路故障引起的消色。按“COL＋”键，测量解码块的色饱和度控制引脚（LA7680 的㊵脚、LA7688 的⑰脚）的电压是否在正常范围内变化，若不变化或变化范围较正常的小，故障在色饱和度控制电路（含微处理器）。若变化正常，故障在色度通道。该方法对 I^2C 总线控制彩电不适用。

b. 确定解码块工作制式是否与接收信号彩色制式一致。测量解码集成块的制式控制引脚（LA7680 的⑮脚、LA7688 的⑱脚）、晶振选择控制引脚（LA7688 的㉗脚）电压是否与接收信号的彩色制式相对应，且按制式键时正确改变。若不变化或变化不正确，故障在彩色制式控制电路（含微处理器）。该方法对 I^2C 总线控制彩电不适用。

c. 测量解码块 PAL 识别消色控制引脚或消色识别滤波引脚（有些解码块无此引脚，有些有，如 LA7680 的㊶脚）电压，以判断消色（ACK）电路是否动作。若电压正常，则故

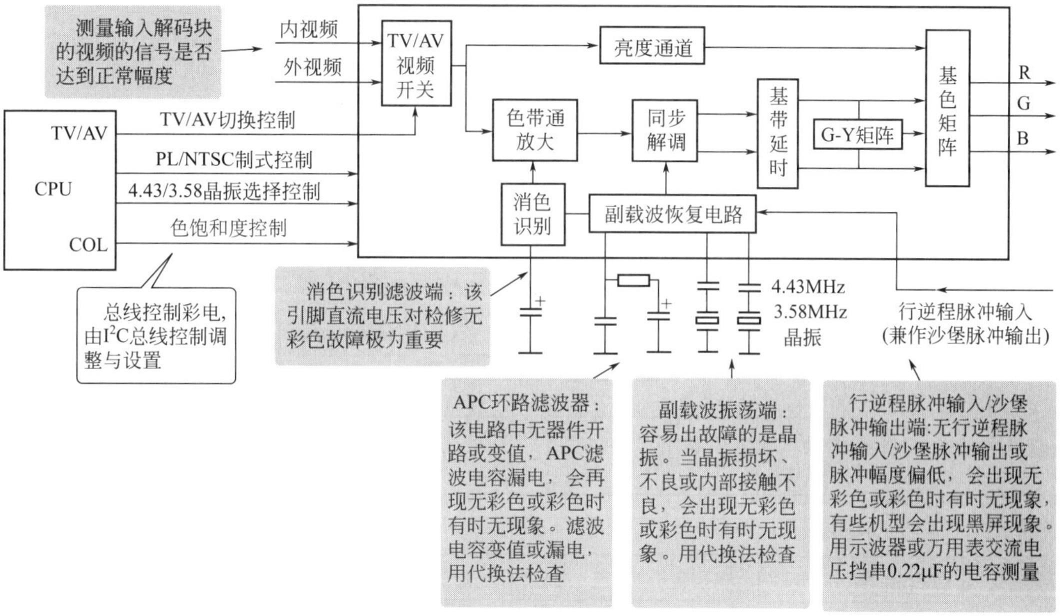

测量输入解码块的视频的信号是否达到正常幅度
内视频
外视频
TV/AV视频开关
亮度通道
基色矩阵
R
G
B
TV/AV
CPU
COL
TV/AV切换控制
PL/NTSC制式控制
4.43/3.58晶振选择控制
色饱和度控制
色带通放大
同步解调
基带延时
G-Y矩阵
消色识别
副载波恢复电路
总线控制彩电，由I²C总线控制调整与设置
消色识别滤波端：该引脚直流电压对检修无彩色故障极为重要
4.43MHz
3.58MHz
晶振
行逆程脉冲输入(兼作沙堡脉冲输出)
APC环路滤波器：该电路中无器件开路或变值，APC滤波电容漏电，会再现无彩色或彩色时有时无现象。滤波电容变值或漏电，用代换法检查
副载波振荡端：容易出故障的是晶振。当晶振损坏、不良或内部接触不良，会出现无彩色或彩色时有时无现象。用代换法检查
行逆程脉冲输入/沙堡脉冲输出端:无行逆程脉冲输入/沙堡脉冲输出或脉冲幅度偏低，会出现无彩色或彩色时有时无现象，有些机型会出现黑屏现象。用示波器或万用表交流电压挡串0.22μF的电容测量

图 7-21 无彩色故障维修要点（色度通道）

障在色同步分离之后的色通道电路；若异常，说明消色电路动作。

d. 如果检查发现消色电路动作，应采用“打开消色门法”让故障真实面貌暴露出来，以便缩小故障范围。打开消色门后，通常会出现三种情况（参见图 7-16）：一是仍无彩色，则表明色度通道存在开路性故障或副载波振荡器停振；二是出现正常彩色，这说明消色电路本身有故障；三是出现彩色，但彩色不正确、色不同步现象，则故障是由于色同步信号丢失或副载波振荡器频率偏离造成的。

对于第一种情况，测量晶体振荡器输出端电压和波形（需用高内阻的万用表和高内阻的示波器测量，否则，若用内阻较小的仪表测，正常机器也会出现副载波振荡器停振的现象），判断副载波振荡电路是否停振。如果无示波器，可直接更换晶振（注意频率应相同）及谐振电容。若晶振电路无问题，那就是色度通道受阻，可以在人为打开消色门的情况下，用示波器或彩色信号寻迹器测量集成块色度通道输入及各级输出端的色度信号的有无来判断，色度信号在何处中断。

对于第二种情况，消色滤波电容不良是常见故障，可换一只好的试试。如果更换后仍不能排除故障，可能是集成块内部的消色电路有问题，应更换集成块试试。

对于第三种情况，色同步信号丢失应检查参与形成色同步选通脉冲的输入信号，如延迟行同步信号（有些机型行逆程脉冲及沙堡脉冲也参与选通电路工作）。延迟行同步、行逆程脉冲可用万用表交流电压挡串 0.22μF 的电容测量，一般测得的交流电压是其峰峰值的 1/8～1/5（视其波形而定）。副载波振荡器频率偏离，应检查压控振荡电路元件是否变值，容易出故障的是晶振，这可以换一只好的试试，以及检查色 APC 电路，该电路中积分电容开路或介损变大是常见的故障。

另外，对于设有 1H 基带延迟电路的机型，还应检查 1H 延迟基带延迟集成电路的工作状态。

无彩色故障按图 7-22 所示检修流程检修。

为方便维修，现将常用 TV 小信号处理集成电路发生无彩色故障的关键检测点列出，如表 7-4 所示。

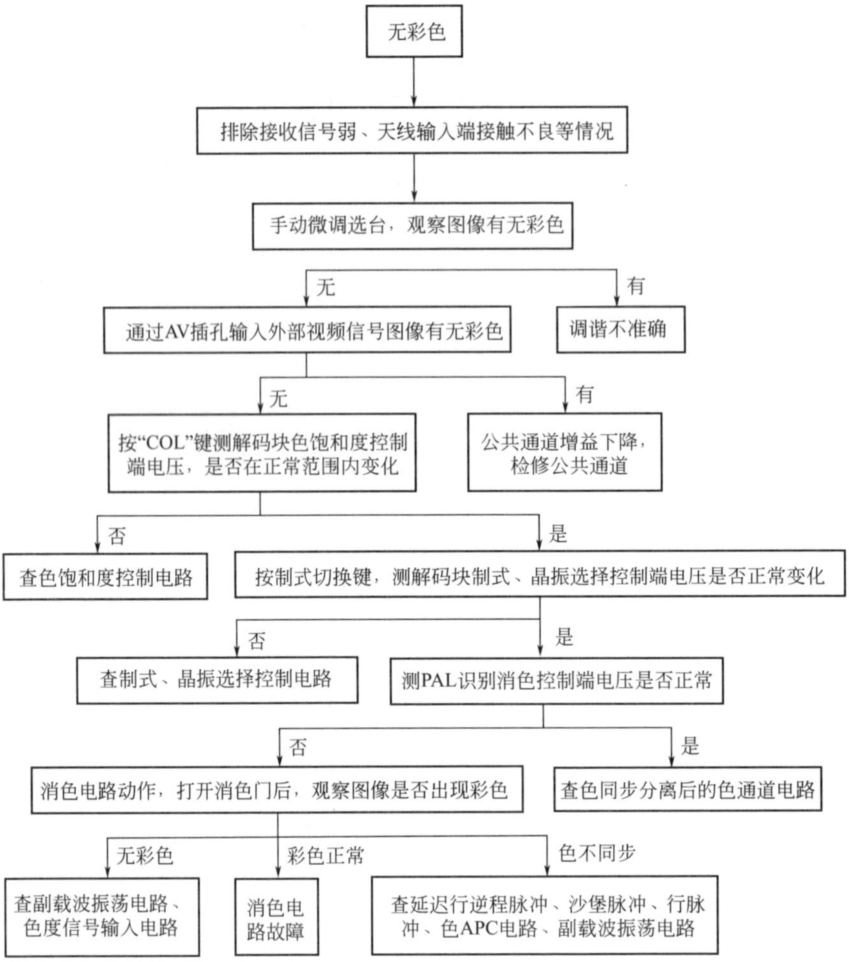
无彩色
排除接收信号弱、天线输入端接触不良等情况
手动微调选台，观察图像有无彩色
无
有
通过AV插孔输入外部视频信号图像有无彩色
调谐不准确
无
有
按“COL”键测解码块色饱和度控制端电压，是否在正常范围内变化
公共通道增益下降，检修公共通道
否
是
查色饱和度控制电路
按制式切换键，测解码块制式、晶振选择控制端电压是否正常变化
否
是
查制式、晶振选择控制电路
测PAL识别消色控制端电压是否正常
否
是
消色电路动作，打开消色门后，观察图像是否出现彩色
查色同步分离后的色通道电路
无彩色
彩色正常
色不同步
查副载波振荡电路、色度信号输入电路
消色电路故障
查延迟行逆程脉冲、沙堡脉冲、行脉冲、色APC电路、副载波振荡电路

图 7-22　无彩色故障检修流程

表 7-4　部分 TV 小信号处理集成电路无彩色故障关键检测引脚

芯片型号	色饱和度控制	彩色制式控制、晶振选择控制	消色器滤波	晶振	APC 滤波	行逆程脉冲输入、沙堡脉冲输出
LA7680	㊵	⑮	㊶	⑯	⑰	㉖
LA7688	⑰	⑱、㉗		㊶、㊷	㊸	㉖
TDA8361/62	㉖	自动识别	—	㉞、㉟	㉝	38
TB1238/40	I^{2}C 总线控制			⑪	⑩	㉚、㉞
AN5095/AN5195	I^{2}C 总线控制		④	⑦、⑧	⑥	㊿、(62)
TDA8841/OM8838	I^{2}C 总线控制			㉞、㉟	㊱	㊶
LA76810/18	I^{2}C 总线控制			㊳	㊱、㊴	㉘
LA76931	超级芯片(I^{2}C 总线控制)			㊿	(53)	㊹
TMPA8859/93	超级芯片(I^{2}C 总线控制)			⑥、⑦	㊼	⑫

注：TMPA88XX 系列超级芯片（TMPA8803/8823/8827/8829/8859/8893）中，没有单独的彩色副载波频率发生器，即解码电路没有传统彩电中的 4.43/3.58MHz 晶振，色差信号同步解调所需的彩色副载波是由⑥、⑦脚外接的整机唯一的时钟振荡晶振（8MHz）所产生的振荡信号经分频后提供。

7.3.8 彩色时有时无

这种故障表现为在接收彩色节目时，彩色时有时无，极不稳定，但还可以收看黑白图像。彩色时有时无故障原则上可按“无彩色”来检修，只是应侧重于对以下几个方面的检查。

① 检查色度通道是否有元器件虚焊、接触不良，特别是晶振有无虚焊或内部接触不良。

② 高放或中放电路的增益下降，造成对彩色电视信号的放大不够，也会出现彩色时有时无现象，不过这时还可收看到黑白图像。此情况可按灵敏度低故障去检修。

③ 集成块内的色度处理部分电路及外围电路有问题。外围电路的故障多发部位是晶振、色副载波 APC 环路外接的低通滤波元件。有时输入集成块的行逆程脉冲幅度偏低，也会出现彩色时有时无现象，故还需检查行逆程脉冲引入电路。检查时，先换 4.43MHz（PAL 制无彩色）或 3.58MHz（NTSC 制无彩色），然后查色副载波 APC 环路外接的低通滤波元件。如果有示波器，应观察输入集成块的行逆程脉冲波形是否正常，幅度是否满足要求。最后考虑替换集成块。实际维修中以晶振内部接触不良的情况居多。

7.3.9 彩色淡薄

这种故障的现象是图像有彩色，且色调正确，但彩色显得浓度不足。

此故障是色度信号较弱而引起的，主要原因如下。

① 接收的电视信号太弱。

② 天线、馈线和高频头之间的阻抗不匹配，会使驻波比增大，使色度信号衰减过多，从而导致画面彩色淡薄。

③ 高频头或中放的幅频特性不佳，色度信号衰减过多，也会造成画面彩色淡薄。

④ 解码部分的色带通滤波器、色度放大器性能不良，就会使色度信号幅度减小（即小于正常的幅度），导致画面彩色淡薄。

⑤ 色饱和度控制电压达不到正常值，导致画面彩色淡薄。

⑥ 晶振频率偏离、色 APC 电路滤波不良导致画面彩色淡薄。

遇到此故障时，首先要分清是机外原因（闭路线或天线有问题，电视台发射信号弱等），还是机内原因。通过观察其他彩电的接收效果，即可确定出属于哪种情况。当判断故障是由机内原因造成时，将色饱和度调至最小或接收黑白电视节目，观察黑白图像是否正常。若不正常，就应着重检查天线输入、高频头、声表面波滤波器、集成电路的中放部分（包括外围元件）。若黑白图像正常，则故障发生在色度通道。对色度通道进行检查时，应先检测一下解码块的色饱和度控制电压能否达到正常值，然后再查/换晶振及色 APC 电路滤波元件，最后更换集成块。对于第一代解码电路，还应检查色带通滤波器。

7.3.10 爬行（百叶窗干扰现象）

彩色爬行现象是彩色图像上有明暗相间的水平条纹上下移动。由于这种故障现象有些像百叶窗，故又称为“百叶窗干扰现象”，参见图 7-16(c)。这种故障是 PAL 制彩色电视机特有的故障。

（1）第一代解码电路出现的爬行故障检修

对于第一代解码电路来说，这是由于直通色度信号与延迟色度信号的幅度或相位不正确，或解码块内电路损坏所致。就图 7-5 电路而言，应检查的部位及元件主要是以下几种。

① 检查 L283、C284、R281、L281、延时线 DL282 等元器件有无开路或损坏。当 DL282 开路时，色度信号丢失，造成大面积的爬行现象。

② 检查幅度调节电位器 RP281 是否调节不当，或有无接触不良。若其存在故障，使直通色度信号也延迟色度信号的幅度不相等，造成爬行现象。

③ 微调 T281 看是否有所改善。微调 T281，实现相位补偿，使直通色度信号与延迟色度信号的相位保持准确的反相关系。否则，也会造成爬行现象。

④ 检查 C283、RP281 有无开路、变值或失效。若任一元件有故障，直通色度信号中断，会产生严重的爬行现象。

（2）第二代解码电路出现的爬行故障检修

对于设有基带延迟电路的机型来说，此故障是因 R-Y、B-Y 色差信号中存在干扰成分而引起的。由于解码块直接对色度信号进行解调，解调输出的 R-Y 信号中含有 B-Y 干扰分量，B-Y 信号中也含有 R-Y 干扰分量。经基带延时处理后，干扰分量才能抵消。若基带延时电路工作不正常，就会使色差信号中的干扰分量不能被抵消，产生彩色爬行现象。因此，这种故障发生在 1H 基带延时电路中。对图 7-23 所示的长虹 A6 机芯彩电的 1H 基带延时电路，常见故障原因如下。

① 基带延时集成电路 LC89950 的⑫脚无＋5V 供电电压，导致 CCD 部分不工作，无延时信号输出。

② LC89950⑬脚无沙堡脉冲输入。

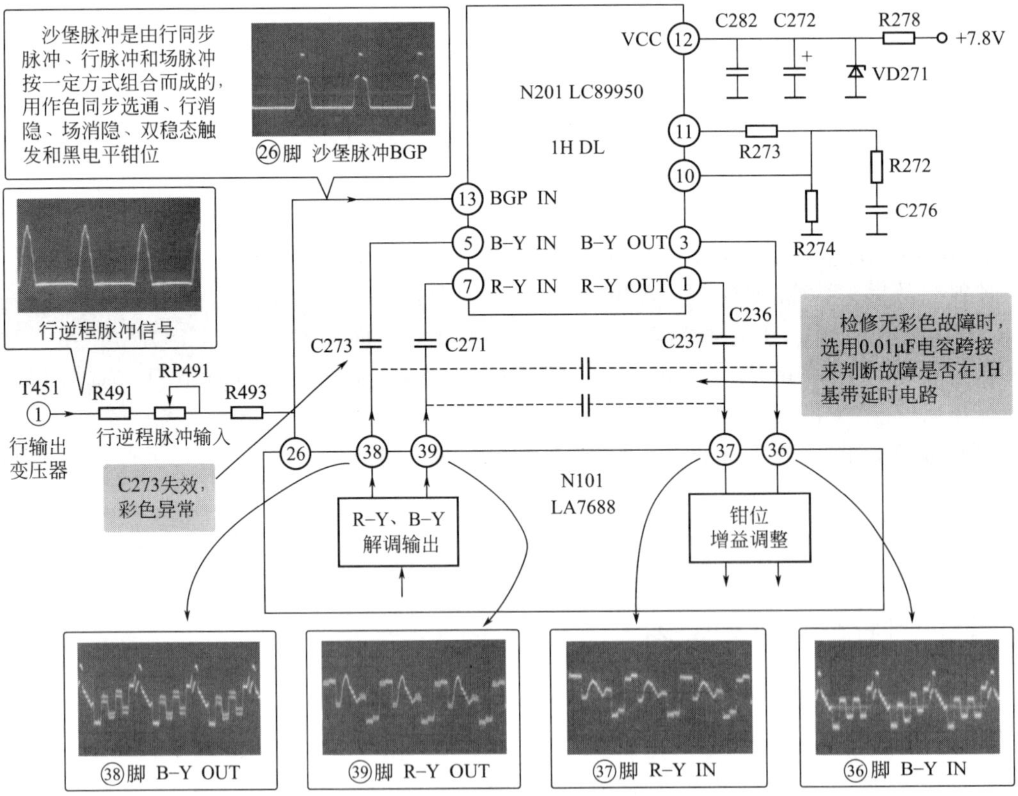

沙堡脉冲是由行同步脉冲、行脉冲和场脉冲按一定方式组合而成的，用作色同步选通、行消隐、场消隐、双稳态触发和黑电平钳位
㉖脚 沙堡脉冲BGP
行逆程脉冲信号
VCC ⑫
C282 C272
R278
+7.8V
VD271
N201 LC89950
1H DL
⑪
⑩
R273
R272
R274
C276
⑬ BGP IN
⑤ B-Y IN
B-Y OUT ③
⑦ R-Y IN
R-Y OUT ①
C236
C237
C273
C271
检修无彩色故障时，选用0.01μF电容跨接来判断故障是否在1H基带延时电路
T451
R491
RP491
R493
行逆程脉冲输入
行输出变压器
C273失效，彩色异常
㉖ ㊳ ㊴ ㊲ ㊱
N101
LA7688
R-Y、B-Y 解调输出
钳位 增益调整
㊳脚 B-Y OUT
㊴脚 R-Y OUT
㊲脚 R-Y IN
㊱脚 B-Y IN

图 7-23 彩色爬行（百叶窗干扰现象）维修要点

③ LC89950⑩、⑪脚外部RC网络有故障，导致时钟脉冲频率不准确，延时精度不够，使延时信号与直通信号相加时，不能完全抵消失真分量。

④ R-Y、B-Y色差信号耦合电容C273、C271、C237、C236失效，导致延时信号传输不畅。

⑤ LC89950本身损坏，但很少见。

Chapter 8

第8章 显像管、末级视放电路

8.1 彩色显像管及相关部件

传统的彩色电视机采用彩色显像管作为显示器件。彩色显像管是一种阴极电子射线管，简称 CRT，它是一种电光转换器件，其性能对重现的彩色电视图像质量有很大的影响。

8.1.1 彩色显像管的结构

随着彩色显像管技术的不断发展、改进，主要的彩色显像管有三枪三束管、单枪三束管等几种。索尼等极少数品牌彩电使用单枪三束管，其他彩电大都使用三枪三束自会聚管。下面就以三枪三束自会聚管为例介绍彩色显像管的结构。

彩色显像管主要由管内组件和管外组件构成，管内组件主要有电子枪、荧光屏、荫罩板，管外组件主要有偏转线圈、会聚调节线圈及静会聚调节组件，如图 8-1(a) 所示。

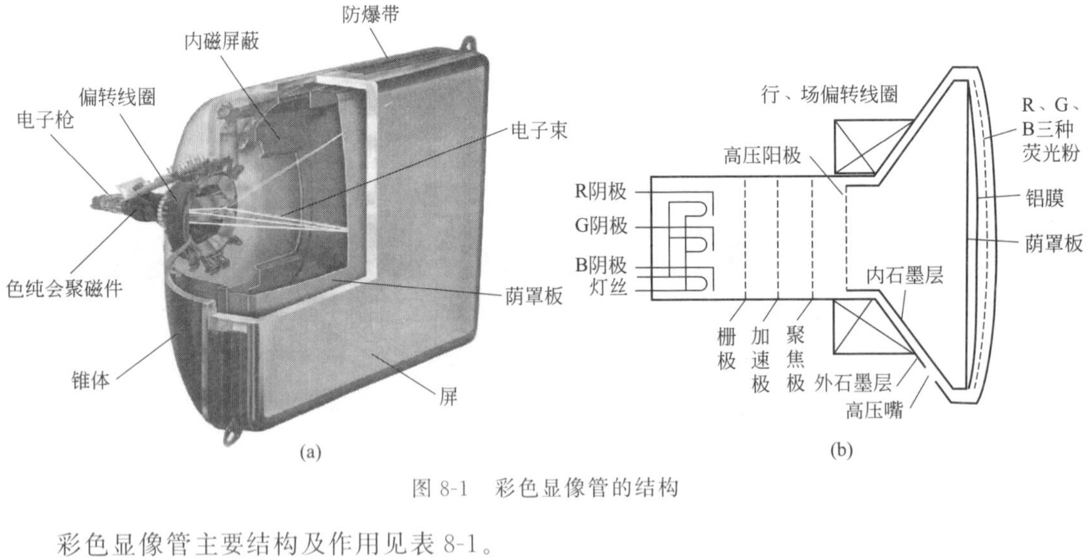
防爆带
内磁屏蔽
偏转线圈
电子枪
电子束
色纯会聚磁件
荫罩板
锥体
屏
(a)
行、场偏转线圈
R、G、B三种荧光粉
高压阳极
R阴极
G阴极
B阴极
灯丝
铝膜
荫罩板
内石墨层
栅极
加速极
聚焦极
外石墨层
高压嘴
(b)

图 8-1 彩色显像管的结构

彩色显像管主要结构及作用见表 8-1。

表 8-1 主要结构及作用

名称	作用	备注
屏	屏的内表面附着荧光粉，在电子的轰击下发光，产生图像	特殊玻璃制成
电子枪	其作用是发射电子。电子枪是 CRT 最关键的部件，结构也比较复杂，其电极有栅极、加速极、聚焦极、阳极、阴极（3个）	电极由金属材料制成，固定在芯柱玻杆上，各电极形状尺寸和距离都非常精密

续表

名称	作用	备注
荫罩板(分色板)	很薄的钢板,并打有很多小孔。其作用是:分色的作用;拦截多余的电子	特殊金属材料制成
内磁屏蔽罩	在管内形成一个相对屏蔽的磁场,减小外界磁场对电子束的影响,提高色纯	特殊金属材料制成
偏转线圈(DY)	产生一定频率的交变磁场,使电子枪发射的电子产生有规律的扫描,打到荧光屏上产生画面	
色纯会聚磁件	调整色纯和会聚的磁组件	特殊磁性材料制成
防爆钢带	当屏和锥体发生破裂时,防止玻璃飞溅	

(1)管内组件

① 电子枪　电子枪的作用是产生强度可变化的，并具有一定速度的电子束。电子枪由灯丝、阴极、栅极、加速极、聚焦极、阳极组成，如图 8-2 所示。

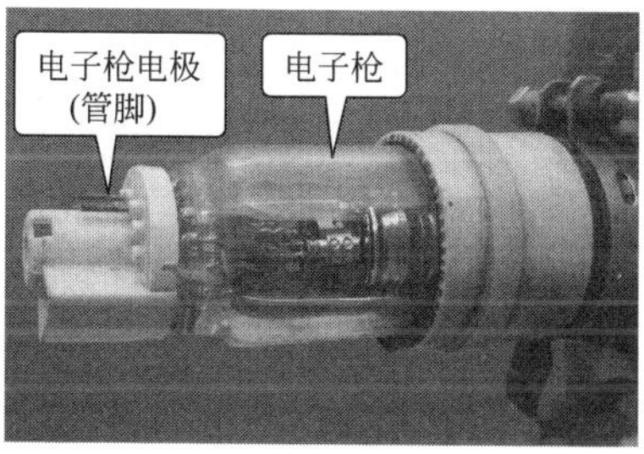
电子枪电极
(管脚)
电子枪

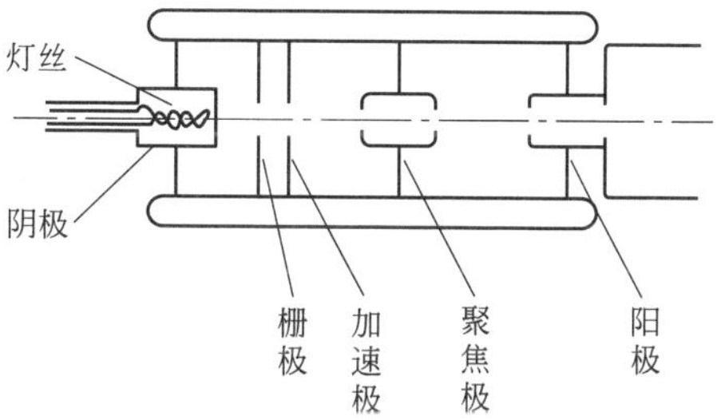
灯丝
阴极
栅极
加速极
聚焦极
阳极

图 8-2　电子枪的结构

灯丝：用 FF 或 HH 表示，是由钨铝合金绕制成螺旋形而形成的。灯丝加上额定电压后点亮，对阴极进行加热。灯丝电压是由行输出变压器的灯丝绕组所提供的行频脉冲电压，其电压有效值通常为 6.3V。

阴极：彩色显像管有三个阴极，分别用 K_R、K_G、K_B 表示。阴极做成金属圆筒，筒内罩着灯丝，筒端涂有金属氧化物，当阴极被灯丝加热后就能发射电子。三个阴极电压在90～170V 之间。

栅极：栅极又称为控制极，用 G1 表示，三个阴极共用一个栅极。该电极通常接地。

加速极：也叫帘栅极，用 A1 或 G2 表示。其作用是使电子束加速运动。该电极的电压值一般在 300～800V 之间。

聚焦极：用 A3 或 G3 表示，其作用是使阴极发射来的很粗散的电子束聚成很细电子束轰击荧光粉。该电极的电压通常在 3000～8000V 之间。

高压阳极：用 HV 表示，其作用是使电子束进一步加速和聚焦。阳极高压在 22～28kV 之间。

② 荧光屏　荧光屏主要指屏面及涂在屏面玻璃内壁的荧光粉薄层。彩色显像管要能显示红、绿、蓝三种基色，在荧光屏表面应交叉涂上红、绿、蓝三种荧光粉条，在没有荧光粉条处涂有石墨用来吸收管内、外散光，以提高图像对比度，如图 8-3(a) 所示。这三种荧光粉分别由红、绿、蓝三阴极发射过来的电子轰击而发出红、绿、蓝三种颜色的光，不同颜色的光组合就能得到另外的颜色，从而在荧光屏上显示各种颜色的图像。

③ 荫罩板　在荧光屏内 1cm 处装有一块金属板，叫荫罩板，又称为分色板，它与高压阳极相连，其上开有约四十多万个荫罩孔，一个荫罩孔对应一组荧光粉条，如图 8-3(b) 所

示。其作用是保证红、绿、蓝三条电子束只能轰击与之相对应的荧光粉，如图 8-3(c) 所示。

④ 玻璃外壳　玻璃外壳由管颈、锥体和屏面组成。玻壳内抽成真空，以增强绝缘强度。锥体的内、外壁涂有导电石墨层，构成高压滤波电容。

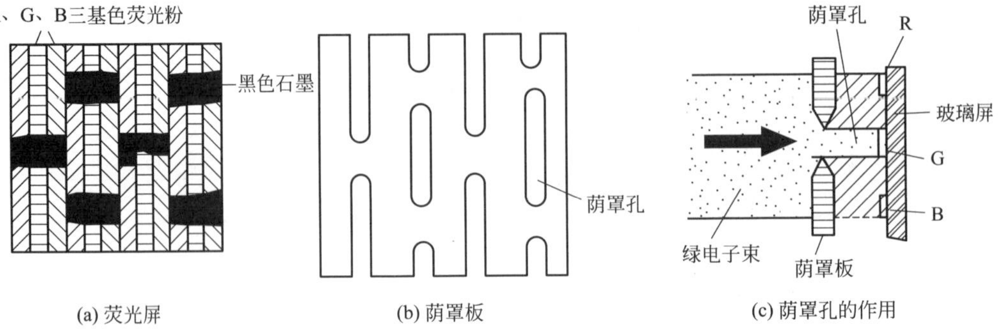
R、G、B三基色荧光粉
黑色石墨
(a) 荧光屏
荫罩孔
(b) 荫罩板
荫罩孔
R
玻璃屏
G
B
绿电子束
荫罩板
(c) 荫罩孔的作用

图 8-3　荧光屏与荫罩板

（2）附属部件

自会聚彩色显像管的附属部件主要包括偏转线圈、色纯和会聚磁环，如图 8-4 所示。目前，许多新型显像管已取消了色纯和会聚磁环，使显像管调整更加简单。偏转线圈套在显像管的管颈与锥体的交界处，它与显像管之间通过 3～4 个橡胶楔子固定，它与显像管的管颈之间通过一个带螺钉的金属环来固定。偏转线圈除了保证电子束作扫描运动外，还可以利用特制的环形精密偏转线圈产生的特殊磁场（行偏转线圈产生枕形磁场，场偏转线圈产生桶形磁场）来自动进行会聚校正，实现 R、G、B 电子束在整个屏幕上的良好会聚。

锁紧环及
锁紧螺钉
引脚
精密偏转线圈
色纯和会聚磁环
橡胶楔子

图 8-4　彩色显像管的附属部件

在偏转线圈后边，有三组磁环，两片二极磁环、两片四极磁环、两片六极磁环，用来进行色纯与会聚调节。

提示与引导

在生产自会聚彩色显像管时，厂家将偏转线圈和调整用的磁环套在显像管颈上面，经过调整后，用橡胶楔子、固定胶带和锁紧环将它们固定在一起，这样就免去了使用中的会聚调整。

另外，在显像管的锥体上，还安装有消磁线圈，其作用是在开机瞬间，对显像管进行一次消磁。

8.1.2 彩色显像管的工作原理

显像管灯丝通有6.3V交流电后发热，将三个阴极加热后，三个阴极发射电子。电子受加速极加速，加速后的电子到聚焦极，聚焦极将电子束聚焦成很细的电子束，它在阳极高压的强电场作用下得到进一步加速，以极高的速度轰击荧光屏上的荧光粉，荧光粉受电子束轰击后发光。电子束通过偏转线圈的扫描作用打到荧光屏，形成光栅。在栅极接地的情况下，阴极发射电子的数量受阴极电压的控制。若在显像管的阴极加上放大处理后的视频激励信号，则荧光屏上就会显示出图像。

彩色显像管的荧光屏上涂有红、绿、蓝三种基色的荧光粉，并交错排列着。为获得好的色纯度和会聚，在距荧光屏约1cm处装有布满荫罩孔的金属障板（也称荫罩板或分色板），每个荫罩孔均严格与一组红、绿、蓝荧光粉点相对应。为了获得三束电子束，电子枪设有三个独立的阴极。在扫描过程中，电子枪发光的三束电子束在荫罩孔中交会后，再各自击中相应的基色荧光粉。

8.2 末级视放及显像管附属电路精讲

8.2.1 末级视放及显像管附属电路的结构

末级视放及显像管外围电路通常装在一小块电路板（称为显像管尾板或视放板）上，因此也叫尾板电路。尾板通过插接的方式插在显像管尾部的管脚上，实物如图8-5所示。尾板电路包含三部分：第一部分是各电极的供电电路，各电极的供电均由行输出变压器提供；第二部分是视放末级电路，第二部分是显像管附属电路，如白平衡调整电路、关机消亮点电路等。

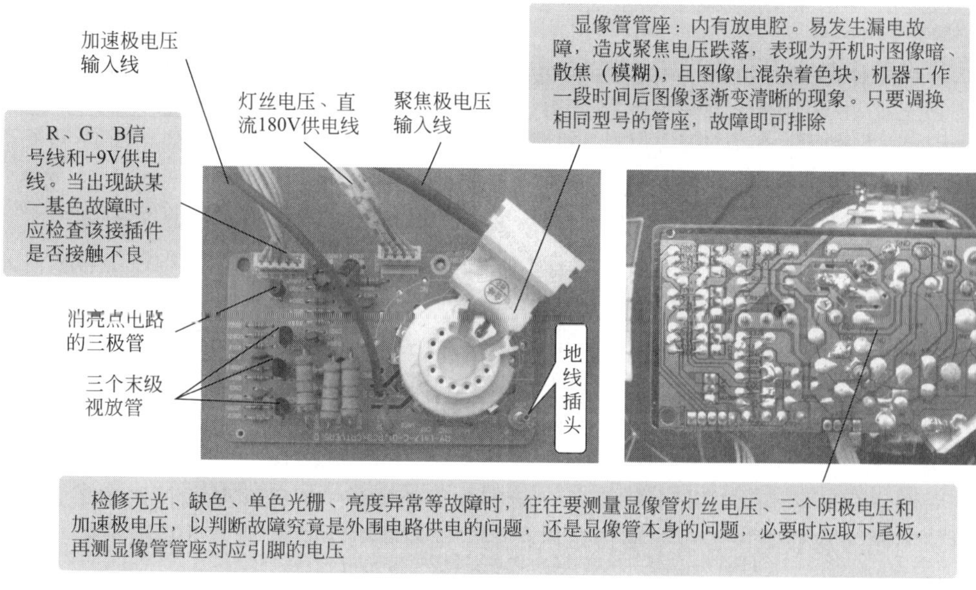
加速极电压输入线
R、G、B信号线和+9V供电线。当出现缺某一基色故障时，应检查该接插件是否接触不良
灯丝电压、直流180V供电线
聚焦极电压输入线
显像管管座：内有放电腔。易发生漏电故障，造成聚焦电压跌落，表现为开机时图像暗、散焦（模糊），且图像上混杂着色块，机器工作一段时间后图像逐渐变清晰的现象。只要调换相同型号的管座，故障即可排除
消亮点电路的三极管
三个末级视放管
地线插头
检修无光、缺色、单色光栅、亮度异常等故障时，往往要测量显像管灯丝电压、三个阴极电压和加速极电压，以判断故障究竟是外围电路供电的问题，还是显像管本身的问题，必要时应取下尾板，再测显像管管座对应引脚的电压

图8-5 LA76931机芯的末级视放及显像管附属电路

(1) 显像管各电极的供电电路

彩色显像管是电真空器件，为使其正常工作，各极必须加上额定的工作电压，它一般由行逆程脉冲处理后提供。显像管所需的电压大小随管型而异，但基本上可分成灯丝电压、加速极中压、聚焦极次高压和阳极的极高压几种。

灯丝电压（约 6.3V）是由行输出变压器的一个次级绕组（灯丝绕组）提供的脉冲电压；阳极电压（约 22～28kV）和聚焦极电压（通常为 3000～8000V）由一体化行输出变压器的高压绕组产生的高压脉冲经整流滤波后输出，调节聚焦电位器 FOCUS 可获得最佳聚焦状态；加速极电压（一般在 300～800V 之间）是由行输出变压器的另一个绕组产生的脉冲经整流滤波后得到的，调节加速电位器 SCREEN，即可改变加速极电压。

(2) 末级视放电路

末级视放电路也称视放末级电路，或视频输出电路，或基色视频放大电路，或色输出电路。末级视放电路根据功能来分有两种：一种是兼有矩阵变换功能的末级视放电路（也称为双功能式末级视放电路），其主要特点是，末级视放管不仅具有对 R、G、B 三基色信号进行放大的功能，同时也具有基色矩阵变换的功能；另一种是无矩阵变换功能的末级视放电路（也称为单功能式末级视放电路），其主要特点是，末级视放管只具有对 R、G、B 三基色信号进行放大的功能，而没有基色矩阵变换的功能（矩阵变换由前面的 TV 小信号处理 IC 完成）。

末级视放电路根据所采用元器件的结构可分为两种形式：分离式和厚膜式。分离式末级视放电路，是由分立元件构成的三个结构相同的独立电路，每个独立电路对一种基色信号进行放大（或对一种色差信号进行矩阵变换和放大）。在大屏幕彩电中，常采用厚膜式末级视放电路，即采用视放集成电路。常用的视放集成电路较多，有的内部只含有一组末级视放电路，如 TDA6101Q、TDA6110Q、TDA6101Q、TDA6111Q、TDA6120Q 等，需要三块相同的视放集成电路来分别对 R、G、B 三基色信号进行放大；有的内部集成了三组视频放大器，如 TDA6103Q、TDA6107Q、TEA5101A、STV5111、STV5112 等，只需一块集成电路即可完成 R、G、B 三基色信号的放大任务。另外，有部分视放集成电路还设置有黑电平自动检测功能，通过反馈环路实现自动暗平衡调整控制。

(3) 显像管附属电路

彩色显像管附属电路是为了方便调试、提高图像质量和延长显像管使用寿命而设置的辅助电路，它主要包括：白平衡调整电路、关机消亮点电路、自动消磁电路等。

① 白平衡调整电路　由于彩色显像管的三支电子枪的调制特性，如截止电压和调制特性曲线的斜率不可能完全相同，并且三种荧光粉的发光效率也各不相同（一般是红色差，其次是绿色，蓝色最好）。为此在机内设有暗平衡与亮平衡调节电路。所谓暗平衡调节，就是使三支电子枪输入黑电平信号时，它们的工作点都在电子束的截止点，使彩色显像管在低亮度时黑白信号画面不出现彩色。所谓亮平衡调节，就是为了解决由于三支电子枪的调制特性曲线斜率不同而产生的高亮度时黑白信号画面出现彩色的现象。暗平衡与亮平衡统称为白平衡，白平衡调整的目的就是为了使彩色显像管在显示黑白图像时，不论在亮场或暗场均不出现彩色。若白平衡不好，显示黑白图像时荧光屏上会出现色点或色块，而显示彩色图像时会偏色，产生彩色失真。

传统彩电在尾板上安装有五个电位器，用于白平衡的调整。采用总线控制的单片、超级单片彩电，不再在尾板上安装白平衡调整电位器，而是通过 I^2C 总线在 TV 信号处理集成电路内进行白平衡调整。

② 关机消亮点电路　关机亮点是指电视机关机后，荧光屏中心出现的亮点。关机亮点

产生的原因是，电视机关机后，行、场扫描电路立即停止工作，但灯丝的余热继续烘烤阴极而发射电子。同时，显像管锥体内外壁石墨层构成的分布电容上残余高压仍然存在，因此电子枪继续工作，产生的高能电子束电流无偏转地射向荧光屏中心，使屏幕中心出现一个亮点。随着灯丝冷却和高压泄放，亮点逐渐消失。如不采取措施，久而久之，将使荧光屏中心的荧光物质过早老化而形成暗斑。

消除关机亮点的方法是关机后马上切断显像管的束电流或使高压电容（显像管壁内外导电层形成的电容）迅速放电。常用的关机消亮点电路有两类：一类是电子束截止型消亮点电路；另一类是高压泄放型消亮点电路。电子束截止型消亮点电路是在关机后，利用电容器在正常工作时充得的电压放电，使栅、阴之间反偏压加大，阻止热电子发射，直至阴极冷却。高压泄放型消亮点电路是在关机瞬间，设法使显像管栅、阴极间的负电压降低，或使加速极电压保持正电压，从而使阴极电子加速发射，以便在行、场扫描电压未消失之前，大量电子射向荧光屏，使阳极高压上的正电荷很快被中和，荧光屏上就不会出现亮点了。

③ 自动消磁电路（ADC 电路） 在彩色显像管内部，电子枪、荫罩板、栅网防爆箍和磁屏蔽罩等均为铁质部件，因内部、外部和杂散磁场（如地磁场）的作用，它们很容易被磁化。它们一旦被磁化，就有可能造成会聚和色纯不良，图像效果显著变差。因此，必须设置自动消磁电路即 ADC 电路，在每次开机瞬间对显像管及周围的铁质部件进行消磁。

消磁电路主要由消磁电阻和消磁线圈串联构成，接在交流 220V 两端。消磁电阻一般安装在开关电源电路部分，消磁线圈则安装在显像管的锥体上。消磁电阻为具有正温度系数的热敏电阻，它在常温下阻值仅为几十欧姆，当温度升高后，阻值急剧增大，从而使流过消磁线圈的电流在几秒内迅速降到接近于零。流过消磁线圈的电流将产生一个由大到小的交变磁场，并分布在显像管的周围，使铁质部件的剩磁被消去，从而达到自动消磁的目的。消磁电路在第 3 章中已介绍过，这里不再赘述。

8.2.2 三种典型的末级视放及显像管电路精讲

(1) 分立元件末级视放（双功能式）**及显像管电路**

图 8-6 是 LA7680 单片彩电的末级视放电路及显像管电路，其末级视放电路属于分立元件双功能式，主要特点是：①采用分立元件构成；②末级视放电路兼有矩阵变换功能，它不仅要完成矩阵变换，还要对三基色信号进行放大；③由于该芯彩电属于非总线控制机型，故末级视放电路设置有白平衡调整电位器。

视频放大电路主要由高反压、中功率视频放大管 V601、V611、V621 组成。它们都是直流耦合放大器，其直流工作点由 LA7680 的③、②、①脚输出的色差信号直流钳位电平（分别加到各视频放大器的基极）和加到各视频放大器射极的－Y 输出电平之差确定，并可分别由 RP601、RP611、RP621 进行调整。三个色差信号分别加到三个视放管的基极，同时来自亮度通道的－Y 信号分别经 RP602、RP612、R624 加到三个视放管的射极。加到各视频放大管基极的色差信号与加到射极的亮度信号进行基色解码，得到 R、G、B 基色信号，此信号经 V601、V611、V621 放大，从集电极输出负极性的三基色信号，幅度达 80～100V（p-p），分别经各自的隔离电阻加到显像管的三个阴极。

调 RP601、RP611、RP621 可分别调节 V601、V611、V621 的工作点，即调整各管的截止电压，从而调节显像管红、绿、蓝三枪的截止电压，可补偿显像管红、绿、蓝三枪截止电压的不一致，即调整暗平衡。V621 基极输入的 G-Y 信号幅度固定不变，即该机的白平衡调整是以绿枪为基准，调 RP602、RP612 可分别调整加到 V601、V611 基极的 B-Y 信号和 R-Y 信号幅度，从而调整加到显像管阴极 K_B、K_R 的 B 信号和 R 信号幅度大小，即可进行

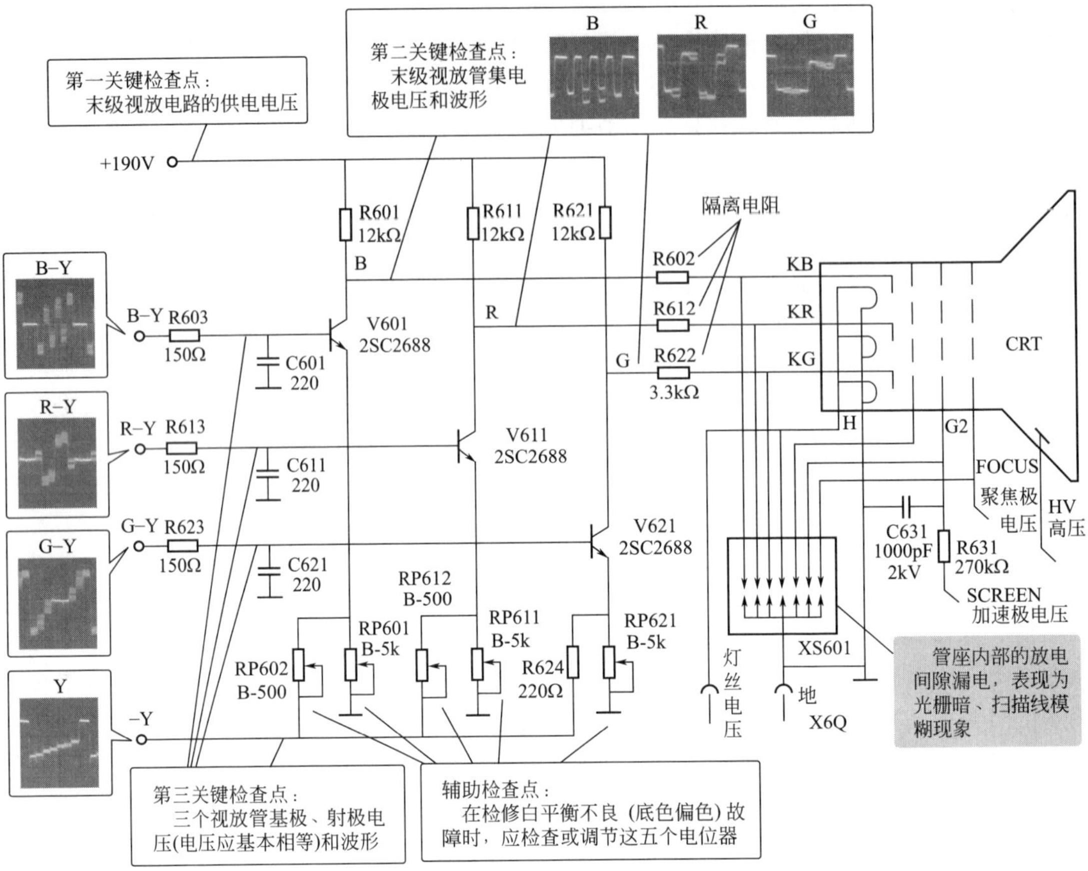
第一关键检查点：
末级视放电路的供电电压
第二关键检查点：
末级视放管集电极电压和波形
B
R
G
+190V
R601 12kΩ
R611 12kΩ
R621 12kΩ
隔离电阻
R602
R612
R622 3.3kΩ
KB
KR
KG
CRT
B-Y
R603 150Ω
C601 220
V601 2SC2688
R-Y
R613 150Ω
C611 220
V611 2SC2688
G-Y
R623 150Ω
C621 220
V621 2SC2688
Y
-Y
RP612 B-500
RP601 B-5k
RP611 B-5k
RP621 B-5k
RP602 B-500
R624 220Ω
H
G2
FOCUS 聚焦极电压
HV 高压
C631 1000pF 2kV
R631 270kΩ
SCREEN 加速极电压
XS601
灯丝电压
地
X6Q
管座内部的放电间隙漏电，表现为光栅暗、扫描线模糊现象
第三关键检查点：
三个视放管基极、射极电压(电压应基本相等)和波形
辅助检查点：
在检修白平衡不良（底色偏色）故障时，应检查或调节这五个电位器

图 8-6　分立元件末级视放电路（兼有矩阵变换功能）及显像管电路

显像管的亮平衡调整。

视频放大器的工作电压+190V 采用开关电源直接供电方式。显像管工作所需的第二阳极高压、聚焦电压、加速极电压、灯丝电压等由行扫描输出级电路提供。C631 为加速极滤波电容。

(2)分立元件末级视放（单功能式）**及显像管电路**

LA76931 超级单片彩电的末级视放电路及显像管电路实物参见图 8-5，电路如图 8-7 所示。该电路的主要特点是：①末级视放电路采用分立元件，由三个结构相同的独立电路组成，每个独立电路对一种基色信号进行放大；②属于单功能式末级视放电路，直接输入三基色信号，经过放大后输出三基色信号去调制彩色显像管的三个阴极；③白平衡调整是在超级芯片 LA86931 内部通过 I^2C 总线实现，末级视放电路就不需要再作任何硬件调整，故显像管尾板上找不到白平衡调整电位器。

末级视放电路采用共射极视频放大电路。此电路由三个视放管 V902、V912、V922 和其他元器件组成。视放管的集电极电源 VCC（180V）由接插件 XS901④脚输入，经限流电阻 R908、R918、R928 分别加至 V902、V912、V922 的集电极。V902、V912、V922 都是直流耦合放大器，其直流工作点由解码块输出的三个基色信号直流电平（分别加到各视频放大器的基极）和加到各视频放大器射极的直流电压之差确定。由超级单片集成电路 LA76931（N101）的⑫、⑬、⑭脚输出的 R、G、B 三基色信号经接插件 XS201、XS902 的②、③、④脚及各自的 R902、R912、R922 分别加至 V902、V912、V922 的基极。视放板

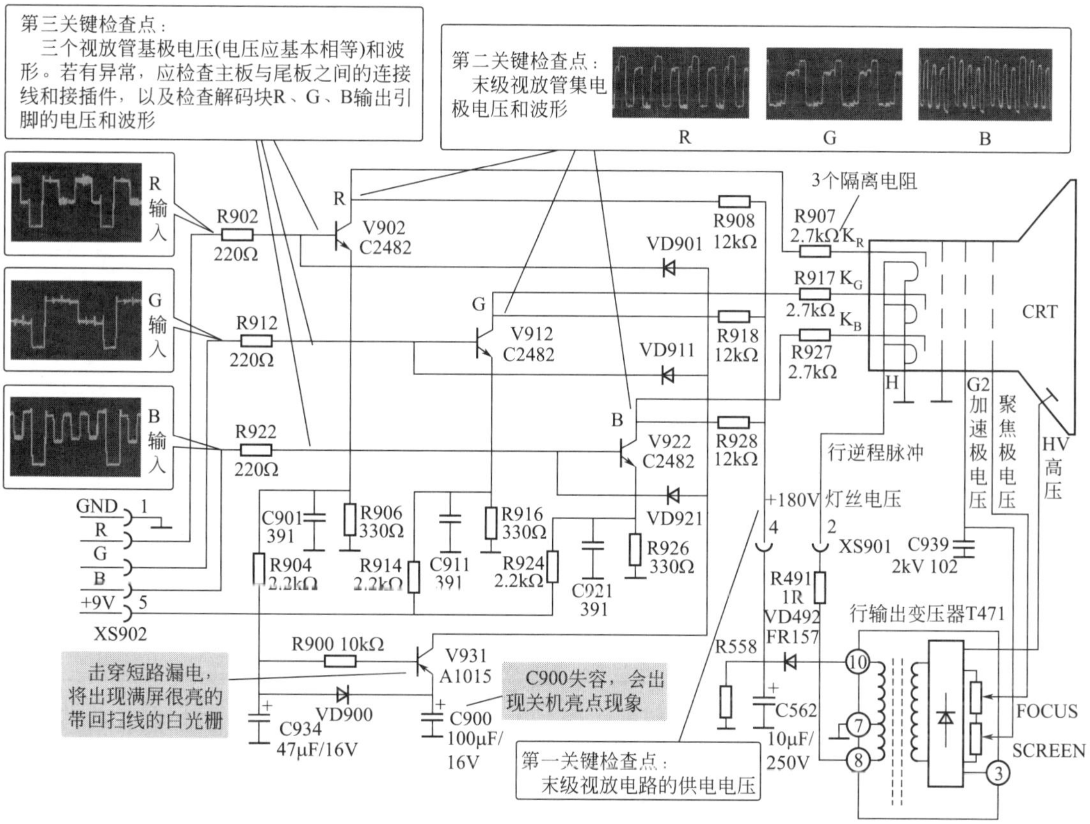
第三关键检查点：
三个视放管基极电压(电压应基本相等)和波形。若有异常，应检查主板与尾板之间的连接线和接插件，以及检查解码块R、G、B输出引脚的电压和波形
第二关键检查点：
末级视放管集电极电压和波形
R
G
B
3个隔离电阻
CRT
行逆程脉冲
灯丝电压
加速极电压
聚焦极电压
HV 高压
行输出变压器T471
FOCUS
SCREEN
击穿短路漏电，将出现满屏很亮的带回扫线的白光栅
C900失容，会出现关机亮点现象
第一关键检查点：
末级视放电路的供电电压

图 8-7 分立元件末级视放电路（无矩阵变换功能）及显像管电路

的插件 XS902 的⑤脚输入的＋9V 电压，分别通过 R904、R906，R914、R916，R924、R926 电阻网络分压后，加至三极管的发射极。V902、V912、V922 的发射极还分别接有电容 C901、C911、C921，它们均为高频补偿电容，减小高频交流负反馈，即提升高频端增益，故起高频补偿作用，可扩展视频带宽。三基色信号经各视放管放大后，由集电极输出，再分别经隔离电阻 R907、R917、R927 加到显像管的红枪、绿枪、蓝枪阴极，激励 CRT 还原彩色图像。

消亮点电路由 V931、R900、VD900、C900、VD901、VD911、VD921 等组成。当开机正常工作时，＋9V 电源电压经 VD900 给 C900 充电，使 V931 射极为 9V，故 V931 截止，无集电极电流通过，即 VD901、VD911、VD921 截止，对视频放大器 V902、V912、V922 工作状态无影响。关机瞬间，9V 电源电压很快变为 0V，VD900 截止，C900 充的电荷通过 V931e 极→b 极→R900→地放电，使 V931 立即饱和导通，集电极为高电平，VD901、VD911、VD921 导通，使 V902、V912、V922 基极电流增加，集电极电流增大，V902、V912、V922 很快进入饱和导通状态，其集电极电压迅速下降，束电流增大，很快使高压放掉，从而达到关机亮点消除目的。

视频放大器的工作电压 180V 由行逆程脉冲整流提供。从 XS901 ②脚输入的 CRT 灯丝电压和主板上行输出变压器送来的加速极（SCREEN）、聚焦极（FOCUS）电压均直接加到 CRT 管座上，通过管座送入 CRT 电子枪。C939 为加速极滤波电容。

（3）集成化视放及显像管电路

这里以单片集成视频输出放大器 TDA6103Q 为例。

TDA6103Q是飞利浦公司开发设计的用于大屏幕彩电末级视放集成电路，其内部集成了3组视频输出放大器，可直接驱动显像管的3个阴极。集成电路TDA6103Q各引脚功能如表8-2所示。

表8-2 TDA6103Q各引脚功能及维修数据

脚号	主要功能	在路电阻/kΩ		参考工作电压/V
		正测	负测	
①	放大器反相输入端(R)	0.8	0.8	1.3
②	放大器反相输入端(G)	0.8	0.8	1.3
③	放大器反相输入端(B)	0.8	0.8	1.3
④	接地端	0	0	0
⑤	同相输入端	1.3	1.3	1.3
⑥	电源电压输入端	4.1	200.0	189.0
⑦	放大器输出端(B)	4.8	62.0	121.0
⑧	放大器输出端(G)	4.8	62.0	124.0
⑨	放大器输出端(R)	4.8	62.0	131.7

图8-8是TDA8362单片机的视放板实物和电路，采用集成电路TDA6103Q作视频末级放大。TDA8362⑳、⑲、⑱脚输出的R、G、B信号经接插件加到视频放大器。R信号经激励控制电路R1505、R1509∥C1503加到TDA6103Q（N1500）的①脚；G信号经激励控制电位器RP1506、R1507∥C1501加到TDA6103Q的②脚；B信号经激励控制电位器RP1504、R1508∥C1502加到TDA6103Q的③脚。输入的R、G、B信号经TDA6103Q内三路视频放大器放大后，R信号从⑨脚输出，经R1521加到显像管红枪阴极；G信号从⑧脚输出，经R1522加到显像管绿枪阴极；B信号从⑦脚输出，经R1523加到显像管蓝枪阴极，激励CRT还原彩色图像。R1521、R1522、R1523为隔离耦合电阻，减小显像管输入电容对视放频率响应特性的影响，同时它们又是显像管跳火时保护TDA6103Q内钳位二极管的限流电阻。直流工作190V电压从接插件XP401输入，经R1524、C1506 RC滤波器滤波去耦后加到⑥脚。同时，190V电压还经R1519、R1520分压、C1504滤波得到约1.3V直流电压，加到⑤脚作为同相输入端的固定偏置电压。R1516、R1517、R1518分别为R、G、B信号放大器的外接负反馈电阻，提供交直流负反馈，改善视放的频率响应特性及电路工作的稳定性。

RP1513、RP1515、RP1514为显像管阴极截止电压调整电位器，用于显像管的暗平衡调整。该机中，亮平衡调整是通过调整基色放大电路输入信号的幅度来改变输出信号幅度的。要调整三个输出信号幅度比例，一般只要两只电位器就可以了，通常是固定红基色幅度，只调绿基色和蓝基色的幅度。电路中，RP1506、RP1504是亮平衡调整电位器，也称为激励调整电位器，分别与R1507∥C1501和R1508∥C1502组成输入信号衰减电路，调节亮平衡电位器即改变输入基色放大器的输入信号，亦即改变了基色放大器的输出电压，从而完成亮平衡的调整。

V1501及其周边元件R1526、V1502、C1507、R1527、V1505、V1504、V1503等组成关机消亮点电路。当开机正常工作时，+8V电源电压经V1502给C1507充电，使V1501射极为8V，故V1501截止，无集电极电流通过，即V1505、V1504、V1503截止，对视放

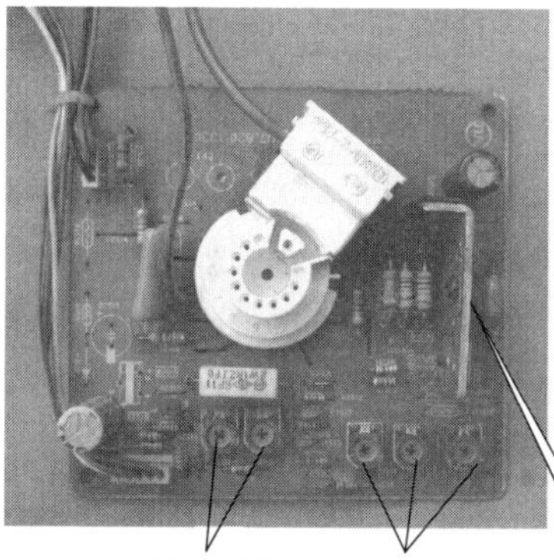
两个亮平衡调整电位器
三个暗平衡调整电位器

暗平衡和亮平衡电位器使用日久后易出现接触不良现象，会造成的图像偏色。在更换电位器后，需要重新调整白平衡（包括暗平衡调整和亮平衡调整）

集成块型号	低压电源	高压电源	R/G/B输入	反馈/检测	R/G/B输出
TDA6101Q	②	⑥	③	①	⑧
TDA6103Q		⑥	①、②、③	⑤	⑦、⑧、⑨
TDA6107Q		⑥	①、②、③		⑦、⑧、⑨
TDA6108Q		⑥	①、②、③		⑦、⑧、⑨
TDA6110Q	③	⑥	②	①	⑧
TDA6111Q		⑥	③	①	⑧
TEA5101A	②	⑤	①、②、④	⑨、⑫、⑮	⑦、⑩、⑬
STV5111/12	②	⑤	①、②、④	⑥、⑪、⑭	⑦、⑩、⑬

视放集成电路维修要点：(1) 测量供电端（有的有低压和高压两个供电端）电压；(2) 测量三基色驱动信号输出端电压和波形；(3) 测量三基色信号输入端电压和波形。若有正常输入信号，而三个或某一个输出端电压异常，此时不应草率判断集成块损块，还应检查同相输入端（即反馈端）或基色信号检测端外接元件，若为正常，方可判断集成块损坏

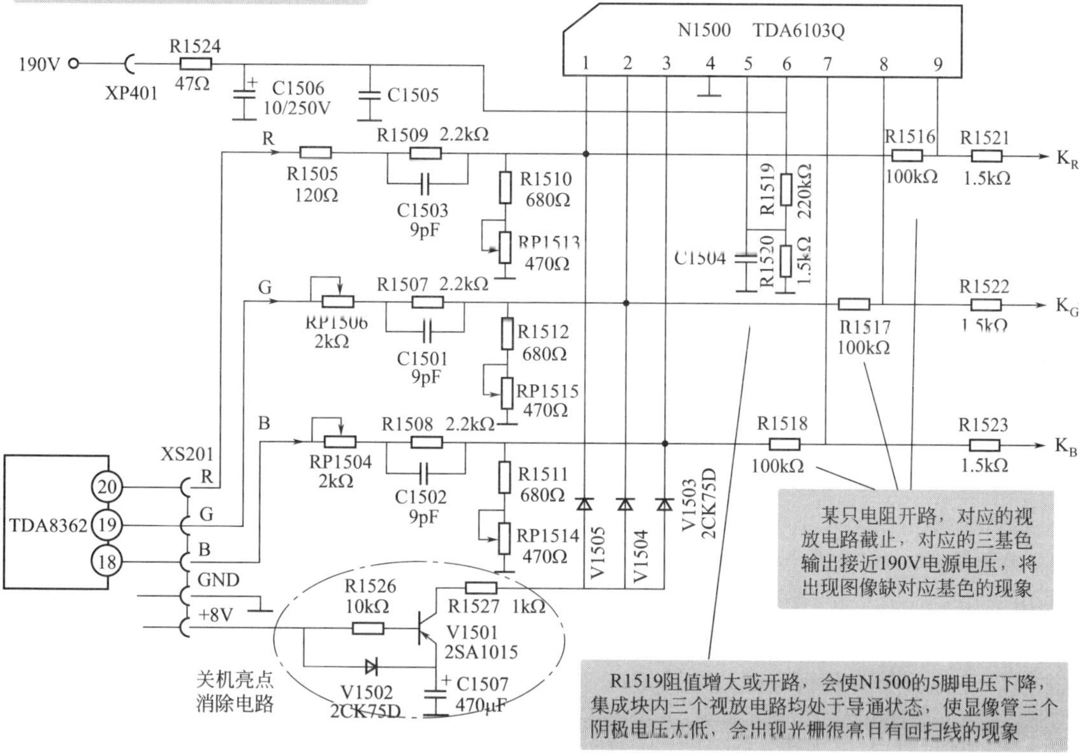
N1500 TDA6103Q
190V
XP401
R1524 47Ω
C1506 10/250V
C1505
R
R1505 120Ω
R1509 2.2kΩ
C1503 9pF
R1510 680Ω
RP1513 470Ω
G
RP1506 2kΩ
R1507 2.2kΩ
C1501 9pF
R1512 680Ω
RP1515 470Ω
B
RP1504 2kΩ
R1508 2.2kΩ
C1502 9pF
R1511 680Ω
RP1514 470Ω
C1504
R1519 220kΩ
R1520 1.5kΩ
R1516 100kΩ
R1521 1.5kΩ
R1517 100kΩ
R1522 1.5kΩ
R1518 100kΩ
R1523 1.5kΩ
K_R
K_G
K_B
V1505
V1504
V1503 2CK75D
XS201
TDA8362
GND
+8V
R1526 10kΩ
R1527 1kΩ
V1501 2SA1015
V1502 2CK75D
C1507 470μF
关机亮点消除电路
某只电阻开路，对应的视放电路截止，对应的三基色输出接近190V电源电压，将出现图像缺对应基色的现象
R1519阻值增大或开路，会使N1500的5脚电压下降，集成块内三个视放电路均处于导通状态，使显像管三个阴极电压太低，会出现光栅很亮且有回扫线的现象

图 8-8 集成化视放及显像管电路的结构和维修要点

电路无影响。关机瞬间，8V 电源电压很快变为 0V，V1501 基极为 0V，这时 C1507 放电，放电路径是 C1507 正端→V1501 发射结→R1526→地。放电电流使 V1501 立即饱和导通。V1501 集电极电流经 R1527 限流后分别由 V1505、V1504、V1503 给 TDA6103Q 的 R、G、B 放大器输入端①、②、③脚注入电流，使 TDA6103Q 三路放大器饱和导通，输出端⑦、⑧、⑨脚电压迅速下降，显像管束电流增大，很快使显像管高压电容积存的电荷放掉，起到消除关机亮点的作用。

8.3 显像管、末级视放电路故障检修精讲

8.3.1 彩色显像管故障检修

8.3.1.1 检测彩色显像管的注意事项

① 显像管阳极高压视显像管屏幕尺寸不同为20～27kV，无论通电与否，都不要用手摸行输出变压器、高压帽和高压线，以防电击。

② 在测量显像管各极电压时，注意测试仪表的测量范围；测量显像管阳极高压时必须使用专用的高压测量仪器（如高压棒、高压表）进行测量。测量时，先将仪器负端固定在电视机地端，仪器正端的高压棒连接高压测试点后，再开机测量。切不可用两手分别拿一测试棒在带电的情况下直接测量。若没有高压测试仪器，维修时可通过测量行输出变压器其他绕组输出的低电压，间接判断高压是否正常。

③ 进行高压放电时，放电接地点应紧贴显像管锥体外面的金属编织带（地线），切不可接在高频头、散热器、尾板等印刷电路板上的接地点，以免高压脉冲击坏集成电路、场效应管等器件。放电时，应单手操作。

④ 拆卸显像管的尾板时，不可用力过猛，以免震松显像管的管脚，造成显像管漏气。

⑤ 显像管是一种玻璃易碎品，特别是管颈部位损坏的可能性更大，因此，在拆卸、装配显像管时，切记小心谨慎、轻拿轻放，不要发生强烈震动或碰撞，以免损坏或发生爆炸事件。另外，在拆、装、挪动显像管时，最好带上特制的护目镜。

8.3.1.2 彩色显像管的检测方法

(1) 外观检查

通常观察以下几个方面：一是观察显像管的灯丝是否点亮及亮度是否正常（彩色显像管有三组灯丝）；二是观察显像管颈内电极是否呈黑色或灰白色；三是观察管颈内是否为一层雾状；四是观察显像管尾颈部是否有紫色闪光或白色烟雾；五是观察显像管尾部是否有裂纹，高压嘴内是否有氧化锈蚀，石墨层是否接地良好。

(2) 电阻法

电阻测量应在断电的情况下进行。对于正常管子的灯丝电阻约为2～5Ω，如测量时发现两灯丝引脚之间的电阻读数很大或无穷大，就表明灯丝接触不良或已烧断。除灯丝的两脚相通之外，显像管其余各极之间均应不通，阻值为无穷大。如果有短路现象或有一定阻值，则说明存在电极相碰现象。

显像管衰老的程度，也可在加灯丝电压的情况下，通过测量栅极与阴极之间的电阻来判断。用万用表电阻挡（红表笔接阴极，黑表笔接栅极）测量。正常情况下阻值应在10kΩ以下。若阻值为数十千欧，就表示显像管发射能力减弱，测得的阻值越大，表明其衰老越严重。

(3) 电压法、电流法

彩色显像管的好坏可用电压测量法或电流测量法来判断。在通电的情况下，如果灯丝不亮，只要测量灯丝两脚上的电压是否正常，就可判断灯丝是否烧断。若有电压而灯丝不亮，则是管座灯丝引脚接触不良或灯丝断线。如果灯丝点亮而无光栅，可通过测量显像管各极电

压来判断，若各极的供电电压正常，则一定是显像管有问题。用万用表的电流挡测量显像管的阴极电流，当亮度调到最大时，彩色显像管正常发射电流应为 0.6～1mA，如果电流指示在 0.3mA 以下，则表示显像管已经老化。

8.3.1.3 彩色显像管故障的处理方法

彩色显像管出故障，常会出现图像的彩色失真、图像质量下降、光栅异常，甚至无光栅等现象。由于显像管是彩电最贵重的元件，所以一旦出了故障，必须验证确认，要避免误判。显像管出现问题，不要急于报废，有些故障如极间短路等可试着对其进行修复。下面介绍几种彩色显像管故障的处理方法。

（1）漏气

这种故障一般表现为无光栅。打开机器后盖进行通电检查，如果看到显像管管颈内发出蓝紫色光，伴有“啪、啪”声，则说明彩色显像管已经破裂漏气。此故障一般无法修复，只能更换显像管才能解决。

（2）衰化

彩色显像管衰化的现象是图像变淡、亮度变暗、聚焦变差。若是单个枪老化，则会造成偏色，失去白平衡，如红枪衰老则偏青；蓝枪衰老则偏黄；绿枪衰老则偏紫。彩色显像管衰化产生的原因很多，常见的是使用长久形成的自然衰老和慢性漏气形成的衰老。

显像管是否老化的判断方法有以下两种。

① 测量电流法　判断显像管老化程度可通过用万用表检测显像管的阴极电流来进行判断，彩色显像管阴极电流一般在 0.6～1mA，如果测出的电流小于 200μA，则说明该管已衰老，光栅很暗。测量阴极电流的方法如图 8-9 所示。

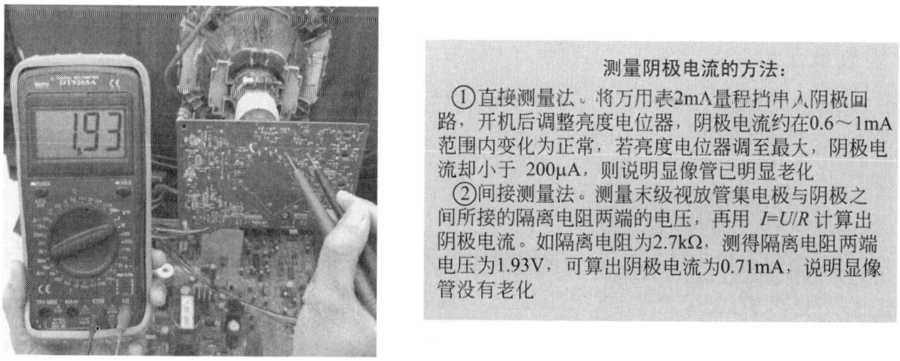
1.93
测量阴极电流的方法：
①直接测量法。将万用表2mA量程挡串入阴极回路，开机后调整亮度电位器，阴极电流约在0.6～1mA范围内变化为正常，若亮度电位器调至最大，阴极电流却小于 200μA，则说明显像管已明显老化
②间接测量法。测量末级视放管集电极与阴极之间所接的隔离电阻两端的电压，再用 $I=U/R$ 计算出阴极电流。如隔离电阻为2.7kΩ，测得隔离电阻两端电压为1.93V，可算出阴极电流为0.71mA，说明显像管没有老化

图 8-9　测量阴极电流的方法

② 测量电阻法　判断显像管老化程度还可通过用万用表检测显像管阴极和栅极之间的阻值来进行，具体检测方法如图 8-10 所示。

若测量某阴极老化后，可以使用专用显像管“复活”仪激活，还可通过适当提高灯丝电压的办法来延长显像管的使用期。在一般的彩色电视机灯丝电路中常串一只电阻或电感，适当减小这只电阻的阻值或电感的电感量就会提高灯丝电压，使显像管能满足收看要求，延长其使用期。

③ 碰极　显像管在制造过程中，由于工艺处理不当，会在管内残留导电的活动小颗粒，如石墨、金属碎渣。显像管在搬动、安装过程中，这些导电小颗粒可能掉落在电极之间造成短路。显像管工作时，电极上加有很高的电压，高压的静电吸附效应会把微小的导电颗粒吸附在电极之间造成极间短路，管子不能正常工作。在显像管的各个电极中，阴极与灯丝之间

距离最近，因而碰极的最大可能性是灯丝与阴极相碰，其次是栅极与阴极、栅极与加速极相碰。

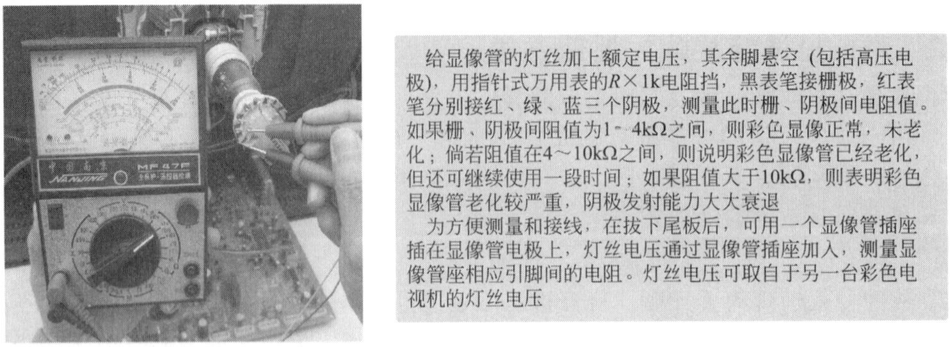
给显像管的灯丝加上额定电压，其余脚悬空（包括高压电极），用指针式万用表的R×1k电阻挡，黑表笔接栅极，红表笔分别接红、绿、蓝三个阴极，测量此时栅、阴极间电阻值。如果栅、阴极间阻值为1～4kΩ之间，则彩色显像正常，未老化；倘若阻值在4～10kΩ之间，则说明彩色显像管已经老化，但还可继续使用一段时间；如果阻值大于10kΩ，则表明彩色显像管老化较严重，阴极发射能力大大衰退
为方便测量和接线，在拔下尾板后，可用一个显像管插座插在显像管电极上，灯丝电压通过显像管插座加入，测量显像管座相应引脚间的电阻。灯丝电压可取自于另一台彩色电视机的灯丝电压

图 8-10 测量显像管阴极和栅极之间的阻值

当灯丝与某一阴极相碰时，该枪阴极电压将明显下降（因为灯丝一端往往接地），此时束电流大大增加，导致屏幕出现单色光栅的现象，此时亮度会失控，且满屏回扫线。当栅极与阴极相碰时情况也如此。但栅极与加速极相碰时，则会出现光栅变暗和底色变差的现象，严重时，还会出现无光栅现象。

判断显像管碰极的方法很简单：①冷碰极，即显像管未工作时已碰极。这种情况很少，判断也容易，只要将万用表打在 $R\times10k$ 挡，测量显像管任何两极间（除灯丝两极）的阻值，正常时应为无穷大（不通），如果阻值变小或电极间相通，则表明电极相碰了。②热碰极。大多数热碰极显像管在开机工作，或工作一段时间后，光栅突然异常，变得很亮且有回扫线，或图像变得模糊不清等。这时相碰的两极电压接近，并都偏离正常值。为了进一步证实是显像管碰极，可把显像管管座拔下，使显像管脱离电路，这时再测量管座对应各脚的电压则是正常的，一旦插上显像管，则相碰两极电压又不正常。

当灯丝与阴极相碰时，可采用灯丝电压悬浮供电法，如图 8-11 所示。

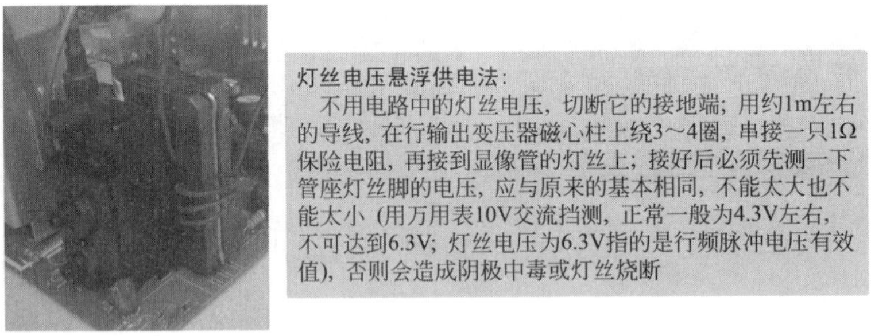
灯丝电压悬浮供电法：
不用电路中的灯丝电压，切断它的接地端；用约1m左右的导线，在行输出变压器磁心柱上绕3～4圈，串接一只1Ω保险电阻，再接到显像管的灯丝上；接好后必须先测一下管座灯丝脚的电压，应与原来的基本相同，不能太大也不能太小（用万用表10V交流挡测，正常一般为4.3V左右，不可达到6.3V；灯丝电压为6.3V指的是行频脉冲电压有效值），否则会造成阴极中毒或灯丝烧断

图 8-11 显像管灯丝悬浮供电方法

当栅极与阴极或栅极与加速极相碰时，可采用电击法（或称高压烧毁法）：可用一个 100μF/400V 的电解电容充上 100～300V 电压后，反复电击相碰的电极，利用瞬间电击将相碰电极之间造成短路的金属垃圾烧毁，直至将相碰处烧断为止。采用这个方法要特别小心，对显像管阴极电击时不能接触到灯丝引脚，否则会烧断灯丝导致显像管报废。这种方法修复率略高，但达不到 60%。

④ 断极　当显像管的某一阴极断开时，屏幕会缺少相应的基色；当栅极断开时会出现亮度变亮，且有回扫线，同时亮度失控的现象；当聚焦极断开时，会出现图像变得模糊不清

（散焦）的现象；当高压阳极断开或加速极断开时，会出现无光栅现象。显像管断极通常是电极引线与引脚脱开。此故障一般无法修复，只能更换。

⑤ 阳极帽周围打火　显像管锥体玻璃上圆形的阳极帽是高压输入端，它由铁合金制成。当材质差或处理工艺不当时，特别是在潮湿环境中使用，金属表面容易生锈，造成与高压卡子之间接触不良。另外，高压帽周围玻璃表面潮湿或有其他脏物，也会使玻璃表面电绝缘性变差。这两种原因都会引起阳极帽周围产生辐射状粉红色电弧，伴有“嘶……”的放电声，有时还能闻到一股臭氧味。打火现象会使加在荧光屏上的高压时通时断，图像出现抖动现象，严重时无法收看。

处理方法：用细砂纸轻轻地将阳极帽锈斑擦去，再用酒精将砂粒擦去，并用无水酒精将阳极帽周围玻璃表面擦洗干净，最好能在阳极帽周围直径为 50mm 内涂一层绝缘漆，就能克服上述弊病。

⑥ 显像管内部打火　当显像管内部打火时，管内会出现紫红色光，有时还可听到打火时的“啪、啪”声，此时图像上会出现密集的白条或白点状干扰。打火现象常发生在高压阳极和加速极或聚焦极之间，其他电极间的打火现象较少见。

显像管打火，易造成外部电路损坏。如果打火不严重，只是偶尔出现，可采取加强外电路的保护措施来解决，或者降低打火电极的电压，这可能带来一些负面影响，但通过对电路进行适当的调整一般也会解决。如果打火很严重，那就只有更换显像管了。

8.3.1.4　彩色显像管的更换技术

如果经过仔细地检查，显像管各有关电路全部正常，确认故障是由于显像管本身造成的，已无法挽救，只好换新或代换显像管。更换彩色显像管时应注意以下几点。

① 在更换彩色显像管时，最好是选择与原管型号相同的管子，这样可以减少电路的改动。如果无法配到与原型号的显像管，可以考虑使用性能相近的同类型的显像管进行代换，要注意核对管脚和有关参数，特别是聚焦极电压必须满足新管的要求，否则将造成严重散焦，影响清晰度。管颈粗细不同的显像管，一般情况下不能进行代换，因为管颈粗细不同的显像管，灯丝电流不同，行/场偏转线圈所需的功率不同，偏转线圈的结构和阻抗也不同，这些都会给代换工作造成困难。如果原机需要有水平枕形失真校正电路，而代换用的显像管不需水平枕形失真校正电路，它们的偏转线圈结构有差异，最好不进行代换。

在代换时还应检查两种显像管的管脚，看几何尺寸是否相同，各电极的引脚顺序是否一致，即考虑原显像管的管座能否继续使用。如果管座能够插到代换管上，只是引出脚顺序不同，可将视放板上显像管管脚电路切断，重新用导线跳接；如果原机管座与代换显像管的管脚不合，根本插不进，则需新配显像管座及显像管座板，并将原显像管座板上的元器件全部转移到新显像管座板上。

② 彩色显像管通常采用自会聚彩色显像管，其偏转线圈是由厂家配套供应的，并已事先调整到最佳状态。因此，一般调换彩色显像管时，应连同偏转线圈一起调换。如果只更换显像管，则更换后需要进行色纯与会聚的严格调整。

③ 偏转线圈不能松动，附件安装必须到位。在提取彩管及安装时，切勿用手抓管颈，也不要用手握偏转线圈，以免使固定的偏转线圈松动，或将偏转线圈上的磁环移位。否则，会造成色纯、会聚误差，影响彩色质量。更换显像管后，必须将显像管上的金属屏蔽线、消磁线圈同时安装好，绝不能遗漏，否则会造成打火或色纯不良的故障。

④ 把彩色显像管固定好以后，需要进行以下工序：a. 预热灯丝；b. 机外消磁；c. 色纯调节；d. 会聚调整；e. 黑白平衡调节。另外，还需调节加速极电压和聚焦电压。

8.3.2 末级视放电路及显像管电路的故障检修

8.3.2.1 末级视放电路故障及症状

末级视放电路工作在高压、大电流状态，发热量较大，故障率相对比较高，也是彩电检修中的一个重点。

兼有矩阵变换功能的末级视放电路与无矩阵变换功能的末级视放电路其故障现象基本相同，一般有彩色图像缺色（红色、绿色和蓝色），光栅呈单一色（红色、绿色和蓝色）并带有回扫线，光栅偏红、偏绿或偏蓝，亮度不正常甚至完全无图像等。

末级视放电路较容易损坏的元件是视放输出管，当某一视放输出管开路时，则图像缺该基色；当某一视放输出管短路时，光栅呈对应单一色，并带有回扫线。

光栅偏红、偏绿或偏蓝也是末级视放电路常见的故障，一般是白平衡电路调整不当或微调电位器不良。彩色电视机使用较长时间后，由于荧光粉发光效率的变化，也会引起白平衡不良。

8.3.2.2 末级视放电路的关键检测点

末级视放电路有三个视放管，要求三个视放管的工作状态应大致相同。三个视放管一般不会同时发生故障，在没有参考数据的情况下，可以用比较法分析判断故障。但应注意：某一视放管击穿，会影响到另外两个视放管的正常工作；有的电路出现故障，会使三个视放管的工作均不正常，而有的电路出现故障，仅使一个视放管工作不正常。

（1）末级视放电路的供电电压

末级视放电路的供电电压一般为190V左右。该电压供给方式有两种：一种是由行逆程脉冲经整流、滤波产生约190V的供电方式；另一种是由开关电流直接提供约190V的供电方式。若供电电压丢失，会使显像管三个阴极电压降低到近0V，会出现满屏白光栅，并带回扫线的故障现象（由于电子束电流过大，因此有些彩电会出现自动保护，并转为无光栅、无图像）；若该供电电压滤波不良，会出现屏幕一边亮、一边暗的现象。

（2）三个视放管的集电极或视放集成电路R/G/B驱动信号输出端

在检修无光栅、缺基色和满屏单色光栅等故障时，通过检测三个视放管的集电极（或视放集成电路R/G/B驱动信号输出端，下同）电压是否正常，可以区分是否显像管及显像管座不良，还是电路上的问题，有助于确定故障根源。正常时，三个视放管的集电极应基本相等，且在80～160V范围内。三个视放管中任一管c-e击穿，则其集电极电压下降很多，使得对应的显像管阴极电压也随之下降很多，该枪的束流变得很大，荧光屏上出现该基色的单色光栅；三个视放管中任一截止，则其集电极电压升高为约190V视放电压，使得对应的显像管阴极电压升高，该枪截止，造成图像上缺该基色。当集电极的直流电压不正常时，应将显像管座连同视放板一起拔下，再测量集电极电压是否正常，若正常，则是显像管不良；若还不正常，那就是视放板或主板上的故障。

用示波器测视放管集电极或视放集成电路R/G/B驱动信号输出端，可以观察其输出波形是否正常。

（3）三个视放管的基极或视放集成电路R/G/B信号输入端

正常情况下，三个视放管的基极（或视放集成电路R/G/B信号输入端，下同）电压应基本相等，它们的电压值应与解码集成块输出端的电压值基本相等。由于末级视频放大器是直流耦合放大器，其直流工作点是由解码块的R、G、B（或R-Y、G-Y、B-Y、Y）输出引脚直流电压确定的。当视放管的基极或视放集成电路R/G/B信号输入端电压不正常时较大的可能是解码块损坏，其次是视放输出管损坏。也可用示波器测视放管基极或视放集成电路R/G/B信号输入端波形，以判断其输入是否正常。

（4）视放管发射极电压

检修亮度失控、光栅过亮（或过暗）故障，对于视频输出兼基色矩阵电路的机型，应检查视放输出电路亮度信号输入端的直流电压是否正常，以判别是亮度通道故障还是视放输出电路故障；对于单功能式视频输出电路的机型，应检查视放板＋9V（或＋12V）供电电压，该电压异常会造成视放管发射极电压不正常。

对于视放集成电路，除检查电源端、R/G/B信号输入端、R/G/B驱动信号输出端外，还应检查反馈信号输入端（即同相信号输入端）以及黑电流（或称暗电流）检测信号输出端。

（5）辅助检测点

非总线控制的彩电，视放板上有五个电位器，用于调节白平衡。在检修底色偏色故障时，往往需要检查和调节这五个电位器。

对于总线控制的彩电，白平衡调整是通过I^2C总线数据（主要包括RC/GC/BC项，即红/绿/蓝截止电压设定、GD/BD即绿/蓝驱动增益设定项，以及U. BLK/V. BLK即U/V信号黑电平调整）对集成块内RGB驱动电路进行控制实现的，已省去了传统彩电中的白平衡调整电位器。在检修底色偏色故障时，就应检查和调整以上项目的总线数据。

8.3.2.3 显像管电路检查方法

要使彩色显像管正常显示彩色图像，必须具备两个条件：一是彩色显像管本身良好；二是外围电路工作正常。显像管电路的任务是向显像管各极提供正常的工作电压和信号，保证显像管正常发光和显示。

（1）显像管管座的故障

显像管管座不良常见的是管座上的聚焦极插脚由于环境潮湿及尘垢，造成插座上聚焦极对地绝缘电阻下降，或者塑料材料绝缘电阻降低。这种故障现象是图像暗、模糊，且图像上混杂着色块，伴音正常。检查这种故障，可以将视放板拔下，把管座上聚焦极的盖子打开，用万用表$R\times10$k挡测量聚焦极与邻近极间的绝缘电阻。正常时，表针应不动；否则，则为管座不良。对于尘垢引起的管座不良，可以用酒精仔细地擦管座聚焦极周围，擦干净后管座仍可使用。对于管座材料因种种原因使其绝缘电阻下降的，则需更换新的管座。需注意的是，有些机型的彩电使用的显像管管座，有一个显像管引脚插孔是虚脚（即无金属引脚），如果更换的管座有引脚，应将对应的引脚剪掉。

（2）灯丝电源电路的故障

如果荧光屏无光或光暗，检修时应观察显像管的灯丝是否发红，如图8-12(a)所示。如果灯丝不亮，则可能是行扫描不工作或是没有灯丝电压，也可能是灯丝供电断了。可将机械万用表置于交流10V挡，测量灯丝电压，正常时应在3.8左右（数字万用表交流挡测，约9V），如图8-12(b)所示。如果灯丝电压为零，或较正常值低得多，这说明灯丝电源电路发生了故障。可能是行输出变压器中灯丝绕组接线断、虚焊，也可能是主板与视放板上灯丝供电线连接插件接触不良以及供电回路中限流电阻开路等造成的，要逐个进行检查。如果灯丝电压正常，而灯丝不亮，则可能是显像管灯丝引脚与管座接触不良，或者显像管灯丝已断。只要用万用表$R\times1$挡测量灯丝电阻即可作出判断，正常时灯丝电阻很小，一般在2～5Ω，如图8-12(c)所示。要注意的是，灯丝与行输出变压器灯丝绕组是并联的，所以要拔下显像管座后直接测量。如果阻值很大，则灯丝已经开路。

灯丝点亮

(a) 观察灯丝是否点亮　(b) 测量灯丝电压　(c) 测量灯丝的电阻

图 8-12　测量灯丝电压和电阻

（3）加速极电路的故障

加速极所加的电压在工作中是不变的直流电压。当加速极无电压或电压过低时，会出现无光栅故障。如果测得加速极无电压或过低，应将尾板拔下来再测，若电压恢复正常，则为显像管内部加速极短路；如果仍无电压或电压低，先更换加速极滤波电容，若仍无电压或电压低，此时可试调一下行输出变压器上的加速极电压调整电位器，如果能恢复正常，则是加速极电压调整不当，否则，应更换行输出变压器。有时加速极电位器的碳膜断裂打火，在荧光屏上会出现水平的打火条纹干扰。

（4）聚焦电路的故障

聚焦极电压一般为 6～8kV。聚焦极电压偏低或偏高都会使聚焦变差。改变聚焦极电压，可以调节聚焦好坏。调节行输出变压器上的聚焦极电压电位器，可使加速极电压在一定范围内改变。检查显像管聚焦不良故障时，可先重新调整聚焦极工作电压，看对显像管聚焦有无影响。如果有变化，则调整聚焦电压到图像最好即可；如果无变化，可能是行输出变压器上的聚焦电位器有问题或显像管内部故障，需要作进一步的检查。

（5）阳极高压电路的故障

阳极高压电路为 20～27kV（视显像管尺寸而异）。如果无阳极高压或电压过低，则显像管无光或光栅很暗；电压上升，光栅变亮。阳极高压下降时，若扫描电路的电压不变，图像的幅度就会变大。若加速极电压正常，可用手背靠显像管荧光屏表面，看有无“吸手”感觉，若有，说明有高压；若没有，说明无高压。

（6）阴极电路的故障

正常时显像管三个阴极电压在 120～160V 之间。无信号时，三个阴极电压偏高，且基本相等（显示蓝屏时，蓝阴极电压略低于另外两个阴极）。如果某阴极偏离，则说明该阴极部分有故障。有信号时，三阴极电压会随图像内容变化而变化，最大变化达 40V 以上。

如果三个阴极电压都不正常，则应检查视放电路的＋180V 是否正常，送到视放板的 Y 信号或＋8V 是否正常，若其中的一个或两个阴极电压不正常，则应检查对应的阴极与视频输出管集电极之间的隔离电阻是否开路以及检查对应的视频输出管工作是否正常。

在阴极电路中，常由于显像管内的瞬间打火或工作过程中瞬时电压波动造成视放管的击穿。为了防止发生这类故障，显像管的各电极电路中，都设有放电间隙或辉光放电管等保护电路，如果发生了视放管击穿损坏故障，维修中应对上述保护电路进行检查。

8.3.3 常见故障检修

(1) 有伴音、无光栅

有伴音，说明开关电源和公共通道是正常的，故障一般发生在行扫描电路、解码电路的亮度通道、末级视放和显像管供电电路、显像管本身。检修该故障，首先要从显像管电路开始，其检修步骤如下。

① 观察显像管灯丝是否点亮。若灯丝不亮，原因多数是灯丝供电电路故障或灯丝开路，也可能是行扫描电路有故障。若测量灯丝电压正常，则是灯丝开路；若无灯丝电压，则检查灯丝供电电路以及行扫描电路（行扫描电路检查在第 4 章介绍了）。若显像管灯丝是亮的，表明行扫描电路工作基本正常，灯丝及供电电路正常。

② 若灯丝点亮，可查加速极电压是否正常（一般在 300～800V 之间），如图 8-13(a) 所示。

③ 若加速极电压正常，可采用手持试电笔逐渐靠近显像管高压嘴的方法来大致判断阳极高压是否正常，如图 8-13(b) 所示。一般在距离高压嘴 15～20cm 时，试电笔氖泡应发亮。若试电笔直到接触到高压帽仍不发亮，则说明无光栅是无阳极高压所致。

④ 若以上检查均未发现异常，可再继续检查末级视放管集电极或阴极电压是否大于 170V，如图 8-13(c) 所示。若小于该电压值，则无光栅是显像管损坏（含严重老化）所致；若大于 170V（电子束全部截止，屏幕上无光栅），则说明故障在亮度通道或末级视放电路。可检测解码 IC 输出的基色信号（或色差信号）电压，输出电压低于正常值时，说明故障在亮度通道（含亮度控制电路、ABL 电路）；反之在末级视放电路。

⑤ 解码 IC 输出的基色信号（或色差信号）电压正常，应检查末级视放电路。首先测量各视放管基极电压，若三个基极电压同时偏低，应检查线路中的接插件是否松脱、有无接触不良。如果基极电压正常，则检查发射极电压是否偏高。对于图所示电路，若发射极电压高于基极电压 1V，且调节亮度时发射极电压无变化，表明故障在亮度通道有关电路。对于图所示电路，应检查显像管尾板电路有无＋9V 或＋8V 供电输入。

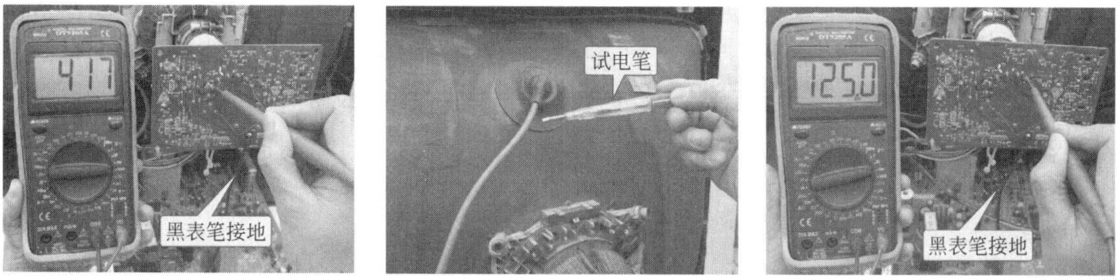
417
黑表笔接地
试电笔
125.0
黑表笔接地

(a) 测加速极电压　(b) 大致判断阳极高压是否正常　(c) 测阴极电压

图 8-13　有伴音、无光栅故障检修图解

(2) 开机有光栅，随后消失，伴音始终正常

此类故障一般有两种情况：一种是开机光栅亮度正常，多为束电流保护电路误动作；另一种是开机后光栅迅速变得极亮，并伴有回扫线，随后光栅消失，而伴音始终正常，说明显像管束电流保护电路动作。

对于第一种情况，主要检查束电流保护电路。

对于第二种情况，则需要检查束电流大的原因。由于保护电路已动作，所以检测特点是显像管各引脚电压均为零，此时阴栅电位相同。为确定是否由于阴极束电流过大引起保护电路动作，可在开机瞬间检测阴栅电压。首先测视放电路的 180V 供电是否正常，若不正常，查供电电路；测阴极电压是否低于 80V，若电压超过 80V，说明加速极供电过高，调整行输出变压器的加速极旋钮，若无效，则需要更换行输出变压器；若低于 80V，说明末级视放电路或关机消亮点电路异常。

怀疑消亮点电路异常时，只要断开 V931（图 8-7）的 c 极后，若光栅恢复正常，则说明消亮点电路异常，多为 V931 的 c-e 漏电。若断开 c 极无效，则根据光栅颜色判断故障部位。若光栅偏红且过亮，说明显像管 KR 内部异常或 R 信号末级视放电路异常。拔掉显像管尾板后，测量管座 KR 脚电压，若电压恢复正常，说明显像管内部碰极；若电压仍不正常，说明 R 末级视放电路异常。此时，测 V902 的 b 极输入电压是否正常，若不正常，检查解码电路；若正常，断电后，在路测 V902 的 c、e 极间是否短路，若短路，更换即可；若正常，检查 R908 是否阻值增大。

（3）光栅很亮，伴有回扫线

此种故障现象出现时，调节亮度往往无效，表明故障发生在显像管电路。

若显像管加速极电压过高，对束电流的吸引作用加大，会造成光栅明亮，伴有回扫线和亮度失控的故障现象。排除此故障，只要检查加速极电压调节电位器有无调节不当或接触不良，即可查出原因，排除故障。

（4）图像有亮雾，伴有回扫线

此种故障出现时，伴音一般都正常，只是屏幕上再现的图像淡薄，仿佛有层亮雾遮挡着图像，并伴有回扫线。这是末级视放管集电极电压降低造成的典型故障现象。

排障时，检查 180V 供电电路元件有无异常即可。维修工作中，常见 R1524（图 8-8）阻值变大所致。换上一只同样的保险电阻，即可排除故障。

（5）光栅呈现某一基色、很亮、有回扫线

这种故障是末级视放电路中最常见的一种故障现象。常常是与显像管阴极相接的元件因漏电或打火烧焦印制电路板等原因，造成显像管某一阴极电位下降，该色束电流增大，出现相应颜色的单色光栅。

排障时，屏幕出现何种颜色单色光栅，就查该色输出管是否击穿，c 极或 e 极印制电路板上是否有漏电现象。对于阴极与地之间装有放电器的色输出电路，不要忽视了对其性能的检查。

（6）图像缺少某一基色

此故障的现象是缺少某一基色，而呈现某一补色。例如缺红色，红条就变为黑色（原来正确的彩条顺序为白、黄、青、绿、紫、红、蓝、黑，现在变为青、绿、青、绿、蓝、黑、蓝、黑）；接收黑白图像或彩色图像，将色饱和度关至最小时，白色部分变为青色，如图 8-14所示。这是由于彩色显像管中有某枪（缺色对应的枪）截止所致。图像缺色一方面

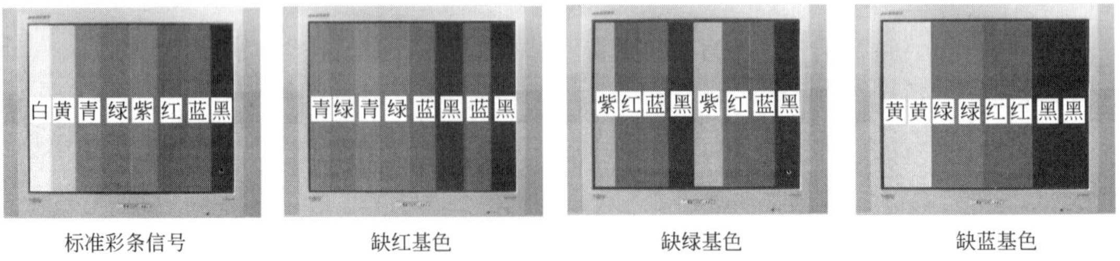
白 黄 青 绿 紫 红 蓝 黑
标准彩条信号
青 绿 青 绿 蓝 黑 蓝 黑
缺红基色
紫 红 蓝 黑 紫 红 蓝 黑
缺绿基色
黄 黄 绿 绿 红 红 黑 黑
缺蓝基色

图 8-14　图像缺少某一基色的现象

会使彩色图像缺少某种颜色而造成色调异常；另一方面，由于白平衡遭到破坏，使黑白图像偏色严重。

由末级视放电路造成彩色显像管某枪截止的原因如下。

① 视放管集电极到显像管阴极的限流电阻中有一个开路，或显像管阴极管脚中有一个与管座接触不良。如图8-8中的R1521开路，则图像缺少红色。

② 视放管中有一个开路或截止，使相应的阴极电压升高。

③ 视放管的基色信号输入耦合电阻中有一个开路。如图8-8中的R1505开路，则图像缺少红色。

④ 显像管本身的故障，如某一组灯丝断路、某一阴极开路或发射能力太低、某一基色荧光粉发光效率严重下降等。

显像管本身的原因引起这种故障现象较少见，重点检查并排除前四种故障原因。

另外，解码块内与所缺色对应的基色（或色差）信号输出级损坏，造成解码块该基色（或色差）信号输出端的直流电平很低（常见的接近为零伏），从而使该色的视放管（或基色矩阵兼视放输出管）截止，也会出现图像缺少某一基色。

(7) 光栅偏红（绿、蓝）色

此种故障现象出现时，图像和伴音一般都正常，只是光栅偏向某一颜色。这种故障，发生在色输出电路，是偏向某色的色输出管集电极电压降低（一般不低于正常值的30%）所致。

排障时，若光栅偏红色，则查R908（图8-7）是否变值，红色输出管V902是否性能不良，发射极旁路电容C901有无漏电。上述任一元件不良，均可以造成此种故障现象。

若光栅偏绿色或蓝色，则按上述程序依次检查相对应的元器件有无不良即可。

白平衡未调整好或被破坏，显像管枪老化，也会出现偏色故障。一般可通过白平衡调整解决问题。白平衡调整方法如下。

调整白平衡分暗平衡调整和亮平衡调整两部分。暗平衡调整是调R、G、B三电子束的截止点，使之同在一点。亮平衡调整是调末级视放管R、G、B三个输出信号的幅度。

1）非总线控制彩电白平衡调整方法　非总线控制彩电的白平衡调整是通过调整视放板上的五个白平衡调整电位器（三个暗平衡电位器、两个亮平衡电位器）来实现的，调整方法如图8-15所示。

2）总线控制彩电白平衡的调整方法　总线控制彩电的白平衡调整是通过调整总线数据来实现的。其调整方法是：先进入维修模式，查看并调整有关白平衡调整项的设定数值，R-BIA（红偏压）、G-BIA（绿偏压）、B-BIA（蓝偏压）这三项为暗平衡调整，G-DRV（绿驱动）、B-DRV（蓝驱动）项为亮平衡调整。有些机型暗平衡调整项显示为RC（红截止电压设定）、GC（绿截止电压设定）、BC（蓝截止电压设定），亮平衡调整项显示为GD（绿驱动增益设定）、BD（蓝驱动增益设定）。

(8) 散焦不良

该故障表现为图像模糊不清、无信号时噪波点扩散。

若开机数分钟或10～30min后，图像逐渐清晰，这是显像管座聚焦极漏电所造成的典型故障现象，更换相同的显像管座即可排除故障。

若图像始终不清晰，通常是聚焦极电压调节不当，或聚焦电位器有接触不良，不能将电子束聚焦而轰击在一点上，使扫描线变精，图像清晰度下降。可以试调行输出变压器上的聚焦极电压调节电位器，使图像变得清晰。若调节几分钟后，图像又变得模糊起来，则为行输出变压器性能不良，应更换行输出变压器。若执行上述程序仍不能排除故障，则为彩色显像管不良。

维修提示：图像底色偏色通常是白平衡被破坏引起的，应检查视放板上的五个电位器是否有损坏的现象，如果损坏(或接触不良)，应更换。然后重新调节白平衡，具体步骤如下。

①接收电视信号，调色饱和度使图像无彩色，调亮度使亮度最小，再调加速极电压使屏幕不出现光栅

②将暗平衡调整开关即维修开关拨至“S”即“维修”位置，这时场扫描电路停止工作，亮度信号切断，荧光屏出现一条水平亮线(对于没有维修开关的机器，可将场偏转线圈断开)，对比度与亮度调到最小

③将暗平衡电位器调至中间位置，再缓慢调加速极电位器使屏幕出现一条补色亮线(即黄色，或紫色，或青色亮线)，然后再微调相应的基色的暗平衡调整电位器，使水平亮线消失

④再调加速极电位器，使屏幕出现微弱的水平亮线，然后调节三个暗平衡调整电位器，使水平亮线呈白色

⑤将维修开关拨至“N”即“正常”位置，调节加速极电位器和亮度，使屏幕上出现亮度正常的黑白图像，再调节两只白平衡电位器，使图像明亮部分无彩色

注意：暗平衡调整和亮平衡调整相互影响，需反复调整，方可获得较好的效果

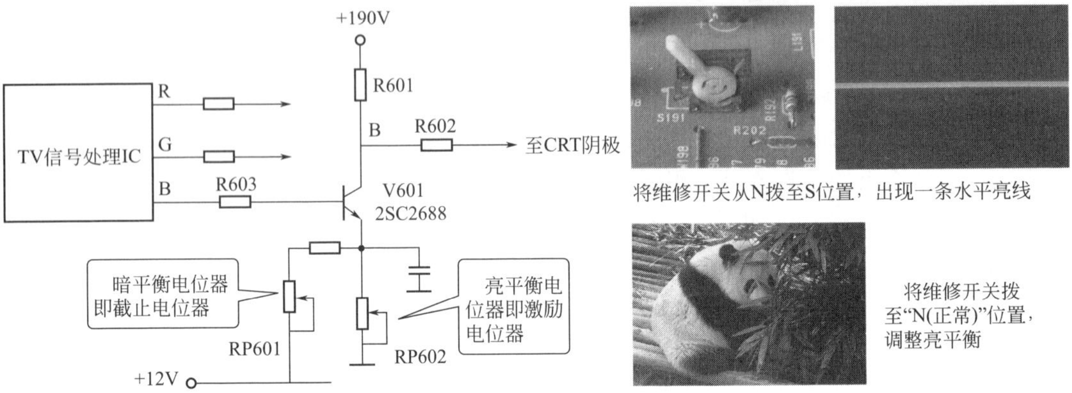
+190V
R601
TV信号处理IC
R
G
B
B
R602
至CRT阴极
R603
V601
2SC2688
暗平衡电位器
即截止电位器
亮平衡电
位器即激励
电位器
RP601
RP602
+12V
将维修开关从N拨至S位置，出现一条水平亮线
将维修开关拨
至“N(正常)”位置，
调整亮平衡

图 8-15 白平衡调整方法（非总线控制彩电）

（9）光栅局部出现色斑（色纯不良）

光栅局部出现彩色色斑故障现象是：接收黑白信号或接收彩色信号而将色饱和度调至最小，屏幕局部底色不均匀或出现静止的一块或几块带有某色彩的斑痕区域；若接收彩色信号时，增加色饱和度，该区域的彩色图像明显失真，如图 8-16 所示。

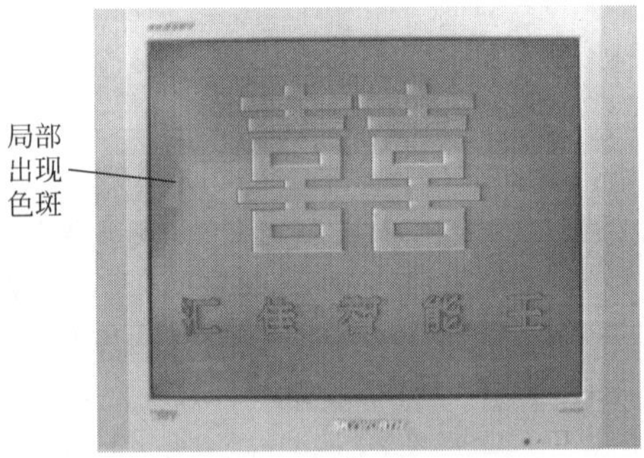
局部
出现
色斑

图 8-16 光栅有色斑的现象

光栅局部出现色斑是彩色显像管色纯不良的表现。引起彩色不纯的原因主要有：①机外磁场的影响，如彩色电视机旁边放有音箱等磁性物体；②机内部件如扬声器漏磁太大；③消磁电路有故障，不能起到正常消磁作用；④显像管色纯调节不良；⑤显像管内的荫罩板变形。

检查时，首先在开机瞬间留心听荧光屏四周是否有“沙沙”声音。如果有，就说明自动消磁电路工作正常；如果听不到这种声音，那就是机内消磁电路未工作。这有两种可能故障：一是消磁线圈插件松动或接触不好；另一种可能是消磁电阻开路或性能不良。消磁电阻为正温度系统热敏电阻，正常时冷态（未开机时）的电阻为十几至二十几欧，开机后温度急剧升高，阻值立即变大。如果冷态电阻在 50Ω 以上，开机数分钟后，用手触摸一下消磁电阻的外表面温度接近室温，则可判断消磁电阻不良。若机内消磁正常，应排除机外一切磁性物体，然后采用人工消磁法消磁，看能否排除故障。若仍不能排除故障，则应考虑机内扬声器是否漏磁，可以将扬声器拆下来，再看故障是否消除。如果消除，就应更换漏磁小的扬声器。若以上措施均无效，那就应检查显像管管颈上的色纯调整磁环是否松动，如松动应重新调整色纯（即调显像管管颈上的色纯磁环）。色纯调整比较复杂，不过色纯磁环失调的情况很少出现。若还不行，就应更换显像管试验了。

第 9 章 遥控电路

Chapter 9

遥控彩色电视机中，采用了以微处理器为核心构成的遥控电路（也叫微处理器控制电路）作为整机的控制中心，它可以实现的控制功能有遥控接收、电源的开/关、搜台选台、TV/AV 切换、音量/色饱和度/对比度/亮度调节、屏幕显示等。一旦遥控电路出现故障，会使电视机工作失常，甚至不能开机。电视机的许多故障，都可能是遥控电路有问题所引起的。

9.1 彩色电视机遥控电路的组成和原理

9.1.1 普通彩色电视机遥控电路的组成和原理

9.1.1.1 普通遥控电路的结构和组成

普通的红外线遥控电路（简称遥控电路）主要由遥控发射器、遥控接收器、中央微处理器、存储器、接口电路和本机键盘电路等组成。图 9-1 是普通彩色电视机遥控电路的原理框图。

（1）遥控器

遥控器的全称是红外遥控信号发射器，主要由键盘矩阵、遥控器专用集成芯片、激励器和红外发光二极管等组成。遥控器的每一个按键代表着一种控制功能，按下某个按键，遥控器专用集成芯片内的编码器会产生一组有规律的编码数字脉冲指令信号，该信号调制在 38MHz 的载波上，经放大管放大后去激励红外发光二极管，使其以中心波长为 940nm 的红外光发出红外遥控信号。

（2）遥控接收器

遥控接收器又称遥控接收组件或遥控接收头，一般由红外光电二极管、前置放大器、解调等电路组成。当收到红外遥控信号时，光电二极管被激励，产生光电流，再经前置放大器放大、限幅、整形，峰值检波等，得到遥控编码脉冲，送给微处理器去解码并控制有关电路。

（3）微处理器

微处理器是整个遥控电路的核心元件，它由单片机构成，用 CPU 或 MCU 表示。微处理器根据遥控接收器送来的遥控指令，由内部的指令译码器进行识别译码，在内部的只读存储器中取得相应的指令控制程序，产生出相应的控制信号，通过接口电路去控制相应的单元电路。

（4）存储器

人们常说的存储器是指微处理器外挂的 E^2PROM 存储器。E^2PROM 存储器是一种电可

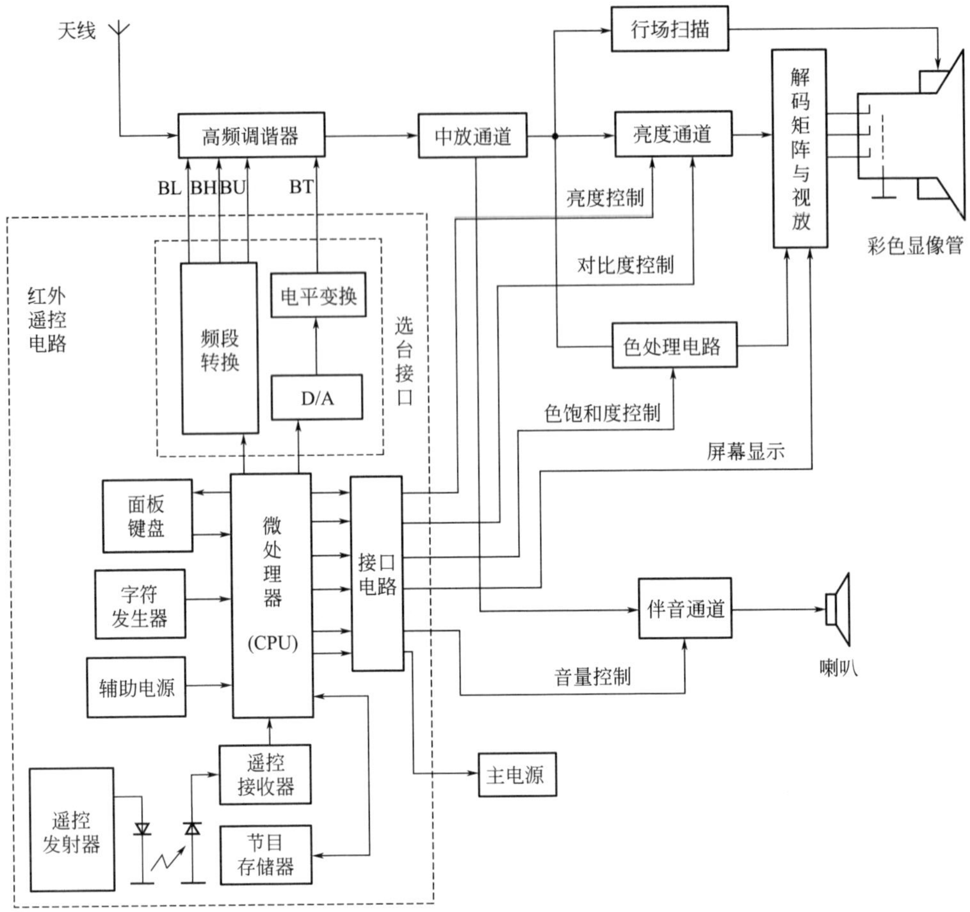

天线
高频调谐器
中放通道
行场扫描
亮度通道
解码矩阵与视放
彩色显像管
BL
BH
BU
BT
亮度控制
对比度控制
红外遥控电路
频段转换
电平变换
D/A
选台接口
色处理电路
色饱和度控制
屏幕显示
面板键盘
字符发生器
辅助电源
微处理器 (CPU)
接口电路
伴音通道
喇叭
音量控制
主电源
遥控接收器
遥控发射器
节目存储器

图 9-1 普通彩色电视机遥控电路的原理框图

改写可编程只读存储器，其特点是内部的数据信息断电后不会丢失，在特定条件下可擦写。它用于存储各电视频道的选台数据及模拟量控制数据，包括调谐电压、频段、音量、对比度、亮度和色饱和度等。这些数据可以抹去，重新写入。在选用预选单元时，对应这单元的选台数据读出，各模拟量数据也读出，分别送至相应的接口电路。存储器所存的数据信息在断电后不会丢失，每次开机后，自动取出上次关机前的有关数据并据此接收信号。也可根据需要，通过按键随意更换频道或调节各模拟量。

（5）接口电路

接口电路介于中央微处理器与被控制电路之间，其主要作用是进行数/模转换和电平移位。所谓数/模转换就是将中央微处理器输出的数字信号数据转换成被控电路所需的模拟电压。例如，选台调谐电压、音量控制电压、色饱和度控制电压等。所谓电平移位就是将数/模转换后的直流电平转换成被控电路所要求的电平。例如，在调谐选台时，要求加在高频调谐器内变容二极管上的电压范围为0～30V，而中央微处理器输出的电压不超过5V，所以需要电平移位。

（6）本机键盘电路

除使用遥控发射器能对彩电实现控制外，通常在彩电面板上还设置有若干按键，组成本机键盘电路。本机键盘按键同样可实现各种控制功能，并且它所产生的编码信号无须进行调制及解调，而是直接通过电阻送到中央微处理器中。

9.1.1.2 遥控电路的功能

（1）电源开关控制

电源开关控制是对电视机主电源的控制。它由双稳态电路组成，每按一次电源（POWER）按键，就变换一次电源开、关状态。

遥控系统也可用定时键来设置定时关机时间。按下定时键后，中央微处理器便对时钟脉冲进行分频计数，达到设定时间后，便控制驱动器切断电视机主电源。定时时间可由定时键设置，时间从 15～120min，分若干挡供用户选择。

有的遥控系统设置有无信号自动关机功能。这一功能也是由中央微处理器监测视频电路有无同步信号来实现的。如果连续 5～10min 没有同步信号被识别，中央微处理器就输出关机指令，控制驱动器切断电视机主电源。

（2）选台控制

选台即变换接收的电视频道。对此需要有两步操作：一是遥控系统应送出频段切换信号，以确定电视机的接收频段（VL、VH 或 U）；二是把调谐电压 UT（0～30V 可调）送到高频调谐器中。

（3）模拟量控制

遥控彩色电视机常设有音量、色饱和度、对比度和亮度这四个模拟量的＋和－的遥控按键。无论按下哪个模拟量的＋或－键，其工作过程都是相似的。当按下其中某一模拟量的＋或－键时，中央微处理器就会产生相应的数字控制信号，经过数/模转换，转成为相应的直流电压，去控制对应模拟量的大小，直到该键被释放时为止。

（4）静音控制

为了便于听人呼叫或与人交谈，一般遥控发射器上都设有静音键盘。按下此键，伴音消失，只有图像；再按此键，则伴音又恢复为原来大小。有的遥控系统还设置了无信号静音功能。电路通过识别有没有电视同步信号，来对伴音通道进行控制。在确认有同步信号时，静音电路不起作用，伴音大小受控于音量调节；在没有同步信号时，静音电路切断伴音通道，使扬声器无声。

（5）屏幕显示

按下该键时，中央微处理器在存储器中调出当前节目的频道位置号和音量等级等信息，显示在屏幕的左上角（或其他位置）；再按一下该键，字符自动消失。

在换台或调谐时，屏幕上自动出现有关调节量的字符显示，操作结束后，字符还保持 3～5s，然后自动消失。

9.1.2 I^2C 总线控制系统的基本结构和原理

传统的遥控电路，通常由微处理器输出各种开关电压和脉宽调制（PWM）控制信号对电视机相关单元电路进行控制，以实现各种控制功能。对于 CPU 而言，一种控制功能需要一个引出脚，有的功能还要两个引出脚。随着电视技术的发展，彩色电视机遥控电路的功能越来越多，如用传统的控制方法，每增加一个控制功能就增加一个引脚，势必不断增加 CPU 的引出脚，使 CPU 的外电路越来越复杂，元器件数量越来越多，各种控制功能的信号有可能形成相互干扰，电路设计和印制板制作越来越困难，同时还会降低整机的可靠性。

飞利浦公司开发的 I^2C 总线，很好地解决了以上问题。I^2C 总线（I^2CBUS）是“Intel Integrated Circuit Bus”的缩写，中文译名为“集成电路间总线”或“内部集成电路总线”。随着电子技术的不断发展，它被逐步用于家电领域。目前，I^2C 总线在彩电、机顶盒、影碟机等家电产品中的应用日趋广泛。

(1) I²C 总线系统的基本结构

① I²C 总线是串行总线系统　I²C 总线是由两根线组成：一根是串行数据线，常用 SDA 表示，该线用来传输控制信息，它既可以将 CPU 的控制信号传给受控制器件，也可以将受控器件的信息回传给 CPU，具有“双向”、“串行”的特点，因此，这根线被称为“双向串行数据线”；另一根是串行时钟线，常用 SCL 表示。CPU 利用串行时钟线发出时钟信号，用串行数据线发送或接收数据，实现对被控电路的调整与控制。由于 I²C 总线只有两根线，因此数据的传输方式是串行方式，其数据传输速度低于并行方式，但 I²C 总线占用 CPU 的引脚很少，只有两个，有利于简化 CPU 的外围线路。

② I²C 总线系统的组成　彩电的 I²C 总线系统主要由主控器（CPU）和被控器（存储器、小信号处理电路、高频头等）组成，如图 9-2 所示。

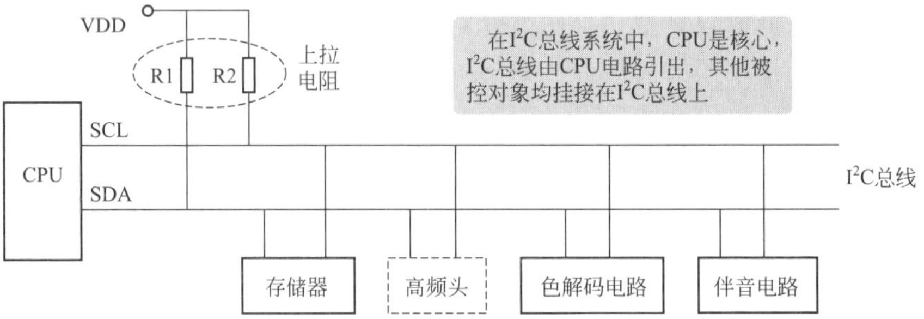
VDD
R1
R2
上拉
电阻
在I²C总线系统中，CPU是核心，I²C总线由CPU电路引出，其他被控对象均挂接在I²C总线上
CPU
SCL
SDA
I²C总线
存储器
高频头
色解码电路
伴音电路

图 9-2　I²C 总线系统电路结构示意图

提示与引导

I²C 总线控制中，存储器主要存放两种信息：一类是控制信息，控制数据由厂家写入，用户不能随意改变；另一类是用户信息，控制数据由用户写入，如音量、亮度、对比度数据等，用户可以更改。

③ I²C 总线接口电路　I²C 总线上挂接的被控集成电路 IC 与普通彩电相同，但由于彩电中大部分被控对象为模拟电路，而 I²C 总线上传输的却是数字信号，为便于通信，在被控对象中需要增加 I²C 总线接口电路。被控对象通过 I²C 总线接口电路接收由 CPU 发出的控制指令和数据，实现 CPU 对被控对象的控制。

受控 IC 中 I²C 总线接口电路如图 9-3 所示。接口电路一般由 I²C 总线译码器、D/A 转换器和控制开关等电路组成。由 CPU 送来的数据信息经译码器译码和 D/A 转换后，得到模拟控制信号才能对被控 IC 执行控制操作。

(2) I²C 总线控制系统的功能

① 操作功能　普通遥控系统所能完成的各种操作功能，如音量控制、低音控制、高音控制、亮度控制，I²C 总线控制系统都能完成。

② 调整功能　将在普通彩电中的副亮度、副对比度、副色度、场幅、场线性等调节元件，设置为受控的单元电路，或对其工作方式进行设定，通过遥控器或本机操作键即可进行调整。

③ 故障自检功能　具有故障自检功能，主控 CPU 可对各受控集成块的工作状态进行监测。

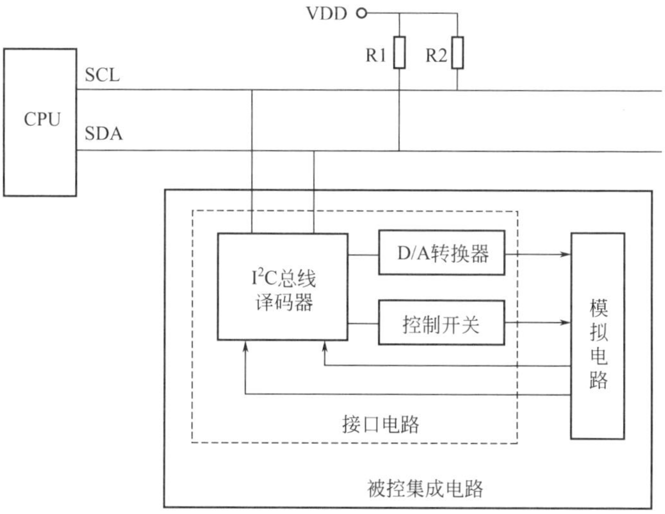
VDD
R1
R2
CPU
SCL
SDA
I²C总线
译码器
D/A转换器
控制开关
模
拟
电
路
接口电路
被控集成电路

图 9-3 受控 IC 中 I²C 总线接口电路

(3) I²C 总线控制系统的原理

① I²C 总线信号的传输方式 I²C 总线中的两根线在传输各种控制信号的过程中是有严格分工的，其中 SDA 数据线用来传输各控制信号的数据及这些数据占有的地址等内容；SCL 时钟线用来控制器件与被控器件之间的工作节拍。为保证总线输出电路得到供电，SDA 线和 SCL 线均通过上拉电阻和电源连接，当总线空闲时，SDA 和 SCL 两线均保持高电平。I²C 总线控制信号传输波形如图 9-4 所示。

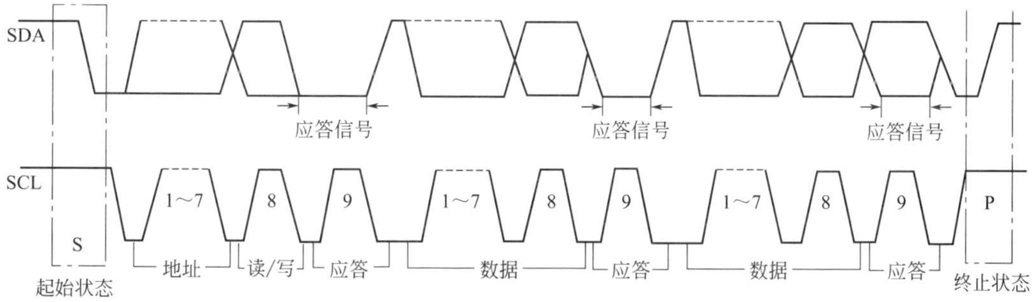
SDA
应答信号
应答信号
应答信号
SCL
1～7
8
9
1～7
8
9
1～7
8
9
S
P
地址
读/写
应答
数据
应答
数据
应答
起始状态
终止状态

图 9-4 I²C 总线控制信号传输波形

② I²C 总线的控制原理 在 I²C 总线系统中，每个被控对象都有一个特定的地址编码和一些控制内容编码。CPU 按以下三个过程对被控对象进行控制。

首先是 CPU 寻址过程。当 CPU 控制某个对象时，就向总线发出该被控器的地址指令，被控器收到指令后，便发出应答信息，CPU 收到应答信息后，就将该被控器作为控制对象。

其次是 CPU 调用数据过程。CPU 找到被控器后，就从存储器中调出用户信息和控制信息，通过 I²C 总线送到被控器，控制被控器的工作状态。

最后是被控器执行指令的过程。被控器接收到指令后，便对指令进行破译，并将破译的结果与自己的控制内容编码进行比较，以确定作何种操作。

每次开机 CPU 都要从存储器中取出控制信息和用户信息，送到各被控器，使之进入相应的工作状态。

(4) I^2C 总线彩电的识别

① 由电路图识别 I^2C 总线彩电。根据彩电的电路图，首先看 CPU 电路部分有没有 I^2C、I2C、IIC 以及 I^2C（ITT）这些标注。如果有，则这台彩电肯定采用了 I^2C 总线系统。如果 CPU 电路上没有标注 I^2C、I2C、IIC 以及 I^2C（ITT），再看 CPU 中有没有 SCL 和 SDA 端口，找到 SCL 和 SDA 端口还不能完全说明采用了 I^2C 总线系统，还要看 SCL 和 SDA 线上是否至少挂接有存储器和视频/色度/扫描（或单片电视信号处理）集成电路，如果没有挂接视频/色度/扫描集成电路，则这台彩电不是 I^2C 总线彩电。

② 由显像管电路板识别 I^2C 总线彩电。采用 I^2C 总线系统的彩电，其内部半可调电位器数量大大减少，且大多数 I^2C 总线彩电都取消了显像管尾板上用于显像管白平衡调整的 5 个半可调电位器。因此，打开机壳，查看显像管尾板上有没有白平衡调整电位器，如果没有，那么就属于 I^2C 总线彩电。

9.2 典型遥控电路精讲

9.2.1 遥控器电路

红外遥控信号发射器主要由键盘矩阵、遥控器专用集成芯片、激励器和红外发光二极管等组成。常见的遥控发射集成芯片有 BW1030T、LC7461M、M50119P、M50142P、M50460P、M50560、M58480、M708、SAA3004、SAA3010、TC9012F-011、U327、μPD1943、μPD6102 等。

长虹 K3H 遥控器内部结构，如图 9-5 所示。该遥控器由三部分组成：键盘矩阵电路、遥控发射用 CMOS 大规模集成电路 BW1030T、放大驱动电路（包括贴片三极管 W1A 和红外发光二极管）。

该遥控器的核心部件是红外遥控发射集成电路 BW1030T，它是 16 脚双列贴片集成电路，它与外围电路组成的遥控发射器可完成三个任务：一是键盘功能的编码；二是产生 38kHz 定时信号；三是放大和驱动。BW1030T 内部含有振荡器、时钟信号发生器、扫描脉冲发生器、键控编码器、指令编码器、调制器、缓冲放大器等电路。

遥控器电路原理图如图 9-6 所示。BW1030T 的③～⑧为按钮扫描脉冲输出端，⑨、⑩、⑫、⑬脚为键盘脉冲输入端，组成按键矩阵电路，每个矩阵单元对应一种编码。BW1030T 的②脚外接一个 455kHz 的晶振，它与集成块内电路构成振荡器，产生 455kHz 正弦振荡。在静态（未按下遥控器按键开关），为了降低功耗，振荡停止；当按下遥控器按键开关时（动态），振荡立即开始，按键离开时振荡又停止，返回到静态。由振荡电路所产生的 455kHz 振荡信号经 12 分频后产生供遥控信号调制用的 38kHz 载波信号；而经 256 分频后得到 1.98kHz 脉冲。时钟信号用来控制集成电路内部各电路单元同步工作。在时钟信号作用下，扫描脉冲发生器产生多种不同时间的扫描脉冲对键盘矩阵进行扫描。当按下某一按键时，该矩阵单元被键盘按键接通，则相应输出端的脉冲便从相应的输入端上输入，根据脉冲出现的时间及输入的端子，便可判断出按键的位置（即哪一个按键被按下）。键位编码器用来对各输入端子送来的代表不同键位的脉冲进行编码，产生一组二进制键位码，将它送到指令编码器。指令编码器再根据送来的键位码脉冲进行编码，输出相应的指令码。指令码送到码元调制器，同时由用户码转换器送来的系统码元也去码元调制器（系统码是用来区分彩色电视机生产厂家，可以用仪器写入），功能码与系统码混合后去调制 38kHz 载波，经调制的

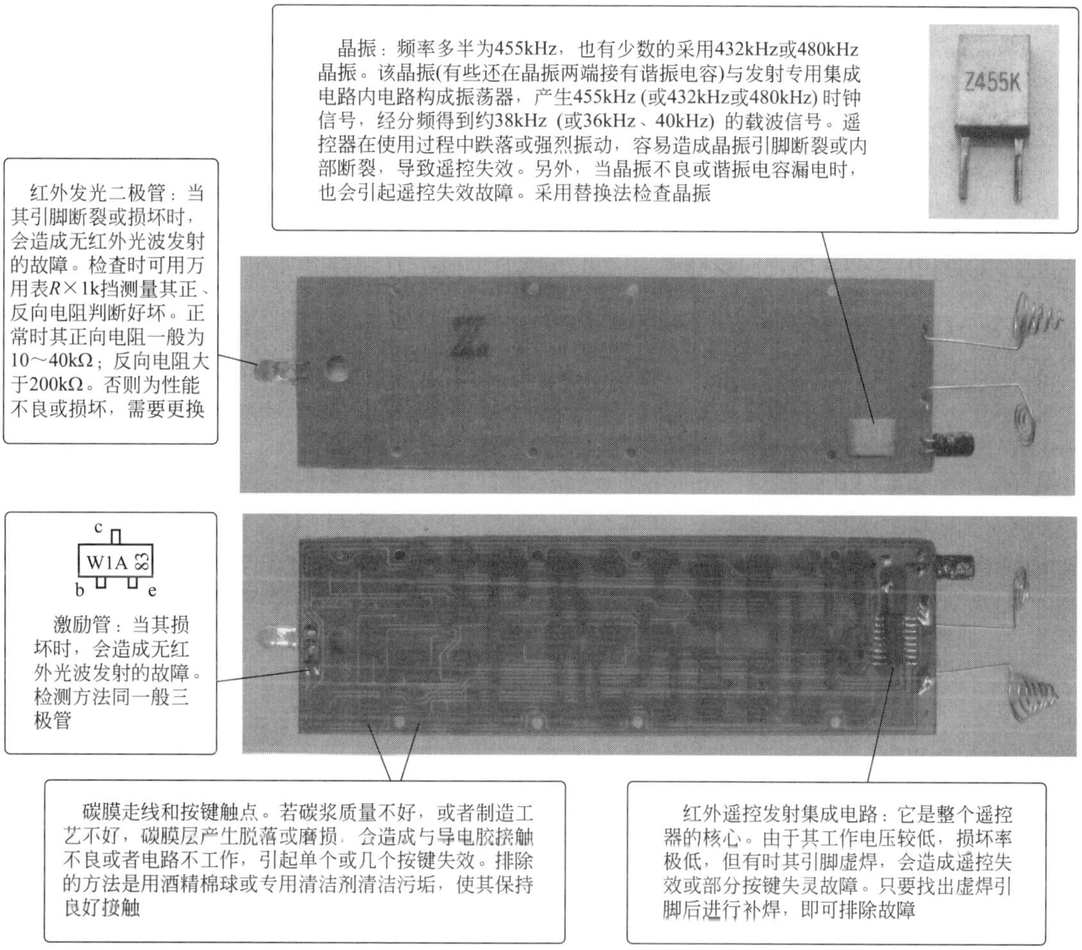
晶振：频率多半为455kHz，也有少数的采用432kHz或480kHz晶振。该晶振(有些还在晶振两端接有谐振电容)与发射专用集成电路内电路构成振荡器，产生455kHz (或432kHz或480kHz) 时钟信号，经分频得到约38kHz (或36kHz、40kHz) 的载波信号。遥控器在使用过程中跌落或强烈振动，容易造成晶振引脚断裂或内部断裂，导致遥控失效。另外，当晶振不良或谐振电容漏电时，也会引起遥控失效故障。采用替换法检查晶振
Z455K
红外发光二极管：当其引脚断裂或损坏时，会造成无红外光波发射的故障。检查时可用万用表R×1k挡测量其正、反向电阻判断好坏。正常时其正向电阻一般为10～40kΩ；反向电阻大于200kΩ。否则为性能不良或损坏，需要更换
c
W1A 83
b
e
激励管：当其损坏时，会造成无红外光波发射的故障。检测方法同一般三极管
碳膜走线和按键触点。若碳浆质量不好，或者制造工艺不好，碳膜层产生脱落或磨损，会造成与导电胶接触不良或者电路不工作，引起单个或几个按键失效。排除的方法是用酒精棉球或专用清洁剂清洁污垢，使其保持良好接触
红外遥控发射集成电路：它是整个遥控器的核心。由于其工作电压较低，损坏率极低，但有时其引脚虚焊，会造成遥控失效或部分按键失灵故障。只要找出虚焊引脚后进行补焊，即可排除故障

图 9-5 遥控器的结构和故障维修要点

信号还由缓冲放大器放大后从集成电路的⑮脚输出，再经 V1 放大，最后激励红外发光二极管，以红外线的形式向空间发射。

应注意的是，大多数遥控器振荡器外部接的晶振频率为 455kHz，经 12 分频后，得到 38kHz 的载波信号，但也有少数的遥控器振荡器外部接的晶振频率为 432kHz 或 480kHz，经 12 分频后，得到 36kHz 或 40kHz 的载波信号。

9.2.2 接收头

早期的遥控彩电，常用 CX20106A、LA7224、μPC1373H、μPC1374HA 等红外接收专用集成电路及红外线光电二极管和外围阻容元件组成接收放大与处理电路，该部分做成一个小型接收头组件，该组件的外面用金属片进行屏蔽。现在的遥控彩电，都是使用成品的红外接收头，叫作一体化红外接收头。

(1) 一体化红外接收头的结构特点

一体化红外接收头又称为红外遥控光电模块，简称接收头。它具备的特点如下。

① 光电转换、前置放大器封装在一起，外形小巧，安装占位面积小。

② 抗干扰能力强，对光和电干扰具有最大的抵抗能力。

③ 灵敏度高，作用距离远，可达 35m。

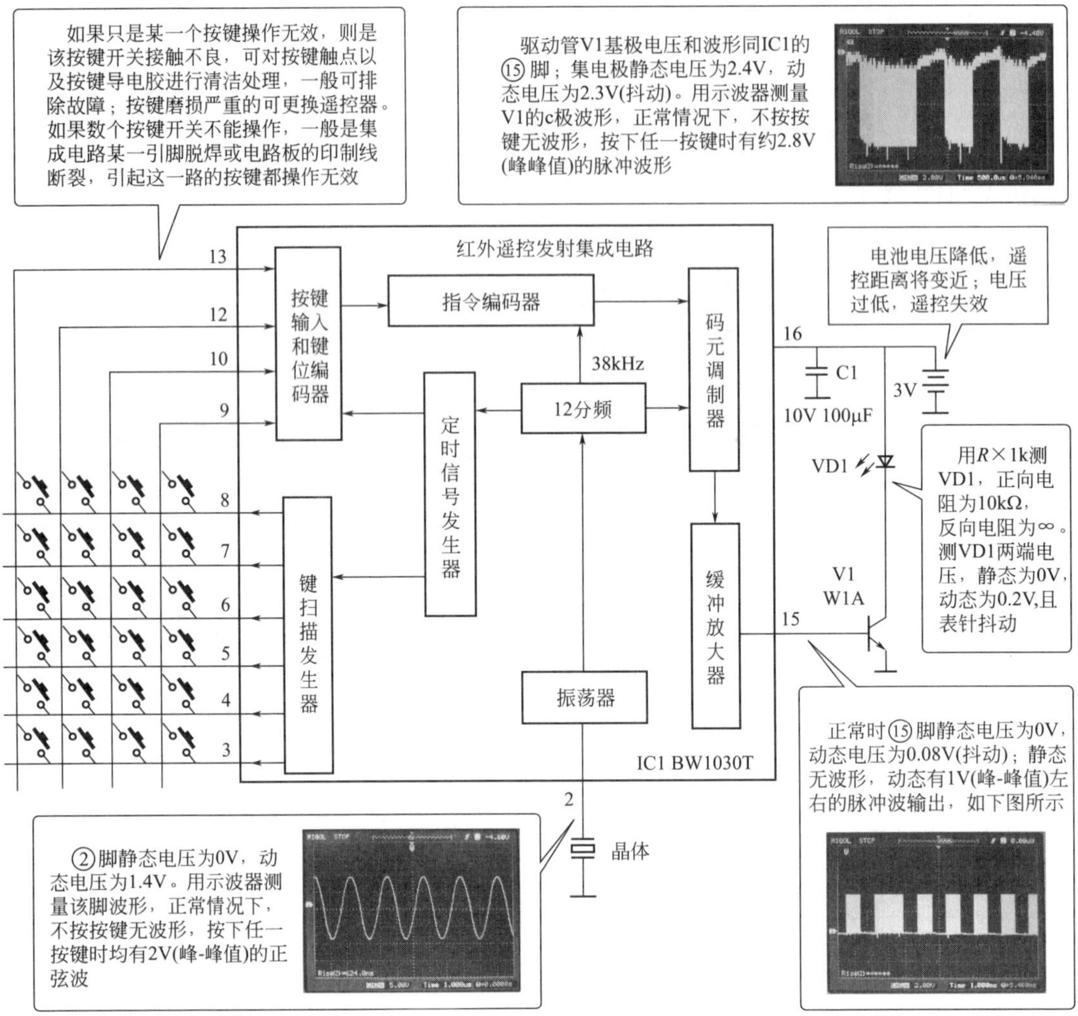

如果只是某一个按键操作无效，则是该按键开关接触不良，可对按键触点以及按键导电胶进行清洁处理，一般可排除故障；按键磨损严重的可更换遥控器。如果数个按键开关不能操作，一般是集成电路某一引脚脱焊或电路板的印制线断裂，引起这一路的按键都操作无效
驱动管V1基极电压和波形同IC1的⑮脚；集电极静态电压为2.4V，动态电压为2.3V(抖动)。用示波器测量V1的c极波形，正常情况下，不按按键无波形，按下任一按键时有约2.8V(峰峰值)的脉冲波形
红外遥控发射集成电路
按键输入和键位编码器
指令编码器
码元调制器
38kHz
12分频
定时信号发生器
键扫描发生器
缓冲放大器
振荡器
IC1 BW1030T
13
12
10
9
8
7
6
5
4
3
2
16
15
晶体
C1
10V 100μF
3V
电池电压降低，遥控距离将变近；电压过低，遥控失效
VD1
用R×1k测VD1，正向电阻为10kΩ，反向电阻为∞。测VD1两端电压，静态为0V，动态为0.2V,且表针抖动
V1
W1A
正常时⑮脚静态电压为0V，动态电压为0.08V(抖动)；静态无波形，动态有1V(峰-峰值)左右的脉冲波输出，如下图所示
②脚静态电压为0V，动态电压为1.4V。用示波器测量该脚波形，正常情况下，不按按键无波形，按下任一按键时均有2V(峰-峰值)的正弦波

图 9-6　遥控器电路原理图和故障维修要点（长虹 K3H 遥控器）

④ 可用于 33～40kHz 载波红外光的接收，内设脉冲码调制载波滤波器（一般为 38kHz 带通滤波器），不需外部元件。

⑤ 输出可与微处理器兼容。

⑥ 可自动化大批量生产，产品特征一致性好。

图 9-7 是三种常用的一体化红外接收头的外形和引脚功能。一体化红外接收头的封装大致有两种：一种是采用铁皮屏蔽；另一种是塑料封装。这种红外接收头有三只引脚，即电源正（VDD，一般为+5V）、电源负（GND）和遥控脉冲码输出端（简称输出端，用 VO 或 OUT 表示）。红外接收头的引脚排列因型号不同而不尽相同。

在使用时应注意红外接收头的载波频率。常用的红外遥控接收头中心频率为 38MHz，也有一些的中心频率为 36kHz、40kHz、56kHz 等，一般由发射端晶振的振荡频率来决定。

（2）一体化红外接收头的典型应用电路

图 9-8 是 W138M2 型一体化红外接收头的应用电路及其检测方法，其电路很简单。接收头的③脚接+5V 电源，+5V 电压经滤波电容进一步滤波后提供给③脚；接收头的①脚为遥控脉冲码输出端，该脚输出的信号经隔离电阻 R766 输入到微处理器 LC863524B 的红

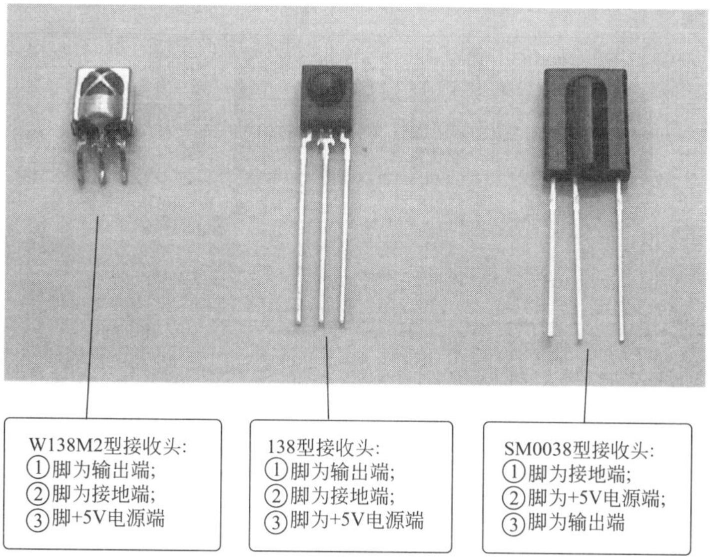
W138M2型接收头:
①脚为输出端;
②脚为接地端;
③脚+5V电源端
138型接收头:
①脚为输出端;
②脚为接地端;
③脚为+5V电源端
SM0038型接收头:
①脚为接地端;
②脚为+5V电源端;
③脚为输出端

图 9-7 常用一体化红外线接收头的外形和引脚功能

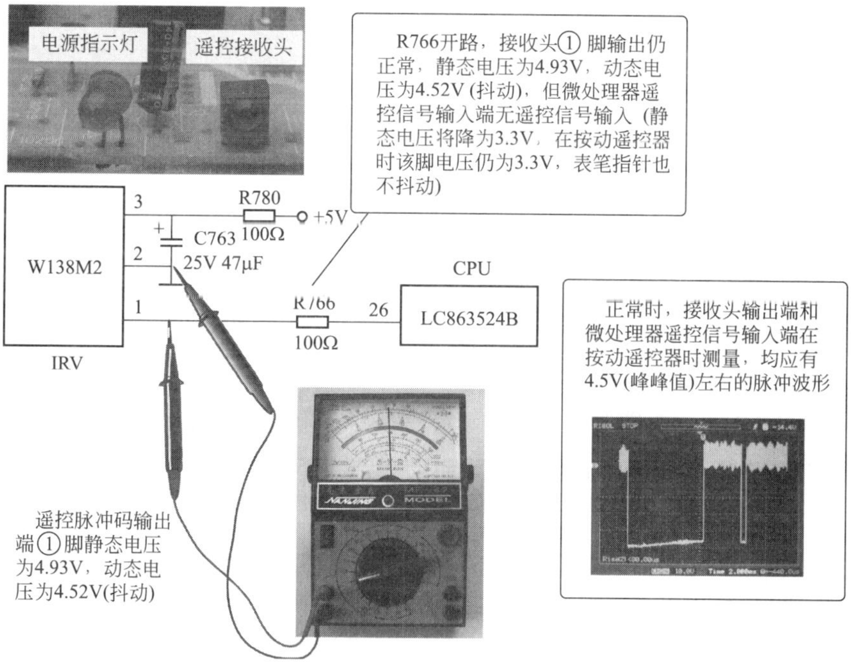
电源指示灯
遥控接收头
R766开路，接收头① 脚输出仍正常，静态电压为4.93V，动态电压为4.52V (抖动)，但微处理器遥控信号输入端无遥控信号输入 (静态电压将降为3.3V，在按动遥控器时该脚电压仍为3.3V，表笔指针也不抖动)
W138M2
IRV
3
2
1
R780
100Ω
+5V
C763
25V 47μF
R766
100Ω
26
CPU
LC863524B
正常时，接收头输出端和微处理器遥控信号输入端在按动遥控器时测量，均应有4.5V(峰峰值)左右的脉冲波形
遥控脉冲码输出端①脚静态电压为4.93V，动态电压为4.52V(抖动)

图 9-8 一体化红外线接收头的应用电路及其检测方法

外遥控信号输入端㉖脚。

9.2.3 本机键盘电路

本机键盘电路即面板键控电路，其作用是将用户操作指令变为微处理器能接收的数字式信号。本机键盘电路有两种类型：一种是矩阵式键盘电路，另一种是电阻分压式键盘电路。早期生产的遥控彩电多采用矩阵式键盘电路，随着电子技术的发展，后期生产的遥控彩色电视机普遍采用电阻分压式键控电路。

（1）矩阵式键盘电路

矩阵式键盘电路又称键盘矩阵电路，典型的键盘矩阵电路如图 9-9 所示。微处理器 D701 的键扫描脉冲输入端㉒～㉕脚和键扫描脉冲输出端㉖～㉙脚组成 4×4=16 键盘矩阵，在矩阵的交叉点上连接有按键（本机只使用了 13 个本机控制按键）。

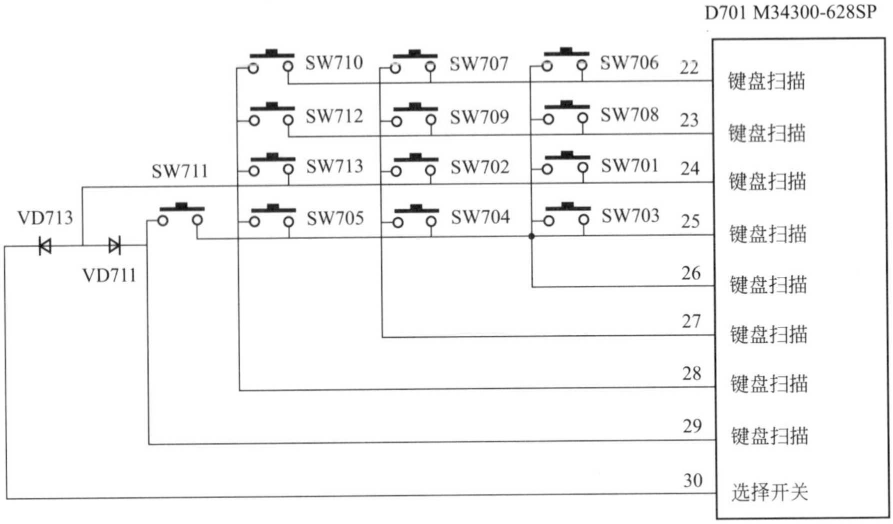
D701 M34300-628SP
SW710
SW707
SW706
SW712
SW709
SW708
SW711
SW713
SW702
SW701
VD713
SW705
SW704
SW703
VD711
22
23
24
25
26
27
28
29
30
键盘扫描
键盘扫描
键盘扫描
键盘扫描
键盘扫描
键盘扫描
键盘扫描
键盘扫描
选择开关

图 9-9 矩阵式键盘电路（A3 机芯）

这种矩阵式键盘电路的优点是按键只需“通”与“断”，而对其接触电阻相对而言要求不是很严格。缺点是占用 CPU 引出脚较多。

（2）电阻分压式键盘电路

图 9-10 是典型的电阻分压式键盘电路，N101 的 KEY 端⑨脚为本机键盘信号输入端，采用分压式 A/D 变换键控码，即用 6 组模拟量电压的分压与开关通断来实现控制，当按下电视机前面板上的按键时，超级单芯片 N101 的微控制器依据㊱脚的电平大小，完成相应的功能。该机的本机键有 6 个，即节目增加键（P+）、节目减少键（P－）、音量增加键（V+）；音量减少键（V－）、菜单键（MENU）、TV/AV 切换键（TV/AV）。

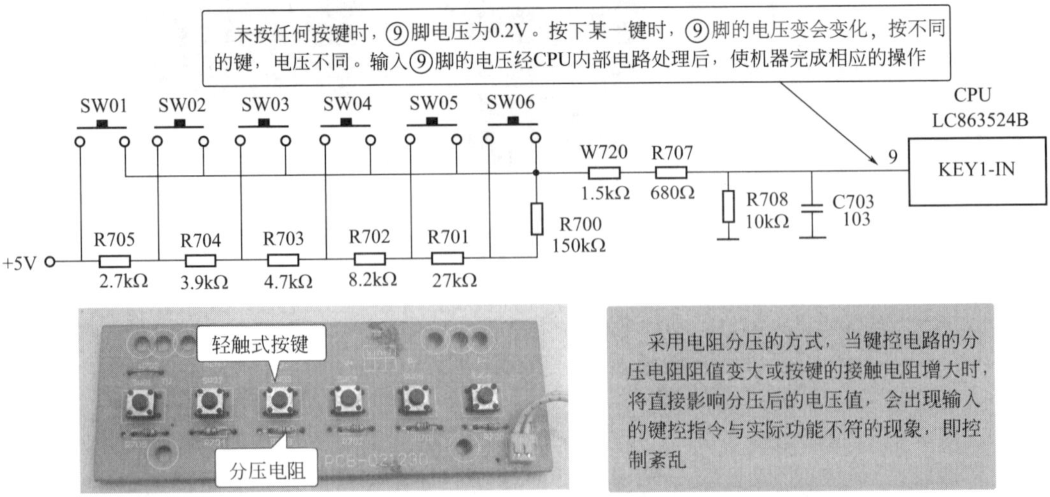
未按任何按键时，⑨脚电压为0.2V。按下某一键时，⑨脚的电压变会变化，按不同的键，电压不同。输入⑨脚的电压经CPU内部电路处理后，使机器完成相应的操作
SW01
SW02
SW03
SW04
SW05
SW06
CPU
LC863524B
W720
R707
9
KEY1-IN
1.5kΩ
680Ω
R708
10kΩ
C703
103
R700
150kΩ
+5V
R705
R704
R703
R702
R701
2.7kΩ
3.9kΩ
4.7kΩ
8.2kΩ
27kΩ
轻触式按键
分压电阻
采用电阻分压的方式，当键控电路的分压电阻阻值变大或按键的接触电阻增大时，将直接影响分压后的电压值，会出现输入的键控指令与实际功能不符的现象，即控制紊乱

图 9-10 电阻分压式键盘电路

电阻分压式键控电路的最大优点是大大减少了CPU脚位的占有数，但存在以下缺点：对按键的接触电阻要求较矩阵式键控电路的严格，比如，按键的接触电阻增大，将直接影响分压后的电平值，这便有可能导致CPU识别发生错误，使CPU发出与操作键不相同的某项控制指令，从而造成执行结果紊乱。

9.2.4 普通遥控电路

长虹A2116型机的遥控电路由遥控器、红外接收器N745（HS0038）、本机键盘电路、微处理器LC864512（长虹公司重新掩膜后型号为CH04801-5F43，标号为D701）、E^2PROM存储器ST24C02（D702）以及各功能接口电路组成。图9-11是微处理器及其外围电路组装结构，图9-12是遥控电路简化图。

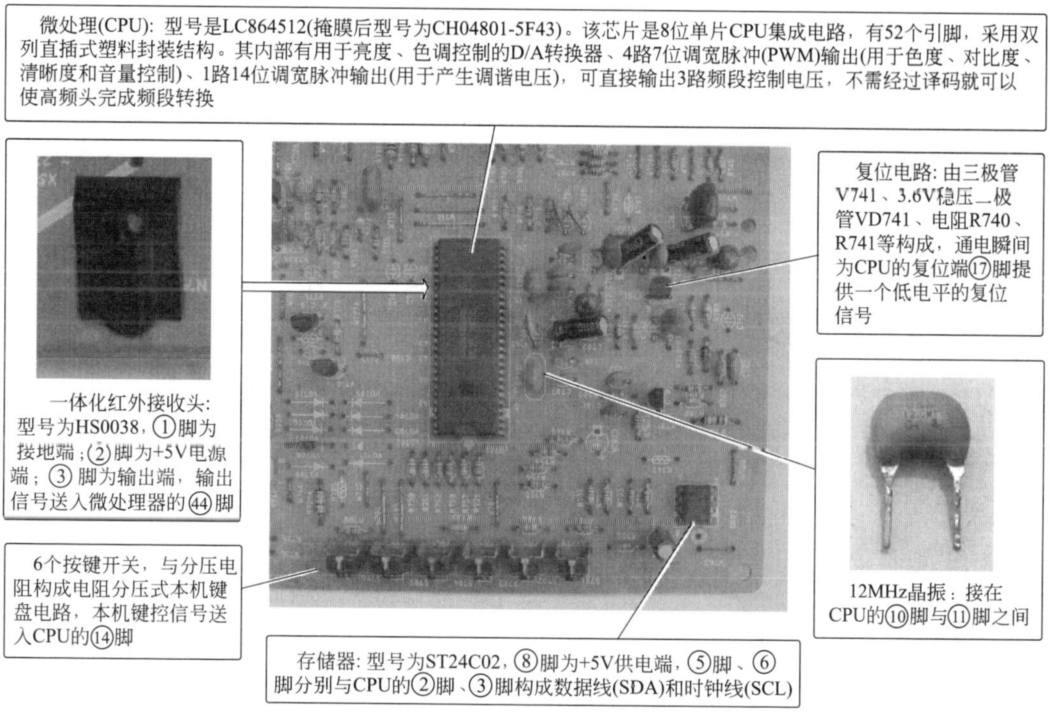
微处理(CPU)：型号是LC864512(掩膜后型号为CH04801-5F43)。该芯片是8位单片CPU集成电路，有52个引脚，采用双列直插式塑料封装结构。其内部有用于亮度、色调控制的D/A转换器、4路7位调宽脉冲(PWM)输出(用于色度、对比度、清晰度和音量控制)、1路14位调宽脉冲输出(用于产生调谐电压)，可直接输出3路频段控制电压，不需经过译码就可以使高频头完成频段转换
一体化红外接收头：型号为HS0038，①脚为接地端；②脚为+5V电源端；③脚为输出端，输出信号送入微处理器的㊹脚
复位电路：由三极管V741、3.6V稳压二极管VD741、电阻R740、R741等构成，通电瞬间为CPU的复位端⑰脚提供一个低电平的复位信号
12MHz晶振：接在CPU的⑩脚与⑪脚之间
6个按键开关，与分压电阻构成电阻分压式本机键盘电路，本机键控信号送入CPU的⑭脚
存储器：型号为ST24C02，⑧脚为+5V供电端，⑤脚、⑥脚分别与CPU的②脚、③脚构成数据线(SDA)和时钟线(SCL)

图9-11 长虹A6机芯的遥控电路元器件组装结构

（1）微处理器基本工作条件电路

微处理器是一种大规模数字集成电路，它要正常工作，必须满足三个基本工作条件：供电、复位信号和时钟信号正常。如果任何一个条件不满足，遥控系统都会停止工作，出现遥控和键控都失灵的现象。

微处理器D701的⑫脚：数字电路电源电压输入端（DVDD），正常工作时电压为5V。㉑脚：模拟电路电源电压输入端（AVDD），正常工作时电压为5V。

D701的⑰脚：复位输入端，低电平有效。复位信号的作用是将微处理器内部电路清零，然后才能工作。开机时⑰脚为低电平，微处理器内电路复位，正常工作时接近5V。该脚外接复位电路，复位电路由三极管V741、3.6V稳压二极管VD741、电阻R740、R741、R742、C742等构成。

D701内部的振荡电路与⑩、⑪脚外接的晶振G701共同组成时钟振荡电路，产生12MHz时钟信号，微处理器内部按时钟信号的节拍工作。

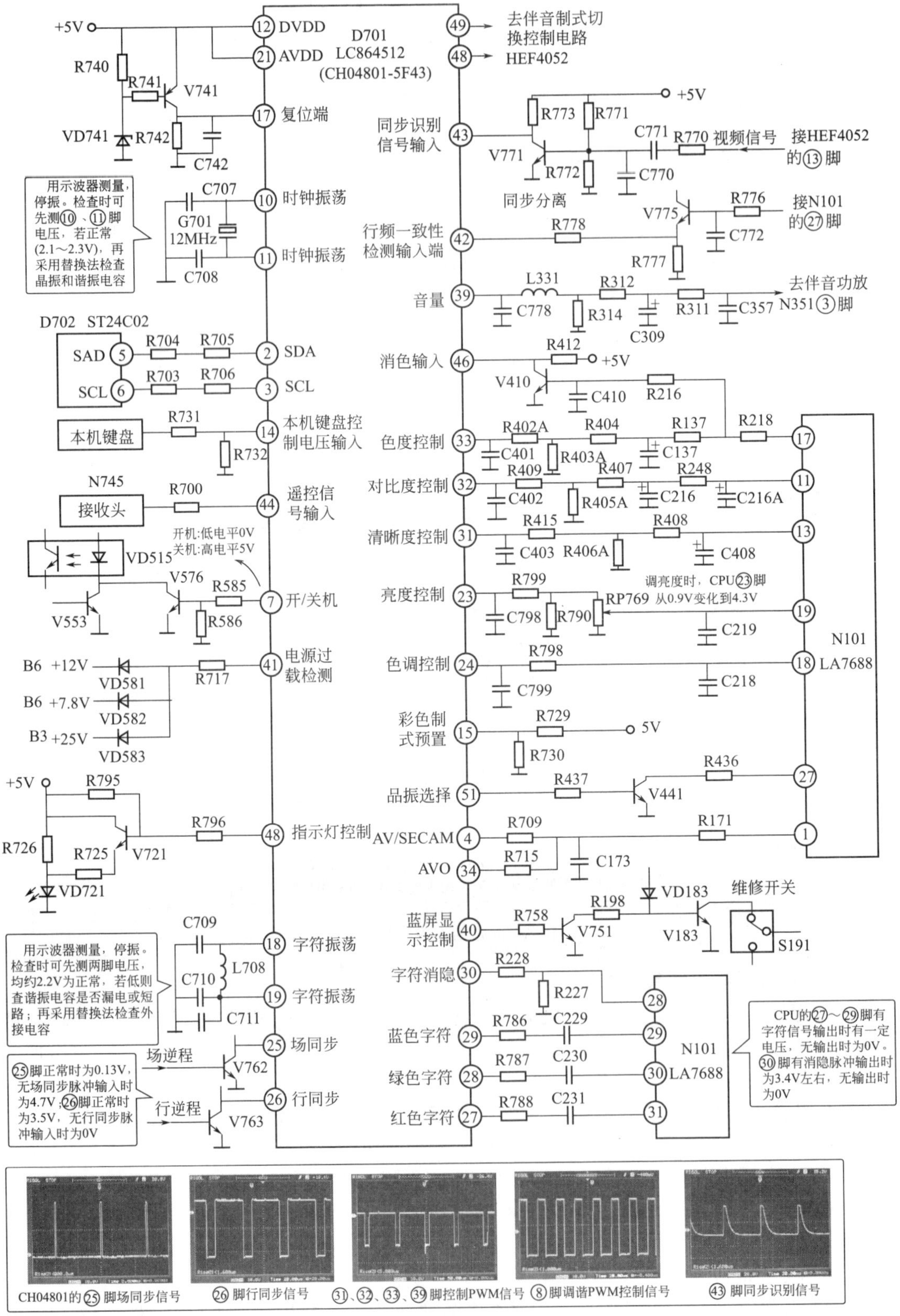

D701
LC864512
(CH04801-5F43)
+5V
DVDD
AVDD
R740
R741
V741
复位端
VD741
R742
C742
用示波器测量，停振。检查时可先测⑩、⑪脚电压，若正常(2.1～2.3V)，再采用替换法检查晶振和谐振电容
C707
G701
12MHz
C708
时钟振荡
时钟振荡
D702 ST24C02
SAD
SCL
R704
R705
R703
R706
SDA
SCL
本机键盘
R731
R732
本机键盘控制电压输入
N745
接收头
R700
遥控信号输入
开机:低电平0V
关机:高电平5V
VD515
V576
R585
R586
V553
开/关机
B6 +12V
B6 +7.8V
B3 +25V
VD581
VD582
VD583
R717
电源过载检测
+5V
R795
R726
R725
V721
VD721
R796
指示灯控制
C709
L708
C710
C711
字符振荡
字符振荡
用示波器测量，停振。检查时可先测两脚电压，均约2.2V为正常，若低则查谐振电容是否漏电或短路；再采用替换法检查外接电容
场逆程
V762
场同步
行逆程
V763
行同步
㉕脚正常时为0.13V，无场同步脉冲输入时为4.7V；㉖脚正常时为3.5V，无行同步脉冲输入时为0V
去伴音制式切换控制电路
HEF4052
同步识别信号输入
R773
R771
V771
R772
C771
R770
视频信号
C770
接HEF4052的⑬脚
同步分离
V775
R776
C772
接N101的㉗脚
行频一致性检测输入端
R778
R777
音量
L331
C778
R314
R312
C309
R311
C357
去伴音功放N351③脚
消色输入
R412
V410
C410
R216
色度控制
R402A
R404
R137
R218
C401
R403A
C137
对比度控制
R409
R407
R248
C402
R405A
C216
C216A
清晰度控制
R415
R408
C403
R406A
C408
亮度控制
R799
调亮度时，CPU㉓脚从0.9V变化到4.3V
C798
R790
RP769
C219
色调控制
R798
C799
C218
N101
LA7688
彩色制式预置
R729
5V
R730
晶振选择
R437
V441
R436
AV/SECAM
R709
R171
C173
AVO
R715
蓝屏显示控制
R758
V751
R198
VD183
V183
维修开关
S191
字符消隐
R228
R227
蓝色字符
R786
C229
绿色字符
R787
C230
红色字符
R788
C231
N101
LA7688
CPU的㉗～㉙脚有字符信号输出时有一定电压，无输出时为0V。㉚脚有消隐脉冲输出时为3.4V左右，无输出时为0V
CH04801的㉕脚场同步信号
㉖脚行同步信号
㉛、㉜、㉝、㊴脚控制PWM信号
⑧脚调谐PWM控制信号
㊸脚同步识别信号

图 9-12 长虹 A6 机芯遥控部分电路

（2）操作信号输入电路

该机采用操作键和遥控接收电路实现用户的操作控制。

微处理器 D701 的㊹脚外接红外遥控接收头，接收头接收遥控器发出的红外光信号并转化成电信号，再对其进行放大、检波，产生脉冲编码信号，经 R700 输入 D701㊹脚。微处理器对脉冲编码信号进行译码、识别，根据译码的结果，按固定程序输出相应的控制信号，对被控电路进行控制，实现相应的操作。

D701 的⑭脚是本机键盘控制电压输入端。该机采用了电阻分压式键控电路，⑭脚电压的高低，确定本机键的控制功能。

（3）存储器接口电路

D701②脚是 I^2CBUS 的数据输入/输出端，③脚是 I^2CBUS 的时钟输出端，通过②脚、③脚与 D702E^2PROM 的联系，将调谐选台信息、模拟量调节量、彩色制式及关机前状态等存入 D702 内，需要时通过 I^2CBUS 读出使用。

（4）调谐选台电路

调谐选台是遥控系统需要完成的重要任务之一，当微处理器对高频头进行调谐功能的自动控制时，主要作用是产生波段和调谐电压控制信号及完成 AFT 控制等。

该机采用电压合成式调谐选台原理和自动搜索选台的调谐方式，它的调谐选台电路由微处理器 D701、调谐电压产生电路、波段控制电路、电台识别和频率自动微调等接口电路组成，如图 9-13 所示。

D701 的㊱脚：调谐器 VHF-L 波段控制输出端。低电平有效，即 VHF-L 波段时，㊱脚输出低电平，VHF-H、UHF 波段时输出高电平。

D701 的㊲脚：调谐器 VHF-H 波段控制输出端。低电平有效，即 VHF-H 波段时，㊲脚输出低电平，VHF-L、UHF 波段时输出高电平。

D701 的㊳脚：调谐器 UHF 波段控制输出端。低电平有效，即 UHF 波段时，㊳脚输出低电平，VHF-L、VHF-H 波段时输出高电平。

D701㊱～㊳脚输出波段控制电压中，任何时候都是两高（12V）一低（0V），故电路中需外接 V103、V104、V105 波段控制开关管，将㊱～㊳脚输出波段控制两高一低电压变为两低一高电压，用于高频调谐器实现正常的波段切换。

D701 的⑧脚：调谐器调谐电压 PWM 信号输出端。输出为反码信号，需外接倒相放大器（V791），V791 放大后的 PWM 脉冲信号经三级积分电路积分平滑成 0.5～30V 直流调谐电压，加到调谐器进行调谐选台。

D701 的㊷脚：行频一致性（复合门）检测输入端，同步时，输入低电平；不同步时，输入高电平，这里用作有无 AV 信号输入的判断，实现 AV 状态无信号自动关机和蓝屏背景显示。小信号处理电路 LA7688 的㉗脚行同步一致性检测输出，经 V775 倒相后输入到 CPU 的㊷脚。

D701 的㊸脚：电台识别（SD）信号输入端，作为 TV 状态有无信号的判断，这里采用脉冲判断方式。当㊸脚有同步脉冲信号时，判断为有信号；㊸脚无同步脉冲信号时，判断为无信号，并显示蓝背影及实现无信号 10min 自动关机控制。该脚输入的脉冲信号，是由 LA7688 的⑧脚输出的视频信号，经 N203（HEF4052）进行 TV/AV 切换，然后经 V771 进行同步分离并倒相后，得到的正复合同步脉冲信号提供。

D701 的⑬脚为 AFT 电压输入端，用来确定精确的调谐点，搜准台时为 2.5V 左右。在全自动搜索时，当系统搜到节目后，就会有电台识别信号送入 CPU 的㊸脚，CPU 接收到同

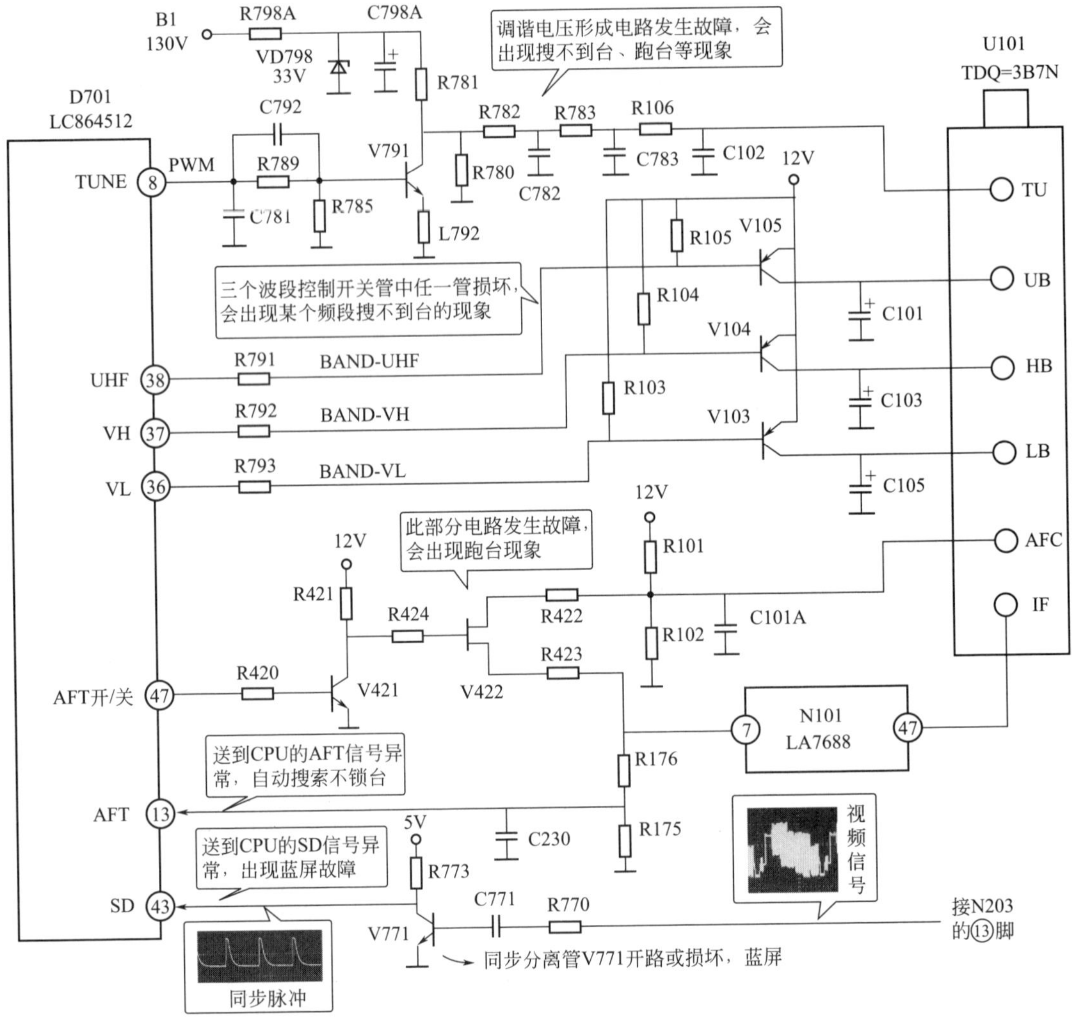
B1
130V
R798A
C798A
VD798
33V
调谐电压形成电路发生故障，会出现搜不到台、跑台等现象
U101
TDQ=3B7N
D701
LC864512
C792
R781
R782
R783
R106
TUNE
PWM
R789
V791
R780
C782
C783
C102
12V
TU
C781
R785
L792
R105
V105
UB
三个波段控制开关管中任一管损坏，会出现某个频段搜不到台的现象
R104
C101
V104
UHF
R791
BAND-UHF
HB
R103
C103
VH
R792
BAND-VH
V103
LB
VL
R793
BAND-VL
C105
12V
此部分电路发生故障，会出现跑台现象
12V
R101
AFC
R421
R424
R422
C101A
IF
R102
R423
AFT开/关
R420
V421
V422
N101
LA7688
送到CPU的AFT信号异常，自动搜索不锁台
R176
AFT
5V
C230
R175
视频信号
送到CPU的SD信号异常，出现蓝屏故障
R773
SD
C771
R770
接N203的⑬脚
V771
同步分离管V771开路或损坏，蓝屏
同步脉冲

图 9-13 调谐选台电路

步信号后，就放慢调谐速度，并检测⑬脚输入的 AFT 电压，当 AFT 电压显示最准确时，CPU 就发出存储指令，并将节目的有关信息存入到 E^2PROM 中。CPU 未得到 AFT 电压或 AFT 电压异常，会出现自动搜索不锁台等故障现象。

需要注意的是，A2116 型机 AFT 控制采用模拟式 AFT 控制环路，不用数字式 AFT 电路，故加入 D701⑬脚的 AFT 电压不作调谐电压的修正而只作搜台正确与否的判断，对高频头本振频率的修正是靠直接加到调谐器 U101AFT 端的 AFT 控制电压来完成。LA7688（N101）⑦脚输出的 AFT 电压分成两路：一路经 R176、R175 分压后，AFT 电压加到 D701 的⑬脚 AFT 电压检测输入端，用于调谐选台是否正确的判断依据；第二路经 AFTON/OFF（开/关）开关控制后，经 R422 加到调谐器的 AFT 控制输入端。AFTON/OFF 由 V422、V421、D701 的 AFTON/OFF 控制信号输出电路组成。在全自动搜索选台时，D701㊼脚 AFTON/OFF 控制端输出为高电平，使 V421 饱和导通，集电极输出低电平，使场效应管 V422 截止，AFTON/OFF 处于“关”状态，AFT 电压不能经 V422 加到调谐器 AFT 输入端，AFT 不起作用，保证准确调谐；自动搜索选台结束后，D701㊼脚输出低电平，使 V421 截止，集电极输出高电平，使 V422 导通，AFTON/OFF 处于“开”状态，AFT 电压经 V422、R422 加到调谐器 AFT 输入端，控制本振频率，完成 AFT 作用，保证电视机稳定地收看。

（5）屏显电路

LC864512（CH04801-5F43）内含字符发生器，不需外接字符发生电路。字符显示及字符产生所需 14.11MHz 时钟信号，由 D701 的⑱、⑲脚外接 L708、C709、C710、C711 组成的 LC 振荡回路及 D701 内的字符时钟 PLL 电路振荡产生。为了确定字符在屏幕上的水平及垂直位置，D701 的㉖脚、㉕脚需输入行/场同步脉冲信号。行/场同步脉冲由行扫描逆程脉冲及场扫描逆程脉冲提供。当㉖脚、㉕脚无行/场同步脉冲信号输入时，D701 字符时钟振荡电路不振荡，无字符显示。D701 内部字符发生电路根据软件控制，按要求产生的 R、G、B 字符信号从㉗～㉙脚输出，分别经 R788、R787、R786 及耦合电容 C231、C230、C229 加到 LA7688 外 R、G、B 信号输入端㉛、㉚、㉙脚。字符消隐信号或称快速消隐脉冲从 D701 的㉚脚输出，经 R228、R227 分压后加到 LA7688 的 R、G、B 信号输出选择开/关控制端㉘脚。

D701 的㊵脚为蓝背景显示控制端，当设置无信号蓝背景显示功能后，无信号时㊵脚输出低电平，经 R758 使开关管 V751 截止，集电极输出高电平，使 VD183 截止，截断 TV 视频通道，以防止蓝背景上出现噪声点或使字符扭动。

（6）电源开/关控制及电源指示灯控制电路

该机中，微处理器 D701 的⑦脚为电源开/关控制端，㊽脚为电源指示灯控制端，㊶脚为电源过载保护检测端。

开机正常工作后，D701 的⑦脚输出低电平，使 V576 截止，对开关稳压电源工作状态无影响，电视机正常工作。当 D701 接收到遥控关机指令时，⑦脚立即输出高电平，经 R585、R586 分压加到 V576 开关管的基极，使 V576 饱和导通，通过开关稳压电源稳压控制环路使电源开关管截止，开关稳压电源处于待机工作状态，各路输出电压为 0V（微处理器电路的＋5V 工作电压由独立的副电源产生）。当 D701 再次接收到遥控开关指令时，⑦脚输出由高电平转换为低电平，使 V576 开关管截止，开关稳压电源又由待机状态转换成正常工作状态，完成对开关稳压电源的开/关控制。

当 VD581、VD582、VD583 检测到＋12V、＋7.8V、＋25V 电压之一过载或短路时，平时截止的 VD581、VD582、VD583 之一导通，使 D701㊶脚电压＜1.3V 低电平，当 D701 检测到㊶脚为低电平时将实施保护关机控制，从⑦脚输出高电平，使开关管 V576 饱和导通，开关稳压电源立即转成待机状态，无电压输出，起到保护作用。直到查明保护原因，消除短路过载故障后，㊶脚又因电源负载短路检测二极管 VD581、VD582、VD583 截止变为高电平，D701 检测到㊶脚恢复高电平后，使⑦脚由高电平转换成低电平，开关电源方可恢复正常工作。

㊽脚为电源指示灯控制端。待机状态，㊽脚输出为低电平；开机状态，㊽脚输出为高电平。

（7）TV/AV 切换及彩色制式切换控制电路

A2116 型机 TV/AV 及彩色制式切换与 D701 的④脚、㉔脚、㉞脚、㉛脚电压有关。④脚为 AV/SECAM 控制信号输出端，可输出不同电平，用于 LA7688 的 AV/SECAM 开关控制。㉔脚为 TINT（色调）控制直流电压输出端及 PAL/NTSC 开关控制电压输出端。当㉔脚电压＞1V 时，为 TINT 控制电压输出端，用于控制 NTSC 制信号色调，使 LA7688 工作在 NTSC 制状态；当㉔脚电压＜1V 时，用于控制 LA7688 使其工作在 PAL 制状态。㉞脚为 TV/AV（内/外）视频选择开关控制信号输出端（AV0）。输出高低电平，送到 LA7688

的 AV/SECAM 开关控制端，用于 TV/AV 选择。(51)脚有两种功能作用：色副载波频率选择控制电压输出端及预置二极管检测输出端，用于色副载波恢复晶体（4.43MHz/3.58MHz）选择控制及功能预置。另外，D701 的⑮脚为彩色制式预置端，根据⑮脚电压高低决定该机彩色制式。

④脚、㉞脚输出合成电压加到 LA7688 的①脚 TV/AV/SECAM 控制端，当使 LA7688 的①脚电压为 0～1.3V 时，AV 状态，SECAM 制；当使 LA7688 的①脚电压为 1.7～2.6V 时，TV 状态，PAL/NTSC 制；当使 LA7688 的①脚电压为 2.9～3.8V 时，AV 状态，PAL/NTSC 制；当使 LA7688 的①脚电压为 4.1～5V 时，AV 状态，SECAM 制；当 TV/AVSECAM/PAL 工作状态时(51)脚输出高电平，㉔脚输出电压<1V；当在 AV/TVNTSC 制工作状态时(51)脚输出低电平，㉔脚输出电压>1V。微处理器 D701 的(51)脚及㉔脚输出控制信号，分别控制 V441 和 LA7688⑱脚，使 LA7688 工作在 PAL 状态或 NTSC 状态。

（8）伴音制式切换控制电路

A2116 型机为多制式接收，对于不同制式的输入信号，伴音第二中频（SIF）信号不同（D/K 制 SIF 为 6.5MHz，I 制 SIF 为 6.0MHz，B/G 制 SIF 为 5.5MHz，M 制 SIF 为 4.5MHz），需由带通和陷波电路取出伴音第二中频和视频信号，其伴音制式切换控制电路如图 9-14 所示。

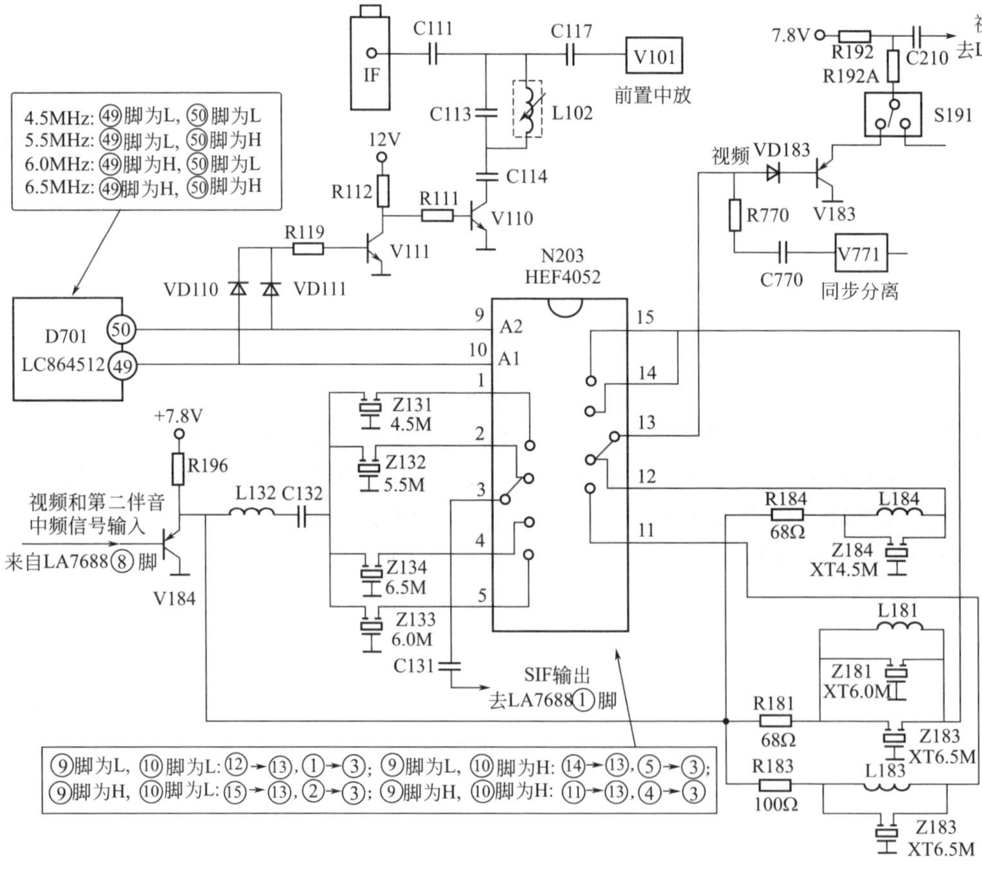

4.5MHz: ㊾脚为L, ㊿脚为L
5.5MHz: ㊾脚为L, ㊿脚为H
6.0MHz: ㊾脚为H, ㊿脚为L
6.5MHz: ㊾脚为H, ㊿脚为H
IF
C111
C117
V101
前置中放
C113
L102
C114
12V
R112
R111
V110
R119
V111
VD110
VD111
D701
LC864512
N203
HEF4052
A2
A1
7.8V
R192
C210
R192A
视频输出
去LA7688⑩脚
S191
视频
VD183
V183
R770
C770
V771
同步分离
+7.8V
R196
视频和第二伴音
中频信号输入
来自LA7688⑧脚
V184
L132
C132
Z131
4.5M
Z132
5.5M
Z134
6.5M
Z133
6.0M
C131
SIF输出
去LA7688①脚
R184
68Ω
L184
Z184
XT4.5M
L181
Z181
XT6.0M
R181
68Ω
Z183
XT6.5M
R183
100Ω
L183
Z183
XT6.5M
⑨脚为L, ⑩脚为L: ⑫→⑬, ①→③; ⑨脚为L, ⑩脚为H: ⑭→⑬, ⑤→③;
⑨脚为H, ⑩脚为L: ⑮→⑬, ②→③; ⑨脚为H, ⑩脚为H: ⑪→⑬, ④→③

图 9-14 伴音制式切换电路简化图

D701 的㊾脚、㊿脚为伴音制式选择控制端，㊾脚、㊿脚输出分别加到 N203（HEF4052）⑩脚和⑨脚，用于选择伴音第二中频带通滤波器和陷波器，同时经“或”门电路 VD111、VD110 去控制 V111、V110 实现 M 制接收时的伴音（33.5MHz）吸收网络切换。

这里以 D/K 制为例：在 D/K 制时，D701 的㊾脚、㊿脚均为高电平（H），使 N203 的⑩脚和⑨脚为高电平，此时 N203 内部的电子开关⑪脚、⑬脚接通，④脚、③脚接通。在伴音通道，射随器 V184 射极输出的 VCBS 信号和 SIF 信号的混合信号，经 L132→C132→Z134（6.5MHz 带通滤波器，选出 6.5MHz 的第二伴音中频信号）→N203④脚→N203③脚→C131→LA7688①脚。在视频通道，V184 射极输出的 VCBS 信号和第二伴音中频（SIF）信号的混合信号，经 R183→Z183（6.5MHz 陷波器，去除 6.5MHz 第二伴音中频信号得到视频信号）→N203⑪脚→N203⑬脚→VD183→V183→S191（维修开关）→R192A→C210→LA7688⑩脚。CPU 对 I 制、B/G 制、M 制带通和陷波电路控制过程及信号流程由读者自行分析。

A2116 型机为多制式接收，当接收不同制式时，中频特性需要改变，即在 38MHz 中频载波频率不变的情况下，改变色副载波、伴音载波电平和邻频陷波频率点，也就是按不同的制式，改变对应的中频带宽。前置中放输入电路由 C111、C113、L102、C114、V110、V111、VD111、VD110 等组成。C111 为交流耦合隔直电容。L102、C113、C114 组成串并联谐振吸收、提升电路，吸收频率为 33.5MHz，提升频率为 36.5MHz 左右，以保证接收 NTSC-3.58M 制信号时达到中频幅频特性曲线的要求及正确的图像/伴音比。V110、V111、VD110 和 VD111 为 L102、C113、C114 吸收谐振电路的开关电路，受微处理器 D701㊾脚、㊿脚输出伴音制式控制信号的控制。VD110、VD111 组成“或”门电路，当 D701㊾脚、㊿脚中任一脚为高电平时，VD110 或 VD111 导通，使 V111 导通，使 V110 截止，L102、C113、C114 串并联谐振吸收、提升电路从前置中放电路输入端中断开，使前置中放工作在 PAL/SECAMD/K、B/G、I 制宽带接收状态；当 D701㊾脚、㊿脚同时为低电平时，VD110、VD111、V111 截止，V110 饱和导通，C114 经 V110 的 c-e 极接地，使 L102、C113、C114 串并联谐振吸收、提升电路接入前置中放电路输入电路，使前置中放幅频特性满足 NTSC-3.58M 制信号窄带接收的要求。

（9）模拟量控制电路

A2116 型机中，D701 输出 6 路模拟量分别对电视机亮度、对比度、色饱和度、色调、清晰度及音量进行控制。D701 输出模拟控制量有的是直接输出直流控制电压，如㉔脚输出色调控制直流电压，㉓脚输出亮度控制直流电压，它们不再使用积分电路，可直接进行控制。有的输出 PWM 信号，需外接积分电路平滑成直流电压后，方可用于对比度、色饱和度、清晰度控制。

D701㉓脚为亮度控制模拟量输出端，该脚直接输出亮度控制直流电压，经 R799、副亮度电位器 RP769 加到 LA7688⑲脚，控制内部亮度钳位电路，改变亮度信号中直流成分的大小来调节光栅的亮度。

D701㉔脚为色调（TINT）控制直流电压输出端及 PAL/NTSC 制开关控制电压输出端。该脚直接输出色调控制电压和 PAL/NTSC 制选择开关控制信号。当电视机工作在 TV 或 AVNTSC 制状态时，D701㉔脚输出电压＞1V，变化范围为 1～5V，经 R798 加到 LA7688⑱脚，控制内部色调调整电路调整副载波信号的相位，使之符合 NTSC 解调的需要，避免出现彩色失真。当电视机工作在 PAL 制状态时，D701㉔脚输出电压＜1V，使 LA7688⑱脚＜1V，控制 LA7688 内部色度解调电路工作在 PAL 制状态，色调调整不起作用。

D701㉝脚为色饱和度控制 PWM 信号输出端，需外接上拉电阻和积分电路，把 PWM 信号积分平滑成直接控制电压。该脚输出的色饱和度控制 PWM 信号，经 R402A、R404、

C137 积分平滑成色饱和度控制直流电压，经 R137、R218 加到 LA7688⑰脚，控制内部色度放大器的增益，改变色度信号的大小来调节彩色的浓淡。D701㉝脚输出的信号有两个作用：当㉝脚输出 PWM 信号积分后所得电压在 1～5V 之间时，用于色饱和度控制；当㉝脚输出 PWM 信号积分后所得电压<1V 时，经 R216 使 V410 截止，集电极输出高电平，使 D701㊻脚 PAL/NTSC 制消色输入端为高电平，起消色作用。

D701㉜脚为对比度控制 PWM 信号输出端，需外接上拉电阻和积分电路，把 PWM 信号积分平滑成直接控制电压，用于对比度控制。㉜脚输出的 PWM 信号，经 R409、R407、C216、R248、C216A 组成的积分电路平滑成直流控制电压，加到 LA7688⑪脚，控制内部对比度调整电路（增益可调的放大器），改变信号的幅度，从而调节图像的浓淡程度。

D701㉛脚为清晰度控制 PWM 信号输出端，需外接上拉电阻和积分电路，把 PWM 信号积分平滑成直接控制电压，用于清晰度调整。㉛脚输出的清晰度控制 PWM 信号，经 R415、R408、C408 组成的积分电路积分平滑成清晰度控制直流电压，加到 LA7688⑬脚，控制内部的画质改善电路，提高图像的清晰度。

D701㊴脚为音量控制 PWM 信号输出端，㊴脚输出的音量控制 PWM 信号，经 R312、C309 组成的积分电路积分平滑成音量控制直流电压，再经 R311、C357 去耦滤波后加到音频功率放大器 TDA7495（N351）的音量控制直流电压输入端③脚，用于同时控制 L、R 两路音量。加到 N351③脚直流电压增加，音量增大，反之音量减小，控制电压变化范围在0～6.5V。在 TV/AV 切换、自动搜索等过程中，D701㊴脚输出 0V 低电平，使 N351 无音频输出，达到静音的目的，减小操作过程中的“喀喀”噪声。另外，当按遥控器静音键时，㊴脚输出 0V 低电平，起强制静音作用，静音状态一直保持到再一次按静音键消除静音状态为止。

9.2.5 I²C 总线控制系统电路

LA76810 单片机的遥控系统采用 I²C 总线控制，遥控系统元器件组装结构如图 9-15 所示。该机的遥控系统由微处理器集成电路 N701（LC863524B）、E²PROM 存储器 N702（24C08）及红外遥控信号接收器 A701 组成。

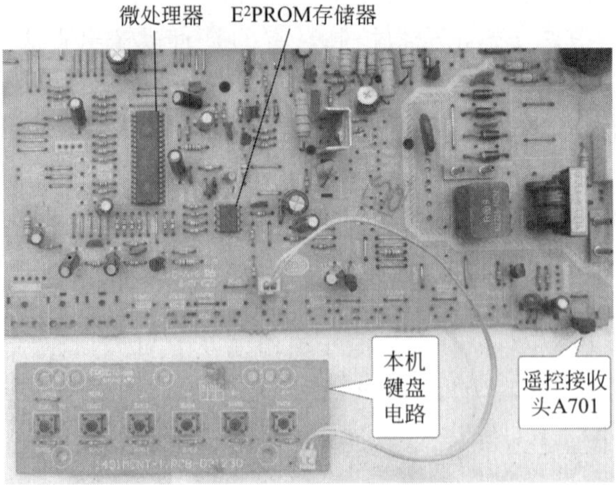
微处理器
E²PROM存储器
本机键盘电路
遥控接收头A701

图 9-15　LA76810 单片机的遥控系统元器件组装结构

（1）微处理器基本工作条件

微处理器集成电路 LC863524B 采用 36 脚双列直插式塑封结构。其内部除包括 CPU 外，还有存储器（RAM、ROM）、D/A 转换器和 A/D 转换器、多个 I/O 接口和 I^2C 总线接口及内部计时器/计数器等。要使遥控系统中的中央控制单元 LC863524B（N701）进入正常的工作状态，首先要保证微处理器集成电路正常工作必备的三个条件：一是供给 N701⑧脚的+5V 工作电源；二是微处理器在每次工作前必须先进行清零复位；三是为 N701 提供准确可靠的时钟振荡脉冲，作为微处理器各单元电路统一工作的时基标准，以协调中央控制单元电路工作的步调。这部分电路如图 9-16 所示。

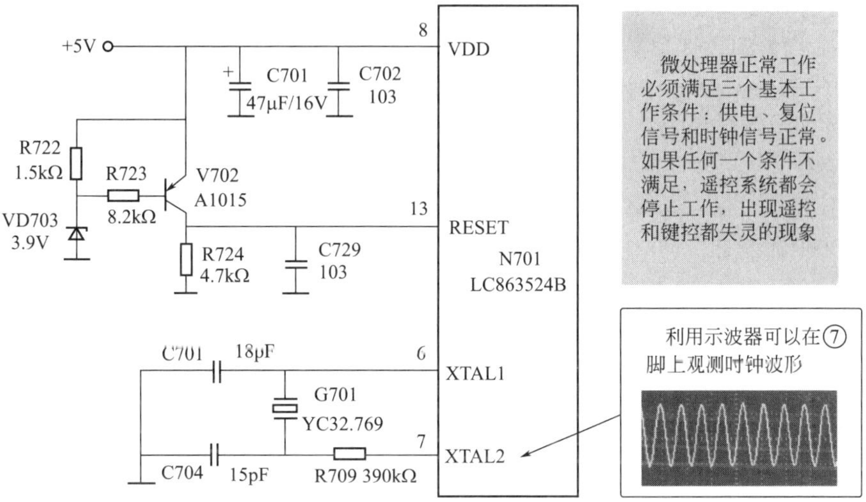

+5V
8
VDD
C701
47μF/16V
C702
103
R722
1.5kΩ
R723
8.2kΩ
V702
A1015
VD703
3.9V
13
RESET
R724
4.7kΩ
C729
103
N701
LC863524B
C701
18pF
6
XTAL1
G701
YC32.769
7
XTAL2
C704
15pF
R709 390kΩ
微处理器正常工作必须满足三个基本工作条件：供电、复位信号和时钟信号正常。如果任何一个条件不满足，遥控系统都会停止工作，出现遥控和键控都失灵的现象
利用示波器可以在⑦脚上观测时钟波形

图 9-16 微处理器基本工作条件电路

（2）控制信号输入电路

该机的控制信号输入途径有两路：一是遥控输入；二是本机键盘输入。遥控信号输入电路参见图 9-8，本机键盘输入电路参见图 9-10。

（3）选台电路

微处理器 LC863524B 采用电压合成调谐选台，它的选台电路由频段转换、调谐电压形成、同步信号和 AFT 信号的输入四部分组成，如图 9-17 所示。

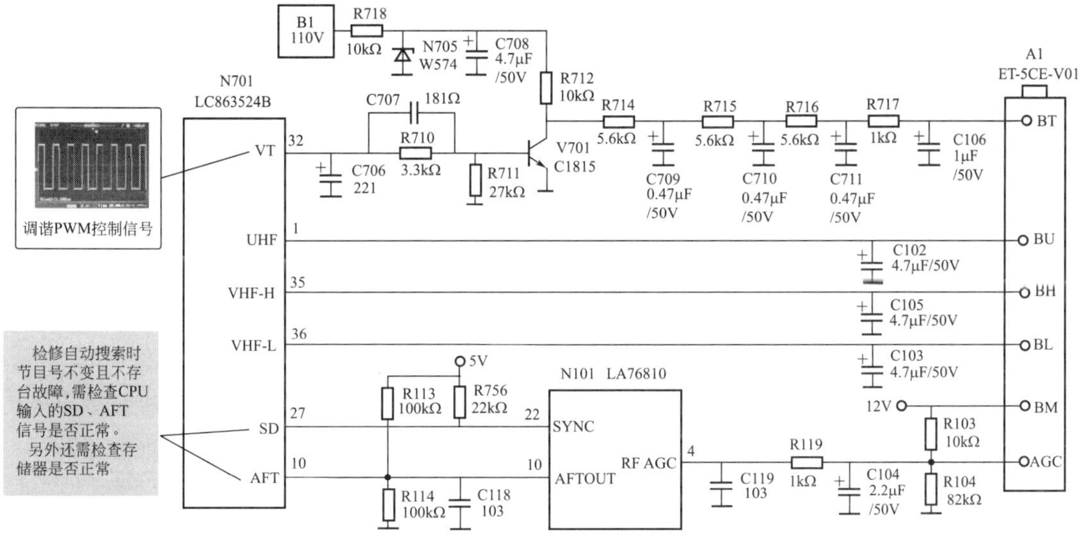

B1
110V
R718
10kΩ
N705
W574
C708
4.7μF
/50V
R712
10kΩ
N701
LC863524B
C707
181Ω
R710
3.3kΩ
C706
221
R711
27kΩ
V701
C1815
R714
5.6kΩ
R715
5.6kΩ
R716
5.6kΩ
R717
1kΩ
C709
0.47μF
/50V
C710
0.47μF
/50V
C711
0.47μF
/50V
C106
1μF
/50V
A1
ET-5CE-V01
BT
调谐PWM控制信号
VT
32
UHF
1
BU
C102
4.7μF/50V
VHF-H
35
BH
C105
4.7μF/50V
VHF-L
36
BL
C103
4.7μF/50V
5V
N101 LA76810
R113
100kΩ
R756
22kΩ
12V
BM
R103
10kΩ
检修自动搜索时节目号不变且不存台故障，需检查CPU输入的SD、AFT信号是否正常。另外还需检查存储器是否正常
SD
27
22
SYNC
AFT
10
10
AFTOUT
RF AGC
4
R119
1kΩ
C119
103
C104
2.2μF
/50V
R104
82kΩ
AGC
R114
100kΩ
C118
103

图 9-17 选台电路

调谐选台实际上是确定频段及频段内的具体频道，选出欲接收的电视频道节目。首先频段的选择是由 N701 的①、㉟、㊱脚输出频段切换控制电压，直接加至高频调谐器高频头的 BU、BH、BL 端。在接收 VHF-L 频段的电视节目时，N701 的㊱脚输出高电平，加至高频调谐器 BL 端，而①、㉟脚处于低电平，使 BU、BH 端电压为 0V，高频头工作在 VHF-L 频段。在接收 VHF-H 频段的电视节目时，N701 的㉟脚输出高电平，加至高频调谐器 BH 端，而①、㊱脚处于低电平，使 BU、BL 端电压为 0V，高频头工作在 VHF-H 频段。在接收 UHF 频段的电视节目时，N701 的①脚输出高电平，加至高频调谐器 BU 端，而㉟、㊱脚处于低电平，使 BH、BL 端电压为 0V，高频头工作在 UHF 频段。

N701 的㉜脚为调谐选台脉冲（PWM）输出端，经滤除高频成分后加到 V701 的基极，经倒相放大和四节 RC 积分滤波后，形成 0～30V 直流调谐电压并送到高频调谐器的 BT 端，用来选取频道。

N101（LA76810）㉒脚输出的同步信号脉冲加到微处理器 N701㉗脚，作为电台识别信号，即电视机在调谐选台时，当调谐到电台 TV 信号时，由 TV 信号处理器 LA76810 输出同步脉冲（SYNC）给微处理器，CPU 一旦识别到已接收到电台信号，就会自动将搜索速度减慢，以便进行下一步精确调谐。这时 N101⑩脚输出频率微调信号（AFT），加到微处理器 N701⑩脚，经 CPU 的运算处理后，通过调整 N701㉜脚输出的 PWM 脉冲，使欲接收的电台信号精确地调谐在频道上。

另外，N101④脚输出的 RFAGC 电压，通过 R119 加到高频调谐器的 AGC 端，以便自动控制高频头的增益。

（4）屏显电路

屏显电路由微处理器 N701（LC863524B）、TV 小信号处理器 N101（LA76810）及其接口电路组成，如图 9-18 所示。

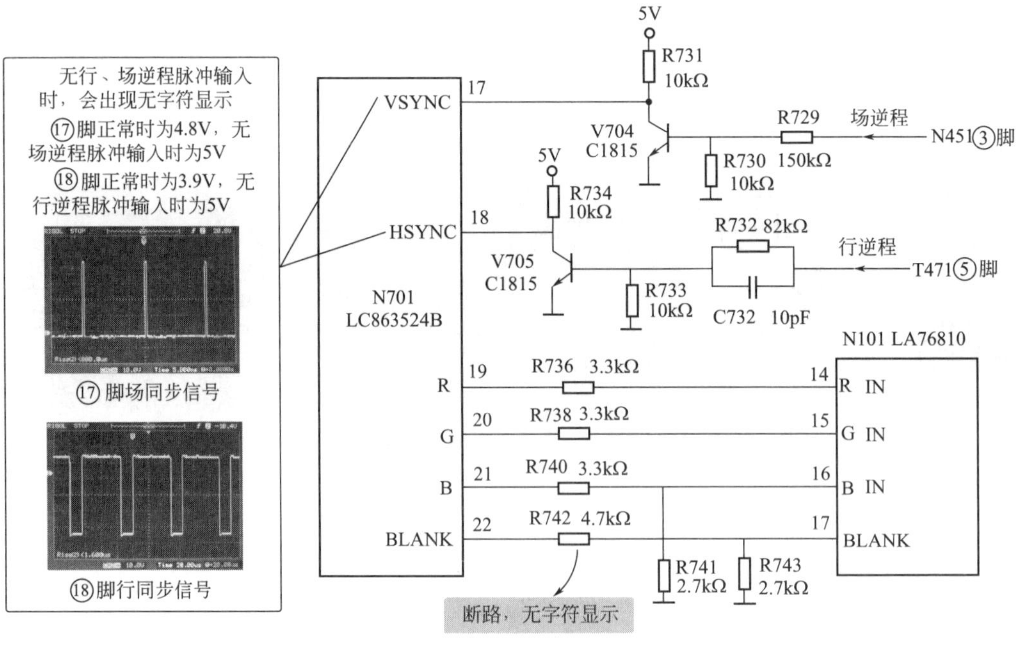
无行、场逆程脉冲输入时，会出现无字符显示
⑰脚正常时为4.8V，无场逆程脉冲输入时为5V
⑱脚正常时为3.9V，无行逆程脉冲输入时为5V
⑰脚场同步信号
⑱脚行同步信号
5V
R731
10kΩ
VSYNC
17
V704
C1815
R729
场逆程
N451③脚
R730 150kΩ
10kΩ
5V
R734
10kΩ
HSYNC
18
R732 82kΩ
行逆程
V705
C1815
T471⑤脚
R733
10kΩ
C732 10pF
N701
LC863524B
N101 LA76810
19
R
R736 3.3kΩ
14
R IN
20
G
R738 3.3kΩ
15
G IN
21
B
R740 3.3kΩ
16
B IN
22
BLANK
R742 4.7kΩ
17
BLANK
R741
2.7kΩ
R743
2.7kΩ
断路，无字符显示

图 9-18 屏显电路

LC863524B 的字符振荡器均为内藏式，无需外接字符振荡网络。在字符时钟的控制下，将预先写在微处理器 LC863524B 内部 ROM 存储器中的字符数据读出，再在行、场逆程脉

冲的同步下，从⑲、⑳、㉑脚输出，并送至TV信号处理电路N101。

N701⑰、⑱脚为屏幕显示定位用场同步信号和行同步信号输入端。场同步脉冲取自场输出电路N451③脚，经V704倒相放大后输入到N701⑰脚。行同步脉冲取自行输出变压器T471⑤脚的行回扫脉冲，经V705倒相放大后输入到N701⑱脚。N701㉒脚输出的屏显高速消隐信号，送到N101⑰脚，作为屏显信号和视频信号间的切换信号。

（5）开关量控制电路

1）待机控制　待机控制电路如图9-19所示。微处理器N701⑮脚为电源开关控制端，待机时输出高电平，开机时输出低电平。待机时，N701⑮脚为高电平，使V703饱和导通，V552截止，V554、V551、V559也截止，开关电源输出的16V、24V、17V电压因V554、V551、V559关断，使B6（高频头12V供电、经限流电阻为行振荡电路提供7.8V供电）、B7（TV小信号处理电路的5V供电）、B4（行激励电路和场输出电路的24V供电）、B2（伴音功放电路的17V供电）无输出。因此，行、场扫描电路和TV信号处理电路停止工作。

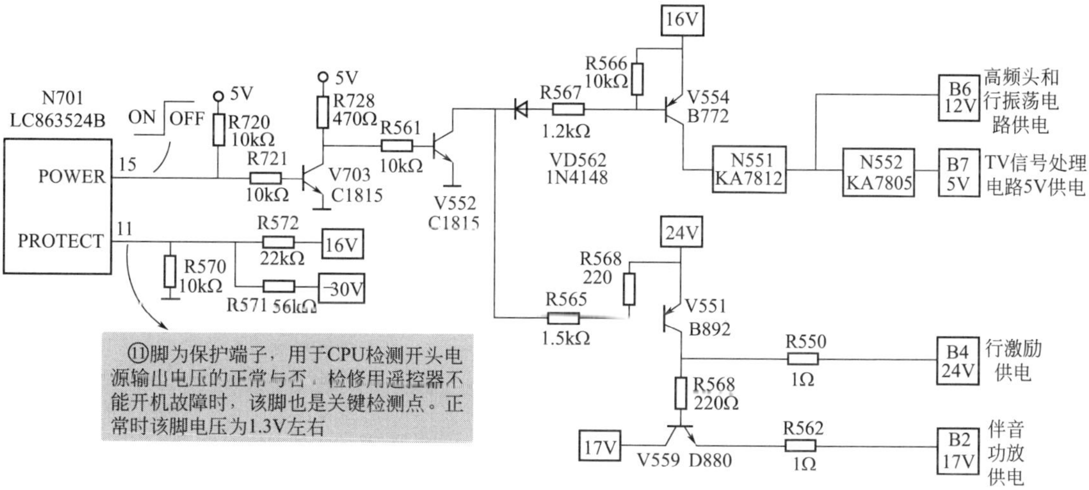
16V
R566
10kΩ
V554
B772
高频头和
行振荡电
路供电
B6
12V
N701
LC863524B
ON
OFF
5V
R720
10kΩ
5V
R728
470Ω
R561
10kΩ
R567
1.2kΩ
VD562
1N4148
POWER
15
R721
10kΩ
V703
C1815
V552
C1815
N551
KA7812
N552
KA7805
B7
5V
TV信号处理
电路5V供电
PROTECT
11
R572
22kΩ
16V
R570
10kΩ
R571
56kΩ
-30V
24V
R568
220
R565
1.5kΩ
V551
B892
R550
1Ω
B4
24V
行激励
供电
R568
220Ω
⑪脚为保护端子，用于CPU检测开头电源输出电压的正常与否，检修用遥控器不能开机故障时，该脚也是关键检测点。正常时该脚电压为1.3V左右
17V
V559 D880
R562
1Ω
B2
17V
伴音
功放
供电

图9-19　待机控制电路

N701⑪脚为保护端子，通过电阻R571、R572分别接在开关电源的－30V、16V输出端，检测电源的工作情况，具有保护功能。当开关电源电路及负载电路正常时，该脚电压为1.3V；当开关电源电路或负载电路出现异常时，输入N701⑪脚的电压立即跳变为低电平，CPU进入保护状态，并关闭总线，同时从⑮脚输出待机控制电压，整机进入待机状态，此时如同遥控关机一般，但用遥控器也不能开机。

2）音量、静音控制电路　音量、静音控制电路如图9-20所示。微处理器N701㉚脚为音量控制端，音量控制电压经RC滤波后，送到功放块AN5265的④脚（音量控制输入端），以调节音量的大小。

微处理器N701㉔脚为静噪控制端，无信号或按静音键时，该脚输出高电平，使V613饱和导通，通过VD615将功放块AN5265的④脚接地，使AN5265无音频输出，实现静音控制。

（6）总线控制电路

在该机的控制系统中，微处理器LC863524B和TV信号处理集成电路N101（LA76810）之间的数据传输是通过I^2C总线进行的。由于LC863524B和LA76810集成电

路都具有 I^2C 总线标准接口（译码器、D/A 转换器），因而不需要其他接口电路，而直接挂在数据线和时钟线上，如图 9-21 所示。

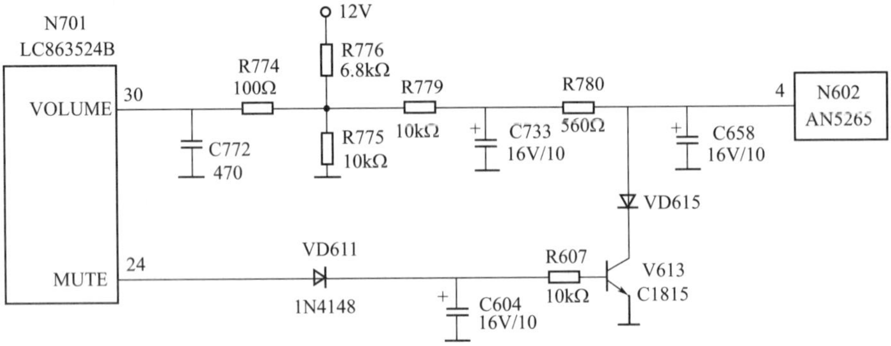

N701
LC863524B
VOLUME
MUTE
30
24
12V
R774
100Ω
R776
6.8kΩ
R775
10kΩ
R779
10kΩ
R780
560Ω
C772
470
C733
16V/10
C658
16V/10
4
N602
AN5265
VD615
VD611
1N4148
C604
16V/10
R607
10kΩ
V613
C1815

图 9-20　音量、静音控制电路

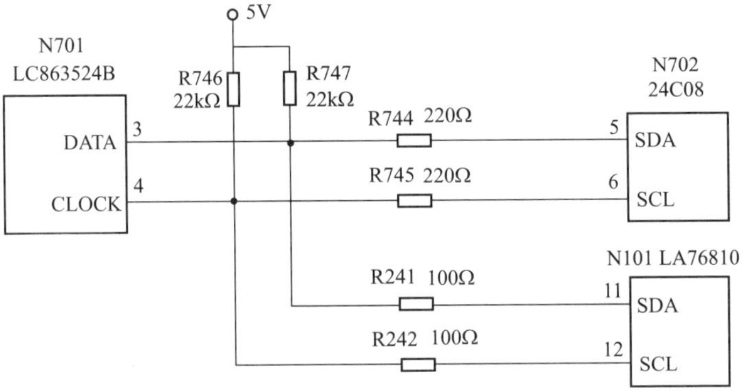

5V
N701
LC863524B
DATA
CLOCK
3
4
R746
22kΩ
R747
22kΩ
R744 220Ω
R745 220Ω
N702
24C08
5
6
SDA
SCL
N101 LA76810
R241 100Ω
R242 100Ω
11
12
SDA
SCL

图 9-21　I^2C 总线控制电路

在该机里，所有选择视音频信号滤波器的中心频率和幅频特性均由 I^2C 总线控制且在集成电路内部调整，保证了批量生产的一致性。AGC、AFT 的设置、亮度信号的峰化、色度信号的肤色矫正、色度副载波的频率、相位、基带延迟、矩阵系数、白平衡的调整、副亮度、副对比度、副色饱和度、副色调等参数的设置，都由 CPU 经 I^2C 总线控制完成和设置。

存储器 N702（24C08）可以作为被控接收器，通过 I^2C 总线写入来自微处理器 LC863524B 的控制数据，也可作为被控制发送器通过总线发送数据而由微处理器来读取。LA76810 的 I^2C 总线数据传输方式分为写入模式和读出模式。所谓写入模式是通过 I^2C 总线接收主控发送器 LC863524B 发送的数据；而读出模式是通过 I^2C 总线把数据传送到主控接收器 LC863524B 中。

在生产线上，采用 I^2C 总线控制可简化大量的生产调试工序；在用户使用过程中，如果机器出现故障，维修技术人员可将遥控器置于维修模式下，检查电视机各参数设置和工作状态。迅速准确地判定故障的部位，排除故障。

9.2.6　超级单片机的微控制系统

图 9-22 是 LA76931K 超级单片彩电的微控制系统实物图，图 9-23 是电路简化图。LA76931K 超级单片彩电的微控制系统由 N101（LA76931K）第㉓～㊷脚内外部电路及存储器 N102（FM24C08A）、本机键盘电路、红外遥控发射器及红外遥控接收器 W138M2 等组成组成。

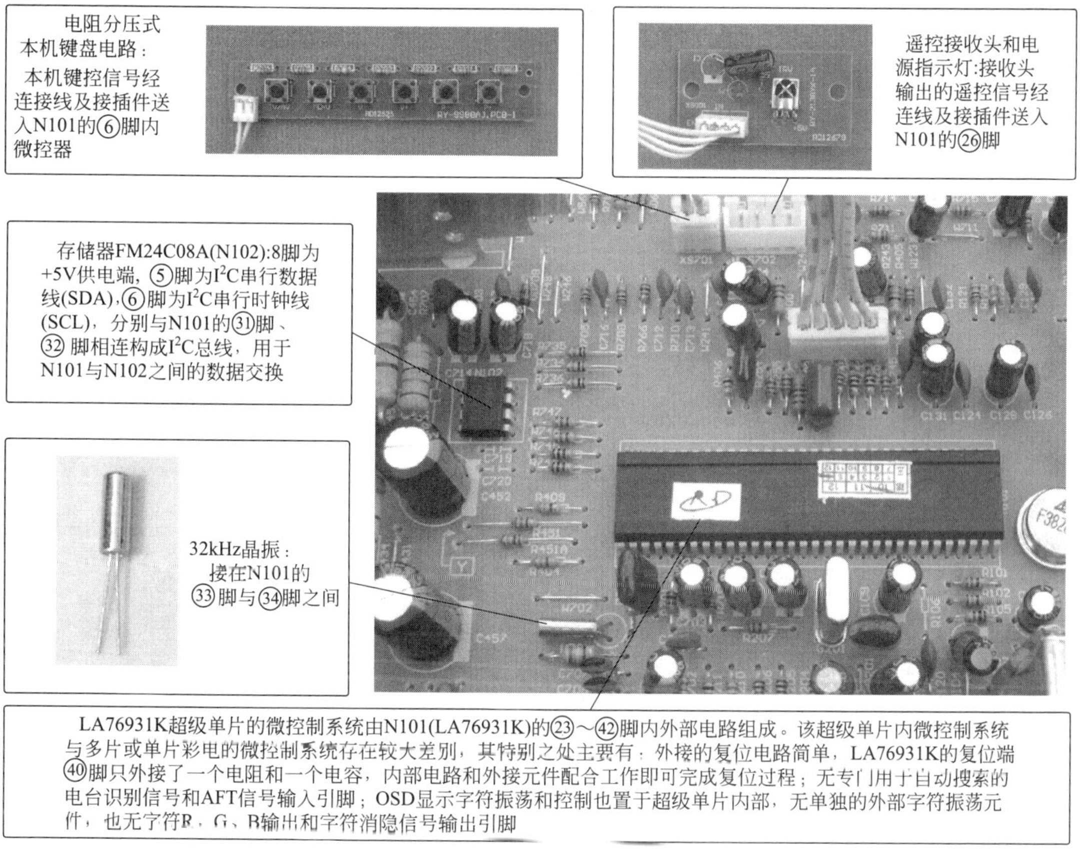
电阻分压式
本机键盘电路：
本机键控信号经连接线及接插件送入N101的⑥脚内微控器
遥控接收头和电源指示灯：接收头输出的遥控信号经连线及接插件送入N101的㉖脚
存储器FM24C08A(N102)：8脚为+5V供电端，⑤脚为I²C串行数据线(SDA)，⑥脚为I²C串行时钟线(SCL)，分别与N101的㉛脚、㉜脚相连构成I²C总线，用于N101与N102之间的数据交换
32kHz晶振：
接在N101的㉝脚与㉞脚之间
LA76931K超级单片的微控制系统由N101(LA76931K)的㉓～㊷脚内外部电路组成。该超级单片内微控制系统与多片或单片彩电的微控制系统存在较大差别，其特别之处主要有：外接的复位电路简单，LA76931K的复位端㊵脚只外接了一个电阻和一个电容，内部电路和外接元件配合工作即可完成复位过程；无专门用于自动搜索的电台识别信号和AFT信号输入引脚；OSD显示字符振荡和控制也置于超级单片内部，无单独的外部字符振荡元件，也无字符R、G、B输出和字符消隐信号输出引脚

图 9-22　LA76931K 超级单片彩电的微控制系统元器件组装结构

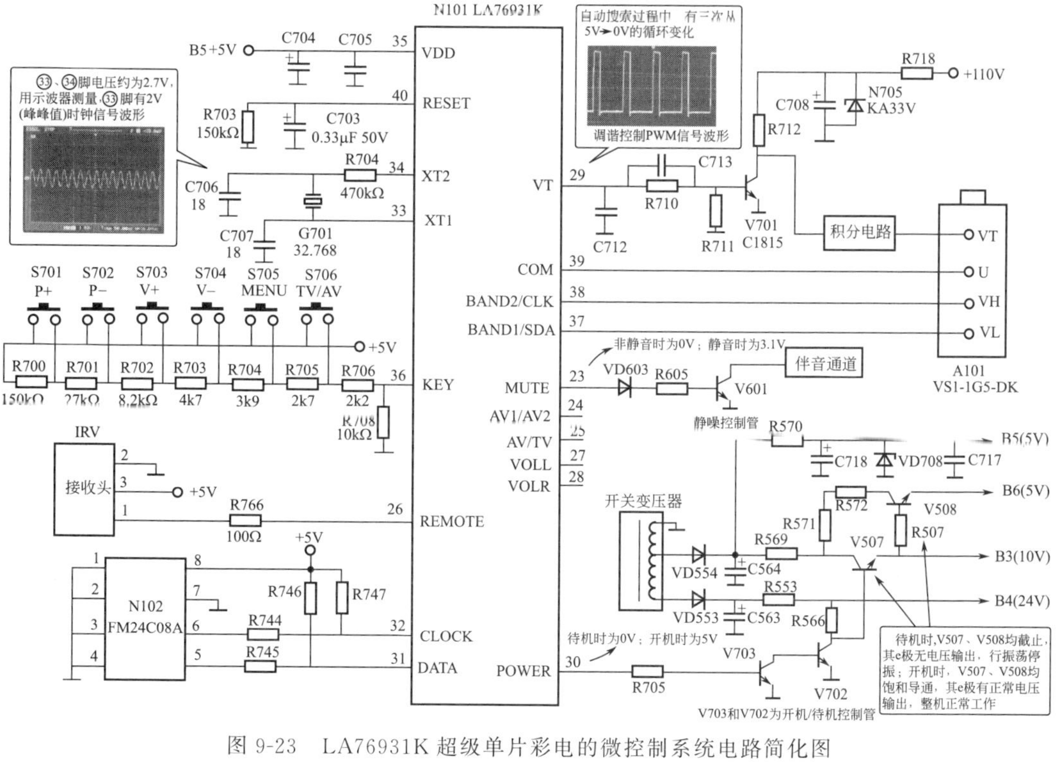
N101 LA76931K
B5+5V
C704
C705
35 VDD
40 RESET
R703 150kΩ
C703 0.33μF 50V
R704 470kΩ
34 XT2
33 XT1
C706 18
C707 18
G701 32.768
㉝、㉞脚电压约为2.7V，用示波器测量，㉝脚有2V(峰峰值)时钟信号波形
S701 P+
S702 P−
S703 V+
S704 V−
S705 MENU
S706 TV/AV
+5V
R700 150kΩ
R701 27kΩ
R702 8.2kΩ
R703 4k7
R704 3k9
R705 2k7
R706 2k2
R708 10kΩ
36 KEY
IRV
接收头
+5V
R766 100Ω
26 REMOTE
N102 FM24C08A
R746
R747
R744
R745
32 CLOCK
31 DATA
自动搜索过程中，有三次从5V→0V的循环变化
调谐控制PWM信号波形
29 VT
C712
C713
R710
R711
V701 C1815
R712
R718 +110V
C708
N705 KA33V
积分电路
39 COM
38 BAND2/CLK
37 BAND1/SDA
VT
U
VH
VL
A101 VS1-1G5-DK
非静音时为0V；静音时为3.1V
23 MUTE
VD603
R605
V601
伴音通道
静噪控制管
24 AV1/AV2
25 AV/TV
27 VOLL
28 VOLR
R570
B5(5V)
C718
VD708
C717
开关变压器
R572
V508
B6(5V)
R571
R569
V507
R507
B3(10V)
VD554
C564
R553
B4(24V)
VD553
C563
R566
待机时为0V；开机时为5V
30 POWER
R705
V703
V702
V703和V702为开机/待机控制管
待机时，V507、V508均截止，其e极无电压输出，行振荡停振；开机时，V507、V508均饱和导通，其e极有正常电压输出，整机正常工作

图 9-23　LA76931K 超级单片彩电的微控制系统电路简化图

(1) 微控制系统正常工作的支持电路

微控制器是遥控系统控制的中心，其正常工作的基本条件是在电源输入端和接地端之间加有符合要求的工作电压；开机时，复位端应有正常的复位脉冲信号；时钟振荡电路正常，产生的时钟信号用于协调微控制器内各单元电路的同步状态。

第㉟脚：系统控制电路供电端，电压为5V。

第㊵脚：复位端，外接复位电容C703和放电电阻R703。开机瞬间，+5V电压经集成块内部向C703充电，在充电的开始，C703正极电压即N101的㊵脚为低电平0V，系统开始复位。随着充电的进行，C703正极电压即N101的㊵脚逐渐升高，当电压上升到稳定值4.7V左右时，系统复位结束。R703是C703的放电电阻，关机后，C703两端所充的电荷经R703迅速释放掉，为下次开机时复位创造条件。

第㉝、㉞脚：系统时钟振荡晶振外接端，外接32.768kHz晶振，为微控制系统提供时钟振荡频率。

提示

超级单片彩电微控制系统的供电不一定均为常规5V，有些则为3.3V，如飞利浦TDA937X/TDA938X/TDA935X系列超级单片。部分超级芯片（如东芝TMPA88XX系列芯片）的微控制系统时钟振荡晶振所产生的时钟频率不仅供整个控制系统使用，还利用分频技术向TV处理部分相关电路提供频率，如向行扫描电路提供行振荡频率；向色度解调电路提供彩色副载波频率等。

(2) 选台电路

该机的选台电路采用电压合成方式，整个选台电路由超级单芯片LA76931K的㊲、㊳、㊴、㉙脚相关脚电路及高频调谐器组成。

第㊲、㊳、㊴脚：高频头频段切换控制端，全自动搜索过程中由㊲、㊳、㊴输出组合电平，直接加到高频头A101的VL、VH、U端，实现L、H、U段供电的切换，其频段切换见表9-1。

表9-1 频段切换

引脚	VHF-L	VHF-H	UHF
㊲	5.09V	0V	0V
㊳	0V	5.08V	0V
㊴	0V	0V	5.07V

第㉙脚：调谐（VT）电压输出，在全自动搜索过程中，由该脚输出4.8～0V可变电压（实为调宽脉冲PWM），通过C713、R710加到三极管V701的基极，经V701倒相放大，再经积分电路积分滤波后变成0～32V的可变直流电压加到高频头A101的VT端进行选台。

(3) 操作控制电路

该微控制系统的操作控制输入信号有两种：一是遥控指令输入；二是本机键盘指令的输入。

第㉖脚：遥控信号输入端，红外遥控接收头送来的遥控编码信号，从该脚输入，经其内部译码电路译码后，再执行相应的功能。

第㊱脚：本机键控信号输入端，外接电路采用电阻串联分压的方式，可实现“TV/

AV”“菜单”“音量-”“音量+”“节目-”“节目+”功能，当按下轻触键 S701～S706 时，第㊱脚将得到不同的模拟电压，这个电压经内部 CPU 内部电路处理后，使机器完成相应的操作。

（4）开/待机控制电路

第㉚脚：开/待机控制端。开机状态，该脚输出高电平（5V），使 V703 饱和导通，V702 截止，进而使 V507、V508 导通，此时开关电源输出 B3、B6 两组电源电压并送到行振荡电路和中频电路，此时整机正常工作。当机器接收到待机指令时，㉚脚输出低电平（0V），使 V703 截止，V702 饱和导通，进而使 V507、V508 截止，行振荡电路工作的 10V 和中频电路工作的+5V 电压被切断，整机处于待机状态。

（5）开关量与模拟量控制电路

第㉓脚：静音控制端（高电平静音）。机器正常工作时，该脚为低电平 0V，使静噪管 V601 截止，超级单芯片送至音频功放集成块的音频信号不受影响。当按压遥控器上的“静音”键或将机器伴音音量置于“0”或机器处于蓝背景状态时，该脚输出高电平 3.1V 左右，使 V601 饱和导通，将超级单芯片送至音频功放集成块的音频信号短路到地，音频功放集成块无信号输出，实现了静音功能。

另外，LA76931K 的系统控制电路还有一些引脚可用于开关量与模拟量控制，如㉔、㉕、㉗、㉘脚，这些引脚在不同的机型中，有不同的用途，有些机型也可能未用这些引脚。

（6）I^2C 总线控制电路

第㉛、㉜脚：I^2C 总线，分别为串行数据（SDA）线和串行时钟（SCL）线，外接存储器 N102，由 SDA、SCL 完成微控制器与外接存储器之间的数据交换。

9.3 遥控电路故障检修精讲

9.3.1 遥控电路关键元器件检测

9.3.1.1 遥控器的检测和维修

（1）外观检查法

用眼睛观察遥控器的外壳是否有裂缝，用手来回摇动几次，听遥控器内有无异常声音，判断遥控器是否被摔坏。

（2）替换法

将被测遥控器对准遥控功能正常的另外一台同型号彩电做试验，若同样不起作用，说明故障出在遥控器本身。或者用一只好的同型号遥控器对彩电做试验，若能正常遥控动作，说明故障出在原遥控器本身。此法最简单易行，直观可靠。

（3）辐射检查法

找一台收音机，将频率调到中波 455～650kHz 左右（最好在无电台频率位置上），将遥控器对准靠近收音机（1m 内），按下任一键时，收音机发出“哒”的声音；重复按键时，则听到“哒、哒”声；若持续按键，则收音机发出“哒、哒、哒……”声音。少数遥控器带有红色发光二极管，按下键时红色发光二极管可周期闪烁，说明遥控器振荡和键盘电路正常，但不能说明红外发光二极管的好坏。如果按下键时没有上述现象，则表明遥控器肯定工作不正常。

新型的 MF47F 等万用表具有红外发光二极管测量功能，这给遥控器的检测带来了便利。用 MF47F 万用表检测遥控器的方法如图 9-24 所示。

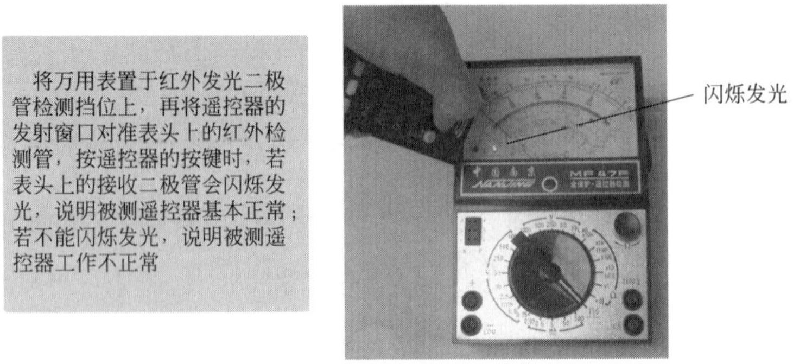
将万用表置于红外发光二极管检测挡位上，再将遥控器的发射窗口对准表头上的红外检测管，按遥控器的按键时，若表头上的接收二极管会闪烁发光，说明被测遥控器基本正常；若不能闪烁发光，说明被测遥控器工作不正常
闪烁发光

图 9-24　用 MF47F 万用表检测遥控器

(4) 电流法

用万用表测量遥控器电源静态总电流近似为零，按下任一键时电流变为 5～10mA（少数为 25mA 左右），且表针抖动，则表明遥控器能起振，大体工作正常。

(5) 电压法

当按下遥控器任一键时，用万用表测量彩电机内遥控接收器的信号输出端电压变化幅度范围为 0.1～0.3V；或者机内主控 CPU 芯片的遥控信号输入端电压变化幅度范围为 0.25～0.4V，表明接收与发射工作基本正常。

以上各种方法并非独立，可以复合使用，尤其是要注意：上述辐射检查法、电流法、电压法不能 100%得出肯定的鉴别和判断的结论，因为编码方式不对、频偏等也会造成上述假象。

9.3.1.2　遥控器常见故障的处理

① 电源供电故障。如果电源输入端的供电电压下降到 2.2V 以下，则遥控器就不能正常工作，应及时更换新电池。另外，电池的弹簧夹过松、夹子氧化、锈蚀造成接触不良也会影响遥控器的正常工作。

② 按键接触不良。若遥控器只有部分按键失去作用，则一般是由于导电橡胶的接触电阻增大或印制板表面有灰尘油污等脏物而造成的。排除的方法是用酒精棉球或专用清洁剂清洁污垢，使其保持良好接触。另外，由于遥控发射器使用日久，易造成导电橡胶磨损或电路板变形，也会引起上述故障。遇此情况，先用万用表测导电橡胶两点间的电阻值，正常时应在 200～300Ω 之间，若检测值大于 500Ω，会使按键失去作用。应急修理可用 6B 铅笔涂抹导电橡胶，直至检测恢复到 200～300Ω 之间为止，即可恢复正常使用。经这样处理的遥控器，会出现使用不了多久故障又复发的现象，鉴于目前市场上彩电遥控器的型号比较齐全，也有万能遥控器卖，价格非常便宜，最好选配新遥控器来用。

③ 振荡电路停振。遥控器在使用过程中，如遇跌落或强烈振动，陶瓷谐振器极易损坏。更换时最好是买原规格陶瓷谐振器（晶振）。

④ 激励管或红外发光管故障。激励管的检测可按一般三极管的检测方法进行。红外发光二极管的检测可用万用表 $R\times 1k$ 挡测量其正反向电阻，初步判断好坏。测量正向电阻时，黑表笔与其正极（一般为长脚）相连，红表笔与其负极（一般为短脚）相连，正向电阻一般为 10～40kΩ，反向电阻则大于 200kΩ，否则为性能不良或损坏，需要更换。还可通过检测其正、负两极间在按动某一按键时是否为 0.2V 左右且表笔指针抖动来判断。遥控红外发射

管的红外光谱为950mm左右，发射功率也不大，除个别情况外，一般彩电遥控发射管可以互相换用。

9.3.1.3 遥控接收器的检测

遥控接收器故障的主要特点是不能接收遥控信号（即整个遥控功能失效）或遥控功能紊乱。

主板向红外接收器提供+5V电源；红外接收器接收的遥控信号经接插件输送到微处理器；两者之间的地线必须良好接触。这三路中任何一路接触不良都会造成遥控失灵。

以图9-8所示电路为例，遥控接收器的检测方法如下。

① 测遥控接收头供电端③脚的电压。正常时应约为5V。若电压异常则检查限流电阻R780和滤波电容C276。

② 若遥控接收器的供电正常，此时断开R766后，检查接收头输出端①脚是否有遥控信号输出。可用万用表（最好是用机械式万用表）测量电压法或用示波器观察波形法判断。通电后，用万用表10V挡，测量静态（不按下遥控器按键时）电压，为4.5～4.9V之间任一值为正常。若静态电压异常，先检查接收头的供电和输出引脚外接元件，有些接收头的输出端与地之间接有高频滤波电容，此电容漏电或短路则会引起输出端静态电压异常的现象，如果不是外接元件的问题，则可判断接收头本身有问题。当静态电压正常时，再用遥控器对准遥控接收头，按遥控器上任一键，再测量输出端的电压，此时测得的电压为动态电压，如果动态电压由静态电压下跳0.3～0.5V，且表笔指针抖动，说明遥控接收头有正常的遥控信号输出；若动态电压不下跳，指针不抖动，在可以肯定遥控器具备发射能力的情况下，可判断是遥控接收头的问题。如果有示波器，可观察接收头是否有正常输出信号波形来判断接收头是否有问题。

另外，若怀疑遥控接收头损坏或性能变差，找一只电参数相近（主要是选通频率是否一致）的接收头代换一下，就可知是不是接收头的问题了。

9.3.2 I^2C总线控制系统检修方法和技巧

(1) I^2C总线彩电检修中应注意的问题

由于检修I^2C总线控制彩电与常规CPU彩电有很大区别，在检修时应注意以下几点。

① 首先检查I^2C总线电路。检修I^2C总线控制彩电时，先使用电压法对I^2C总线系统进行检查，先排除I^2C总线故障的可能性，可避免修理工作走弯路。特别要注意对CPU和视频/色度/扫描电路与I^2C总线有关的引脚进行检查。

② 仔细观察I^2C总线电压的变化。由于不能直接检查I^2C总线控制的CPU输出的各种控制量，而只能在进行本机键或遥控器操作时，通过观察I^2C总线上的电压是否变化来间接检查CPU对外电路的控制是否正常。这是与常规CPU彩电检查时的最大区别。

③ 遇有怪故障要先检查I^2C总线系统和总线数据。采用I^2C总线系统的彩电很可能会出现一些在常规彩电中不会出现的怪故障，这些故障有时用熟悉的彩电原理和检修思路来分析，常常觉得不可思议。因此，在修理中如果遇到了这类现象，应首先检查I^2C总线系统和I^2C总线数据。

④ 缺功能要检查I^2C总线系统和I^2C总线数据。如果维修的彩电基本功能工作正常，只是缺少了一项或几项本应具有的功能，则应该进入本机的维修状态，对I^2C总线中的功能设置数据进行检查，排除I^2C总线数据设置错误的可能性。

⑤ 注意检查I^2C总线系统中的存储器。I^2C总线系统中的E^2PROM存储器除了要存储

常规彩电中一些模拟量控制数据外，还要存储各被控电路的调整数据及电路状态设置数据，如RF-ACC、副亮度、副对比度、场幅、场线性、场中心、行幅、枕校、白平衡调整等数据。在每次开机时，CPU都要从存储器中调出这些数据，然后通过I^2C总线送往各被控电路，这样才能使电视机正常工作。因此若I^2C总线的存储器发生问题，可能会产生种种奇怪的故障。

(2) I^2C总线彩电维修技巧

维修I^2C总线彩电的原则是“先软后硬”。

维修I^2C总线系统故障时，通常从检查总线电压及波形入手。

① 测量I^2C总线电压，可根据以下两点判断I^2C总线系统是否正常。如果测量I^2C总线电压为3～5V，且在操作键盘或遥控器时，电压明显抖动，说明I^2C总线大致正常。

② I^2C总线波形。使用示波器测量I^2C总线的波形可判断总线系统是否正常。一看有无波形，波形是否随操作键的操作而变化；二看波形幅度是否正常。I^2C总线上的波形是一片片脉冲状波形，是非周期性脉冲波。如果I^2C总线系统是正常的，电视机工作在任何状态，I^2C总线上都有波形存在。I^2C总线波形的幅度大约为5V。正常时，I^2C总线的波形如图9-25所示。

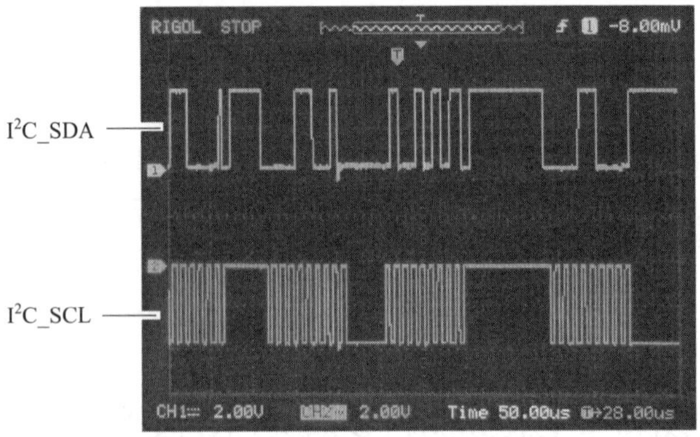
I²C_SDA
I²C_SCL
RIGOL STOP
-8.00mV
CH1= 2.00V
2.00V
Time 50.00us
28.00us

图9-25 I^2C总线的波形

(3) I^2C总线故障检修

1) I^2C总线端口电压降低

I^2C总线端口电压低，可从以下几方面进行检查。

① 检查CPU的I^2C总线SCL、SDA引脚接+5V电源的上拉电阻及+5V电源。

② 检查CPU的I^2C总线SCL、SDA引脚和被控集成电路SCL、SDA引脚对地有无短路现象。如果发现有对地短路现象，应将I^2C总线上挂接的集成电路逐一断开，若断开某一集成电路或组件电路后，总线电压恢复正常，则说明故障出在这一电路。

③ 检查I^2C总线外部电路元件，包括保护稳压管、抗干扰电容、上拉电阻和隔离电阻。

④ 检查SCL、SDA之间有无短路现象。

⑤ 看被控集成电路上是否设置有I^2C总线接口电路专用电源端子，检查此端子电压是否正常。

2) CPU的I^2C总线无时钟和数据信号输出　CPU的I^2C总线无时钟和数据信号输出时，用万用表测试集成电路I^2C总线，若处于固定高电平且按操作键时电压也不抖动，说明CPU的I^2C总线没有输出时钟和数据信号，可用示波器测试波形作进一步的确认，并应检查以下两个方面。

① 检查 CPU 是否设置了 I^2C 总线关断控制引脚，若有，检查此引脚外电路。

② 检查 CPU 电路和存储器。

3）I^2C 总线彩电的软件故障　经测试 I^2C 总线电压正常，且 SCL、SDA 端电压抖动，说明有正常的时钟和数据传输。此时可进入 I^2C 总线彩电的维修状态，检查并调整有关数据。下列故障现象一般都与 I^2C 总线数据有关。

① 电视机的某些功能消失，应检查模式或选项数据。

② 电视机信号弱，应检查 RFAGC 数据。

③ 显像管白平衡不良，应检查或调整与白平衡相关项目数据。

④ 光栅失真或行、场幅不正确，应检查或调整与扫描及校正相关项目数据。

⑤ 搜台不存储故障，应检查或调整与 AFT 相关项目数据。

（4）I^2C 总线彩电的调整

在 I^2C 总线彩电中几乎所有电路的调整，如高放 AGC、副亮度、副对比度、场幅、场线性、场中心、行幅、枕校、白平衡及白平衡调整时关闭场扫描，都要通过 I^2C 总线进行。另外在 I^2C 总线彩电的调整项目中还有电路设置与功能设置数据的调整。以上这些调整都必须进入 I^2C 总线彩电的维修状态才能进行。

1）需要调整的几种情况　有以下情况时需要通过 I^2C 总线对彩电进行调整。

① 彩电使用日久及元器件特性变化引起电视机某些性能变化时需进行电路调整，如 AGC、副亮度、行幅、场幅、枕形失真等。

② 在更换某些元器件后也需对电路进行调整，如在更换存储器 IC 后可能需要对电路进行调整；在更换 I^2C 总线上挂接的受控集成电路后，如有不正常的现象出现，也需要对电路进行调整。

③ 出现某些故障时需要检查或调整数据。一般最常需要调整项目多为光栅失真调整，如行幅、场幅、场线性、图像中心位置、枕形失真调整等。

2）调整方法　I^2C 总线电视机的调整步骤如下。

① 将电视机置于维修状态。不同厂家、不同型号的电视机进入维修状态的方法不相同，通常进入维修状态的方法有以下几种。

a. 密码进入法。只需按规定的顺序操作遥控器或本机键盘的几个按键后，即可进入维修状态。

b. 维修开关进入法。这种电视机的电路板上设有一个维修开关，只需按动（或拨动）开关即可进入维修状态。

c. 测试点短路法。其机内 CPU 的旁边设有一组测试点，将测试点短路便进入维修状态。

② 选择调整项目。大部分彩电采用“频道增/减”键选择调整项目，调整项目一般可分为三类，即选项项目、非调整项目及可调项目。用户或维修人员不要轻易更改选项数据，否则可能会使彩电失去某些功能。非调整项目在维修领域一般不作调整，其数据应保持厂家设定值，确需调整时需专业的调整设备或工装。可调项目是维修领域由维修人员进行调整的项目，这些项目在厂家给出的数据表中通常用“※”号加以标注，模式选项常用“OTP、MOD”或“M”表示。

③ 调整项目数据。多数彩电采用“音量增/减”键调整所选项目的数据，少数彩电为其他键。

④ 保存调整后的数据。调整完毕，要将数据存入 E^2PROM 存储器。数据的存储根据不同机型常使用以下方法。

a. 退出保存法。从维修状态退回到电视机正常收看状态，即可将数据存入存储器。

b. 约定键保存法。操作遥控器或电视机上规定的按键，即可将数据存入存储器。

⑤ 退出维修状态。不同机型退出维修状态的方法不同，多数彩电采用遥控关机来退出，有的采用操作约定按键来退出。

I^2C 总线电视机的调整示意图如图 9-26 所示。

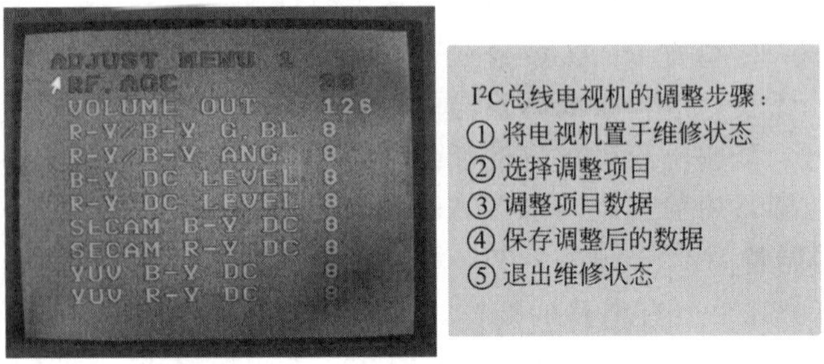
ADJUST MENU 2
VOLUME OUT 126
R-Y/B-Y G.BL 8
R-Y/B-Y ANG 8
B-Y DC LEVEL 8
R-Y DC LEVEL 8
SECAM B-Y DC 8
SECAM R-Y DC 8
YUV B-Y DC 8
YUV R-Y DC 8
I²C总线电视机的调整步骤：
① 将电视机置于维修状态
② 选择调整项目
③ 调整项目数据
④ 保存调整后的数据
⑤ 退出维修状态

图 9-26 I^2C 总线电视机的调整示意图

(5) I^2C 总线电视机更换存储器后的初始化操作

如果 I^2C 总线电视机更换了空白存储器，就必须进行初始化操作，将控制数据重新写入新更换的存储器中。初始化操作类型见表 9-2。

表 9-2 初始化操作类型

操作形式	操作方法
自动写入	开机后电视机自动写入
半自动写入	将电视机置于维修状态，按本机或遥控器上规定的按键
手动写入	按厂家规定的操作，将调整项目的数据逐条写入新的存储器中

9.3.3 遥控电路常见故障检修

(1) 不能二次开机

不能二次开机故障是指按下电视机总电源开关时，面板上待机指示灯亮，但手控或遥控二次开机时，整机无图、无声、无光。

在各类遥控彩色电视机中，遥控开/关机有直流开/关机和直流开机交流关机两种。直流开/关机又分用继电器控制和直接控制（直接控制有电子耦合和光电耦合两种方式）两种。不管哪种形式，它们都受微处理器开/关机控制引脚的控制。

检查该故障时首先应区分是（主）电源电路本身不良还是遥控电路有故障引起的，判断方法是：对于直接控制的只需断开或短路开/关机接口末端器件（图 9-23 电路，断开 V702 的 c 极；图 9-19 中将 V552 的 c 极与地短路），这样处理后若开关电源输出电压恢复正常，可判断故障出在开/关机接口电路或 CPU 未输出开机电平，如果故障仍旧，即开关电源无输出或输出电压低，则故障在开关电源及其负载电路；对于采用继电器控制的不需要断开电路，在开盖后按动二次开关键，如能听到继电器的吸合声，就可以说明主电源有问题，反之，听不到吸合声，则应检查遥控电路。

如果确认故障与（主）电源无关，则产生不能二次开机故障的原因主要有如下几个方面。

① 微处理器的基本工作条件（供电、复位和时钟信号）异常，微处理器不能进入工作状态。

② 微处理器内部电路损坏，使微处理器不能输出开机电平。

③ 电源控制接口电路有故障，中断了直流开机控制电平的转换，或引起接口电路输出端对地短路，使电源启动控制端处于封锁状态。

I^2C 总线控制彩电，总线系统不正常而引起的总线保护以及软件的故障也会出现不能二次开机故障。

检修这种故障时，先用万用表电压挡测量 CPU 开/关机控制端电平，然后操作遥控器或面板上的“开/待机”键，正常时应有高低电平跳变现象，否则表明 CPU 不能输出开机控制信号，故障在 CPU 或 CPU 工作条件不具备。同时还要考虑下面两个因素：一是 CPU 是否有保护检测引脚，如果有要考虑保护检测电路（取样电路）是否有问题以及考虑被保护的电路是否有过流或过压现象，而使 CPU 进入保护状态，开/关机控制端不能输出正常的开机电平；二是对于 I^2C 总线控制的机型，还要考虑是否为总线系统不正常而引起的总线保护以及软件故障。

这种故障可按图 9-27 所示流程进行检查。

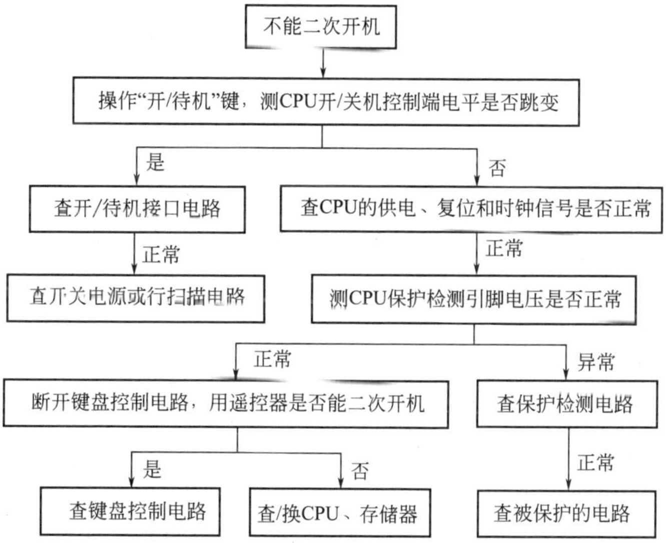

不能二次开机
操作“开/待机”键，测CPU开/关机控制端电平是否跳变
是
否
查开/待机接口电路
查CPU的供电、复位和时钟信号是否正常
正常
正常
查开关电源或行扫描电路
测CPU保护检测引脚电压是否正常
正常
异常
断开键盘控制电路，用遥控器是否能二次开机
查保护检测电路
是
否
正常
查键盘控制电路
查/换CPU、存储器
查被保护的电路

图 9-27 不能二次开机故障检修流程图

方法与技巧

CPU 基本工作条件电路的故障特点与检修方法如下。

当遇到整个控制功能失效，或者控制功能紊乱，要先对微处理器基本工作条件电路进行检查，然后再确定微处理器本身是否有问题。CPU 正常工作基本条件有：供电电压正常；复位信号正常；微处理器主时钟正常。这三者通常称为微处理器正常工作的三要素。实际上，CPU 正常工作除必须具备上述三要素外，还要求按键电路无短路，I^2C 总线输出端对地无短路，并且上拉电阻与抗尖峰脉冲防护电阻无开路，另外还要求软件要正常。这里重点介绍 CPU 工作的三要素检查方法。

CPU 基本工作条件电路故障维修要点如图 9-28 所示，具体检查方法如下。

1）CPU 电源端供电的检查　CPU 无工作电压，则内部电路无法工作，有时即使有工作电压，但若其供电电压值偏差过大或纹波电压过大（CPU 对供电要求极为严格），也不能

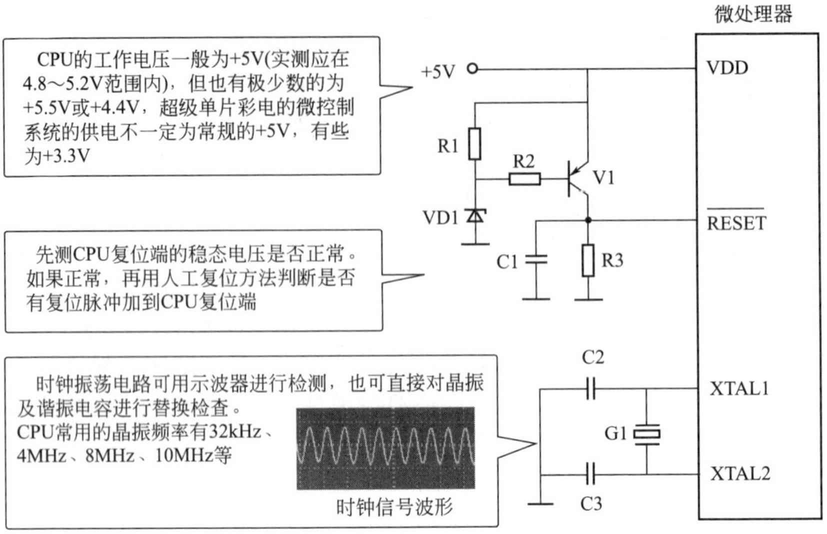
微处理器
CPU的工作电压一般为+5V(实测应在4.8～5.2V范围内)，但也有极少数的为+5.5V或+4.4V，超级单片彩电的微控制系统的供电不一定为常规的+5V，有些为+3.3V
+5V
VDD
R1
R2
V1
VD1
RESET
C1
R3
先测CPU复位端的稳态电压是否正常。如果正常，再用人工复位方法判断是否有复位脉冲加到CPU复位端
C2
时钟振荡电路可用示波器进行检测，也可直接对晶振及谐振电容进行替换检查。
CPU常用的晶振频率有32kHz、4MHz、8MHz、10MHz等
XTAL1
G1
XTAL2
C3
时钟信号波形

图 9-28　微处理器基本工作条件电路故障维修要点

正常工作。检修遥控系统的很多故障时，往往要首先检查 CPU 的电源端供电电压是否正常。

CPU、存储器和遥控接收器等组成的遥控电路，其供电方式有两种：一种是采用一个单独的副电源供电，这种供电方式被有主电源和副电源两个电源的机型所采用；另一种采用开关电源供电，这种供电方式被只有一个开关电源的机型所采用，在待机状态开关电源处于间歇振荡或低频振荡状态。

CPU 的工作电压一般为＋5V，也有极少数的为＋5.5V（如长虹 P2119、C2169、C2169等）或＋4.4V（如长虹 2188、2588、2988）。值得一提的是，超级单片彩电的微控制系统的供电不一定为常规的＋5V，有些为＋3.3V，如飞利浦 TDA935X/TDA937X/TDA938X 系列超级单片。CPU 对供电电压值要求较为严格，一般要求误差不超过 5%。但在实践中发现，实际电路中要求更高一些，误差应限制在 4%以内，以＋5V 供电的 CPU 为例，下限值为＋4.8V，上限值为＋5.2V。否则将导致 CPU 不能正常工作，出现一些奇异的故障现象。有时用万用表测得 CPU 的＋5V 电压正常，并非 CPU 供电完全正常，其中最常见的就是＋5V 电源的滤波电容失效或不良，使电源滤波不良，电源的交流纹波增大，电源中的脉冲干扰幅度稍大一点就会造成 CPU 不稳定，造成遥控系统误动作。

2）CPU 的复位端及复位电路的检查　CPU 复位（内部电路清零）不良，会导致微处理器不能工作或工作混乱，出现不能开机或控制门紊乱、屏幕显示异常等现象。CPU 采用的复位方式一般有两种：一种是最常用的低电平复位方式，这种复位方式是在 CPU 供电端（VCC 或 VDD）获得稳定的＋5V 工作电压之前，使复位端（RESET）保持瞬间（约 1ms）的低电平，迅速转为近＋5V 高电平，正常工作时保持为这一高电平（称为稳态电压或保持电压）；另一种是高电平复位方式（其复位过程与低电平复位过程正好相反），这种复位方式比较少见。

检查 CPU 的复位端，一般先用万用表测量该脚的稳态电压是否正常。如果测得稳态电压很低，则一般为外接元件有问题，CPU 内部损坏的情况不多见；如果测得复位端电压与图标电压相同（采用低电平复位方式的应接近电源电压为正常），可采用人工复位的方法判断有无复位脉冲加到 CPU 复位端，具体方法是：对于采用低电平复位方式的 CPU，可用一短导线将 CPU 复位端对地瞬间短接一下，如果 CPU 进入正常工作状态，表明没有复位脉

冲加到CPU复位端，故障在复位电路；对于采用高电平复位方式的CPU，将复位端对电源+5V瞬间碰接一下，如果CPU恢复正常工作，说明没有复位脉冲加到CPU复位端，应对复位电路进行检查和维修。复位电路易损坏的元器件有晶体三极管、稳压二极管和电容，其中电容不良或损坏的概率最高。

3）CPU主时钟电路的检查　CPU内部电路与外接晶体及谐振电容组成的振荡电路，产生的振荡脉冲信号经内部电路分频后形成各种时种脉冲，用于控制各电路单元之间数据的传输、保存及同步动作。若无时钟信号或时钟频率不准确，会出现微处理器控制不能进行或控制紊乱的现象。对于某些机型，晶振频率发生偏移、性能不良还可能造成误静音故障或搜索不存台等故障。对于字符振荡采用主时钟分频的机型，主时钟不良，除出现不能开机的故障外，还可能出现偶尔能开机，但开机后出现字符扭曲、字符残缺或无字符显示的故障。

CPU主时钟振荡电路可用示波器进行检测，但要注意，不少机型即使机器正常，当用示波器测量CPU主时钟波形也会引起振荡电路停振，出现不能开机或开机无图像等现象。在无示波器的情况下，检查时可先测量CPU时钟振荡输入/输出端电压，如LC863524的⑥脚、⑦脚在2.2～2.4V之间，如果两脚电压相差较大，或其中一脚电压为0V，应检查谐振电容是否短路、漏电。如果测得的电压正常，这只能说明具备了振荡条件，而不能说明是否产生了振荡及振荡频率是否正确，这时可用同频率晶振替换原晶振。CPU常用的晶振频率有32kHz、4MHz、6MHz、8MHz、10MHz、12MHz等。替换晶振仍不能排除故障时，再将谐振电容一并换掉看故障能否被排除。该不该检查时钟振荡电路和是否需要更换晶振则要根据故障现象来判断。例如，所检修的故障现象为二次不开机、无伴音、调节各模拟量屏幕上的字符显示操作速度慢、自动关机等，则可试着更换晶振；对于其他故障现象如无彩色、无图像等则不必更换晶振，因为这些故障均可以说明CPU运行正常，CPU运行的首要条件是有正确的时钟脉冲，因此可判断晶振及小电容是好的，不必更换。

（2）无规律性的自动关机

手控或遥控开机后，能正常收看各电视节目，但在收看过程中往往出现无规律的自动关机。

这种故障现象与无电视节目信号或CPU的电台识别信号形成和传输电路有故障而出现的延迟自动关机现象不同，后者为蓝屏不能正常收看电视节目，且延迟10min左右关机。无规律性的自动关机故障可能是CPU工作时钟晶振或CPU不同程度损坏，热稳定性不良、虚焊，造成CPU控制指令紊乱自动关机，可用代换法修理。电源供电不良也会引起自动关机。

（3）本机键控和遥控均不起作用

此故障的实质为CPU没有正常工作。CPU正常工作一般要有以下五个条件：一是供电电压正常；二是复位信号正常；三是时钟信号（包括幅度和频率）正常；四是按键无短路现象；五是CPU本身正常。对于总线控制的机型，还有一个条件，即I^2C总线输出端与地之间无短路现象，并且上拉电阻与抗尖峰脉冲防护电阻无开路。只有满足上述条件，CPU才能正常工作。因此可从上述条件电路中分别去查找故障元件。

（4）本机键盘不起作用

遥控起作用，说明CPU工作基本正常，但由于CPU内部键控输入接口局部损坏的可能性极小，各个按键同时发生接触不良的可能性较小，因此应重点检查键控电路有无开路现象，如果操作面板与主板之间通过连线相接的，应重点检查接插件是否松动、脱落。

（5）遥控失效

本机键盘起作用，说明CPU工作基本正常，由于CPU局部损坏的可能性极小，通常为遥控发射器损坏或机内遥控接收部分不良。对于遥控发射器可检测其工作电流来基本判断其工作是否正常，通常在正常工作时其电源电流为5～10mA，静态电流很小，如不正常一般为驱动晶体管损坏或发光二极管不良，如正常而不能发射，通常为晶振损坏。如确认遥控发射器正常而遥控仍不起作用，则应重点检查遥控接收电路，一般可监测其信号输出端在有遥控按键按下时，是否有较大的变化（根据信号极性的不同，有可能变高或变低，大部分为变低）来判断其工作是否基本正常，如不正常，应做替换试验。

(6) 搜不到台

搜不到台是指自动搜索时，屏幕上搜索电压显示条从左到右伸长，但没有图像出现，始终为蓝屏，搜索完后也没有信号，它与无图无声故障现象相同。

检修这种故障时，可先关闭蓝背景功能后看是否能搜索到电视节目，如果能够搜索到则为CPU的电台识别（SD）引脚无正常信号输入，应检查电台识别信号形成与传输电路；如果搜索时仍无图像出现，此时应注意观察屏幕上噪粒子的情况，以便判断故障是否与微处理器控制电路有关。若屏幕上有浓密的噪粒子，则基本上可确定问题是出在天线系统、高频头及微处理器调谐、波段切换控制电路；若屏幕上无噪粒子（一片白光栅），或噪粒子稀少，则为高频头以后的信号通道阻塞。这里重点介绍由微处理器、调谐接口和波段接口等电路有问题所导致的故障。

这部分电路的故障，大多数发生在调谐电压控制接口电路和波段转换接口电路，而微处理器输出的调谐控制信号和波段控制电压（或波段编码信号）出错的情况比较少见，可按图9-29所示流程进行检查。

① 调谐接口的检查方法　调谐接口的关键检测点主要有以下几处。

高频头BT（TU）端：正常时，此点在自动搜索时电压在0～30V之间变化，接收某一频道节目时为某一电压值，且很稳定。如果异常，应脱开高频头的BT引脚与印制板的连接铜箔后，再测BT焊盘处电压。如果此点电压正常，则说明高频头可能损坏；反之，则故障在CPU、调谐电压形成电路以及＋33V供电稳压电路。

倒相放大管的集电极：正常时，此点在自动搜索时电压在0～32V之间变化，接收某一频道节目时为某一电压值，且很稳定。如此点电压正常，则说明故障在平滑滤波电路；反之，则说明故障在倒相放大管及其以前的电路，或在＋33V供电、稳压电路。

＋33V电源端：正常时，此点电压为33V左右，非常稳定。如果＋33V供电电路和稳压电路有故障，会导致此点电压太低、不稳，会出现搜索不到频段高端节目，并伴有跑台故障。

微处理器的调谐控制输出（VT）引脚：该脚输出的控制信号为PWM信号（脉冲宽度和频率都可变），可用示波器测量其输出信号波形，最简捷的办法是用万用表测量其直流电压，正常时自动搜索状态有三次由5V→0V循环变化，若不变化或变化范围变小，说明微处理器或外围电路有问题，应先检查该引脚与地之间所接的滤波电容是否漏电短路，若滤波电容正常，则可判断是微处理器不良。

② 波段接口的检查方法　波段接口的检查较为简单，用电压法即可查出故障部位。该接口的关键检查点有：高频头BL、BH、BU三个端子（或L/H、V/U两个端子）、微处理器的波段切换控制引脚。如果波段接口中有波段变换三极管或波段译码器，波段变换三极管基极和集电极、波段译码器输入/输出端也应是检查的关键点。这里以微处理器的波段切换控制引脚为例。微处理器的波段切换控制引脚有两个（L/H、V/U）或三个（VL、VH、UHF），检查时用万用表测量这些引脚的电平，看其中之一是否为高电平（5V或12V），或

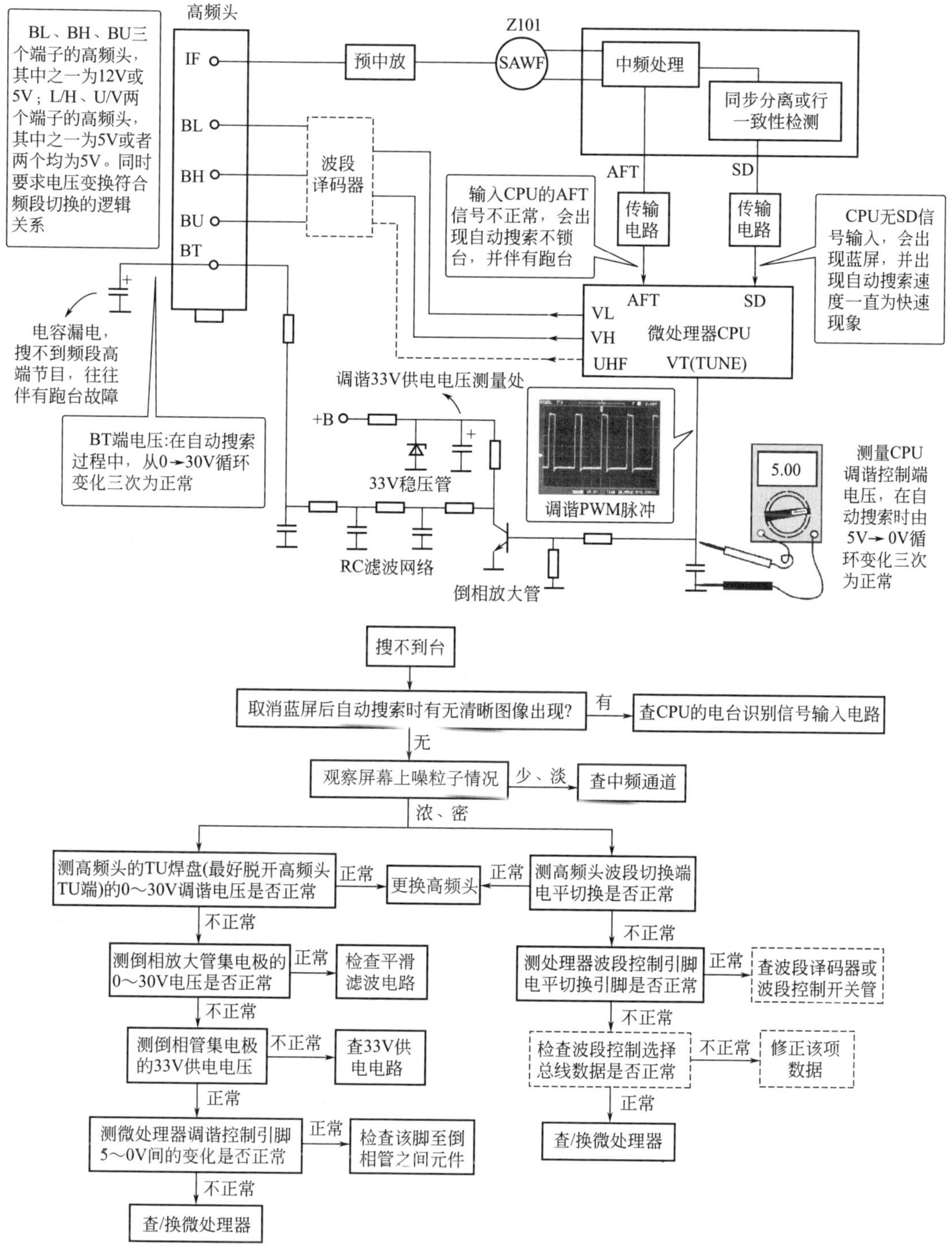
BL、BH、BU三个端子的高频头，其中之一为12V或5V；L/H、U/V两个端子的高频头，其中之一为5V或者两个均为5V。同时要求电压变换符合频段切换的逻辑关系
高频头
IF
BL
BH
BU
BT
预中放
Z101
SAWF
中频处理
同步分离或行一致性检测
波段译码器
AFT
SD
输入CPU的AFT信号不正常，会出现自动搜索不锁台，并伴有跑台
传输电路
传输电路
CPU无SD信号输入，会出现蓝屏，并出现自动搜索速度一直为快速现象
AFT
SD
VL
VH
UHF
微处理器CPU
VT(TUNE)
电容漏电，搜不到频段高端节目，往往伴有跑台故障
调谐33V供电电压测量处
+B
33V稳压管
调谐PWM脉冲
BT端电压:在自动搜索过程中，从0→30V循环变化三次为正常
5.00
测量CPU调谐控制端电压，在自动搜索时由5V→0V循环变化三次为正常
RC滤波网络
倒相放大管
搜不到台
取消蓝屏后自动搜索时有无清晰图像出现?
有
查CPU的电台识别信号输入电路
无
观察屏幕上噪粒子情况
少、淡
查中频通道
浓、密
测高频头的TU焊盘(最好脱开高频头TU端)的0～30V调谐电压是否正常
正常
更换高频头
正常
测高频头波段切换端电平切换是否正常
不正常
测倒相放大管集电极的0～30V电压是否正常
正常
检查平滑滤波电路
不正常
测处理器波段控制引脚电平切换引脚是否正常
正常
查波段译码器或波段控制开关管
不正常
测倒相管集电极的33V供电电压
不正常
查33V供电电路
不正常
检查波段控制选择总线数据是否正常
不正常
修正该项数据
正常
正常
测微处理器调谐控制引脚5～0V间的变化是否正常
正常
检查该脚至倒相管之间元件
查/换微处理器
不正常
查/换微处理器

图 9-29　搜不到台故障检修流程和维修要点

有两个引脚为高电平，且用遥控器或面板改变波段时电压变换应符合其逻辑关系。如果无波段电压或电压变换的逻辑关系异常，普通遥控彩电通常为微处理器不良，但对于 I^2C 总线控制彩电（包括超级单片彩电），不要急于断定微处理器损坏，而应该先检查波段控制选择数据是否正常，若总线数据正常方可视为微处理器损坏，应更换一试。

(7)能自动搜索，但不能存台

这类故障可细分为两种：一种是自动搜索时节目号不变且不存台；另一种是自动搜索时节目号正常递增，但搜索到的节目不能存储起来。

1）自动搜索时节目号不变且不存台　这种故障也称为自动搜索节目不能锁定或不锁台，其故障原因主要有：一是微处理器未收到电台识别（SD）信号；二是微处理器未收到AFT校正电压或AFT校正电压不正常。区别方法是：自动搜索过程中，如果一直为蓝屏，而当取消蓝屏后，自动搜索过程中，屏幕出现一闪即逝、毫无“停顿感”的图像，故障部位多在微处理器的电台识别信号输入电路中（SD信号形成电路发生故障的可能性很小）；若未取消蓝屏时，自动搜索有图像出现，而在取消蓝屏后，自动搜索过程中，屏幕出现的图像有“停顿感”但节目号不翻转、不递增，故障多在CPU的AFT信号输入电路或中放部分的AFT电压形成电路。

检修时，首先检查微处理器的电台识别信号（SD）输入端有无同步脉冲信号输入或代表收到电台的高或低电平（一般是收到电台后为高电平）。微处理器电视台识别信号（SD）输入端，必须有识别信号（SD）输入，作为微处理器判断有电视频道信号的依据。否则，微处理器便认为无电视频道信号，而不会发出存台的指令，必然不能存台。检查的关键点主要有微处理器的SD信号输入端，TV信号处理IC的同步分离或行一致性检测电路的输出端。SD信号为同步脉冲信号的，采用示波器对SD信号输出、输入端及其传输通道进行信号跟踪检查很容易找到故障部位（有无同步脉冲信号时，各点电压变化不明显，测量电压不易发现问题）。SD信号为高/低电平的，采用电压法检查。新型总线彩电，具有电台识别方式设置功能，有同步脉冲识别和高低电平识别两种方式，当总线电台识别方式设置数据与实际电路不符时，即使有SD信号送入CPU，CPU也不能正确进行电台识别。

其次，检查CPU的AFT校正电压输入端有无正常的AFT信号输入。对AFT校正电压的检查有一定的难度，因为CPU对输入的AFT校正电压要求极为严格，AFT校正电压是一种“S”变化（称为“S”曲线）的电压，不仅要求它的中心值（即静态电压，不接收电视节目时电压）要正确，还要求它在搜索一个台的附近其电压变化的幅度应满足要求以及“S”曲线的斜率符合要求。若AFT特性斜率太陡或过缓，均会影响正常工作，使搜索调谐不能锁台或锁台不准确以及部分台不能锁定。不同CPU输入的AFT校正电压可能不相同，需视机型而定。维修实践表明，自动搜索不能锁台故障多数都是因AFT校正电压不符合要求引起的，故障部位一般并不是在CPU的AFT输入电路，而是在中频电路的AFT电压形成部分，主要是由于AFT中周失谐或38MHz中周失谐所引起的，往往需要更换AFT中周、38MHz中周，更换后有时还需仔细调整，才能排除故障。

2）自动搜索时，节目号正常递增，但节目不能存储　这种故障也称为不记忆或存储功能失效，在下面单独介绍。

(8)收台少或某频段收不到电视节目

收台少或某频段收不到电视节目故障，是指在每个频段的高端频道或低端频道电视节目信号收不到，或某一个频段无电视节目信号。此类故障现象，一般是高频调谐器BT供电电路、频段切换电路、高频调谐器内电路有故障。

若所有频段均接收不到高端或低端的电视节目信号，则为调谐电压形成电路故障所致；若某一频段收不到电视节目，故障在频段切换电路或高频调谐器内部该波段电路故障。对于总线型彩电来说，当存储器内与波段设置相关的数据（即波段控制选择数据）不当时，将引起微处理器频段编码出错，使高频头无某频段工作电压，也会出现搜索不到该频段电视节目的故障现象。可按图9-30所示流程进行检查。

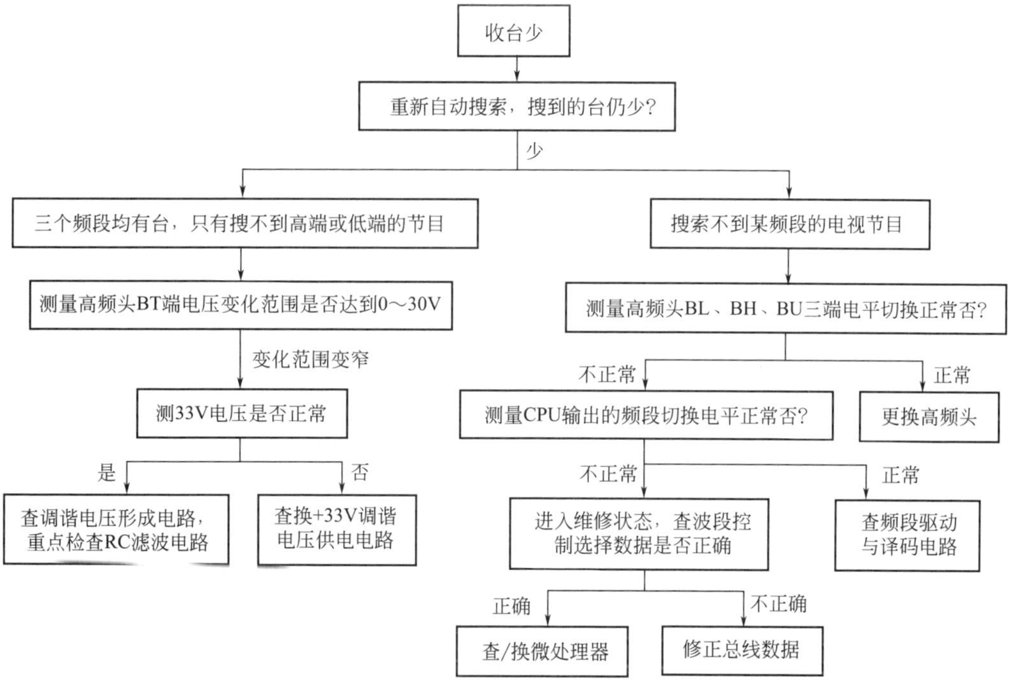
收台少
重新自动搜索，搜到的台仍少?
少
三个频段均有台，只有搜不到高端或低端的节目
搜索不到某频段的电视节目
测量高频头BT端电压变化范围是否达到0～30V
测量高频头BL、BH、BU三端电平切换正常否?
变化范围变窄
不正常
正常
测33V电压是否正常
测量CPU输出的频段切换电平正常否?
更换高频头
是
否
不正常
正常
查调谐电压形成电路，重点检查RC滤波电路
查换+33V调谐电压供电电路
进入维修状态，查波段控制选择数据是否正确
查频段驱动与译码电路
正确
不正确
查/换微处理器
修正总线数据

图 9-30 收台少或某频段收不到电视节目故障检修流程

（9）不记忆（存储功能失效）

这种故障是指电视机的频道、亮度、色饱和度、音量等在开机时不能保持上次关机前的状态，若要恢复原来的状态，必须进行重新调整。

对于非总线控制系统的彩电，故障原因一般是 E^2PROM 存储器及外围电路不良。检查时应先检查存储器+5V 供电是否正常，需要−30V 数据写入电压的还应检查−30V 供电是否正常，若不正常，先解决电源问题。再检查存储器与 CPU 之间的通信线路是否开路，存储器、CPU 存储接口引脚是否有虚焊现象。若以上检查均正常，则说明存储器可能损坏，应更换存储器。

对于总线控制彩电，则应先检查 SDA 与 SCL 两条线路是否正常，再检查存储器与微处理器性能是否不良。对于某些使用新型超级芯片的彩电，上述相关功能单元电路已经全部集成在超级芯片内。所以，当这些彩电出现此类故障现象时，要先检查存储器与微处理器电路的工作条件是否满足，再检查存储器内存的数据是否出错。

（10）部分功能失灵或者不稳定

此类故障指 CPU 控制部分功能失灵或不稳定，根据电路的不同可分为两种情况：一是普通遥控彩电，通常为键盘控制电路不良或有关输出接口电路不良；二是采用 I^2C 总线控制方式的电路，先检查键盘控制电路，若无问题，则只能更换被控 IC 一试。

（11）AV/TV 转换故障

AV/TV 转换失灵，故障在 AV/TV 转换或信号通道电路，通常有如下三种原因：一是 AV/TV 控制信号不正常，通常为键盘控制电路或 AV/TV 控制接口电路不良以及 CPU 局部损坏；二是 AV/TV 转换电路本身不良，可做替换试验；三是 AV、TV 各自的信号通道不良，可按一般信号通道的检修方法用干扰或跨接的办法来确定故障部位。

（12）模拟量（音量、亮度、对比度、清晰度、色饱和度）**控制失灵**

模拟量控制失灵根据电路的不同可分为两种情况：一是采用模拟电压控制方式的机型，

故障多数发生在接口电路和面板按键电路，微处理器内部局部损坏的情况较为少见，也可能是受控 IC 不良；二是采用 I²C 总线控制方式的机型，通常为键盘控制电路不良，也可能是受控 IC 不良，当怀疑受控 IC 不良时应更换一试。

面板按键电路不良是容易判断的，只要根据在操作有关按键时电视屏幕上有无操作标志显示即可作出判断，如果有显示则说明键控电路正常，反之，则可能是键控电路的故障。改用遥控器操作，如果控制正常，则可确认故障在面板按键电路。

对于采用模拟电压控制方式的机型，应重点检查控制失灵的那一路控制接口电路，通过测量下列关键检测点可迅速确定故障部位。

1）接口电路输出端　采用电压法检查，测试点选在各模拟量控制电平输出端与受控端相衔接的负载电阻任意端均可，如图 9-31 中的 A 点（以色饱和度失控为例）。通过测该点电压是否正常，目的是以此来判断故障在受控电路还是在接口电路。

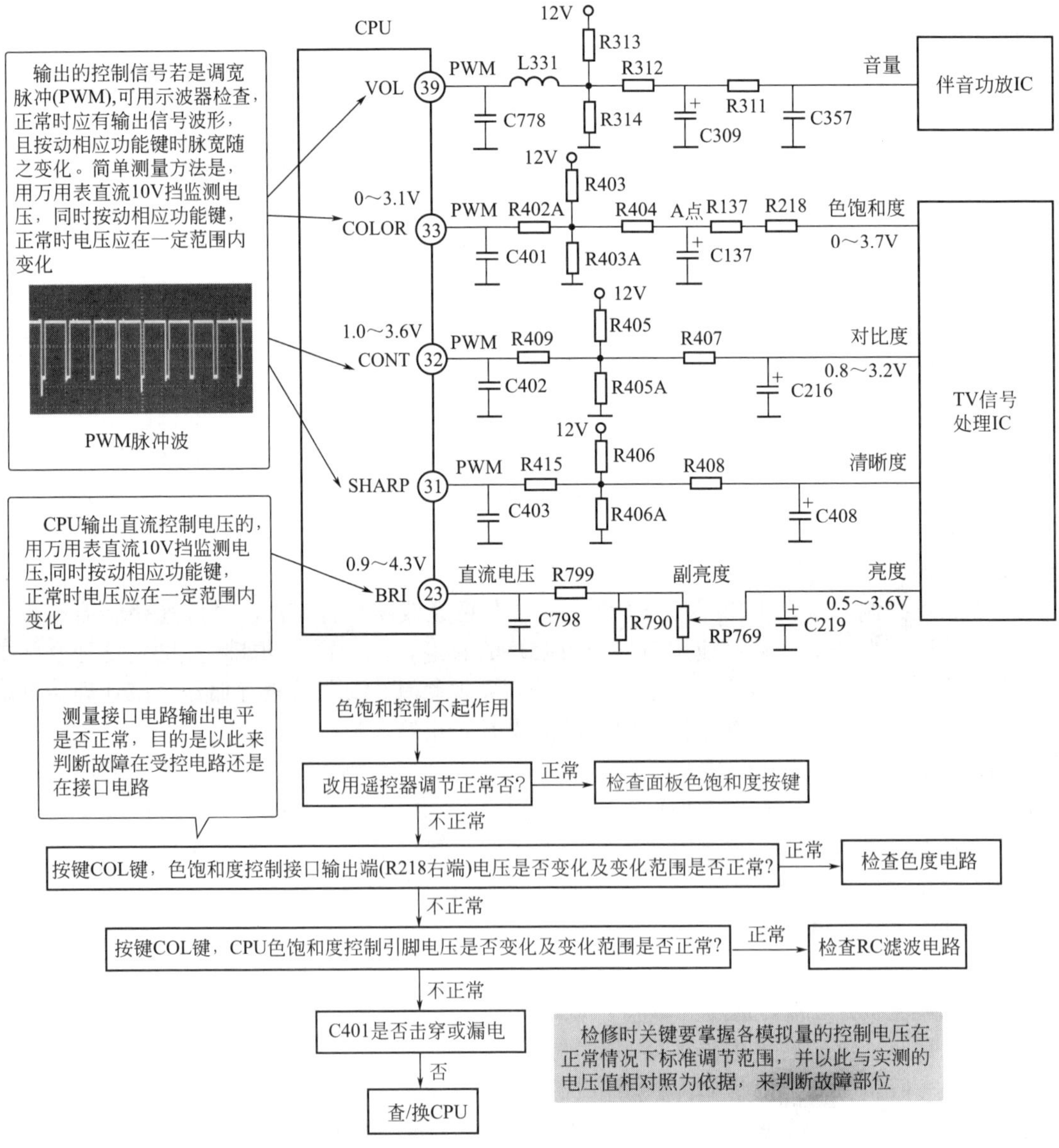

输出的控制信号若是调宽脉冲(PWM),可用示波器检查，正常时应有输出信号波形，且按动相应功能键时脉宽随之变化。简单测量方法是，用万用表直流10V挡监测电压，同时按动相应功能键，正常时电压应在一定范围内变化
PWM脉冲波
CPU输出直流控制电压的，用万用表直流10V挡监测电压,同时按动相应功能键，正常时电压应在一定范围内变化
CPU
VOL 39
0～3.1V COLOR 33
1.0～3.6V CONT 32
SHARP 31
0.9～4.3V BRI 23
12V
PWM L331 R313 R312 R314 C778 C309 R311 C357
音量
伴音功放IC
PWM R402A R403 R404 A点 R137 R218 C401 R403A C137
色饱和度
0～3.7V
PWM R409 R405 R407 C402 R405A C216
对比度
0.8～3.2V
TV信号处理IC
PWM R415 R406 R408 C403 R406A C408
清晰度
直流电压 R799 副亮度 C798 R790 RP769 C219
亮度
0.5～3.6V
测量接口电路输出电平是否正常，目的是以此来判断故障在受控电路还是在接口电路
色饱和控制不起作用
改用遥控器调节正常否?
正常
检查面板色饱和度按键
不正常
按键COL键，色饱和度控制接口输出端(R218右端)电压是否变化及变化范围是否正常?
正常
检查色度电路
不正常
按键COL键，CPU色饱和度控制引脚电压是否变化及变化范围是否正常?
正常
检查RC滤波电路
不正常
C401是否击穿或漏电
否
查/换CPU
检修时关键要掌握各模拟量的控制电压在正常情况下标准调节范围，并以此与实测的电压值相对照为依据，来判断故障部位

图 9-31　模拟量控制失灵故障检修流程和维修要点（模拟电压控制方式的机型）

2）微处理器模拟量控制输出端　不论微处理器输出的是调宽脉冲（PWM）信号还是直流控制电压，都可用万用表直流10V挡监测CPU相应控制功能输出引脚电压，同时按动相应功能键，观察电压有无阶跃性变化，如持续按动控制键“+”时（如音量键+），其电压应呈连续脉冲性波动，幅值通常在0～5V范围内变化（视机型而定）。若有变化，说明控制指令已传输到此，应检测相应的接口电路及被控电路，如果测不出电压或电压无变化，则说明故障在微处理器或键盘控制电路（如有操作标志显示则可排除键盘控制电路发生故障的可能性）。若CPU输出的是调宽脉冲信号，也可用示波器进行检查。

需注意的是：如果在控制面板上按动模拟量调节键，微处理器相应的引脚输出电压不变化，不要急于肯定是微处理器IC损坏，应该先考虑以下两点。

① 改用遥控器操作，如果控制正常，则故障在面板按键电路，通常为模拟量按键接触不良。

② 应考虑CPU模拟电压输出引脚直接相关的负载电路，如负载电路对地有短路或滤波电容击穿等。

若以上两点都正常，当调节模拟量时，CPU无调宽脉冲输出或直流电压不变化，屏幕也无模拟量调节方块增、减显示时，方可视为CPU集成块损坏，应更换一试。

（13）屏幕无字符显示

这种故障是指按遥控或本机键时，相应功能控制正常，只是无字符显示。

无字符显示故障的原因有以下几点。

① 字符时钟电路中任一个元件损坏或参数变化，都会造成字符振荡电路停振或振荡频率偏离正常值，而无字符显示。

② 微处理器无正常的行、场同步信号输入。

③ 微处理器本身不良，无字符显示信号输出，但这种情况不多见。

I^2C总线彩电，微处理器内部字符显示电路受I^2C总线控制，所以，I^2C总线设置中有OSD. H. POSI（字符左右显示位置）、OSD. V. POSI（字符上下显示位置）项目的数据严重错误也会引起无字符显示的故障。

检修这种故障，最好采用示波器测波形法进行检查，一般可迅速排除故障。屏幕无字符显示或显示异常故障检修流程如图9-32所示。

（14）屏幕上显示字符为黑色，或颜色会随图像颜色变化而变化，或缺某一种颜色

微处理器屏幕显示电路输出的信号有两种：一是显示用的消隐信号（BLANK）；二是字符显示信号（OSDR、OSDG、OSDB，也有输出两个显示信号的）。其中，显示消隐信号的作用是把电视视频信号的一部分“消掉”，字符显示信号在被消掉的那个地方显示出文字和符号。若只有消隐信号，则屏幕上显示的文字和符号就呈现黑色；若没有消隐信号，只有文字显示信号，那么字符显示信号与视频信号混合后，在屏幕上显示的文字和符号的颜色就会随图像的彩色而变化。因此，屏幕上显示的文字和符号呈现黑色，主要原因是CPU无字符显示信号输出，或者三个（或两个）字符显示信号同时在输出电路中受阻断；屏幕上显示文字和符号的颜色随图像颜色的变化而变化，主要原因是CPU无字符消隐信号输出或输出的字符消隐信号在输出电路部分受阻中断。屏幕上显示的文字和符号缺某一种颜色，主要原因是CPU有一种字符显示信号无输出，或有一种输出信号在输出电路中受阻断。以上几种故障，微处理器本身不良的情况较少见，应重点检查字符消隐、显示信号输出电路。

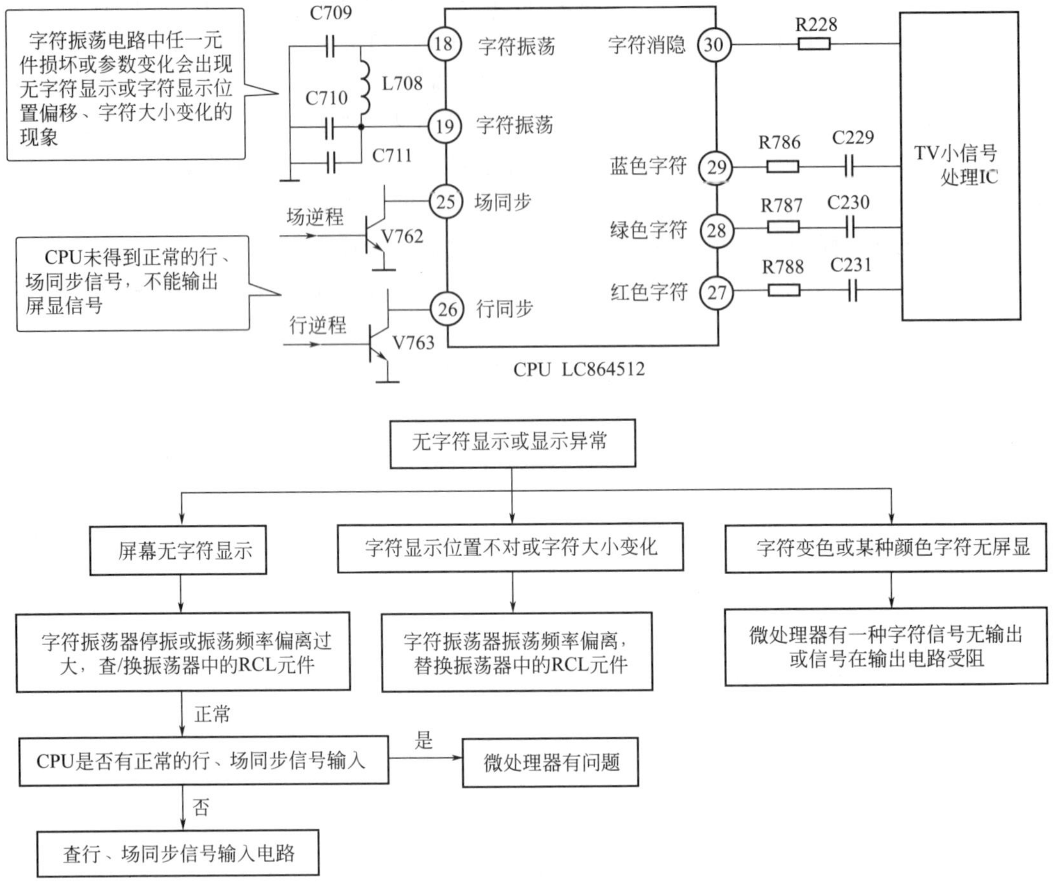
C709
18
字符振荡
字符消隐
30
R228
字符振荡电路中任一元件损坏或参数变化会出现无字符显示或字符显示位置偏移、字符大小变化的现象
L708
C710
19
字符振荡
C711
R786
C229
蓝色字符
29
TV小信号处理IC
25
场同步
场逆程
V762
R787
C230
绿色字符
28
CPU未得到正常的行、场同步信号，不能输出屏显信号
R788
C231
红色字符
27
26
行同步
行逆程
V763
CPU LC864512
无字符显示或显示异常
屏幕无字符显示
字符显示位置不对或字符大小变化
字符变色或某种颜色字符无屏显
字符振荡器停振或振荡频率偏离过大，查/换振荡器中的RCL元件
字符振荡器振荡频率偏离，替换振荡器中的RCL元件
微处理器有一种字符信号无输出或信号在输出电路受阻
正常
CPU是否有正常的行、场同步信号输入
是
微处理器有问题
否
查行、场同步信号输入电路

图 9-32 无屏显或显示异常故障检修流程和维修要点

参 考 文 献

[1] 孙立群等. 彩色电视机故障分析与维修项目教程. 北京：电子工业出版社，2014.

[2] 贺学金等. 彩色电视机原理与检修. 北京：电子工业出版社，2012.

[3] 贺学金等. 彩色电视机维修完全图解. 北京：化学工业出版社，2012.

[4] 王锡胜等. 新型 I^2C 总线控制的单片彩色电视机. 北京：人民邮电出版社，2001.

[5] 孙小林等. 长虹最新系列机芯彩色电视机. 成都：电子科技大学出版社，1999.

[6] 陈谋忠. 长虹 A6 机芯单片彩电原理与维修. 成都：四川科学技术出版社，1998.

[7] 张校珩等. 数码与超级单片彩色电视机. 北京：中国电力出版社，2008.

[8] 蔡杏山. 轻松学大屏幕彩色电视机原理与维修. 北京：人民邮电出版社，2004.